简明微积分教程

高印珠 编

科学出版社
北 京

内 容 简 介

本书是南京大学人文社会科学本科生的数学基础课教材(一学期，共72课时)。内容包括函数、极限、一元函数微分学、一元函数积分学和多元函数微积分学。本书注重理论和方法的阐述；配置了200多幅插图，一些重要、典型的函数都给出了精准图像；习题难易适当，并附有参考答案。

本书可作为综合大学、高等师范院校的文科数学基础课教材，也可作为中学数学教师、理工科大学生以及具有高中以上文化程度的广大读者学习微积分的参考书。

图书在版编目(CIP)数据

简明微积分教程/高印珠编. —北京：科学出版社，2012
ISBN 978-7-03-035130-2
Ⅰ. ①简… Ⅱ. ①高… Ⅲ. ①微积分-高等学校-教材
Ⅳ. ①O172

中国版本图书馆CIP数据核字(2012)第159342号

责任编辑：刘燕春 曾佳佳 罗 吉/ 责任校对：黄 海
责任印刷：张 倩 / 封面设计：许 瑞

科学出版社出版
北京东黄城根北街16号
邮政编码：100717
http://www.sciencep.com

铭浩彩色印装有限公司 印刷

科学出版社发行 各地新华书店经销

*

2012年7月第 一 版 开本：787×1092 1/16
2016年7月第五次印刷 印张：20 1/2
字数：400 000

定价：38.00元

(如有印装质量问题，我社负责调换)

前　言

《简明微积分教程》是为南京大学人文社会科学 (非经济类) 专业本科生编写的大学数学基础课教材. 本课程开设一学期, 每周 4 课时, 共 72 课时.

为使文科学生在一学期内对微积分全貌有更多理解, 掌握微积分学的基本思想方法和最核心的基本内容, 本书在编写过程中作了如下安排:

一、精选了微积分学 (从一元函数微积分学到二元函数微积分学) 中既有理论意义, 又有广泛应用的基本概念、重要定理和计算方法等内容.

二、在注意内容系统性和逻辑性的同时, 注重理论和方法的阐述, 尽力展示数学以简单语言解释复杂、自然的现象之美妙, 不过于追求严密性和技巧性. 有些定理和例子的证明在附录 A 中给出, 供有兴趣的学生阅读.

三、配置了 200 多幅插图, 一些重要、典型的函数都给出了精准的图像, 并仔细编配了相当数量难易适当的习题, 以便降低学习难度, 增加学习兴趣, 使学生从直观上更好地把握相关概念与性质和熟练应用所学的基本技能.

四、第三章的泰勒定理这一节没有配置习题, 不列入考试范围. 第四章 4.8 节标记了“*”号, 教师可根据课时总数和学生实际情况决定是否讲授.

五、附录 B 选编了本课程考试用过的试卷; 附录 C 是习题参考答案, 其中部分题目有详解、图示或提示, 以辅助、扩展学生对正文内容的理解; 附录 D、E 是常用数学公式、数学归纳法及希腊字母表, 这些可使本书使用起来更为方便.

在本书编写过程中, 朱晓胜、黄卫华、范红军、陈仲、丁南庆、廖良文等教授提出了许多宝贵意见和建议; 师维学教授用 MetaPost 绘制了全部插图, 在用 LaTex 排版方面给予了许多帮助; 本书的编写和出版得到了数学系领导和国家自然科学基金“南京大学数学基地”项目 (J0830101) 的大力支持, 编者借此机会一并表示衷心感谢!

由于水平有限, 书中的缺点、错误和不妥之处在所难免, 恳切期望专家、同行及广大读者批评指正.

编　者

2012 年 4 月于南京大学

目　　录

第一章　函数

函数的概念起源于对运动与变化的定量研究. 伽利略 (G. Galilei) 的落体运动定律, 爱因斯坦 (A. Einstein) 的质能转换公式都是用函数概念表达的. 微积分学的主要研究对象是函数. 本章将对中学已讲过的函数的概念和性质进行较系统的复习, 并作一些必要的补充, 为以后各章的学习作准备.

1.1　集合

本节简要介绍集合的基本概念、表示方法和本书常用的逻辑符号.

我们把具有某种性质的、确定的、有区别的事物的全体称为**集合**, 通常用大写字母 A, B, C 等表示. 集合中的事物称为**元素**, 常用小写字母 a, b, c 等表示. 若 a 是集合 A 的**元素**, 则称 a 属于 A, 记作 $a \in A$; 若 a 不是集合 A 的元素, 则称 a 不属于 A, 记作 $a \notin A$.

不含元素的集合称为**空集**, 记作 $\varnothing$. 若集合 A 只含有限个元素, 则称 A 是**有限集**. 若集合含无限多个元素, 则称它为**无限集**.

若集合 A 的任一元素都是集合 B 的元素, 则称 A 是 B 的**子集**, 记作 $A \subseteq B$. 若 $A \subseteq B$, 且存在 $b \in B$, 而 $b \notin A$, 则称 A 是 B 的**真子集**, 记作 $A \subsetneqq B$. 空集是任何非空集合的真子集.

若集合 A 与 B 所含的元素完全相同, 则称 A 与 B **相等**, 记作 $A = B$. 显然, 对于集合 A 与 B, 若 $A \subseteq B$ 且 $B \subseteq A$, 则 $A = B$.

集合一般有两种表示方法:

(1) **列举法**: 把集合所包含的元素列举出来, 例如, $B = \{-1,\ 1\}$, $C = \{0,\ 1,\ 2,\ \cdots\}$;

(2) **示性法**: 给出集合的元素具有的性质, 写成

$$A = \{x \mid x \text{ 具有性质 } P\},$$

例如,

$$D = \{x \mid x \text{ 是满足 } x^2 - 1 = 0 \text{ 的实数}\},$$

$$E = \{x \mid x \text{ 是自然数}\},$$

$$F = \{x \mid x^2 < 0,\ x \text{ 是实数}\},$$

显然, $B = D$ 是有限集, $C = E$ 是无限集, F 是空集.

以下是本书常用的一些集合:

(1) **正整数集** $\mathbf{N}^+ = \{x \mid x \text{ 为正整数}\} = \{1,\ 2,\ 3,\ \cdots\}$;

(2) **实数集** (或称**实直线**) $\mathbf{R} = \{x \mid x \text{ 为实数}\} = (-\infty, +\infty)$, 这里符号 ∞ 读作"无穷大", $+\infty$ 读作"正无穷大", $-\infty$ 读作"负无穷大".

设 $a,\ b \in \mathbf{R}$, 且 $a < b$, 则 $\mathbf{R}$ 及以下 (1) ~ (8) 所表示的集合统称为**区间**:

(1) **闭区间** $[a,b] = \{x \mid a \leqslant x \leqslant b,\ x \in \mathbf{R}\}$;

(2) **开区间** $(a,b) = \{x \mid a < x < b,\ x \in \mathbf{R}\}$;

(3) **左闭右开区间** $[a,b) = \{x \mid a \leqslant x < b,\ x \in \mathbf{R}\}$;

(4) **左开右闭区间** $(a,b] = \{x \mid a < x \leqslant b,\ x \in \mathbf{R}\}$;

(5) $(a,+\infty) = \{x \mid x > a,\ x \in \mathbf{R}\}$;

(6) $[a,+\infty) = \{x \mid x \geqslant a,\ x \in \mathbf{R}\}$;

(7) $(-\infty,a) = \{x \mid x < a,\ x \in \mathbf{R}\}$;

(8) $(-\infty,a] = \{x \mid x \leqslant a,\ x \in \mathbf{R}\}$,

其中 a 和 b 均称为区间的**端点**, 左 (右) 边的端点称为**左 (右) 端点**, 区间 (1) ~ (4) 称为**有限区间**, $\mathbf{R}$ 及区间 (5) ~ (8) 称为**无限区间**.

二维欧氏平面 $\mathbf{R}^2 = \{(x,y) \mid x,\ y \in \mathbf{R}\}$.

三维欧氏空间 $\mathbf{R}^3 = \{(x,y,z) \mid x,\ y,\ z \in \mathbf{R}\}$.

$\mathbf{R}$, $\mathbf{R}^2$ 及 $\mathbf{R}^3$ 的元素也称为**点**.

$\mathbf{R}^2$ 的点 (x,y) 常用 $P(x,y)$ 或 $M(x,y)$ 等来表示, 简记为 P 或 M.

$\mathbf{R}^3$ 的点 (x,y,z) 常用 $P(x,y,z)$ 或 $M(x,y,z)$ 等表示, 在不发生混淆的情况下, 也简记为 P 或 M.

对于集合 A 与 B, 定义如下集合:

集合 $\{x \mid x \in A \text{ 或 } x \in B\}$ 称为 A 与 B 的**并集**, 记为 $A \cup B$;

集合 $\{x \mid x \in A \text{ 且 } x \in B\}$ 称为 A 与 B 的**交集**, 记为 $A \cap B$;

集合 $\{x \mid x \in A \text{ 且 } x \notin B\}$ 称为 A 与 B 的**差集**, 记为 $A \backslash B$.

集合 A 与 B 的并集、交集及差集如图 1.1.1 阴影部分所示.

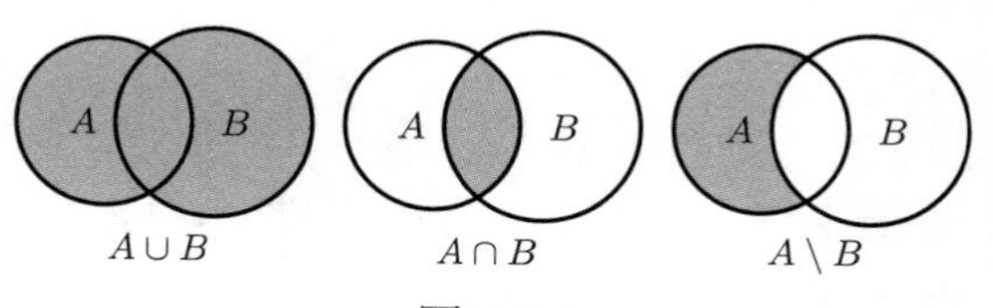

图 1.1.1

例如, 设 $A=\{1,\ 2,\ 3\}$, $B=\{3,\ 4\}$, 则

$$A\cup B=\{1,\ 2,\ 3,\ 4\},\qquad A\cap B=\{3\},\qquad A\backslash B=\{1,\ 2\}.$$

本书常用邻域和空心邻域的概念, 现定义如下, 其中 $\delta\in\mathbf{R}$ 且 $\delta>0$.

设 $a\in\mathbf{R}$, 点 a 的 δ **邻域**是指集合

$$U_\delta(a)=(a-\delta,a+\delta),$$

点 a 的**空心** δ **邻域**是指集合

$$U_\delta^\circ(a)=U_\delta(a)\backslash\{a\}=(a-\delta,a)\cup(a,a+\delta).$$

设 $P_0(x_0,y_0)\in\mathbf{R}^2$, 点 P_0 的 δ 邻域是指集合

$$U_\delta(P_0)=\{(x,y)\mid\sqrt{(x-x_0)^2+(y-y_0)^2}<\delta,\quad x,\ y\in\mathbf{R}\}.$$

设 $P_0(x_0,y_0,z_0)\in\mathbf{R}^3$, 点 P_0 的 δ 邻域是指集合

$$U_\delta(P_0)=\{(x,y,z)\mid\sqrt{(x-x_0)^2+(y-y_0)^2+(z-z_0)^2}<\delta,\ \ x,\ y,\ z\in\mathbf{R}\}.$$

以下是本书常用的逻辑符号:

1. “$\forall$” 表示“对每一个”、“对任意一个”. 例如,

“$\forall\, x\in\mathbf{R}$” 表示“对任意一个实数 x”.

2. “$\exists$” 表示“存在某个”、“至少存在一个”. 例如,

“$\exists\, n\in\mathbf{N}^+$” 表示“在正整数集 $\mathbf{N}^+$ 中存在这样的数 n”.

3. “$\Leftrightarrow$” 表示“充分必要”、“等价于”. 例如, “$P_1\Leftrightarrow P_2$”表示“P_2 是 P_1 成立的充分必要条件”、“P_1 等价于 P_2”. 又如, 设 $\delta,\ a\in\mathbf{R}$ 且 $\delta>0$, 则

$$\begin{aligned}
|x-a|<\delta\quad&\Leftrightarrow\quad a-\delta<x<a+\delta\quad\Leftrightarrow\quad x\in(a-\delta,a+\delta),\\
0<x-a<\delta\quad&\Leftrightarrow\quad a<x<a+\delta\quad\Leftrightarrow\quad x\in(a,a+\delta),\\
0<a-x<\delta\quad&\Leftrightarrow\quad a-\delta<x<a\quad\Leftrightarrow\quad x\in(a-\delta,a).
\end{aligned}$$

1.2 函数的概念

一、函数的定义

定义 1.2.1 (**映射**) 给定非空集合 D 和 M, 若按对应法则 f, D 中每个元素 x, M 中有唯一确定的元素 y 与之对应, 则称 f 是 D 到 M 的**映射**, 记作

$$f: D \to M \quad 或 \quad y = f(x),\ x \in D,$$

其中 $y = f(x)$ 称为 x 在 f 下的**像**, x 称为 y 的**原像** (见图 1.2.1). 有时也将 $y = f(x)$ 记为 $y = y(x)$.

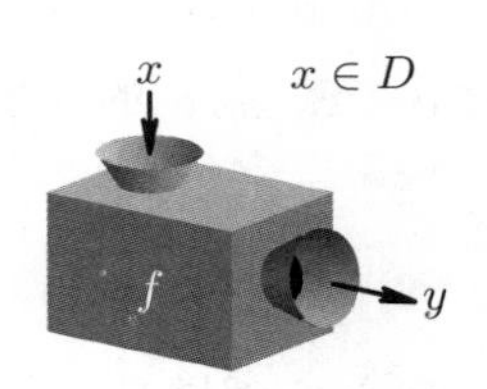

图 1.2.1

定义 1.2.2 设 $f: D \to M$.

(1) 若对于不同的 x_1, $x_2 \in D$, 有 $f(x_1) \neq f(x_2)$, 则称 f 是**单射**;

(2) 若对于每一个 $y \in M$, 有 $x \in D$ 使得 $y = f(x)$, 则称 f 是**满射**;

(3) 若 f 既是单射又是满射, 则称 f 是 **一一对应**.

定义 1.2.3 设 $f: D \to M$, 且 $M \subseteq \mathbf{R}$.

(1) 若 $D \subseteq \mathbf{R}$, 则称 f 是 D 上的**一元函数**①, 称 x 为**自变量**, y 为**因变量**.

(2) 若 $D \subseteq \mathbf{R}^2$, 则称 f 是 D 上的**二元函数**, 记为

$$z = f(x, y),\ (x, y) \in D \quad 或 \quad z = f(P),\ P \in D,$$

其中 P 表示点 $P(x, y)$, 称 x, y 为自变量, z 为因变量.

(3) 若 $D \subseteq \mathbf{R}^3$, 则称 f 是 D 上的**三元函数**, 记为

$$u = f(x, y, z),\ (x, y, z) \in D \quad 或 \quad u = f(P),\ P \in D,$$

其中 P 表示点 $P(x, y, z)$, 称 x, y 和 z 为自变量, u 为因变量.

---

① 函数的概念最早由苏格兰数学家和天文学家葛列格里 (J. Gregory, 1638 ~ 1675) 在 1667 年定义: "函数是这样的一个量: 它是从一些其他量经过一系列的代数运算而得到的, 或者经过任何其他可以想象到的运算得到的". 当时的数学家们主要研究具体函数、具体计算, 不大考虑抽象问题. 1667 ~ 1837 年, 函数的概念经过了一系列的演变. 德国数学家狄利克雷 (P. G. L. Dirichlet, 1805 ~ 1859) 用一种新观点来观察数学, 在 1837 年给出了 (一元) 函数的定义: "如果给定区间上的每一个 x 值, 都有唯一的 y 值与它对应, 那么 y 是 x 的函数". 从此, 人们开始考察和研究函数的各种性质, 数学实现了从具体到抽象、从研究计算到研究性质、从研究现实世界到研究理想世界的三个转变. 直到 19 世纪集合论诞生后, 才出现比函数概念更一般的映射的概念. 映射的概念是德国数学家戴德金 (J. W. R. Dedekind, 1831 ~ 1916) 在 1887 年给出的.

以上三种情况中, 集合 D 称为函数 f 的**定义域**, 对于 $w \in D$, $y = f(w)$ 称为 f 在点 w 的**函数值**, 集合

$$f(D) = \{f(w) \mid w \in D\}$$

称为函数 f 的**值域**, 称函数 f 在 E 上有定义是指 $E \subseteq D$, 当 E 为区间 (a,b), $(a,+\infty)$, $(-\infty,a)$, $\mathbf{R}$ 或某点的 (空心) 邻域时, 通常也称 f 在 E 内有定义.

如果函数用一个分析式 $y = f(x)$ 表达, 当没有标明它的定义域时, 我们就认为 f 的定义域是使这一表达式有意义的全体 x 的集合. 例如,

$$f(x) = \frac{x^2-1}{x-1}, \quad g(x) = \frac{1}{x} \quad \text{和} \quad h(x) = \cos x$$

的定义域分别为 $\mathbf{R}\backslash\{1\}$, $\mathbf{R}\backslash\{0\}$ 和 $\mathbf{R}$.

若函数 f 与 g 有相同的定义域 D, 而且对于任意 $x \in D$, 有 $f(x) = g(x)$, 则称 f 与 g **相等**.

例如, $f(x) = |x|$ 与 $g(x) = \sqrt{x^2}$ 相等, $f(x) = \dfrac{x^2-1}{x-1}$ 与 $g(x) = x+1$ 不相等.

设一元函数 $y = f(x)$ 的定义域为 D, 则 $\mathbf{R}^2$ 的子集

$$\{(x,y) \mid y = f(x),\ x \in D\}$$

称为函数 f 的**图像**.

图 1.2.2 的三个图中, 前两个是一元函数的图像, 第三个不是.

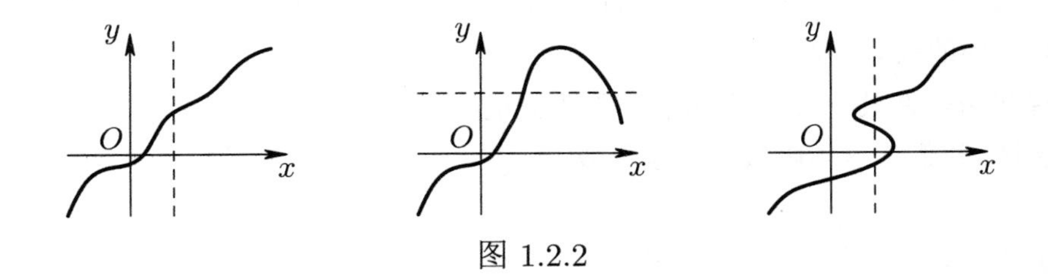

图 1.2.2

注　一条垂线与一个函数的图像至多相交于一点 (当此直线通过定义域 D 的点时交于一点, 否则不交).

本书的前四章主要研究一元函数, 第五章主要研究二元函数, 相关结论有些可推广到三元或更多元函数的情形.

二、函数的四则运算、表示法

设函数 $f(x)$ 和 $g(x)$ 的定义域分别为 D_1 和 D_2, 且 $D = D_1 \cap D_2 \neq \varnothing$. 定义 $f(x)$ 与 $g(x)$ 在 D 上的和、差及积的运算如下:

$$F(x) = f(x) + g(x),\ x \in D,$$
$$G(x) = f(x) - g(x),\ x \in D,$$
$$H(x) = f(x)g(x),\ x \in D.$$

当 $D^* = D\backslash\{x \mid g(x) = 0\} \neq \varnothing$ 时, 定义 $f(x)$ 与 $g(x)$ 的商如下:

$$L(x) = \frac{f(x)}{g(x)},\ x \in D^*.$$

一元函数最常用的表示法有如下三种:

1. 解析法: 即自变量和因变量之间的函数关系借助公式 (或解析式) 表达, 例如, $y = x^2$, $y = \dfrac{1}{1+x^2}$, $y = \sqrt{1+\sin x}$ 等. 本书主要讨论用解析法表示的函数, 这对理论研究很方便.

2. 表格法: 即将一系列自变量的值与对应的函数值列成表, 如对数表、三角函数表等. 此表示法不但可以避免函数研究中麻烦的计算, 而且可以表示不知解析表达式的函数, 在社会实践中经常使用, 例如,

2011 年上半年我国消费者物价指数 (CPI) 表①

x (月份)	1	2	3	4	5	6
y (CPI)	104.90	104.90	105.40	105.30	105.50	106.40

3. 图示法: 即函数可由坐标平面上的曲线来表示, 如自动记录器, 可以把大气压力与时间的关系用曲线表示出来.

有些函数在其定义域不同部分用不同的公式表达, 我们称这类函数为**分段函数**.

例 1.2.1 $y = \begin{cases} 1, & x > 0, \\ 0, & x = 0, \\ -1, & x < 0, \end{cases}$

此函数记作 $y = \operatorname{sgn} x$, 称为**符号函数**②, 其图像见图 1.2.3.

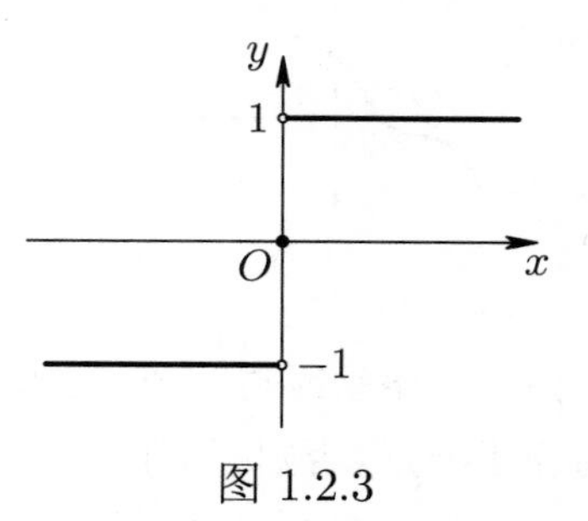

图 1.2.3

① 数据来自国家统计局网站 http://www.stats.gov.cn/.
② sgn 是拉丁文 signum (符号) 的缩写.

例 1.2.2 取整函数:

$$y=[x],$$

其中 $[x]$ 表示不超过 x 的最大整数. 显然, 当 $x\in[n,\ n+1)$ (n 为整数) 时, $y=n$ (见图 1.2.4).

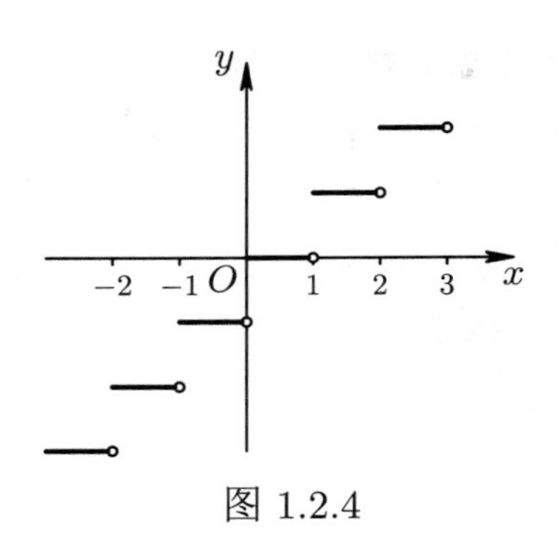

图 1.2.4

有些函数只能用语言来描述.

例 1.2.3 狄利克雷[①]函数:

$$D(x)=\begin{cases}1, & x\text{ 为有理数},\\ 0, & x\text{ 为无理数},\end{cases}$$

此函数的定义域为 $\mathbf{R}$ (其示意图见图 1.2.5).

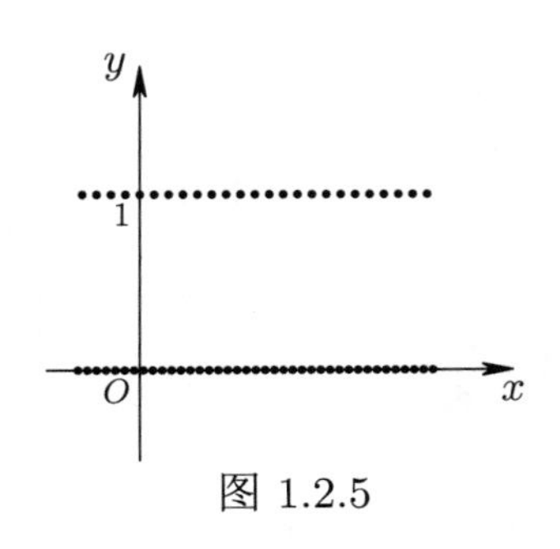

图 1.2.5

例 1.2.4 设 $A\subseteq\mathbf{R}$, 定义函数

$$\chi_A(x)=\begin{cases}1, & x\in A,\\ 0, & x\in\mathbf{R}\backslash A,\end{cases}$$

此函数称为数集 A 上的**特征函数**. 特别地, 当 A 是有理数集时, 函数 $\chi_A(x)$ 就是狄利克雷函数 $D(x)$. 当

$$A=(-\infty,-1),\quad A=[0,1]\quad 及\quad A=(1,2)$$

时, 函数

$$\chi_{(-\infty,-1)}(x),\quad \chi_{[0,1]}(x)\quad 及\quad \chi_{(1,2)}(x)$$

的图像分别见图 1.2.6 中的左图、中图和右图.

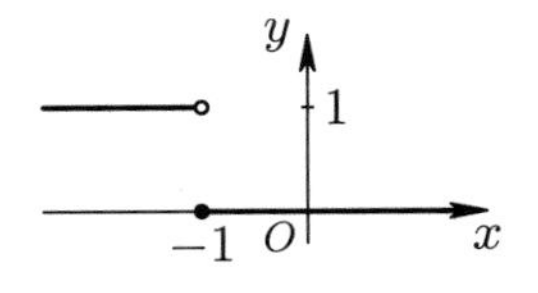

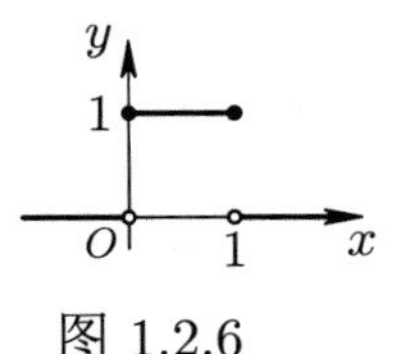

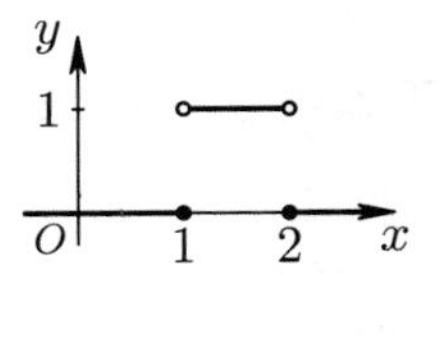

图 1.2.6

① 狄利克雷 (P. G. L. Dirichlet) 在 1829 年给出这个函数. 它是历史上第一个间断函数, 没有解析式, 图像不能准确显示, 无实际背景, 它的出现使函数的概念从解析式、几何直观以及客观世界的束缚中解放出来.

例 1.2.5 黎曼[①]函数:

$$R(x)=\begin{cases}\dfrac{1}{n}, & x=\dfrac{m}{n}\in(0,1)\ (m,\ n\ \text{为正整数},\ \dfrac{m}{n}\ \text{为既约分数}),\\ 0, & x=0,\ 1\ \text{或}\ (0,1)\ \text{中的无理数},\end{cases}$$

其示意图如图 1.2.7 所示.

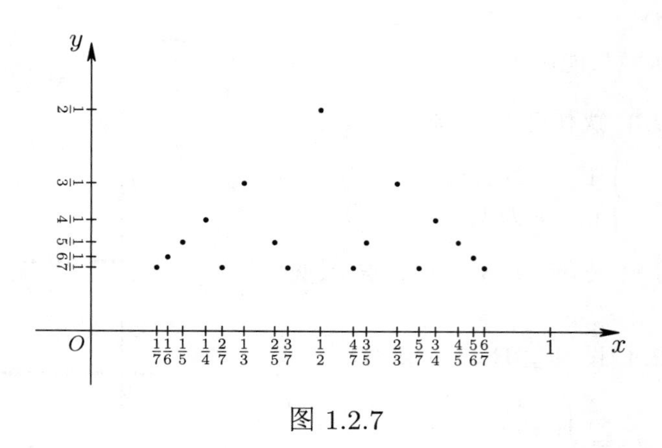

图 1.2.7

习题 1.2

1. 求下列函数的定义域:

(1) $\dfrac{\sin x}{x}$;　　(2) $\dfrac{2x}{\cos x}$;

(3) $x^2+\sqrt{x-1}$;　　(4) $\cos x+\cot x$;

(5) $\dfrac{5x+1}{x^2-3x+2}$;　　(6) $\sqrt{2+x-x^2}$;

(7) $\lg(x^2-9)$;　　(8) $\sqrt{\dfrac{1-x}{1+x}}$.

2. 求下列函数的值域:

(1) $5+\cot x$;　　(2) $\sqrt{x}-1$;

(3) $2-3^{-x}$;　　(4) $\sqrt{1-x^2}$.

3. 设函数 $f(x)=x^2+3x+5$, 求 $f(-1)$, $f(-x)$, $f(x+h)$.

---

① 黎曼 (B. Riemann, 1826 ~ 1866) 是德国数学家.

4. 作出函数 $y=\dfrac{|x|}{x}$ 与 $y=\dfrac{|x-1|}{x-1}$ 的图像.

5. (1) 设函数 $f(x)=|x|$, $h>0$. 求 $f(1)$, $f(0)$, $f(-1)$, $f(h)-f(0)$, $f(-h)-f(0)$;

(2) 作出函数 $y=|x|$ 的图像, 并用其作出 $y=|x|-1$, $y=|x|+1$, $y=-|x|$, $y=-|x|+1$, $y=|x-1|$, $y=|x+1|$ 以及 $y=|x-1|+1$ 的图像.

1.3 函数的几种特性

定义 1.3.1 (有界性) 设函数 $f(x)$ 在 E 上有定义. 若存在常数 $M>0$, 使得对于任意的 $x\in E$, 对应的函数值 $f(x)$ 都满足不等式

$$|f(x)|\leqslant M, \tag{1.1}$$

则称 $f(x)$ 在 E 上**有界**, 否则称 $f(x)$ 在 E 上**无界**[①].

若 (1.1) 式在 $f(x)$ 的定义域上成立, 则称 $f(x)$ 有界, M 为 $f(x)$ 的界. 若函数 $f(x)$ 以 M 为界, 因为对于定义域内的一切点 x, 有 $-M\leqslant f(x)\leqslant M$, 所以 $y=f(x)$ 的图像介于平行线 $y=-M$ 与 $y=M$ 之间.

例 1.3.1 $y=\cos x$ 为有界函数, 因为 $|\cos x|\leqslant 1$, 1 为其界 (任何一个大于 1 的数都是它的界); 符号函数 $y=\operatorname{sgn} x$ 与狄利克雷函数 $y=D(x)$ 是有界的; $y=\tan x$ 在 $\left(-\dfrac{\pi}{8},\dfrac{\pi}{8}\right)$ 及 $\left[-\dfrac{\pi}{4},\dfrac{\pi}{4}\right]$ 上均是有界的, 但在 $\left(-\dfrac{\pi}{2},\dfrac{\pi}{2}\right)$ 上无界; 取整函数 $y=[x]$ 是无界的. $y=2\sin x$, $y=\sin x$, $y=\dfrac{1}{2}\sin x$ 均为有界函数 (见图 1.3.1).

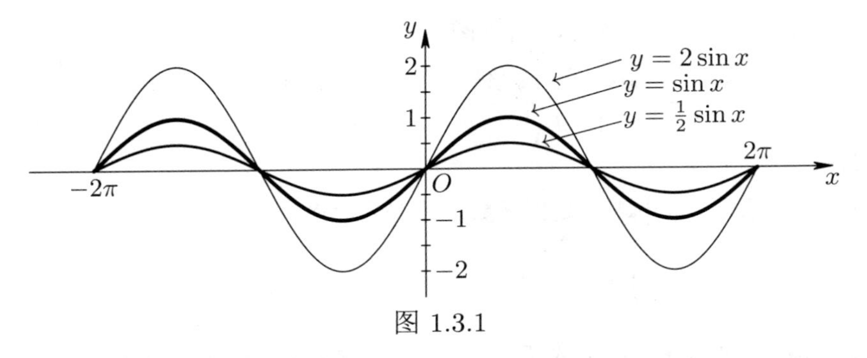

图 1.3.1

定义 1.3.2 (单调性) 设函数 $f(x)$ 在区间 I 上有定义. 若对于 I 上的任意两点

① 定义如下: 对于任何一个正数 M (无论 M 多大), 都存在 $x_0\in E$ 使得 $|f(x_0)|>M$, 则称 $f(x)$ 在 E 上无界.

x_1 与 x_2, 当 $x_1 < x_2$ 时, 都有 $f(x_1) \leqslant f(x_2)$ [或 $f(x_1) \geqslant f(x_2)$] 成立, 则称 $f(x)$ 在区间 I 上**单调递增** (或**单调递减**).

若将上面的 "$\leqslant$" (或 "$\geqslant$") 改成 "$<$" (或 "$>$"), 则称 $f(x)$ 在区间 I 上**严格单调递增** (或**严格单调递减**).

以上四类函数统称为**单调函数**, I 称为**单调区间**.

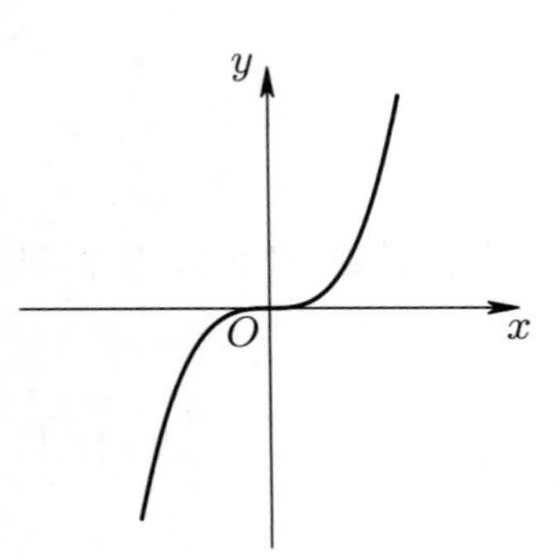

图 1.3.2

例 1.3.2 函数 $y = x^3$ 在 $\mathbf{R}$ 上是严格单调递增的, 因为当 x_1 与 x_2 异号时, 若 $x_1 < x_2$, 则总有 $x_1^3 < x_2^3$. 当 x_1 与 x_2 同号时, 因等式 $x_1^3 - x_2^3 = (x_1 - x_2)(x_1^2 + x_1x_2 + x_2^2)$ 右边第二个因式恒为正, 故 $x_1^3 - x_2^3$ 与 $x_1 - x_2$ 同号. 因 $x_1 < x_2$, 故 $x_1^3 < x_2^3$ (见图 1.3.2). 当 $x_1 = 0$ 或 $x_2 = 0$ 时, 若 $x_1 < x_2$, 显然 $x_1^3 < x_2^3$.

例 1.3.3 符号函数 $\operatorname{sgn} x$ 与取整函数 $[x]$ 在 $\mathbf{R}$ 上单调递增. 函数 $|x|$ 在 $(-\infty, 0]$ 上严格单调递减, 在 $[0, +\infty)$ 上严格单调递增, 在 $\mathbf{R}$ 上不是单调函数. 狄利克雷函数 $D(x)$ 不是单调函数.

定义 1.3.3 (**奇偶性**) 设函数 $f(x)$ 的定义域 D 关于原点对称, 即当 $x \in D$ 时必有 $-x \in D$. 若对任意 $x \in D$, 都有 $f(-x) = -f(x)$, 则称 $f(x)$ 为**奇函数**; 若对任意 $x \in D$, 都有 $f(-x) = f(x)$, 则称 $f(x)$ 为**偶函数**.

由定义知, 奇函数的图像关于原点对称, 偶函数的图像关于 y 轴对称. 若奇函数 $f(x)$ 的定义域 D 包含原点 O, 则 $f(0) = 0$.

例 1.3.4 函数 $\sin x$, $\tan x$, x^3, $\operatorname{sgn} x$ 以及 $\sin \dfrac{1}{x}$ (见图 2.2.9) 均为奇函数;

函数 $\cos x$, x^2, $|x|$ 以及 $\cos \dfrac{1}{x}$ (见图 2.2.10) 均为偶函数;

函数 $f(x) = \sin x + \cos x$ 既不是偶函数也不是奇函数: 因为 $f(0) = 1 \neq 0$, 所以不是奇函数; 又 $f\left(\dfrac{\pi}{2}\right) = 1$, $f\left(-\dfrac{\pi}{2}\right) = -1$, 这样 $f\left(\dfrac{\pi}{2}\right) \neq f\left(-\dfrac{\pi}{2}\right)$, 所以也不是偶函数;

取整函数 $f(x) = [x]$ 既不是偶函数也不是奇函数:

$$f\left(-\frac{1}{2}\right) = -1,\ f\left(\frac{1}{2}\right) = 0,\ f\left(-\frac{1}{2}\right) \neq f\left(\frac{1}{2}\right),\ \text{且}\ f\left(-\frac{1}{2}\right) \neq -f\left(\frac{1}{2}\right).$$

定义 1.3.4 (**周期性**) 设函数 $f(x)$ 的定义域为 D. 若存在常数 $T > 0$, 使得对任意 $x \in D$, $x \pm T \in D$ 且

$$f(x + T) = f(x) \tag{1.2}$$

成立, 则称 $f(x)$ 为**周期函数**, 称 T 为 $f(x)$ 的周期. 若 T 是使 (1.2) 式成立的最小正数, 则称 T 为 $f(x)$ 的**最小正周期**, 也简称**周期**.

显然, 若 T 是周期函数 $f(x)$ 的周期, 则 $f(x)=f(x-T)$, 且对任意正整数 n, nT 也是周期.

三角函数 $\sin x$, $\cos x$, $\tan x$ 和 $\cot x$ 是我们熟知的周期函数, 其周期分别为 2π, 2π, π 和 π.

函数 $\sin 2x$ 与 $\sin\dfrac{x}{2}$ 均为周期函数, 其周期分别为 π 和 4π (见图 1.3.3). 常函数 $y=C$ 是周期函数, 但没有最小正周期.

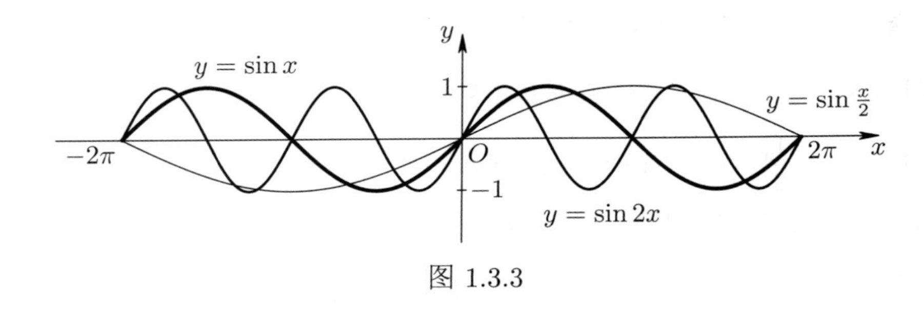

图 1.3.3

习题 1.3

1. 证明: (1) $y=2^x$ 在 $(-\infty,+\infty)$ 内严格单调递增; $y=2^{-x}$ 在 $(-\infty,+\infty)$ 内严格单调递减;

(2) $y=\sqrt{x}$ 在 $[0,+\infty)$ 内严格单调递增; $y=-\sqrt{x}$ 在 $[0,+\infty)$ 内严格单调递减.

2. 证明: (1) 奇 (偶) 函数与奇 (偶) 函数的积为偶函数;

(2) 奇 (偶) 函数与奇 (偶) 函数的和为奇 (偶) 函数.

3. (a) 判断下列函数的奇偶性:

(1) $\dfrac{\sin x}{x}$; (2) $\dfrac{1-\cos x}{x^2}$; (3) $\dfrac{\tan x}{x}$; (4) $\dfrac{1-\cos x}{x}$;

(5) $f(x)=\begin{cases} x\sin\dfrac{1}{x}, & x\neq 0, \\ 0, & x=0; \end{cases}$ (6) $f(x)=\begin{cases} x^2\sin\dfrac{1}{x}, & x\neq 0, \\ 0, & x=0; \end{cases}$

(7) $f(x)=\begin{cases}\dfrac{1}{x}, & x \text{ 为有理数}, \\ -\dfrac{1}{x}, & x \text{ 为无理数};\end{cases}$ (8) $f(x)=\begin{cases}x^2, & x \text{ 为有理数}, \\ -x^2, & x \text{ 为无理数}.\end{cases}$

(b) 判断下列函数的奇偶性与有界性:

(1) $\dfrac{x}{1+x^2}$; (2) $\dfrac{x^2}{1+x^2}$; (3) $5+\sin x$;

(4) $\dfrac{e^x}{(1+e^x)^2}$; (5) $\dfrac{1}{2}(3^x+3^{-x})$; (6) $\lg\dfrac{2-x}{2+x}$;

(7) $|\tan x|$; (8) $\cot x$; (9) $x+\sin x$.

4. 设函数 $f(x)$ 的定义域为 $\mathbf{R}$, 证明:

(1) $g(x)=\dfrac{1}{2}[f(x)-f(-x)]$ 是奇函数;

(2) $h(x)=\dfrac{1}{2}[f(x)+f(-x)]$ 是偶函数;

(3) $f(x)$ 总可以表示为一个奇函数与一个偶函数的和.

5. 证明函数 $y=\dfrac{\cos x}{1+x^2}$ 和 $y=\dfrac{x\cos x}{1+x^2}$ 都是有界函数.

6. 求下列函数的周期:

(1) $\cos 2x$; (2) $\cos\pi(x+3)$;

(3) $\cos^2 x$; (4) $2\tan 3x$.

1.4 反函数与复合函数

定义 1.4.1 (反函数) 设 X, Y 为实数集, 函数 $f: X\to Y$ 为一一对应, 则对于每个 $y\in Y$ [此时 $Y=f(X)$], 有唯一的 $x\in X$ 与之对应, 使得 $y=f(x)$, 这个函数记为

$$x=f^{-1}(y),\ y\in Y,$$

称它为 $y=f(x)$, $x\in X$ 的**反函数**.

因为我们习惯于把自变量写为 x, 所以常把反函数 $x=f^{-1}(y)$, $y\in Y$ 改写为

$$y=f^{-1}(x),\ x\in Y,$$

这里 $y=f^{-1}(x),\ x\in Y$ 与 $x=f^{-1}(y),\ y\in Y$ 表示同一个函数, 因为它们的定义域都是 Y, 对应法则都是 f^{-1}, 只是所用变量记号不同而已.

可见, 函数 f 也是 f^{-1} 的反函数, 或者说 f 与 f^{-1} 互为反函数, 且 f 的定义域是 f^{-1} 的值域, f^{-1} 的值域是 f 的定义域, 并有

$$f^{-1}(f(x))\equiv x,\quad x\in X,$$

$$f(f^{-1}(y))\equiv y,\quad y\in Y.$$

以下定理的证明见附录 A.

定理 1.4.1 严格单调递增 (减) 函数存在反函数, 且其反函数也严格单调递增 (减).

可以证明, 若函数 $y=f(x):X\to Y$ 存在反函数 $y=f^{-1}(x):Y\to X$, 则在同一坐标系中, 两者的图像关于直线 $y=x$ 对称.

例 1.4.1 以下左边一列函数的反函数分别是右边一列的对应的函数:

(1) $y=4x+5$;　　(1′) $y=\dfrac{x-5}{4}$;

(2) $y=x^3$;　　(2′) $y=\sqrt[3]{x}$;

(3) $y=x^{-1}$;　　(3′) $y=x^{-1}$;

(4) $y=a^x\ (a>0,\ a\neq 1)$;　　(4′) $y=\log_a x$;

(5) $y=x^{\frac{3}{2}}$;　　(5′) $y=x^{\frac{2}{3}},\ x\in[0,+\infty)$ [下图 (左)];

(6) $y=x^{-\frac{3}{2}}$;　　(6′) $y=x^{-\frac{2}{3}},\ x\in(0,+\infty)$ [下图 (右)].

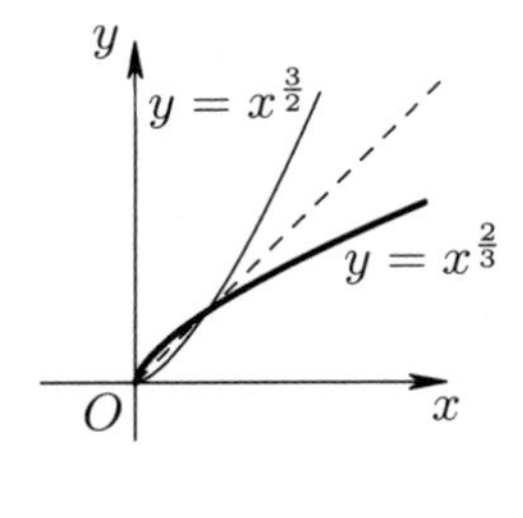

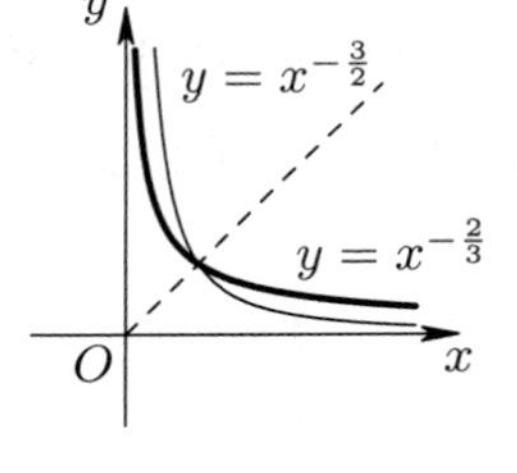

图 1.4.1

例 1.4.2 对于函数 $y=x^2:\mathbf{R}\to[0,+\infty)$, 每个 $y\in(0,+\infty)$, $\mathbf{R}$ 中有两个值与之对应. 这样 $y=x^2$ 在 $\mathbf{R}$ 上不存在反函数. 但是, 把它限制在区间 $(-\infty,0]$ 与 $[0,+\infty)$ 上, 得如下两个函数:

$$y=x^2:\ (-\infty,0]\to[0,+\infty);$$

$$y = x^2 : [0, +\infty) \to [0, +\infty),$$

它们分别有反函数 (见图 1.4.2):

$$y = -\sqrt{x},\ x \in [0, +\infty);$$

$$y = \sqrt{x},\ x \in [0, +\infty).$$

同理, $y = x^{\frac{2}{3}}$ 不存在反函数 (见图 1.4.3).

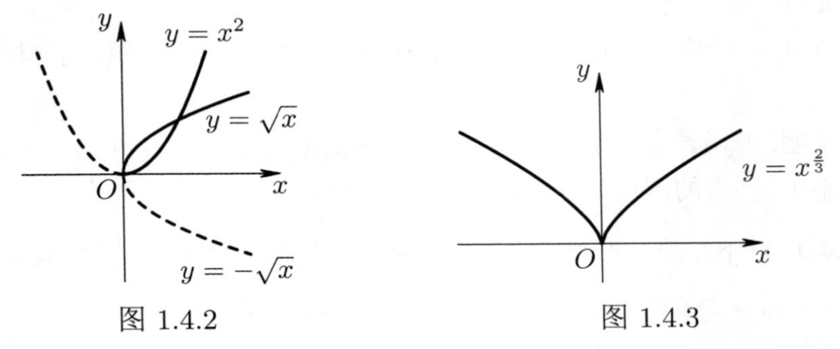

图 1.4.2　　图 1.4.3

例 1.4.3 将三角函数 $\sin x$, $\cos x$, $\tan x$ 及 $\cot x$ 的定义域作如下限制, 则它们存在反函数:

1. $f(x) = \sin x : \left[-\dfrac{\pi}{2}, \dfrac{\pi}{2}\right] \to [-1, 1]$, $f^{-1}(x) = \arcsin x : [-1, 1] \to \left[-\dfrac{\pi}{2}, \dfrac{\pi}{2}\right]$;
2. $f(x) = \cos x : [0, \pi] \to [-1, 1]$, $f^{-1}(x) = \arccos x : [-1, 1] \to [0, \pi]$;
3. $f(x) = \tan x : \left(-\dfrac{\pi}{2}, \dfrac{\pi}{2}\right) \to \mathbf{R}$, $f^{-1}(x) = \arctan x : \mathbf{R} \to \left(-\dfrac{\pi}{2}, \dfrac{\pi}{2}\right)$;
4. $f(x) = \cot x : (0, \pi) \to \mathbf{R}$, $f^{-1}(x) = \operatorname{arccot} x : \mathbf{R} \to (0, \pi)$.

以上函数的图像分别见图 1.4.4 ~ 图 1.4.7.

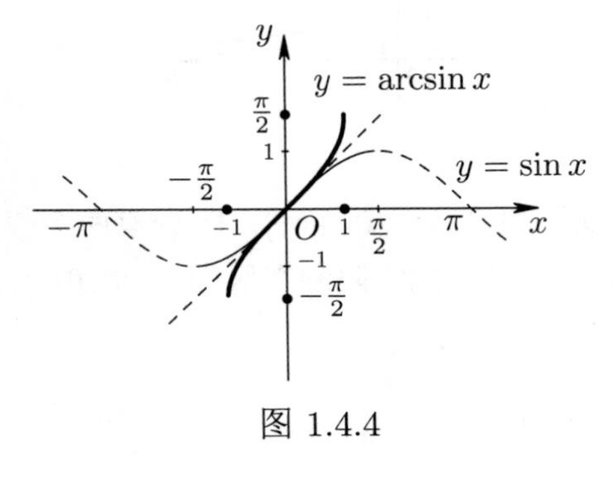

图 1.4.4

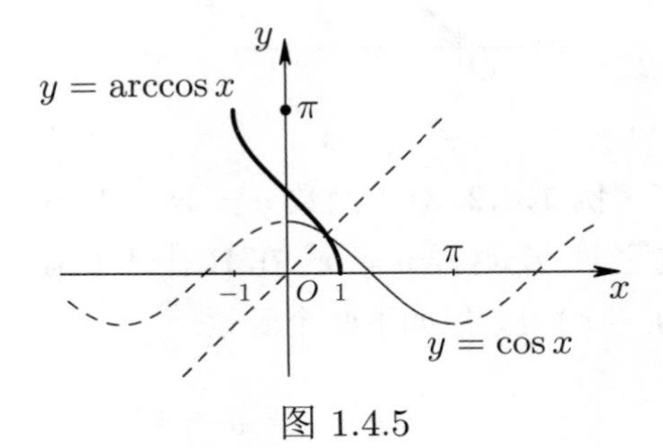

图 1.4.5

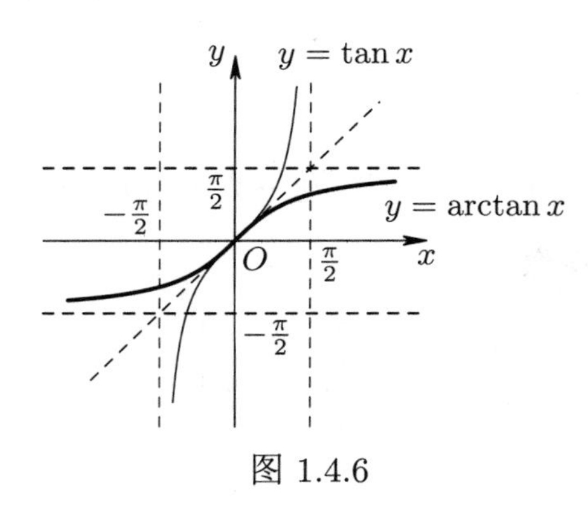

图 1.4.6

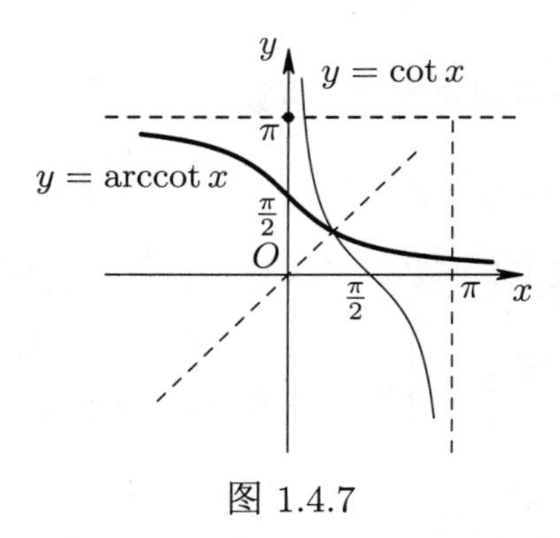

图 1.4.7

定义 1.4.2 (复合函数) 设函数 $y = f(u),\ u \in D$ 和 $u = g(x),\ x \in E$, 且

$$E_0 = \{x \in E \mid g(x) \in D\} \neq \varnothing,$$

则对每一个 $x \in E_0$, 对应唯一的 $u = g(x) \in D$, 而 u 又通过 f 对应唯一的 $y = f(u)$. 这样就确定了一个定义在 E_0 上, 以 x 为自变量, y 为因变量的函数, 记作

$$y = f(g(x)),\ x \in E_0,$$

称它为 f 与 g 的**复合函数**, 称 f 为**外函数**, g 为**内函数**, u 为**中间变量**.

例 1.4.4 (1) $y = f(u) = u^2$ 与 $u = g(x) = \sin x$ 的复合函数是 $y = f(g(x)) = \sin^2 x$, 其定义域为 $\mathbf{R}$.

(2) $y = f(u) = \sqrt{u}$ 与 $u = g(x) = 1 - x^2$ 的复合函数是

$$y = f(g(x)) = \sqrt{1 - x^2},\quad x \in [-1, 1].$$

复合函数也可由多个函数相继复合而成.

例 1.4.5 (1) $y = 1 + u,\ u = \sqrt{z}$ 以及 $z = 1 + x^2$ 相继复合而成的复合函数为 $y = 1 + \sqrt{1 + x^2},\ x \in \mathbf{R}$.

(2) $y = \lg u,\ u \in (0, +\infty),\ u = \sqrt{z},\ z \in [0, +\infty)$ 以及 $z = 1 - x^2,\ x \in \mathbf{R}$ 相继复合运算而得到的复合函数为

$$y = \lg \sqrt{1 - x^2},\quad x \in (-1, 1).$$

注 在定义 1.4.2 中, 若 $E_0 = \varnothing$, 则两个函数不能进行复合. 例如, $y = f(u) = \arcsin u,\ u \in D = [-1, 1]$ 与 $u = g(x) = 2 + x^2,\ x \in \mathbf{R}$ 就不能进行复合.

习题 1.4

1. 求下列函数的反函数:

(1) $y = x^{\frac{2}{3}} : (-\infty, 0] \to [0, +\infty)$;　　(2) $y = x^{\frac{2}{3}} : [0, +\infty) \to [0, +\infty)$.

2. 求下列函数的反函数, 并作出其反函数的图像:

(1) $y = \begin{cases} 2x, & 0 \leqslant x < 1, \\ -2x + 6, & 1 \leqslant x \leqslant 2; \end{cases}$　　(2) $y = \begin{cases} 2x, & x \leqslant 0, \\ x^2, & x > 0; \end{cases}$

(3) $y = \begin{cases} x^3, & 0 \leqslant x \leqslant 1, \\ \sqrt{x}, & x > 1. \end{cases}$

3. 对于下列函数 f 和 φ, 求 $f(\varphi(x))$, $\varphi(f(x))$, $\varphi(\varphi(x))$ 以及 $f(f(x))$.

(1) $f(x) = x^3 + 1$ 和 $\varphi(x) = \cos x$;

(2) $f(x) = x^2$ 和 $\varphi(x) = 3^x$.

4. 设 $f(x) = \dfrac{x}{x-1}$, 求 $f(f(f(x)))$.

5. 求满足下列条件之一的函数 $f(x)$:

(1) $f\left(x + \dfrac{1}{x}\right) = x^2 + \dfrac{1}{x^2} + 4\left(x + \dfrac{1}{x}\right)$;

(2) $f(\tan x) = \dfrac{1}{\cos^2 x}$;

(3) $f(x+1) = x^2 + 3x + 2$.

6. 设 $f(x) = 2x^2$, 证明: $f\left(\cos\dfrac{x}{2}\right) + f\left(\sin\dfrac{x}{2}\right) = 2$.

1.5 初等函数

我们把以下六种函数称为**基本初等函数**.

1. **常函数** $y = c$ (c 是常数).

2. **幂函数** $y = x^\alpha$ (α 为实数).

$y = x^\alpha$ 的定义域随不同的实数 α 而异, 但不论 α 为何值, 它在 $(0, +\infty)$ 内总有定义, 当 $\alpha > 0$ 时的性质与 $\alpha < 0$ 时的性质根本不同, 其图像见图 1.5.1 和图 1.5.2.

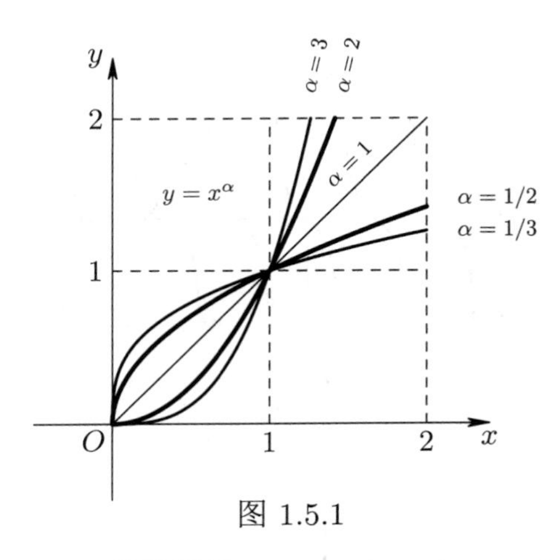

图 1.5.1

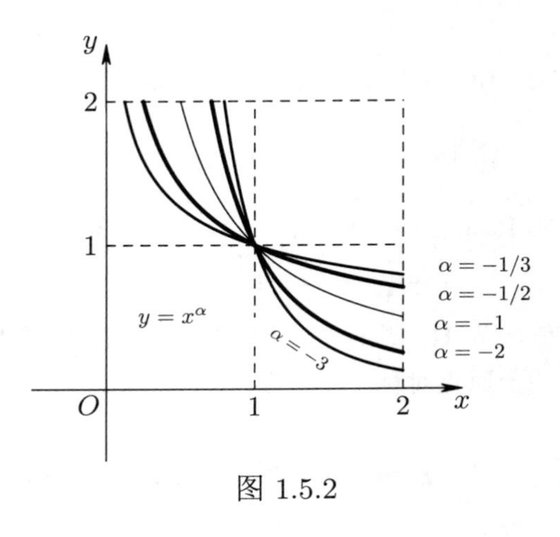

图 1.5.2

3. **指数函数** $y=a^x\ (a>0,\ a\neq 1)$.

定义域 $\mathbf{R}$, 值域为 $(0,+\infty)$, 其图像在 x 轴上方, 过点 $(0,1)$, 见图 1.5.3.

4. **对数函数** $y=\log_a x\ (a>0,\ a\neq 1)$.

定义域 $(0,+\infty)$, 值域为 $\mathbf{R}$, 其图像在 y 轴右侧, 过点 $(1,0)$, 见图 1.5.4.

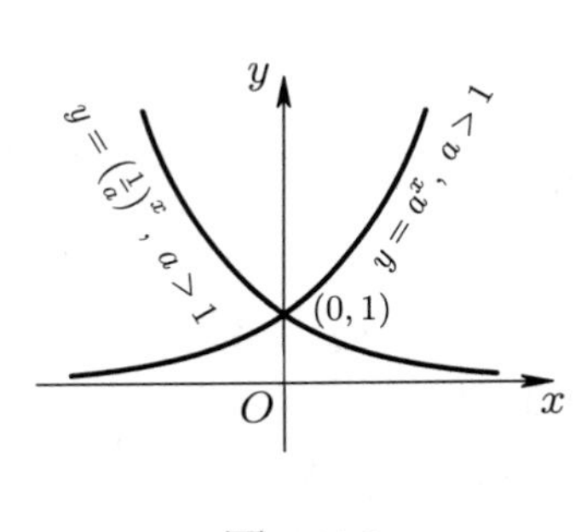

图 1.5.3

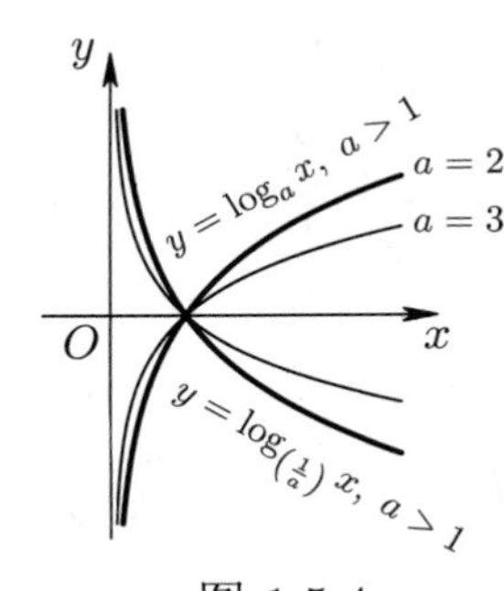

图 1.5.4

5. **三角函数**

(1) $y=\sin x$ (正弦函数).

定义域为 $\mathbf{R}$, 值域为 $[-1,1]$, 周期是 2π. 因是奇函数, 其图像关于原点对称, 见图 1.5.5.

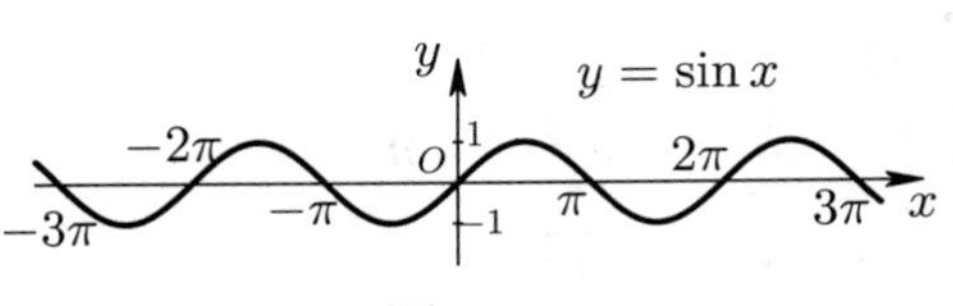

图 1.5.5

(2) $y=\cos x$ (余弦函数).

定义域为 $\mathbf{R}$, 值域为 $[-1,1]$, 周期是 2π. 因是偶函数, 其图像关于 y 轴对称, 见图 1.5.6.

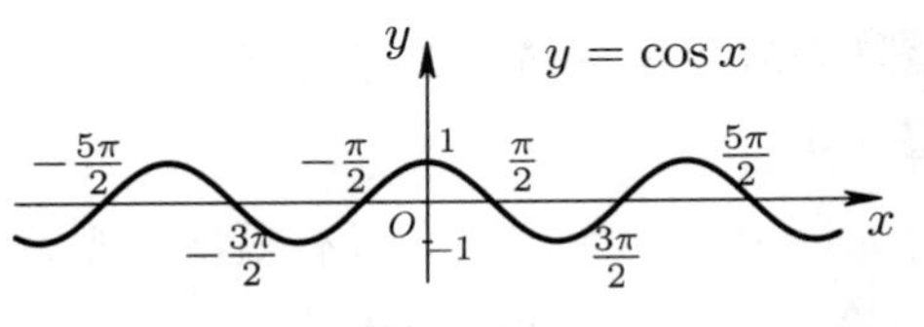

图 1.5.6

(3) $y=\tan x$ (正切函数), 其定义域为

$$\mathbf{R}\backslash\{k\pi+\frac{\pi}{2}\mid k=0,\ \pm1,\ \pm2,\ \cdots\},$$

即 $\mathbf{R}$ 中去掉下列点:

$$x=\pm\frac{\pi}{2},\ \pm\frac{3\pi}{2},\ \pm\frac{5\pi}{2},\ \cdots,$$

值域为 $\mathbf{R}$, 周期是 π. 因是奇函数, 其图像关于原点对称, 见图 1.5.7.

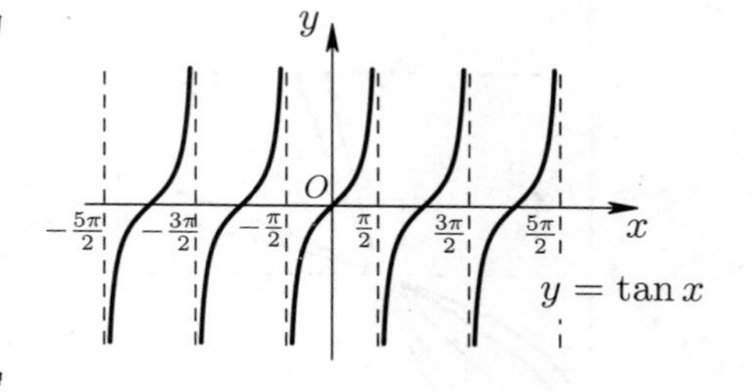

图 1.5.7

(4) $y=\cot x$ (余切函数), 其定义域为

$$\mathbf{R}\backslash\{k\pi\mid k=0,\ \pm1,\ \pm2,\ \cdots\},$$

即 $\mathbf{R}$ 中去掉下列点:

$$x=0,\ \pm\pi,\ \pm2\pi,\ \pm3\pi,\ \cdots,$$

值域为 $\mathbf{R}$, 周期是 π. 因是奇函数, 其图像关于原点对称, 见图 1.5.8.

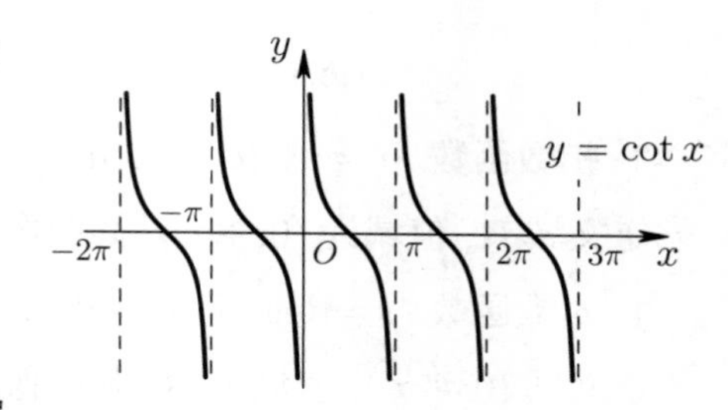

图 1.5.8

另外, $\sec x=\dfrac{1}{\cos x}$ (正割函数) 及 $\csc x=\dfrac{1}{\sin x}$ (余割函数) 的图像如图 1.5.9 和图 1.5.10 所示.

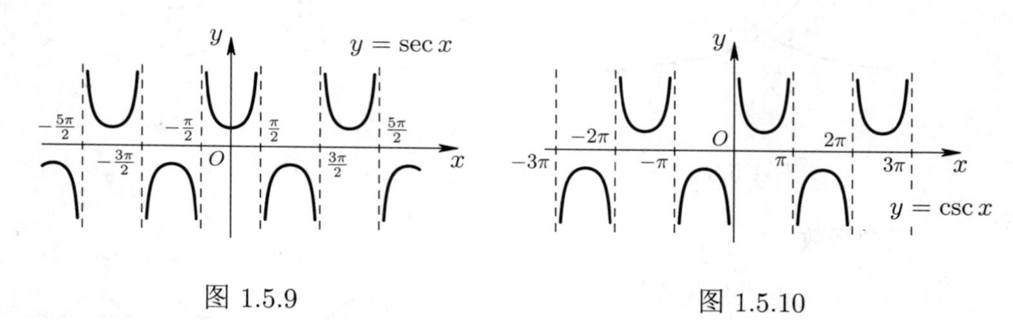

图 1.5.9

图 1.5.10

6. 反三角函数

$y=\arcsin x$ (反正弦函数) (见图 1.4.4); $y=\arccos x$ (反余弦函数) (见图 1.4.5); $y=\arctan x$ (反正切函数) (见图 1.4.6); $y=\operatorname{arccot} x$ (反余切函数) (见图 1.4.7).

由基本初等函数经过有限次四则运算与复合运算所得到的函数称为**初等函数**. 初等函数都有一个解析表达式.

例 1.5.1 多项式函数

$$P_n(x) = a_n x^n + a_{n-1}x^{n-1} + \cdots + a_1 x + a_0$$

(其中各 a_i 称为多项式的**系数**, n 称为多项式的**次数**, $a_n \neq 0$) 是由常函数与正整数幂函数经若干次乘法与加法运算而得到的, 因而是初等函数.

有理函数

$$f(x) = \frac{P_n(x)}{P_m(x)} \quad [\text{其中 } P_n(x) \text{ 与 } P_m(x) \text{ 均为多项式函数}]$$

是初等函数. 函数

$$y = \frac{2+\sqrt[3]{x}}{2-\sqrt{x}}, \quad y = \arctan\sqrt{\frac{1+\sin x}{1-\sin x}}, \quad y = \sin^2 x, \quad y = 1 + \sqrt{1+x^2}$$

等也都是初等函数.

初等函数是本课程研究的主要对象, 因此读者应熟练掌握基本初等函数的性质与图像, 知道初等函数的定义域.

凡不是初等函数的函数称为**非初等函数**. 分段函数不是初等函数. 符号函数 $\operatorname{sgn} x$, 取整函数 $[x]$ 及狄利克雷函数 $D(x)$ 均是非初等函数. 在第四章我们还会看到其他形式的非初等函数.

习题 1.5

1. 写出下列初等函数由基本初等函数经四则运算和函数复合得出的过程.

(1) $3^{\sin(x+1)}$; (2) $\lg\cos 5x$;

(3) $\left(\arctan\dfrac{x}{2}\right)^2$; (4) $\arctan\sqrt{\dfrac{1+\sin x}{1-\sin x}}$;

(5) $\sin\sin\sin 5^x$; (6) $\lg\arccos\sqrt{\dfrac{1}{x}}$;

(7) $(\arcsin\sqrt{1-x^2})^2$; (8) $\lg\lg\sqrt{2+\sin x}$.

2. 利用 $y = x^2$ 的图像作出 $y = x^2 - 1$, $y = x^2 + 1$, $y = -x^2$, $y = 1 - x^2$, $y = (x-1)^2$, $y = (x+1)^2$ 和 $y = (x-1)^2 + 1$ 的图像.

3. 利用 $y = \ln x$ 的图像作出 $y = \ln(x+1)$, $y = \ln(x-1)$, $y = \ln\dfrac{1}{x}$ 和 $y = \ln\dfrac{1}{x+1}$ 的图像.

第二章　极限

极限是在研究变量的变化趋势时引进的一个极其重要的概念. 极限方法是微积分学[①]的基础, 微分法和积分法都可以通过极限运算来描述. 本章介绍多种形式的极限定义、性质, 建立极限的一些运算法则以及判定极限存在的准则, 并用极限概念讨论函数的连续性.

2.1　数列极限

早在古代, 我国就有了极限思想, 数学家刘徽用它创立了"割圆术", 用来定义和计算圆的周长. 他计算圆内接正六边形周长 l_1, 正十二边形周长 l_2, 正二十四边形周长 l_3, 正四十八边形周长 l_4, 正九十六边形周长 l_5, 正一百九十二边形周长 l_6, 等等, 并认为当边数无限增加时, 这一串正多边形的位置,"则与圆合体", 用他的话来说就是"割之弥细, 所失弥少, 割之又割, 以至于不可割, 则与圆周合体, 无所失矣", 此时这一串圆的正内接 3×2^n 边形的周长

$$l_1,\ l_2,\ \cdots,\ l_n,\ \cdots$$

无限接近于一个常数 l. 于是当然就认为 l 是该圆的周长. 但是, 任何有限过程, 即对于任意的正整数 n, 对应的圆内接正 3×2^n 边形的周长 l_n 都只能是 l 的近似值, 而在无限过程中, 才解决了圆的周长 l 的精确计算问题[②].

2.1.1　数列极限的概念

定义在正整数集 $\mathbf{N}^+$ 上的一个函数 $f(n)=a_n$ 称为**数列**, 可以写成

$$a_1,\ a_2,\ \cdots,\ a_n,\ \cdots$$

① 微积分学是微分学 (differential calculus) 和积分学 (integral calculus) 的统称 (英文简称 calculus), 原意是演算, 因为早期微积分主要用于天文、力学、几何中的计算问题. 微积分学也称为分析学 (analysis) 或数学分析.

② 刘徽 (公元 225 ~ 295) 撰写的《九章算术注》和《海岛算经》是我国宝贵的数学遗产. 他在公元 263 年用"割圆术"计算出的圆周率 π (圆的周长与其直径之比) 的近似值为 3.14. 大约两个世纪之后, 科学家祖冲之 (公元 429 ~ 500) 和他的儿子祖暅继承了刘徽的思想, 又算出 π 介于 3.141 592 6 与 3.141 592 7 之间. 这是我国古代数学的光辉成就之一.

或简单地记作 $\{a_n\}$, 数列中每个数称为数列的项, a_n 称为数列的**通项**或**一般项**.

下面是一些数列的例子.

(1) $1,\ 4,\ 9,\ \cdots,\ n^2,\ \cdots;$

(2) $1,\ -1,\ 1,\ \cdots,\ (-1)^{n+1},\ \cdots;$

(3) $1,\ \dfrac{1}{2},\ \dfrac{1}{3},\ \cdots,\ \dfrac{1}{n},\ \cdots;$

(4) $1,\ -\dfrac{1}{2},\ \dfrac{1}{3},\ \cdots,\ (-1)^{n+1}\dfrac{1}{n},\ \cdots;$

(5) $\dfrac{1}{2},\ \dfrac{2}{3},\ \dfrac{3}{4},\ \cdots,\ \dfrac{n}{n+1},\ \cdots.$

以上数列的一般项 a_n 分别为

$$n^2,\quad (-1)^{n+1},\quad \frac{1}{n},\quad (-1)^{n+1}\frac{1}{n},\quad \frac{n}{n+1}.$$

对于数列 (1), 其通项 n^2 随着 n 的增大而无限增大, 因而不能无限地接近于任何一个确定的数.

对于数列 (2), 其通项 $(-1)^{n+1}$ 随着 n 的改变在 -1 和 1 这两个数上跳来跳去, 也不能无限地接近于任何一个确定的数.

现在我们来观察后三个数列.

数列 (3) 的通项 $\dfrac{1}{n}$ 随着 n 的增大而减小, 并且无限地接近于 0.

数列 (4) 的通项 $(-1)^{n+1}\dfrac{1}{n}$ 随着 n 的增大 (虽然可能大于 0, 也可能小于 0) 无限地接近于 0.

数列 (5) 的通项 $\dfrac{n}{n+1}$ 随着 n 的增大而增大, 并且无限地接近于 1.

这三个数列具有一个共同的性质 $\mathcal{P}$:

> 数列的通项 a_n 随着 n 的无限增大而无限地接近于某个常数 a.

也就是说, 对于任意给定的一个正数 ε, 不论它多么小, 只要 n 充分大, a_n 与 a 的距离 $|a_n-a|$ 就小于这个正数 ε, 即通项 a_n 就落在点 a 的 ε 邻域 $U_\varepsilon(a)$ 内 (见图 2.1.1).

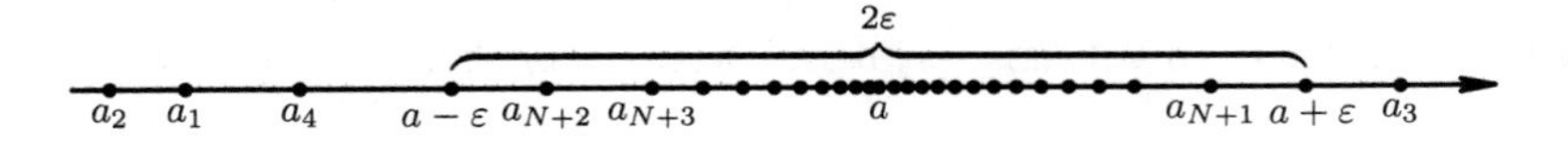

图 2.1.1

用数学语言表达数列的这种性质 $\mathcal{P}$, 就得到如下定义:

定义 2.1.1 (**数列极限**) 设 $\{a_n\}$ 是一个数列, a 是一个确定的数. 若对于任意给定的 $\varepsilon > 0$, 总存在某个正整数 N, 使得当 $n > N$ 时, 就有

$$|a_n - a| < \varepsilon,$$

则称数列 $\{a_n\}$ 为**收敛数列**, 它的**极限为** a, 或称 $\{a_n\}$ **收敛于** a, 记作

$$\lim_{n\to\infty} a_n = a,$$

读作"**当** n **趋于无穷大时,** $\{a_n\}$ **以** a **为极限**"[①].

若 $\lim\limits_{n\to\infty} a_n = a$, 我们也记作 $a_n \to a\ (n \to \infty)$ 或当 $n \to \infty$ 时, $a_n \to a$.

若数列 $\{a_n\}$ 没有极限, 则称它**不收敛**或**发散**. 数列 (1) 和 (2) 就是发散的.

以上定义可简述为

$$\boxed{\lim_{n\to\infty} a_n = a \ \Leftrightarrow\ \forall\, \varepsilon > 0,\ \exists\, N \in \mathbf{N}^+,\ \text{当}\, n > N\, \text{时, 有}\ a - \varepsilon < a_n < a + \varepsilon.}$$

由定义 2.1.1 可知下列事实成立.

对于任何常数 c, 数列

$$c,\ c,\ c,\ \cdots,\ c,\ \cdots$$

是收敛的, 且极限为 c. 特别地, 通项为 1 的数列是收敛的, 而且收敛于 1.

因为 $|(a_n - a) - 0| = |a_n - a|$, 所以

$$\boxed{\lim_{n\to\infty} a_n = a \quad \Leftrightarrow \quad \lim_{n\to\infty} (a_n - a) = 0,}$$

即数列

$$a_1,\ a_2,\ \cdots,\ a_n,\ \cdots$$

收敛于 a 的充要条件是数列

$$a_1 - a,\ a_2 - a,\ \cdots,\ a_n - a,\ \cdots$$

---

① **注** (1) 只有正数 ε 任意小, $|a_n - a| < \varepsilon$ 才能表达 a_n 与 a 无限接近的意思. 然而, 一旦 ε 给定, 就应暂时视为定数来求 N. 既然 $\varepsilon > 0$ 是任意的, $\dfrac{1}{3}\varepsilon$, 5ε, ε^2 等也是任意的, 可代替 ε. 同理, 定义中的"$<$"也可换成"$\leqslant$".

(2) N 与预先给定的正数 ε 有关, 一般地, 若 ε 变小, N 会相应增大. 但是 N 并不由 ε 唯一确定. 若 N 满足要求, 则大于 N 的 $N+1$, $N+2$ 等都满足要求.

收敛于 0.

注意到 $||a_n|-0|=|a_n-0|$ 得

$$\lim_{n\to\infty} a_n = 0 \quad \Leftrightarrow \quad \lim_{n\to\infty} |a_n| = 0.$$

定义 2.1.1 称为数列极限的“ε - N”定义, 其中“当 $n>N$ 时, 就有 $|a_n-a|<\varepsilon$”是指 a_N 以后的所有 a_n 都落在 a 的 ε 邻域 $U_\varepsilon(a)=(a-\varepsilon,a+\varepsilon)$ 内, $U_\varepsilon(a)$ 的外边至多有 N 项. 也就是说, 对于收敛于 a 的数列 $\{a_n\}$, a 的任何 ε 邻域内都含该数列的几乎所有的项, 所以,

改变数列的有限项, 不改变数列的收敛性, 也不改变收敛数列的极限值.

例 2.1.1 用“ε - N”定义来验证数列极限:

$$\lim_{n\to\infty} \frac{1}{n^\alpha} = 0 \ (\alpha > 0); \qquad \lim_{n\to\infty} \frac{n}{n+1} = 1.$$

证明 对于第一式, 现仅证明当 $\alpha=1$ 的情况, 即证明 $\lim\limits_{n\to\infty} \dfrac{1}{n}=0$. 其余情况的证明见附录 A.

$\forall\, \varepsilon>0$, 要使 $\left|\dfrac{1}{n}-0\right|=\dfrac{1}{n}<\varepsilon$, 只需 $n>\dfrac{1}{\varepsilon}$, 只要取正整数 $N>\dfrac{1}{\varepsilon}$, 当 $n>N$ 时 (更有 $n>\dfrac{1}{\varepsilon}$), 就有

$$\left|\frac{1}{n}-0\right|<\varepsilon,$$

这说明当 $n\to\infty$ 时, $\dfrac{1}{n}\to 0$.

现证明第二式. $\forall\, \varepsilon>0$, 要使 $\left|\dfrac{n}{n+1}-1\right|=\dfrac{1}{n+1}<\varepsilon$, 只需 $n+1>\dfrac{1}{\varepsilon}$, 即 $n>\dfrac{1}{\varepsilon}-1$, 只要取正整数 $N>\dfrac{1}{\varepsilon}-1$, 当 $n>N$ 时 (更有 $n>\dfrac{1}{\varepsilon}-1$), 就有

$$\left|\frac{n}{n+1}-1\right|<\varepsilon,$$

这说明当 $n\to\infty$ 时, $\dfrac{n}{n+1}\to 1$. □

由例 2.1.1, 数列

$$\left\{\frac{1}{n}\right\},\quad \left\{\frac{1}{n^2}\right\},\quad \left\{\frac{1}{\sqrt{n}}\right\}\quad 以及\quad \left\{\frac{1}{n^{\frac{3}{2}}}\right\}$$

的极限均为 0.

由于 $\lim\limits_{n\to\infty} a_n = 0 \Leftrightarrow \lim\limits_{n\to\infty} |a_n| = 0$, 数列

$$\left\{(-1)^n\frac{1}{n}\right\},\quad \left\{(-1)^n\frac{1}{n^2}\right\},\quad \left\{(-1)^n\frac{1}{\sqrt{n}}\right\}\quad 以及\quad \left\{(-1)^n\frac{1}{n^{\frac{3}{2}}}\right\}$$

的极限均为 0.

对于 $\alpha > 0$, 数列

$$\left\{(-1)^n\frac{1}{n^\alpha}\right\}\ 以及\ \left\{(-1)^{n+1}\frac{1}{n^\alpha}\right\}$$

的极限都是 0.

例 2.1.2 用数列极限的定义, 可证明下列等式 (证明见附录 A):

$$\boxed{\lim_{n\to\infty} q^n = 0\ (|q| < 1);\quad \lim_{n\to\infty} \sqrt[n]{a} = 1\ (a > 0).}$$

由例 2.1.2 第一式, 数列

$$\left\{\frac{1}{2^n}\right\},\quad \left\{\left(-\frac{1}{3}\right)^n\right\},\quad \left\{\frac{2^n}{3^n}\right\}\quad 与\quad \left\{(-1)^n\frac{3^n}{4^n}\right\}$$

均收敛于 0;

由例 2.1.2 第二式, 数列

$$\{\sqrt[n]{2}\},\quad \{\sqrt[n]{3}\},\quad \left\{\frac{1}{\sqrt[n]{2}}\right\}\quad 与\quad \left\{\frac{1}{\sqrt[n]{3}}\right\}$$

均收敛于 1.

2.1.2　收敛数列的性质与运算

定理 2.1.1 (**唯一性**) 若数列 $\{a_n\}$ 收敛, 则它只有一个极限.

证明 假设 a 与 b 都是 $\{a_n\}$ 的极限且 $a \neq b$. 对于 $\varepsilon_0 = \dfrac{1}{2}|a-b| > 0$, $\exists$ 正整数 N_1 和 N_2, 当 $n > N_1$ 时, 有

$$|a_n - a| < \varepsilon_0, \tag{2.1}$$

当 $n > N_2$ 时, 有

$$|a_n - b| < \varepsilon_0. \tag{2.2}$$

取 $N = \max\{N_1, N_2\}$[①], 则当 $n > N$ 时, (2.1) 和 (2.2) 式均成立, 从而

$$\begin{aligned}|a-b| &= |a - a_n + a_n - b| \leqslant |a_n - a| + |a_n - b| \\ &< \varepsilon_0 + \varepsilon_0 = |a-b|,\end{aligned}$$

这样得到一个矛盾不等式 $|a-b| < |a-b|$, 故 $\{a_n\}$ 只能有一个极限. □

定义 2.1.2 (子列) 设 $\{a_n\}$ 是一数列, $\{n_k\}$ 为正整数集 $\mathbf{N}^+$ 的无限子集, 且 $n_1 < n_2 < \cdots < n_k < \cdots$, 则数列

$$a_{n_1},\ a_{n_2},\ \cdots,\ a_{n_k},\ \cdots$$

称为 $\{a_n\}$ 的一个**子列**.

注 (1) $\{a_n\}$ 的子列 $\{a_{n_k}\}$ 保持在 $\{a_n\}$ 中的先后顺序. 子列 $\{a_{n_k}\}$ 的第 k 项是 $\{a_n\}$ 的第 n_k 项. 因而 $n_k \geqslant k$ 总成立.

(2) $\{a_n\}$ 的偶数项构成的数列 $\{a_{2k}\}$ 与奇数项构成的数列 $\{a_{2k-1}\}$ 均是 $\{a_n\}$ 的子列. $\{a_n\}$ 本身也是 $\{a_n\}$ 的一个子列, 此时 $n_k = k$. 对于取定的正整数 m, $\{a_n\}$ 去掉前 m 项后得到的数列 $\{a_{n+m}\}$ 是 $\{a_n\}$ 的子列. 显然 $\{n_k\}$ 也是 $\{n\}$ 的子列.

定理 2.1.2 (收敛的充要条件) 数列 $\{a_n\}$ 收敛于 a 的充要条件是它的任意子列都收敛于 a.

证明 因为 $\{a_n\}$ 本身也是它的子列, 充分性是成立的. 下面证明必要性.

设 $\{a_{n_k}\}$ 是 $\{a_n\}$ 的子列, $b_k = a_{n_k}$, $k = 1, 2, \cdots$, 往证 $\lim\limits_{k\to\infty} b_k = a$. 因 $\lim\limits_{n\to\infty} a_n = a$, $\forall\, \varepsilon > 0$, $\exists$ 正整数 N, 当 $n > N$ 时, 有

$$|a_n - a| < \varepsilon.$$

由于 $n_k \geqslant k$, 当 $k > N$ 时, 更有 $n_k > N$, 从而

$$|a_{n_k} - a| < \varepsilon, \ \text{即}\ \ |b_k - a| < \varepsilon,$$

所以数列 $\{b_k\}$ 收敛于 a, 即子列 $\{a_{n_k}\}$ 收敛于 a. □

由定理 2.1.2, 若某数列有一个子列不收敛或有两个子列极限不等, 则该数列发散.

① max 表示“最大者”. 例如, $\max\{1,2\} = 2$, $\max\{2, 5.5\} = 5.5$.

例 2.1.3 (1) 数列

$$-1,\ 1,\ -1,\ 1,\ -1,\ \cdots$$

的偶数项构成的子列 $\{(-1)^{2k}\}$ 收敛于 1, 奇数项构成的子列 $\{(-1)^{2k-1}\}$ 收敛于 -1, 故上述数列 $\{(-1)^n\}$ 不收敛.

(2) 数列

$$1,\ 1,\ 2,\ 1,\ 3,\ 1,\ 4,\ \cdots,\ 1,\ n,\ 1,\ n+1,\ \cdots$$

的奇数项构成的子列 $\{n\}$ 不收敛, 故上述数列发散.

例 2.1.4 因为 $\lim\limits_{n\to\infty}\dfrac{1}{n}=0$, 而数列

$$\left\{\frac{1}{2^{n+1}}\right\},\quad \left\{\frac{1}{3^{n+1}}\right\},\quad \left\{\frac{1}{(n+1)^2}\right\},\quad \left\{\frac{1}{n!}\right\}\quad 及\quad \left\{\frac{1}{n^2(n+1)}\right\}$$

都是 $\left\{\dfrac{1}{n}\right\}$ 的子列, 由定理 2.1.2, 它们都收敛于 0.

若存在正数 M, 对于数列 $\{a_n\}$ 的每一项 a_n, 都有

$$|a_n|\leqslant M,$$

则称此数列**有界**.

例如, $\{\sin^2 n\}$, $\{\cos n\}$ 和 $\left\{\dfrac{1}{n}\right\}$ 都是有界数列.

定理 2.1.3 (有界性) 收敛数列 $\{a_n\}$ 必为有界数列.

证明 设 $\lim\limits_{n\to\infty}a_n=a$. 对于 $\varepsilon=1$, $\exists$ 正整数 N, 对于一切 $n>N$, 有

$$|a_n-a|<1,$$

从而 $|a_n|=|a_n-a+a|\leqslant|a_n-a|+|a|\leqslant 1+|a|$. 令

$$M=\max\{|a_1|,\ |a_2|,\ \cdots,\ |a_N|,\ 1+|a|\},$$

则对于一切 n, 有 $|a_n|\leqslant M$, 即 $\{a_n\}$ 为有界数列. □

定理 2.1.3 是不可逆的: 数列 $\{(-1)^n\}$ 有界, 但是它不收敛.

命题 2.1.1 若数列 $\{a_n\}$ 收敛于 0, 数列 $\{b_n\}$ 有界, 则数列 $\{a_nb_n\}$ 收敛于 0.

证明 因 $\{b_n\}$ 有界, $\exists\, M>0$, 使得 $\forall\, n$, $|b_n|\leqslant M$. 因 $\lim\limits_{n\to\infty}a_n=0$, $\forall\,\varepsilon>0$, $\exists$ 正整数 N, 当 $n>N$ 时, $|a_n-0|=|a_n|<\dfrac{\varepsilon}{M}$, 于是

$$|a_nb_n-0|=|a_n||b_n|<M\frac{\varepsilon}{M}=\varepsilon,$$

这样 $\lim\limits_{n\to\infty} a_nb_n = 0$. □

由命题 2.1.1 知,

$$\lim_{n\to\infty}\frac{1}{n}\sin n = 0, \quad \lim_{n\to\infty}\frac{\cos n}{n^2} = 0, \quad \lim_{n\to\infty}\frac{\sin^2 5n}{n^2(n+1)} = 0.$$

下面的定理 2.1.4 与定理 2.1.5 的证明见附录 A.

定理 2.1.4 (**保号性 I**) 设 $\lim\limits_{n\to\infty} a_n = a > b\ (a < b)$, 则存在正整数 N, 当 $n > N$ 时, 有 $a_n > b\ (a_n < b)$.

特别地, 若 $\lim\limits_{n\to\infty} a_n = a > 0\ (a < 0)$, 则存在正整数 N, 当 $n > N$ 时, 有 $a_n > 0\ (a_n < 0)$.

定理 2.1.5 (**保号性 II**) 设数列 $\{a_n\}$ 与 $\{b_n\}$ 均收敛, 且存在正整数 N_0, 当 $n > N_0$ 时, 有 $a_n \leqslant b_n$, 则 $\lim\limits_{n\to\infty} a_n \leqslant \lim\limits_{n\to\infty} b_n$.

注 在定理 2.1.5 中, 若当 $n > N_0$ 时, $a_n \leqslant 0\ (a_n \geqslant 0)$, 则 $\lim\limits_{n\to\infty} a_n \leqslant 0\ (\lim\limits_{n\to\infty} a_n \geqslant 0)$; 若当 $n > N_0$ 时, $a_n < b_n$, 却未必有 $\lim\limits_{n\to\infty} a_n < \lim\limits_{n\to\infty} b_n$. 例如, 令 $a_n = 1$, $b_n = 1 + \frac{1}{n}$, 则对一切 n, $a_n < b_n$, 可是 $\lim\limits_{n\to\infty} a_n = 1 = \lim\limits_{n\to\infty} b_n$.

定理 2.1.6 (**四则运算**) 设数列 $\{a_n\}$ 与 $\{b_n\}$ 均收敛, 则 $\{a_n \pm b_n\}$ 及 $\{a_nb_n\}$ 也收敛, 而且

(1) $\lim\limits_{n\to\infty}(a_n \pm b_n) = (\lim\limits_{n\to\infty} a_n) \pm (\lim\limits_{n\to\infty} b_n)$;

(2) $\lim\limits_{n\to\infty}(a_nb_n) = (\lim\limits_{n\to\infty} a_n)(\lim\limits_{n\to\infty} b_n)$, 特别地, $\lim\limits_{n\to\infty}(c\, b_n) = c\lim\limits_{n\to\infty} b_n$ (c 为常数);

(3) 若 $\lim\limits_{n\to\infty} b_n \neq 0$, 则 $\left\{\frac{a_n}{b_n}\right\}$ 收敛, 而且

$$\lim_{n\to\infty}\frac{a_n}{b_n} = \frac{\lim\limits_{n\to\infty} a_n}{\lim\limits_{n\to\infty} b_n}.$$

证明 设 $\lim\limits_{n\to\infty} a_n = a$, $\lim\limits_{n\to\infty} b_n = b$. $\forall\, \varepsilon > 0$, $\exists$ 正整数 N, 当 $n > N$ 时, $|a_n - a| < \frac{\varepsilon}{2}$, 而且 $|b_n - b| < \frac{\varepsilon}{2}$, 从而

$$|(a_n \pm b_n) - (a \pm b)| \leqslant |a_n - a| + |b_n - b| < \frac{\varepsilon}{2} + \frac{\varepsilon}{2} = \varepsilon,$$

所以 $\lim\limits_{n\to\infty}(a_n \pm b_n) = a \pm b$, 即结论 (1) 成立.

由于 $\lim\limits_{n\to\infty}(a_n-a)=0$, $\lim\limits_{n\to\infty}(b_n-b)=0$, 又收敛数列 $\{b_n\}$ 有界, 由结论 (1) 及命题 2.1.1 得

$$\begin{aligned}\lim_{n\to\infty}(a_nb_n-ab)&=\lim_{n\to\infty}[(a_n-a)b_n+a(b_n-b)]\\&=\lim_{n\to\infty}(a_n-a)b_n+\lim_{n\to\infty}a(b_n-b)=0,\end{aligned}$$

所以 $\lim\limits_{n\to\infty}(a_nb_n)=ab$, 即结论 (2) 成立.

由于 $\lim\limits_{n\to\infty}b_n=b$, $\forall\,\varepsilon>0$, 由前面的讨论, $\exists\,N$, 当 $n>N$ 时, $|b_n-b|<\dfrac{\varepsilon}{2}$. 又由于 $b\neq0$, 对于 $\varepsilon_0=\dfrac{|b|}{2}$, $\exists$ 正整数 N_0, 当 $n>N_0$ 时, 有 $|b_n-b|<\varepsilon_0$, 由

$$|b|=|b-b_n+b_n|\leqslant|b-b_n|+|b_n|<\varepsilon_0+|b_n|,$$

得 $|b_n|>|b|-\varepsilon_0=\dfrac{|b|}{2}$. 取 $N'=\max\{N_0,N\}$, 当 $n>N'$ 时, 有

$$\left|\frac{1}{b_n}-\frac{1}{b}\right|=\frac{1}{|b_n||b|}|b_n-b|<\frac{2}{|b|^2}\cdot\frac{\varepsilon}{2}=\frac{\varepsilon}{|b|^2},$$

故 $\lim\limits_{n\to\infty}\dfrac{1}{b_n}=\dfrac{1}{b}$. 由结论 (2), $\lim\limits_{n\to\infty}\dfrac{a_n}{b_n}=\lim\limits_{n\to\infty}a_n\cdot\dfrac{1}{b_n}=\dfrac{a}{b}$, 这样结论 (3) 成立. □

例 2.1.5 求 $\lim\limits_{n\to\infty}\dfrac{3^{n+1}+2}{3^n}$.

解 $\lim\limits_{n\to\infty}\dfrac{3^{n+1}+2}{3^n}=\lim\limits_{n\to\infty}\left(3+\dfrac{2}{3^n}\right)=3+2\lim\limits_{n\to\infty}\dfrac{1}{3^n}=3+0=3.$

例 2.1.6 求 $\lim\limits_{n\to\infty}\sqrt{n}\left(\dfrac{1}{\sqrt{n}}-\dfrac{1}{n}\right)$.

解 $\lim\limits_{n\to\infty}\sqrt{n}\left(\dfrac{1}{\sqrt{n}}-\dfrac{1}{n}\right)=\lim\limits_{n\to\infty}\left(1-\dfrac{1}{\sqrt{n}}\right)=1-\lim\limits_{n\to\infty}\dfrac{1}{\sqrt{n}}=1-0=1.$

例 2.1.7 求 $\lim\limits_{n\to\infty}\dfrac{2n^2+3n+1}{7n^2+4n+1}$.

解
$$\begin{aligned}\lim_{n\to\infty}\frac{2n^2+3n+1}{7n^2+4n+1}&=\lim_{n\to\infty}\frac{2+3\cdot\dfrac{1}{n}+\dfrac{1}{n^2}}{7+4\cdot\dfrac{1}{n}+\dfrac{1}{n^2}}\\&=\frac{2+3\lim\limits_{n\to\infty}\dfrac{1}{n}+\lim\limits_{n\to\infty}\dfrac{1}{n^2}}{7+4\lim\limits_{n\to\infty}\dfrac{1}{n}+\lim\limits_{n\to\infty}\dfrac{1}{n^2}}=\frac{2+0+0}{7+0+0}=\frac{2}{7}.\end{aligned}$$

例 2.1.8 设 $a_n = 1 + \frac{1}{3} + \frac{1}{3^2} + \cdots + \frac{1}{3^n}$, 求 $\lim\limits_{n\to\infty} a_n$.

解 由于 $a_n = \dfrac{1-\dfrac{1}{3^{n+1}}}{1-\dfrac{1}{3}} = \dfrac{3}{2}\left(1-\dfrac{1}{3^{n+1}}\right)$, 而 $\left\{\dfrac{1}{3^{n+1}}\right\}$ 是以 0 为极限的数列 $\left\{\dfrac{1}{n}\right\}$ 的子列, 从而 $\lim\limits_{n\to\infty} \dfrac{1}{3^{n+1}} = 0$. 由定理 2.1.6, $\lim\limits_{n\to\infty} a_n = \dfrac{3}{2}(1-0) = \dfrac{3}{2}$.

2.1.3 数列极限存在的两条准则

定理 2.1.7 (数列极限的夹逼定理) 设数列 $\{a_n\}$ 与 $\{b_n\}$ 收敛, 而且 $\lim\limits_{n\to\infty} a_n = \lim\limits_{n\to\infty} b_n = a$. 若存在正整数 N_0, 当 $n > N_0$ 时, 有

$$a_n \leqslant c_n \leqslant b_n,$$

则数列 $\{c_n\}$ 收敛于 a.

证明 由于 $\lim\limits_{n\to\infty} a_n = \lim\limits_{n\to\infty} b_n = a$, $\forall\, \varepsilon > 0$, $\exists$ 正整数 N', 使得当 $n > N'$ 时,

$$a - \varepsilon < a_n \quad 及 \quad b_n < a + \varepsilon.$$

令 $N = \max\{N_0, N'\}$, 当 $n > N$ 时,

$$a - \varepsilon < a_n \leqslant c_n \leqslant b_n < a + \varepsilon,$$

这说明 $\lim\limits_{n\to\infty} c_n = a$. □

例 2.1.9 设 $c_n = \dfrac{1}{\sqrt{n^2+1}} + \dfrac{1}{\sqrt{n^2+2}} + \cdots + \dfrac{1}{\sqrt{n^2+n}}$, 求 $\lim\limits_{n\to\infty} c_n$.

解 设 $a_n = \dfrac{n}{n+1}$, $b_n = 1$, $n \in \mathbf{N}^+$, 则对一切 n, 有

$$\frac{n}{n+1} = \frac{n}{\sqrt{(n+1)^2}} < \frac{n}{\sqrt{n^2+n}} \leqslant c_n \leqslant \frac{n}{\sqrt{n^2+1}} < \frac{n}{\sqrt{n^2}} = \frac{n}{n} = 1,$$

这样, 对一切 n, 有 $a_n \leqslant c_n \leqslant b_n$. 由于

$$\lim_{n\to\infty} a_n = 1, \quad 且 \lim_{n\to\infty} b_n = 1,$$

根据数列极限的夹逼定理, $\lim\limits_{n\to\infty} c_n = 1$.

定义 2.1.3 设 $\{a_n\}$ 是一数列. 若

$$a_1 \leqslant a_2 \leqslant \cdots \leqslant a_n \leqslant a_{n+1} \cdots, \tag{2.1}$$

则称 $\{a_n\}$ 是**单调递增数列**. 若

$$a_1 \geqslant a_2 \geqslant \cdots \geqslant a_n \geqslant a_{n+1} \cdots, \tag{2.2}$$

则称 $\{a_n\}$ 是**单调递减数列**.

若在 (2.1) 式中, 用“$<$”代替“$\leqslant$”, 则称 $\{a_n\}$ 是**严格单调递增数列**.

若在 (2.2) 式中, 用“$>$”代替“$\geqslant$”, 则称 $\{a_n\}$ 是**严格单调递减数列**.

以上四类数列统称为**单调数列**.

定义 2.1.4 设 $\{a_n\}$ 是一数列. 若存在常数 B, 使得对一切 n, 有 $a_n \leqslant B$, 则称 $\{a_n\}$ 有上界, B 称为它的一个**上界**.

若存在常数 A, 使得对一切 n, 有 $a_n \geqslant A$, 则称 $\{a_n\}$ 有下界, A 称为它的一个**下界**.

由定义容易看出, 数列 $\{a_n\}$ 有界的充要条件是它既有下界又有上界, 即存在常数 A 和 B, 使得对一切 n, $A \leqslant a_n \leqslant B$①.

以下是微积分学中的一个重要定理, 其证明用到我们没讲的确界存在定理, 因而此处略去.

定理 2.1.8 (单调有界定理) 单调有界数列必有极限.

若数列 $\{a_n\}$ 单调递增有上界 B, 则对一切 n, $a_1 \leqslant a_n \leqslant B$, 从而 $\{a_n\}$有界.

若数列 $\{b_n\}$ 单调递减有下界 A, 则对一切 n, $A \leqslant b_n \leqslant b_1$, 从而 $\{b_n\}$有界. 所以, 单调递增有上界数列必有极限, 单调递减有下界数列必有极限.

例如, 本节开头所述的圆内接正 3×2^n 边形的周长的数列 $\{l_n\}$ 是单调递增的, 且有界 (取 M 为圆的一个外接正多边形的周长), 因而 $\{l_n\}$ 必有极限.

例 2.1.10 求 $\lim\limits_{n\to\infty} \dfrac{2^n}{n!}$.

解 设 $a_n = \dfrac{2^n}{n!}$, 则 $a_{n+1} = \dfrac{2}{n+1}a_n$. 由于 $\dfrac{2}{n+1} \leqslant 1$, 对一切 n, 有

$$0 \leqslant a_{n+1} \leqslant a_n.$$

可见, $\{a_n\}$ 单调递减且有下界, 由单调有界定理, 它有极限, 设为 a. 由于

$$a_{n+1} = \frac{2}{n+1}a_n,$$

上式两边当 $n \to \infty$ 时取极限得, $a = 0 \cdot a$, 于是 $a = 0$, 即 $\lim\limits_{n\to\infty} a_n = 0$.

① 必要性显然. 充分性: 令 $M = \max\{|A|, |B|\}$, 则对于一切 $n \in \mathbf{N}^+$, 有 $|a_n| \leqslant M$.

例 2.1.11 证明数列

$$\sqrt{2},\ \sqrt{2+\sqrt{2}},\ \cdots,\ \sqrt{2+\sqrt{2+\cdots+\sqrt{2}}},\ \cdots$$

单调有界, 并求其极限.

证明 设 $a_n = \sqrt{2+\sqrt{2+\cdots+\sqrt{2}}}$. 显然, $a_1 = \sqrt{2} < 2$. 假设 $a_n < 2$, 则

$$a_{n+1} = \sqrt{2+a_n} < \sqrt{2+2} = 2,$$

由数学归纳法知, 对一切 n, 有 $a_n < 2$, 故 $\{a_n\}$ 有上界.

因 $a_1 = \sqrt{2} < \sqrt{2+a_1} = a_2$, 假设 $a_n < a_{n+1}$, 则

$$a_{n+1} = \sqrt{2+a_n} < \sqrt{2+a_{n+1}} = a_{n+2},$$

由数学归纳法知, 对一切 n, 有 $a_n < a_{n+1}$, 故 $\{a_n\}$ 严格单调递增. 根据单调有界定理, $\{a_n\}$ 有极限, 设为 a. 将

$$a_{n+1}^2 = 2 + a_n$$

两边 (当 $n \to \infty$ 时) 取极限得

$$a^2 = 2 + a \quad 或 \quad (a+1)(a-2) = 0,$$

从而 $a = -1,\ a = 2$. 由于 $a_n \geqslant 0$, 由保号性 Ⅱ 知 $a \geqslant 0$, 所以 $a = -1$ 是不可能的, 故 $a = 2$, 即 $\lim\limits_{n\to\infty} a_n = 2$. □

例 2.1.12 证明 $\lim\limits_{n\to\infty}\left(1+\dfrac{1}{n}\right)^n$ 存在.

证明 设 $b > a > 0$, n 为任意正整数, 则

$$\begin{aligned} b^{n+1} - a^{n+1} &= (b-a)(b^n + b^{n-1}a + b^{n-2}a^2 + \cdots + ba^{n-1} + a^n) \\ &< (b-a)(n+1)b^n. \end{aligned}$$

整理得

$$a^{n+1} > b^n[(n+1)a - nb]. \tag{2.3}$$

令 $a = 1 + \dfrac{1}{n+1}$, $b = 1 + \dfrac{1}{n}$, 则

$$(n+1)a - nb = (n+1)\left(1+\frac{1}{n+1}\right) - n\left(1+\frac{1}{n}\right) = 1.$$

将它们代入 (2.3) 式得

$$\left(1+\frac{1}{n+1}\right)^{n+1} > \left(1+\frac{1}{n}\right)^{n}.$$

可见, 数列 $\left\{\left(1+\frac{1}{n}\right)^{n}\right\}$ 严格单调递增. 令 $a=1$, $b=1+\frac{1}{2n}$, 则

$$(n+1)a-nb=(n+1)-n\left(1+\frac{1}{2n}\right)=\frac{1}{2}.$$

将它们代入 (2.3) 式得

$$1>\left(1+\frac{1}{2n}\right)^{n}\frac{1}{2}.$$

从而对一切 n, 有

$$4>\left(1+\frac{1}{2n}\right)^{2n}>\left(1+\frac{1}{n}\right)^{n},$$

故 $\left\{\left(1+\frac{1}{n}\right)^{n}\right\}$ 严格单调递增且有界, 由单调有界定理, 它的极限存在, 记为 e[①], 即

$$\boxed{e=\lim_{n\to\infty}\left(1+\frac{1}{n}\right)^{n}.}$$

□

注　(1) e 是一个无理数, 它近似等于 2.718 281 828 459.

(2) 当 $n=1\,000\,000$ 时, $\left(1+\frac{1}{1\,000\,000}\right)^{1\,000\,000} \approx 2.718\,281\,8$. 由于数列 $\left\{\left(1+\frac{1}{n}\right)^{n}\right\}$ 严格单调递增, n 越大, 它的第 n 项 $\left(1+\frac{1}{n}\right)^{n}$ 越接近 e.

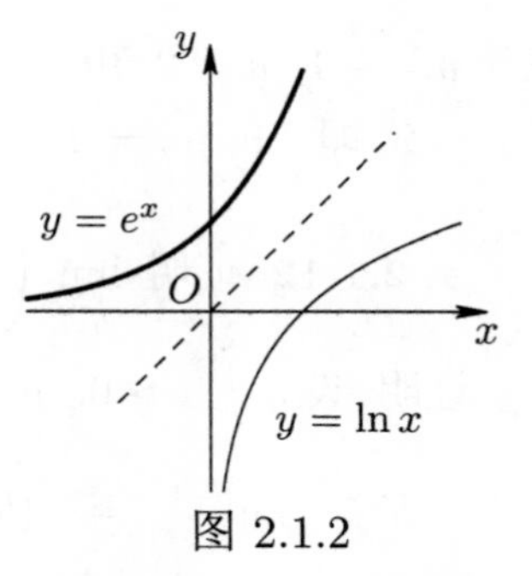

图 2.1.2

(3) $\ln x=\log_e x$ 被称为自然对数, $\ln e=1$.

(4) $e^{\ln x}=x$ 并且 $\ln e^x=x$ $(x>0)$. 函数 $y=e^x$ 和 $y=\ln x$ 的图像见图 2.1.2.

---

① 数 e 取自 18 世纪杰出数学家欧拉 (L. Euler, 1707 ~ 1783, 瑞士) 名字的第一个字母. 欧拉出版的《无穷小分析引论》、《微分学》和《积分学》是微积分史上里程碑式的著作; 他引进的许多数学术语和书写格式, 例如函数的记法 $f(x)$, 虚数单位 i, 正弦符号 sin, 余弦符号 cos, 求和号 Σ 等一直延用至今; 他的著名公式 $e^{ix}=\cos x+i\sin x$ 揭示了指数函数与三角函数的联系, 此公式当 $x=\pi$ 时就是 $e^{i\pi}+1=0$, 它把 e, π, i, 1, 0 这些数学中十分重要的常数完美地结合在一起, 如此神奇! 欧拉是历史上最多产的数学家, 生前发表的著作和论文有 560 余种, 去世后留下大量手稿. 1911 年以来, 瑞士自然科学协会已出版了欧拉全集 70 多卷, 计划出齐 84 卷. 除数学之外, 欧拉还在力学、光学和天文学等学科有突出的贡献.

例 2.1.13 证明 $\lim\limits_{n\to\infty}\left(1-\dfrac{1}{n}\right)^n=e^{-1}$.

证明 因为当 $n\geqslant 2$ 时, $\left(1-\dfrac{1}{n}\right)^n=\left(\dfrac{n-1}{n}\right)^n=\dfrac{1}{\left(\dfrac{n}{n-1}\right)^n}$, 于是

$$\lim_{n\to\infty}\left(1-\frac{1}{n}\right)^n=\lim_{n\to\infty}\frac{1}{\left(\dfrac{n}{n-1}\right)^n}=\lim_{n\to\infty}\frac{1}{\left(1+\dfrac{1}{n-1}\right)^{n-1}\left(1+\dfrac{1}{n-1}\right)}$$

$$=\frac{1}{\lim\limits_{n\to\infty}\left(1+\dfrac{1}{n-1}\right)^{n-1}\lim\limits_{n\to\infty}\left(1+\dfrac{1}{n-1}\right)}$$

$$=\frac{1}{e\cdot 1}=e^{-1}.$$

□

定义 2.1.5 若 $\forall\, M>0$, $\exists$ 正整数 N, 当 $n>N$ 时, 有

$$a_n>M\quad(a_n<-M\ 或\ |a_n|>M),$$

则称**当 $n\to\infty$ 时, 数列 $\{a_n\}$ 有无穷极限 $+\infty$ ($-\infty$ 或 ∞)**, 记作

$$\lim_{n\to\infty}a_n=+\infty\,(-\infty\ 或\ \infty).$$

例如, $\lim\limits_{n\to\infty}n=+\infty$; $\lim\limits_{n\to\infty}(-n)=-\infty$; $\lim\limits_{n\to\infty}(-1)^n n=\infty$. 又如,

$$\lim_{n\to\infty}q^n=+\infty\ (q>1);$$

$$\lim_{n\to\infty}q^{2n+1}=-\infty\ (q<-1);$$

$$\lim_{n\to\infty}(-1)^n q^n=\infty\ (q>1).$$

习题 2.1

1. 下列数列 $\{x_n\}$ 的极限是否存在?:

(1) $x_n=2+(-1)^n$;　　(2) $x_n=[(-1)^n+1]n$;

(3) $x_n=[(-1)^n+1]\dfrac{1}{n}$;　　(4) $x_n=n+\dfrac{1}{n}$.

2. 利用公式 $\lim\limits_{n\to\infty}\left(1+\frac{1}{n}\right)^n=e$ 求数列极限 $\lim\limits_{n\to\infty}a_n$, 其中 a_n 如下:

$$\left(1+\frac{1}{n}\right)^{2n};\quad \left(1+\frac{1}{n}\right)^{-n};\quad \left(1+\frac{1}{n+1}\right)^{n-1};\quad \left(1+\frac{1}{n+1}\right)^{2n}.$$

3. 求数列极限 $\lim\limits_{n\to\infty}a_n$, 其中 a_n 如下:

(a) (1) $\dfrac{3^n+1}{5^n}$; (2) $\dfrac{e^n-2}{e^n+2}$; (3) $\left(1+\dfrac{2n}{n^3+4}\right)^5$; (4) $\dfrac{n(2-e^{-n})}{5n+2}$;

(5) $\dfrac{1}{n+\cos n^2}$; (6) $\dfrac{\sqrt{n}}{1+\sqrt{n}}$; (7) $\dfrac{n(n+1)(n+2)}{(n^2+3)(n^2+4)}$; (8) $\dfrac{\sin n+\cos n}{\sqrt[3]{n}}$.

(b) (1) $\dfrac{4n^2+1}{5n^2+n+3}$; (2) $\dfrac{n+1}{3n^2+4}$; (3) $\dfrac{(-2)^n+3^n}{(-2)^{n+1}+3^{n+1}}$; (4) $\dfrac{4^{n+1}-1}{1+4^n}$;

(5) $\dfrac{1+2+3+\cdots+n}{n^2}$; (6) $\dfrac{1}{1\cdot 2}+\dfrac{1}{2\cdot 3}+\cdots+\dfrac{1}{n(n+1)}$;

(7) $\dfrac{1}{2}+\dfrac{1}{2^2}+\cdots+\dfrac{1}{2^n}$; (8) $\dfrac{1}{n^3}(1^2+2^2+\cdots+n^2)$.

4. 设 $a>0$, $x_n=\dfrac{a^n}{2+a^n}$. 求 $\lim\limits_{n\to\infty}x_n$.

5. 用数列极限的夹逼定理求极限:

(1) $\lim\limits_{n\to\infty}(1+2^n+3^n+4^n)^{\frac{1}{n}}$; (2) $\lim\limits_{n\to\infty}(\sqrt{n+1}-\sqrt{n})$;

(3) $\lim\limits_{n\to\infty}\left[\dfrac{1}{(n+1)^2}+\cdots+\dfrac{1}{(n+n)^2}\right]$; (4) $\lim\limits_{n\to\infty}\sqrt[n]{1+a^n}\ (0\leqslant a\leqslant 1)$.

6. 设数列 $\{x_n\}$ 收敛, 数列 $\{y_n\}$ 不收敛, 问数列 $\{x_n+y_n\}$, $\{x_n-y_n\}$ 以及 $\{x_ny_n\}$ 是否收敛, 为什么?

7. 设 $x_1=\sqrt{3}$, $x_{n+1}=\sqrt{3x_n}$. 用单调有界定理证明该数列极限存在, 并求其极限.

8. 证明: 若 $\lim\limits_{n\to\infty}a_n=a$, 则 $\lim\limits_{n\to\infty}|a_n|=|a|$, 举例说明此命题不可逆.

2.2 函数极限

在上一节, 我们研究了数列的极限. 数列 $\{a_n\}$ 可看做定义在正整数集 $\mathbf{N}^+$ 上的函数: $f(n)=a_n$. 现在我们考察定义在区间上的一般函数 $f(x)$ 的变化趋势, 研究如下两种情况:

(1) x 趋于无穷大时 $f(x)$ 的变化趋势;

(2) x 趋于某一定值时 $f(x)$ 的变化趋势.

2.2.1 函数极限的概念

一、自变量趋于无穷大时函数的极限

对于函数 $f(x)=\dfrac{1}{x}$, 当 x 无限增大时, 它无限接近于 0 (见图 2.2.1). 这时我们称当 x 趋于 $+\infty$ (记为 $x\to+\infty$) 时, $\dfrac{1}{x}$ 有极限 0.

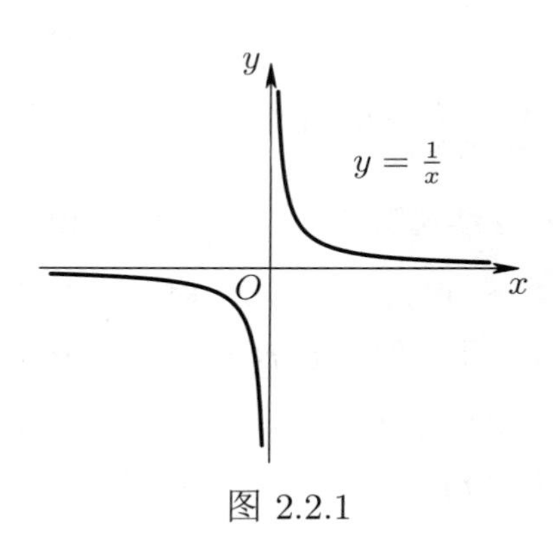

图 2.2.1

对于一般函数 $f(x)$ [假定它在 $(r,+\infty)$ 内有定义], 有如下定义:

定义 2.2.1 ($x\to+\infty$ **时函数的极限**) 设 A 为常数. 若 $\forall\,\varepsilon>0$, $\exists$ 正数 $L\in(r,+\infty)$, 使得当 $x>L$ 时, 就有

$$|f(x)-A|<\varepsilon,$$

则称**当 $x\to+\infty$ 时, $f(x)$ 的极限为** A, 记为

$$\lim_{x\to+\infty}f(x)=A \quad 或 \quad f(x)\to A\ (x\to+\infty).$$

从几何上看, $\lim\limits_{x\to+\infty}f(x)=A$ 表示: $\forall\,\varepsilon>0$, $\exists$ 正数 $L\ (>r)$, 只要 $x\in(L,+\infty)$, 就有

$$f(x)\in(A-\varepsilon,A+\varepsilon),$$

即函数 $y=f(x)$ 的图像就落在两条确定的平行线

$$y=A-\varepsilon \quad 与 \quad y=A+\varepsilon$$

之间的带形区域内 (见图 2.2.2).

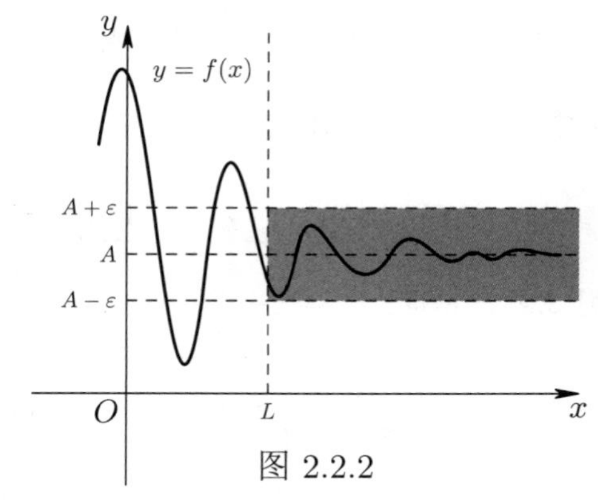

图 2.2.2

由定义 2.2.1, 对于任意常数 c, 有

$$\lim_{x\to+\infty}c=c.$$

例 2.2.1 证明:

$$\lim_{x\to+\infty}\frac{1}{x}=0;\qquad \lim_{x\to+\infty}\arctan x=\frac{\pi}{2};$$

$$\lim_{x\to+\infty}\operatorname{arccot}x=0;\qquad \lim_{x\to+\infty}e^{-x}=0.$$

证明 现证明第一式. 当 $x>0$ 时, $\left|\frac{1}{x}-0\right|=\frac{1}{x}$. $\forall\,\varepsilon>0$, 要使 $\frac{1}{x}<\varepsilon$, 即 $x>\frac{1}{\varepsilon}$, 只要取 $L=\frac{1}{\varepsilon}$. 当 $x>L$ 时, 就有

$$\left|\frac{1}{x}-0\right|=\frac{1}{x}<\varepsilon,$$

故 $\lim\limits_{x\to+\infty}\frac{1}{x}=0$ (见图 2.2.1). 其余各式的证明见附录 A. □

继续观察 $f(x)=\frac{1}{x}$, 当 x 无限减少时, $\frac{1}{x}$ 无限接近于 0. 这时我们称当 x 趋于 $-\infty$ (记为 $x\to-\infty$) 时, $\frac{1}{x}$ 有极限 0.

对于一般函数 $f(x)$ [假定它在 $(-\infty,r)$ 内有定义], 我们给出如下定义:

定义 2.2.2 ($x\to-\infty$ **时函数的极限**) 设 A 为常数. 若 $\forall\,\varepsilon>0$, $\exists$ 正数 L $(-L<r)$, 使得当 $x<-L$ 时, 就有

$$|f(x)-A|<\varepsilon,$$

则称**当 $x\to-\infty$ 时, $f(x)$ 的极限为** A, 记为

$$\lim_{x\to-\infty}f(x)=A \quad 或 \quad f(x)\to A\ (x\to-\infty).$$

由定义 2.2.2, 对于任意常数 c, 有

$$\lim_{x\to-\infty}c=c.$$

例 2.2.2 证明:

$$\lim_{x\to-\infty}\frac{1}{x}=0; \qquad \lim_{x\to-\infty}\arctan x=-\frac{\pi}{2};$$
$$\lim_{x\to-\infty}\operatorname{arccot}x=\pi; \qquad \lim_{x\to-\infty}e^x=0.$$

证明 现证明第一式. 当 $x<0$ 时, $\left|\frac{1}{x}-0\right|=\frac{1}{-x}$. $\forall\,\varepsilon>0$, 要使 $\frac{1}{-x}<\varepsilon$, 即 $x<-\frac{1}{\varepsilon}$, 只要取 $L=\frac{1}{\varepsilon}$. 当 $x<-L$ 时, 就有

$$\left|\frac{1}{x}-0\right|=\frac{1}{-x}<\varepsilon,$$

从而 $\lim\limits_{x\to-\infty}\dfrac{1}{x}=0$ (见图 2.2.1). 其余各式的证明见附录 A. □

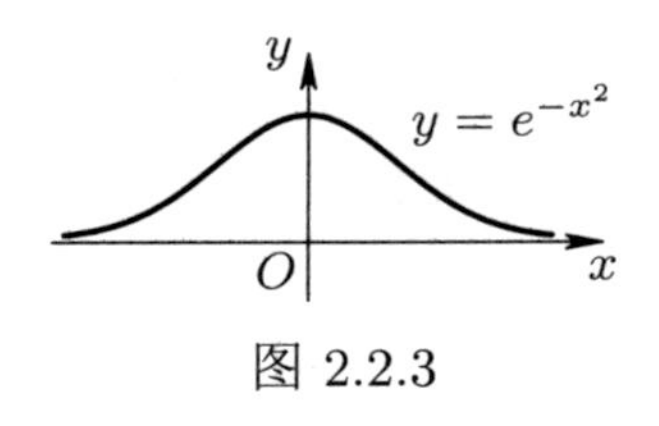

图 2.2.3

对于 $f(x)=e^{-x^2}$[1] (见图 2.2.3), 当 $|x|$ 无限增大时, e^{-x^2} 无限接近于 0, 这种情况, 我们称当 x 趋于 ∞ (记为 $x\to\infty$) 时, e^{-x^2} 有极限 0.

对于一般函数 $f(x)$ [假设在 $\{x\,|\,|x|>r\}$ $(r>0)$ 内有定义], 我们给出如下定义:

定义 2.2.3 ($x\to\infty$ **时函数的极限**) 设 A 为常数. 若 $\forall\,\varepsilon>0$, $\exists$ 正数 $L>r$, 使得当 $|x|>L$ 时, 就有

$$|f(x)-A|<\varepsilon,$$

则称**当 $x\to\infty$ 时, $f(x)$ 的极限为** A, 记为

$$\lim_{x\to\infty}f(x)=A \quad 或 \quad f(x)\to A\ (x\to\infty).$$

对于任意常数 c, 有

$$\lim_{x\to\infty}c=c.$$

容易用定义 2.2.3 验证[1]:

$$\boxed{\lim_{x\to\infty}e^{-x^2}=0; \qquad \lim_{x\to\infty}\frac{1}{x^2}=0.}$$

参照定义 2.2.1 的几何解释, 读者易给出定义 2.2.2 与定义 2.2.3 的几何解释. 根据定义, 立即可证得如下定理:

定理 2.2.1 设 $f(x)$ 在 $\{x\,|\,|x|>r\}$ $(r>0)$ 内有定义, A 为常数, 则

$$\boxed{\lim_{x\to\infty}f(x)=A \quad\Leftrightarrow\quad \lim_{x\to+\infty}f(x)=A \quad 且 \quad \lim_{x\to-\infty}f(x)=A.}$$

由例 2.2.1、例 2.2.2 和定理 2.2.1, 有

$$\boxed{\lim_{x\to\infty}\frac{1}{x}=0.}$$

---

① 函数 $y=e^{-x^2}$ 的图像称为概率曲线.

① 对于 e^{-x^2}, $\forall\,\varepsilon>0\,(<1)$, 要使 $\left|e^{-x^2}-0\right|=e^{-x^2}<\varepsilon$, 必有 $\dfrac{1}{\varepsilon}<e^{x^2}$, 从而 $-\ln\varepsilon<x^2$, 只要取 $L=\sqrt{-\ln\varepsilon}$, 当 $|x|>L$ 时, 就有 $\left|e^{-x^2}-0\right|<\varepsilon$.

对于 $\dfrac{1}{x^2}$ (见图 2.2.22), $\forall\,\varepsilon>0$, 要使 $\left|\dfrac{1}{x^2}-0\right|=\dfrac{1}{x^2}<\varepsilon$, 必有 $|x|>\dfrac{1}{\sqrt{\varepsilon}}$, 因而只要取 $L=\dfrac{1}{\sqrt{\varepsilon}}$, 当 $|x|>L$ 时, 就有 $\left|\dfrac{1}{x^2}-0\right|<\varepsilon$.

二、自变量趋于某一定数时函数的极限

考察函数 $f(x)=\dfrac{x^2-1}{x-1}$ (见图 2.2.4). 当 $x\neq 1$ 时, $f(x)=x+1$. 当 $x\ (\neq 1)$ 无限接近于 1 时 (从图像上看, 无论 x 从 1 的右侧趋近于 1, 还是从 1 的左侧趋近于 1), 对应的函数值 $f(x)$ 都趋近于 2, 也就是说, 只要 x 与 1 充分接近, $f(x)$ 就与 2 充分接近, 即只要 $|x-1|$ 趋于 0, 就有 $|f(x)-2|$ 趋于 0.

概括这类情况, 现给出如下定义 [假定 $f(x)$ 在 x_0 的空心邻域 $U_r^\circ(x_0)$ 内有定义].

定义 2.2.4 ($x\to x_0$ **时函数的极限**) 设 A 为常数. 若 $\forall\,\varepsilon>0,\ \exists\,\delta>0\ (\delta<r)$, 使得当 $0<|x-x_0|<\delta$ 时, 就有

$$|f(x)-A|<\varepsilon,$$

则称**当** $x\to x_0$ **时**, $f(x)$ **的极限为** A, 记为

$$\lim_{x\to x_0} f(x)=A \quad 或 \quad f(x)\to A\ (x\to x_0).$$

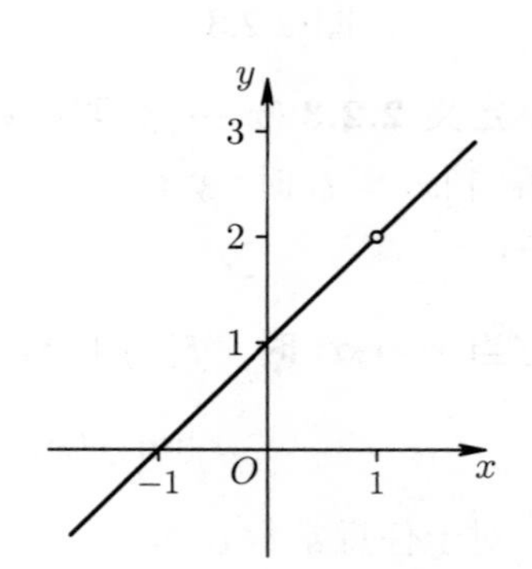

图 2.2.4

定义 2.2.4 称为函数极限的“ε - δ”定义[①], 可简述为

$$\boxed{\begin{aligned}&\lim_{x\to x_0} f(x)=A \quad\Leftrightarrow\quad \forall\,\varepsilon>0,\ \exists\,\delta>0,\\ &\text{当 } 0<|x-x_0|<\delta \text{ 时, 有 } A-\varepsilon<f(x)<A+\varepsilon.\end{aligned}}$$

注 (1) 在定义 2.2.4 中, δ 依赖于任意给定的正数 ε, 但并不由 ε 唯一确定. 一般来说, ε 变小, δ 相应地变小.

(2) $f(x)$ 在点 x_0 可以有定义, 也可以没有定义, 即使有定义, 也不要求在点 x_0 不等式 $|f(x)-A|<\varepsilon$ 成立.

$\lim\limits_{x\to x_0} f(x)=A$ 的**几何意义**: 对于点 A 的任意给定的 ε 邻域 $U=U_\varepsilon(A)$, 总存在点 x_0 的空心 δ 邻域 $G=U_\delta^\circ(x_0)$, 使得只要 x 落在 G 内, $f(x)$ 就落在 U 内, 即只要横坐标 x 满足 $x_0-\delta<x<x_0+\delta,\ x\neq x_0$, 函数 $y=f(x)$ 的图像就落在直线 $y=A-\varepsilon$ 与 $y=A+\varepsilon$ 所夹的带形区域内 (见图 2.2.5).

---

① 为寻求一种严格的逻辑语言, 把微积分学的基础建立在极限概念之上, 微积分学的先行者们不断探索. 法国数学家柯西 (A. L. Cauchy, 1789 ~ 1857) 是第一人. 最终, 在 1860 ~ 1861 年, 德国数学家魏尔斯特拉斯 (K. W. T. Weierstrass, 1815 ~ 1897) 给出了极限概念的“ε - δ”定义, 使极限概念和理论在真正意义上严格化.

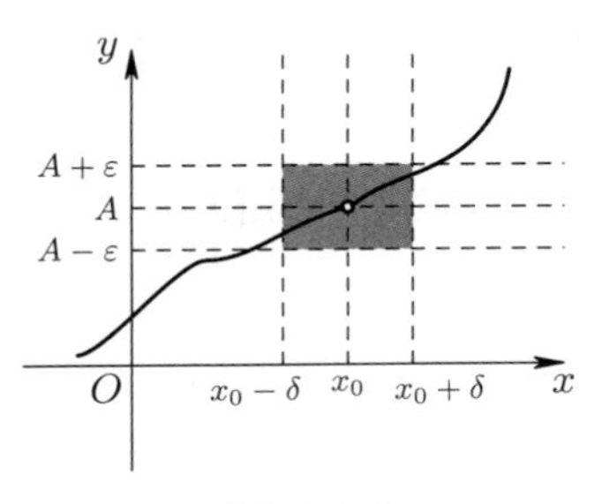

图 2.2.5

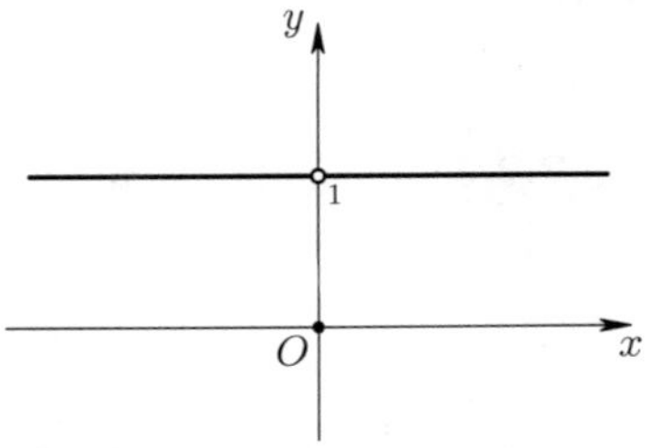

图 2.2.6

对于 $f(x)=\dfrac{x^2-1}{x-1}$, $\forall\,\varepsilon>0$, 要使 $|f(x)-2|=|x+1-2|=|x-1|<\varepsilon$, 取 $\delta=\varepsilon$, 只要 $0<|x-1|<\delta$, 就有 $|f(x)-2|=|x-1|<\varepsilon$, 所以

$$\lim_{x\to 1}\frac{x^2-1}{x-1}=2.$$

对于 $|\operatorname{sgn} x|$ (见图 2.2.6), 当 $x\neq 0$ 时, $||\operatorname{sgn} x|-1|=0$. $\forall\,\varepsilon>0$, 取 $\delta=\varepsilon$, 只要 $0<|x-0|<\delta$, 就有 $||\operatorname{sgn} x|-1|=0<\varepsilon$, 所以

$$\lim_{x\to 0}|\operatorname{sgn} x|=1.$$

由定义 2.2.4 知, 对于任意 $x_0\in\mathbf{R}$, 有

$$\lim_{x\to x_0} c=c;\qquad \lim_{x\to x_0} x=x_0.$$

下面例 2.2.3 和例 2.2.4 的证明见附录 A.

例 2.2.3 证明下列两式成立:

$$\boxed{\lim_{x\to 0}\arcsin x=0;\qquad \lim_{x\to 0}\arctan x=0.}$$

例 2.2.4 证明:

$$\boxed{\lim_{x\to 0}a^x=1\ \ (a\geqslant 1).}$$

有的函数在某点左、右两侧的解析表达式不同, 也有的函数只在某点的一侧有定义, 这时需要研究该函数的单侧极限.

观察符号函数 $\operatorname{sgn} x$ (见图 1.2.3): 当 x 从 0 的右侧趋近于 0 时, 对应的函数值 $\operatorname{sgn} x$ 趋近于 1. 这时我们说, 当 x 大于 0 趋近于 0 (记为 $x\to 0+$) 时, $\operatorname{sgn} x$ 的右极限为 1.

一般函数 $f(x)$ 的右极限的定义如下 [假定 $f(x)$ 在 (x_0, x_0+r) $(r>0)$ 内有定义]:

定义 2.2.5 (**右极限**)　设 A 为常数. 若 $\forall\ \varepsilon>0$, $\exists\ \delta>0\ (\delta<r)$, 使得当 $0<x-x_0<\delta$ 时, 就有

$$|f(x)-A|<\varepsilon,$$

则称**当 $x\to x_0+$ 时, $f(x)$ 的右极限为** A, 记为

$$\lim_{x\to x_0+} f(x)=A,\quad f(x_0+)=A \quad \text{或} \quad f(x)\to A\ (x\to x_0+).$$

对于符号函数 $f(x)=\operatorname{sgn} x$, $f(0+)=\lim\limits_{x\to 0+} f(x)=1$.

明显地,

$$\boxed{\text{若}\ \lim_{x\to x_0} f(x)=A,\ \text{则}\ \lim_{x\to x_0+} f(x)=A.}$$

对于 $f(x)=\dfrac{x^2-1}{x-1}$, 因 $\lim\limits_{x\to 1} f(x)=2$, 故 $f(1+)=2$.

由例 2.2.3 和例 2.2.4,

$$\lim_{x\to 0+}\arcsin x=0,\quad \lim_{x\to 0+}\arctan x=0,\quad \lim_{x\to 0+}a^x=1\ (a\geqslant 1).$$

继续观察符号函数 $\operatorname{sgn} x$: 当 x 从 0 的左侧趋近于 0 时, 对应的函数值 $\operatorname{sgn} x$ 趋近于 -1. 这时我们说, 当 x 小于 0 趋近于 0 (记为 $x\to 0-$) 时, $\operatorname{sgn} x$ 的左极限为 -1.

现给出一般函数 $f(x)$ 的左极限的定义 [假定 $f(x)$ 在 (x_0-r, x_0) $(r>0)$ 内有定义]:

定义 2.2.6 (**左极限**)　设 A 为常数. 若 $\forall\ \varepsilon>0$, $\exists\ \delta>0\ (\delta<r)$, 使得当 $0<x_0-x<\delta$ 时, 就有

$$|f(x)-A|<\varepsilon,$$

则称**当 $x\to x_0-$ 时, $f(x)$ 的左极限为** A, 记为

$$\lim_{x\to x_0-} f(x)=A,\quad f(x_0-)=A \quad \text{或} \quad f(x)\to A\ (x\to x_0-).$$

对于符号函数 $f(x)=\operatorname{sgn} x$, $f(0-)=\lim\limits_{x\to 0-}\operatorname{sgn} x=-1$.

明显地,

$$\boxed{\text{若}\ \lim_{x\to x_0} f(x)=A,\ \text{则}\ \lim_{x\to x_0-} f(x)=A.}$$

对于 $f(x)=\dfrac{x^2-1}{x-1}$, 因为 $\lim\limits_{x\to 1}f(x)=2$, 所以 $f(1-)=2$.

由例 2.2.3 和例 2.2.4,

$$\lim_{x\to 0-}\arcsin x=0,\quad \lim_{x\to 0-}\arctan x=0,\quad \lim_{x\to 0-}a^x=1\ (a\geqslant 1).$$

图 2.2.7 和图 2.2.8 中的函数在其“接头点处”的左、右极限情况如下:

$$\lim_{x\to -1-}f(x)=\frac{3}{5},\quad \lim_{x\to -1+}f(x)=1,\quad \lim_{x\to 1-}f(x)=1,\quad \lim_{x\to 1+}f(x)=\frac{3}{5}.$$

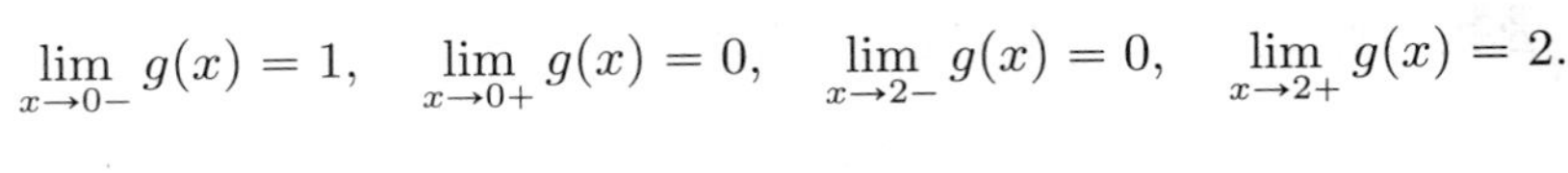

$$\lim_{x\to 0-}g(x)=1,\quad \lim_{x\to 0+}g(x)=0,\quad \lim_{x\to 2-}g(x)=0,\quad \lim_{x\to 2+}g(x)=2.$$

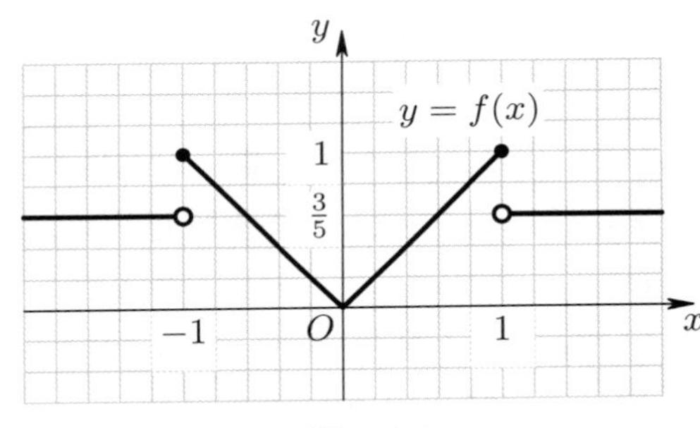

图 2.2.7

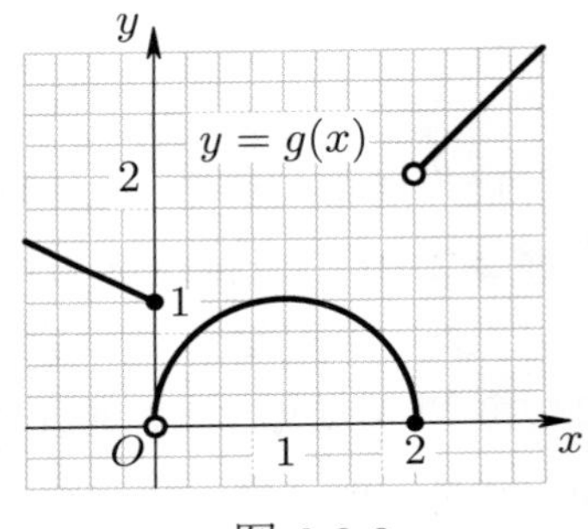

图 2.2.8

对于 图 2.2.7 中的函数, 有 $\lim\limits_{x\to 0+}f(x)=\lim\limits_{x\to 0-}f(x)=0$.

以下定理 2.2.2 的证明见附录 A.

定理 2.2.2 设函数 $f(x)$ 在 x_0 的一个空心邻域 G 内有定义, 则

$$\boxed{\lim_{x\to x_0}f(x)=A \quad\Leftrightarrow\quad \lim_{x\to x_0-}f(x)=\lim_{x\to x_0+}f(x)=A.}$$

对于符号函数 $f(x)=\operatorname{sgn}x$, 由于 $f(0-)=-1$, 而 $f(0+)=1$, 根据定理 2.2.2, 当 $x\to 0$ 时, $\operatorname{sgn}x$ 的极限不存在.

若用 u 表示数列 x_n 或函数 $f(x)$, A 是常数, 则数列以 A 为极限以及本节给出的六种过程的函数以 A 为极限可笼统地用 $\lim u=A$ 表示. 每一种极限的定义中, 关于函数 u 的不等式都是 $|u-A|<\varepsilon$, 区别主要是描述自变量不同变化过程的不等式各不相同, 现列表如下, 以便读者进行比较, 更好地掌握这些极限概念.

过程	u		$\exists$“时刻”	当 $\cdots$ 时	总有 $\lvert u-A\rvert<\varepsilon$	
$n\to\infty$	x_n		$N>0$	$n>N$	$\lvert x_n-A\rvert<\varepsilon$	
$x\to+\infty$				$x>L$		
$x\to-\infty$			$L>0$	$x<-L$		极限
$x\to\infty$	$f(x)$	$\forall\,\varepsilon>0$		$\lvert x\rvert>L$	$\lvert f(x)-A\rvert<\varepsilon$	A
$x\to x_0$				$0<\lvert x-x_0\rvert<\delta$		
$x\to x_0+$			$\delta>0$	$0<x-x_0<\delta$		
$x\to x_0-$				$0<x_0-x<\delta$		

2.2.2　函数极限的性质、运算及存在条件

在上一节，我们定义了以下六种极限过程的函数极限:

$$x\to+\infty,\quad -\infty,\quad \infty,\quad x_0,\quad x_0+,\quad x_0-,$$

每一种极限过程的函数极限都有与数列极限相似的一些性质. **本节的定理 2.2.3 至定理 2.2.10 以及推论 2.2.1 至推论 2.2.3 的结论对以上六种极限过程均成立.** 我们只就 $x\to x_0$ 这一类型的极限过程叙述并证明 (定理 2.2.3 至定理 2.2.6、定理 2.2.10 以及推论 2.2.2 的证明见附录 A), 读者可分别用 $\lim\limits_{x\to+\infty}$, $\lim\limits_{x\to-\infty}$, $\lim\limits_{x\to\infty}$, $\lim\limits_{x\to x_0+}$ 以及 $\lim\limits_{x\to x_0-}$ 代替这些定理和推论中的 $\lim\limits_{x\to x_0}$, 叙述相应的结论.

一、函数极限的性质

定理 2.2.3 (**唯一性**) 若 $\lim\limits_{x\to x_0}f(x)$ 存在, 则极限唯一.

定理 2.2.4 (**局部有界性**) 若 $\lim\limits_{x\to x_0}f(x)$ 存在, 则存在 x_0 的空心邻域 G, 使得 $f(x)$ 在 G 上有界.

定理 2.2.5 (**保号性 I**) 若 $\lim\limits_{x\to x_0}f(x)=A>B$ $(A<B)$, 则存在 x_0 的空心邻域 G, 使得对每一个 $x\in G$, 都有 $f(x)>B$ $[f(x)<B]$.

特别地, 若 $\lim\limits_{x\to x_0}f(x)=A>0$ $(A<0)$, 则存在 x_0 的空心邻域 G, 使得每一个 $x\in G$, 都有 $f(x)>0$ $[f(x)<0]$.

定理 2.2.6 (**保号性 II**) 设 $\lim\limits_{x\to x_0}f(x)$, $\lim\limits_{x\to x_0}g(x)$ 均存在, G 为 x_0 的空心邻域, 且对每一个 $x\in G$, 都有 $f(x)\leqslant g(x)$, 则

$$\lim_{x\to x_0}f(x)\leqslant\lim_{x\to x_0}g(x).$$

二、极限存在的条件及极限的四则运算

我们已经研究了数列极限的性质. 下列定理 (证明从略) 将函数极限归结为以函数值为项的数列极限问题来研究, 可带来很大方便.

定理 2.2.7 (**海涅**[①]**定理**) 设 $f(x)$ 在 x_0 的空心邻域 $U_r^\circ(x_0)$ 内有定义, 则

$$\lim_{x\to x_0} f(x)=A \Leftrightarrow \text{只要 } U_r^\circ(x_0) \text{ 中的数列 } \{x_n\} \text{ 收敛于 } x_0, \text{ 就有 } \lim_{n\to\infty} f(x_n)=A.$$

根据海涅定理, 可由函数的极限求数列的极限.

例 2.2.5 证明: $\lim\limits_{n\to\infty}\arcsin\dfrac{1}{n}=0$; $\lim\limits_{n\to\infty}\arctan(-1)^n\left(\dfrac{2}{3}\right)^n=0$.

证明 设 $f(x)=\arcsin x$, $x_n=\dfrac{1}{n}$, 则 $\{x_n\}$ 收敛于 0. 因 $\lim\limits_{x\to 0} f(x)=0$ (见例 2.2.3), 由海涅定理, 有

$$\lim_{n\to\infty}\arcsin\frac{1}{n}=\lim_{n\to\infty} f(x_n)=0.$$

设 $g(x)=\arctan x$, $y_n=(-1)^n\left(\dfrac{2}{3}\right)^n$, 则 $\{y_n\}$ 收敛于 0. 因 $\lim\limits_{x\to 0} g(x)=0$ (见例 2.2.3), 故

$$\lim_{n\to\infty}\arctan(-1)^n\left(\frac{2}{3}\right)^n=\lim_{n\to\infty} g(y_n)=0. \qquad \square$$

又如, 由例 2.2.3 及海涅定理, $\lim\limits_{n\to\infty}\arctan\dfrac{1}{n^2}=0$, $\lim\limits_{n\to\infty}\arcsin\dfrac{1}{\sqrt{n}}=0$.

海涅定理还可用来判定某些函数不存在极限.

例 2.2.6 证明: 当 $x\to 0$ 时, $\sin\dfrac{1}{x}$ 与 $\cos\dfrac{1}{x}$ 均不存在极限.

证明 设 $x_n=\dfrac{1}{2n\pi}$, $y_n=\dfrac{1}{2n\pi+\dfrac{\pi}{2}}$, $n\in\mathbf{N}^+$, 则 $\{x_n\}$ 与 $\{y_n\}$ 均收敛于 0. 因

$$\lim_{n\to\infty}\sin\frac{1}{x_n}=\lim_{n\to\infty}\sin(2n\pi)=0,\quad \lim_{n\to\infty}\sin\frac{1}{y_n}=\lim_{n\to\infty}\sin\left(2n\pi+\frac{\pi}{2}\right)=1,$$

由海涅定理, 当 $x\to 0$ 时, $\sin\dfrac{1}{x}$ 不存在极限. 又由于

$$\lim_{n\to\infty}\cos\frac{1}{x_n}=1,\quad \lim_{n\to\infty}\cos\frac{1}{y_n}=0,$$

① 海涅 (H. E. Heine, 1821 ~ 1881) 是德国数学家. 海涅定理也称为归结原则.

所以当 $x \to 0$ 时, $\cos\dfrac{1}{x}$ 也不存在极限.

函数 $y=\sin\dfrac{1}{x}$ 和 $y=\cos\dfrac{1}{x}$ 的图像分别如图 2.2.9 和图 2.2.10 所示: □

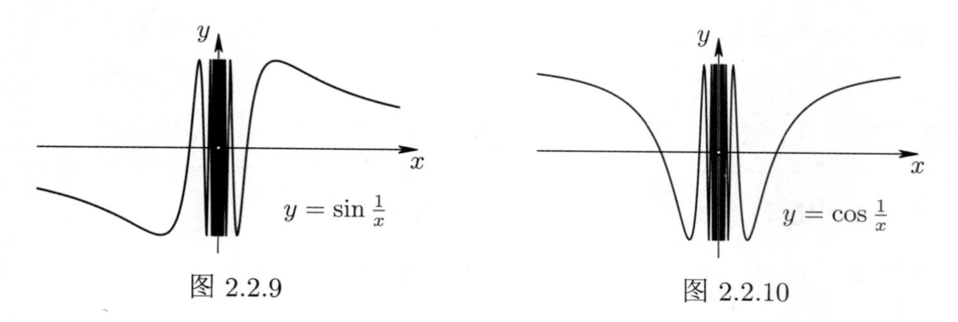

图 2.2.9　　图 2.2.10

定理 2.2.8 (**函数极限的夹逼定理**) 设 $\lim\limits_{x\to x_0} f(x)=\lim\limits_{x\to x_0} g(x)=A$, 且存在 x_0 的空心邻域 G, 对一切 $x\in G$, 都有

$$f(x)\leqslant h(x)\leqslant g(x),$$

则 $\lim\limits_{x\to x_0} h(x)=A$.

证明 设 $\{x_n\}$ 是 G 中任意收敛于 x_0 的数列. 由于 $\lim\limits_{x\to x_0} f(x)=\lim\limits_{x\to x_0} g(x)=A$, 由海涅定理, 有

$$\lim_{n\to\infty} f(x_n)=\lim_{n\to\infty} g(x_n)=A.$$

由已知条件, 对一切 $n\in\mathbf{N}^+$, 有 $f(x_n)\leqslant h(x_n)\leqslant g(x_n)$, 根据数列极限的夹逼定理, $\lim\limits_{n\to\infty} h(x_n)=A$. 由 $\{x_n\}$ 的任意性以及海涅定理, 有 $\lim\limits_{x\to x_0} h(x)=A$. □

推论 2.2.1 若 $f(x)$, $g(x)$ 均在 x_0 的空心邻域 G 内有定义, $\lim\limits_{x\to x_0} f(x)=0$, $g(x)$ 在 G 内有界, 则

$$\lim_{x\to x_0} f(x)g(x)=0.$$

证明 因为 $g(x)$ 在 G 内有界, 存在 $M>0$, 对一切 $x\in G$, $|g(x)|\leqslant M$. 又

$$0\leqslant |f(x)g(x)|\leqslant M|f(x)|,$$

而 $\lim\limits_{x\to x_0} M|f(x)|=0$, 由函数极限的夹逼定理, $\lim\limits_{x\to x_0}|f(x)g(x)|=0$, 从而 $\lim\limits_{x\to x_0} f(x)g(x)=0$. □

由推论 2.2.1 知,

$$\lim_{x\to 0} x\left(2+\sin\frac{1}{x}\right)=0.$$

定理 2.2.9 (四则运算) 设 $\lim\limits_{x\to x_0} f(x)$ 与 $\lim\limits_{x\to x_0} g(x)$ 均存在, 则当 $x \to x_0$ 时, $f(x) \pm g(x)$ 及 $f(x)g(x)$ 的极限也存在, 而且

(1) $\lim\limits_{x\to x_0} [f(x) \pm g(x)] = \left[\lim\limits_{x\to x_0} f(x)\right] \pm \left[\lim\limits_{x\to x_0} g(x)\right]$;

(2) $\lim\limits_{x\to x_0} [f(x)g(x)] = \left[\lim\limits_{x\to x_0} f(x)\right]\left[\lim\limits_{x\to x_0} g(x)\right]$, 特别地, 对任意常数 c, 有 $\lim\limits_{x\to x_0} [cg(x)] = c\lim\limits_{x\to x_0} g(x)$;

(3) 若 $\lim\limits_{x\to x_0} g(x) \neq 0$, 则当 $x \to x_0$ 时, $\dfrac{f(x)}{g(x)}$ 的极限也存在, 而且

$$\lim_{x\to x_0} \frac{f(x)}{g(x)} = \frac{\lim\limits_{x\to x_0} f(x)}{\lim\limits_{x\to x_0} g(x)}.$$

证明 仅证 (1), 其他情况可类似地证明. 设 $f(x)$, $g(x)$ 均在 x_0 的空心邻域 G 内有定义, $\lim\limits_{x\to x_0} f(x) = A$, $\lim\limits_{x\to x_0} g(x) = B$. 设 $\{x_n\}$ 是 G 中任意收敛于 x_0 的数列, 根据数列极限的四则运算法则,

$$\lim_{n\to\infty} [f(x_n) \pm g(x_n)] = \left[\lim_{n\to\infty} f(x_n)\right] \pm \left[\lim_{n\to\infty} g(x_n)\right] = A \pm B.$$

由 $\{x_n\}$ 的任意性及海涅定理知, $\lim\limits_{x\to x_0} [f(x) \pm g(x)] = A \pm B$. □

定理 2.2.9 的扩展: 若当 $x \to x_0$ 时, $f_1(x), \cdots, f_k(x)$ $(k \in \mathbf{N}^+)$ 的极限都存在, 则

(1′) $\lim\limits_{x\to x_0} [f_1(x) + \cdots + f_k(x)] = \left[\lim\limits_{x\to x_0} f_1(x)\right] + \cdots + \left[\lim\limits_{x\to x_0} f_k(x)\right]$;

(2′) $\lim\limits_{x\to x_0} [f_1(x) \cdots f_k(x)] = \left[\lim\limits_{x\to x_0} f_1(x)\right] \cdots \left[\lim\limits_{x\to x_0} f_k(x)\right]$;

(2″) $\lim\limits_{x\to x_0} [f(x)]^k = \left[\lim\limits_{x\to x_0} f(x)\right]^k$.

例 2.2.7 证明 $\lim\limits_{x\to 0} a^x = 1$ $(0 < a < 1)$.

证明 令 $b = \dfrac{1}{a}$, 则 $b > 1$. 由例 2.2.4, $\lim\limits_{x\to 0} b^x = 1$, 于是

$$\lim_{x\to 0} a^x = \lim_{x\to 0} \left(\frac{1}{b}\right)^x = \lim_{x\to 0} \frac{1}{b^x} = \frac{1}{\lim\limits_{x\to 0} b^x} = 1.$$ □

例 2.2.8 求 $\lim\limits_{x\to 1} \left(\dfrac{1}{x-1} - \dfrac{3}{x^3-1}\right)$.

解 原式$= \lim\limits_{x\to 1} \dfrac{x+2}{x^2+x+1} = \dfrac{\lim\limits_{x\to 1} x + \lim\limits_{x\to 1} 2}{\lim\limits_{x\to 1} x^2 + \lim\limits_{x\to 1} x + \lim\limits_{x\to 1} 1} = \dfrac{1+2}{1+1+1} = 1.$

例 2.2.9 求极限: (1) $\lim\limits_{x\to+\infty}\dfrac{\sqrt{x^2}}{3x-2}$; (2) $\lim\limits_{x\to-\infty}\dfrac{\sqrt{x^2}}{3x-2}$.

解 (1) 由于当 $x>0$ 时, $\sqrt{x^2}=|x|=x$, 因而

$$\lim_{x\to+\infty}\frac{\sqrt{x^2}}{3x-2}=\lim_{x\to+\infty}\frac{x}{3x-2}=\lim_{x\to+\infty}\frac{1}{3-\dfrac{2}{x}}$$

$$=\frac{1}{\lim\limits_{x\to+\infty}(3-\dfrac{2}{x})}=\frac{1}{3-2\lim\limits_{x\to+\infty}\dfrac{1}{x}}=\frac{1}{3}.$$

(2) $\lim\limits_{x\to-\infty}\dfrac{\sqrt{x^2}}{3x-2}=\lim\limits_{x\to-\infty}\dfrac{|x|}{3x-2}=\lim\limits_{x\to-\infty}\dfrac{-x}{3x-2}=-\dfrac{1}{3}$.

三、复合函数的极限

定理 2.2.10 (复合函数的极限, 或称变量代换法) 设外函数 $f(u)$ 在 u_0 的一个空心邻域 G 内有定义, $\lim\limits_{u\to u_0}f(u)=A$, 内函数 $u=\varphi(x)$ 在 x_0 的一个空心邻域 H 内有定义, 而且当 $x\in H$ 时, $u=\varphi(x)\in G$①, $\lim\limits_{x\to x_0}\varphi(x)=u_0$, 则

$$\boxed{\lim_{x\to x_0}f(\varphi(x))=\lim_{u\to u_0}f(u)=A.}$$

对于函数 $g(x)$ 和 $f(x)>0$, 我们称函数 $f(x)^{g(x)}\left[=e^{g(x)\ln f(x)}\right]$ 为**幂指函数**. 关于幂指函数的极限, 有如下结论:

推论 2.2.2 设 $\lim\limits_{x\to x_0}f(x)=B>0$, $\lim\limits_{x\to x_0}g(x)=A$, 则

$$\boxed{\lim_{x\to x_0}[f(x)]^{g(x)}=\left[\lim_{x\to x_0}f(x)\right]^{\lim\limits_{x\to x_0}g(x)}=B^A\ (B>0).}$$

推论 2.2.3 设 $\lim\limits_{x\to x_0}f(x)=B>0$, 对于任意正整数 n, 有

$$\boxed{\lim_{x\to x_0}\sqrt[n]{f(x)}=\sqrt[n]{\lim_{x\to x_0}f(x)}=\sqrt[n]{B}\ (B>0).}$$

例 2.2.10 求极限:

(1) $\lim\limits_{x\to1}(x-1)^2\sin\dfrac{1}{x-1}$; (2) $\lim\limits_{x\to1}\left(\dfrac{4x}{x+1}\right)^{1+\sqrt[3]{x+7}}$; (3) $\lim\limits_{x\to+\infty}\sqrt{5+2^{\frac{1}{x}}}$.

① 这时必有, $\varphi(x)\neq u_0$. 这一条件不可去掉. 例如, 设 $u=\varphi(x)=0$, $f(u)$ 定义为 $f(u)=1$, $u\neq0$; $f(u)=0$, $u=0$, 则 $\lim\limits_{u\to0}f(u)=1\neq0=f(0)=\lim\limits_{x\to0}f(\varphi(x))$.

解 (1) 令 $u=x-1$, 则当 $x\to 1$ 时, $u\to 0$, 由定理 2.2.10 及推论 2.2.1 得

$$\lim_{x\to 1}(x-1)^2\sin\frac{1}{x-1}=\lim_{u\to 0}u^2\sin\frac{1}{u}=0.$$

(2) 由推论 2.2.2 得

$$\lim_{x\to 1}\left(\frac{4x}{x+1}\right)^{1+\sqrt[3]{x+7}}=\left(\lim_{x\to 1}\frac{4x}{x+1}\right)^{\lim\limits_{x\to 1}(1+\sqrt[3]{x+7})}=2^3=8.$$

(3) 注意到推论 2.2.2 当极限过程是 $x\to+\infty$ 时成立, 有

$$\lim_{x\to+\infty}\sqrt{5+2^{\frac{1}{x}}}=\sqrt{\lim_{x\to+\infty}(5+2^{\frac{1}{x}})}=\sqrt{5+\lim_{x\to+\infty}2^{\frac{1}{x}}}$$

$$=\sqrt{5+2^{\lim\limits_{x\to+\infty}\frac{1}{x}}}=\sqrt{5+2^0}=\sqrt{6}.$$

2.2.3 两个重要极限

以下两个极限非常重要, 可作为公式使用.

定理 2.2.11 证明:

$$\boxed{\lim_{x\to 0}\frac{\sin x}{x}=1.}$$

证明 作单位圆如图 2.2.11 所示. 当 $0<x<\dfrac{\pi}{2}$ 时, 显然有

$$\Delta AOB\text{的面积}<\text{扇形 }AOB\text{ 的面积}<\Delta BOC\text{的面积}.$$

于是

$$\frac{1}{2}\sin x<\frac{x}{2}<\frac{1}{2}\tan x.$$

上式两边除以 $\dfrac{1}{2}\sin x$, 得

$$1<\frac{x}{\sin x}<\frac{1}{\cos x},\quad \text{即 } 1>\frac{\sin x}{x}>\cos x.$$

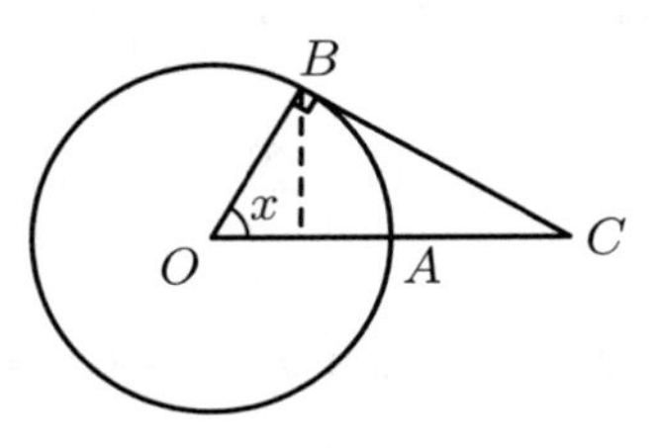

图 2.2.11

由上式知 $\sin x<x$, 当然也有 $\sin\dfrac{x}{2}<\dfrac{x}{2}$ 成立, 故

$$0<1-\frac{\sin x}{x}<1-\cos x=2\sin^2\frac{x}{2}<2\left(\frac{x}{2}\right)^2=\frac{x^2}{2}.$$

由偶函数的性质, 上式当 x 满足 $-\dfrac{\pi}{2}<x<0$ 时也成立. 因 $\lim\limits_{x\to 0}\dfrac{x^2}{2}=0$, 由函数

极限的夹逼定理 (定理 2.2.8),

$$\lim_{x\to 0}\left(1-\frac{\sin x}{x}\right)=0,\quad 故 \lim_{x\to 0}\frac{\sin x}{x}=1.$$

□

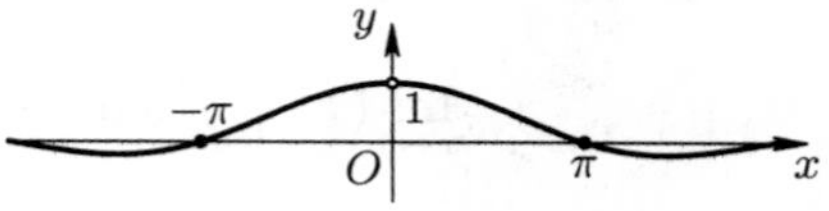

图 2.2.12

函数 $y=\dfrac{\sin x}{x}$ 的图像见图 2.2.12.

注　对于任意实数 x, 不等式 $|\sin x|\leqslant |x|$ 总成立[①], 而且此不等式右边的绝对值符号不能去掉, 见图 2.2.13.

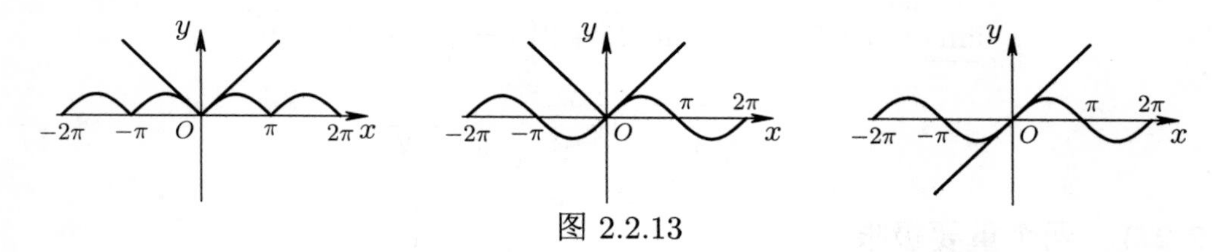

图 2.2.13

下面的例 2.2.11 的证明见附录 A.

例 2.2.11　设 x_0 是 $\mathbf{R}$ 中任意一点, 则

$$\boxed{\lim_{x\to x_0}\sin x=\sin x_0;\quad \lim_{x\to x_0}\cos x=\cos x_0.}$$

例 2.2.12　证明:

$$\boxed{\lim_{x\to 0}\frac{\tan x}{x}=1;\quad \lim_{x\to 0}\frac{\arcsin x}{x}=1;\quad \lim_{x\to 0}\frac{\arctan x}{x}=1.}$$

证明　由例 2.2.11, $\lim\limits_{x\to 0}\cos x=\cos 0=1$, 于是

$$\lim_{x\to 0}\frac{\tan x}{x}=\lim_{x\to 0}\frac{\sin x}{x\cos x}=\lim_{x\to 0}\frac{\sin x}{x}\cdot\frac{1}{\lim\limits_{x\to 0}\cos x}=1.$$

令 $y=\arcsin x$, 则 $\sin y=x$, 由例 2.2.3, 当 $x\to 0$ 时, $y\to 0$. 根据定理 2.2.10 与定理 2.2.11,

$$\lim_{x\to 0}\frac{\arcsin x}{x}=\lim_{y\to 0}\frac{y}{\sin y}=\frac{1}{\lim\limits_{y\to 0}\dfrac{\sin y}{y}}=1.$$

---

① 当 $|x|\geqslant\dfrac{\pi}{2}$ 时, $|\sin x|\leqslant 1<\dfrac{\pi}{2}\leqslant|x|$; 当 $0\leqslant x<\dfrac{\pi}{2}$ 时, 由定理 2.2.11, $|\sin x|=\sin x\leqslant x=|x|$; 当 $-\dfrac{\pi}{2}<x<0$ 时, $0<-x<\dfrac{\pi}{2}$, 从而 $|\sin x|=-\sin x=\sin(-x)<-x=|x|$.

第三式的证明与第二式类似. □

观察图 1.4.4 和图 1.4.6 中 $\sin x$, $\tan x$, $\arcsin x$, $\arctan x$ 和 $y=x$ 的图像在原点附近的情况, 可给出极限 $\lim\limits_{x\to 0}\dfrac{\sin x}{x}=1$ 与例 2.2.12 中三个极限的直观解释.

函数 $y=\dfrac{\tan x}{x}\left[x\in\left(-\dfrac{\pi}{2},0\right)\cup\left(0,\dfrac{\pi}{2}\right)\right]$, $y=\dfrac{\arcsin x}{x}$, $y=\dfrac{\arctan x}{x}$ 的图像见图 2.2.14.

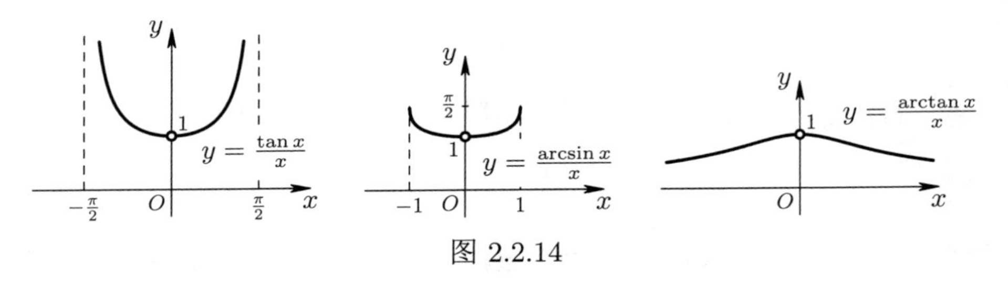

图 2.2.14

例 2.2.13 证明: (1) $\lim\limits_{x\to 0}\dfrac{1-\cos x}{\dfrac{1}{2}x^2}=1$; (2) $\lim\limits_{x\to 0}\dfrac{\sqrt{1+2x}-1}{x}=1$.

证明 (1) 令 $u=\dfrac{x}{2}$, 当 $x\to 0$ 时, $u\to 0$, 由定理 2.2.10 及定理 2.2.11 得

$$\lim_{x\to 0}\frac{1-\cos x}{\frac{1}{2}x^2}=\lim_{x\to 0}\left(\frac{\sin\frac{x}{2}}{\frac{x}{2}}\right)^2=\lim_{u\to 0}\left(\frac{\sin u}{u}\right)^2=1.$$

函数 $y=\dfrac{1-\cos x}{\dfrac{1}{2}x^2}$ 的图像见图 2.2.15.

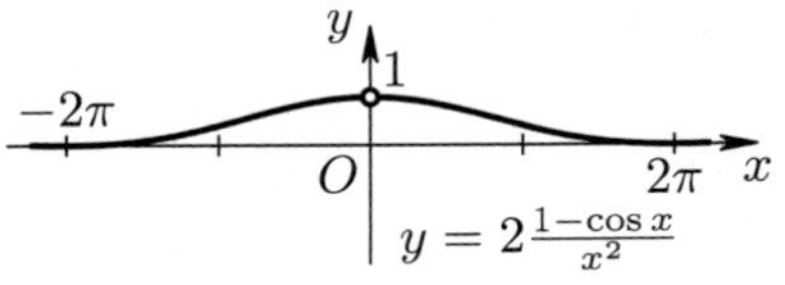

图 2.2.15

(2)
$$\lim_{x\to 0}\frac{\sqrt{1+2x}-1}{x}=\lim_{x\to 0}\frac{2x}{x(\sqrt{1+2x}+1)}$$
$$=\frac{2}{\sqrt{\lim\limits_{x\to 0}(1+2x)}+1}=1.$$

函数 $y=\dfrac{\sqrt{1+2x}-1}{x}$ 的图像见图 2.2.16. □

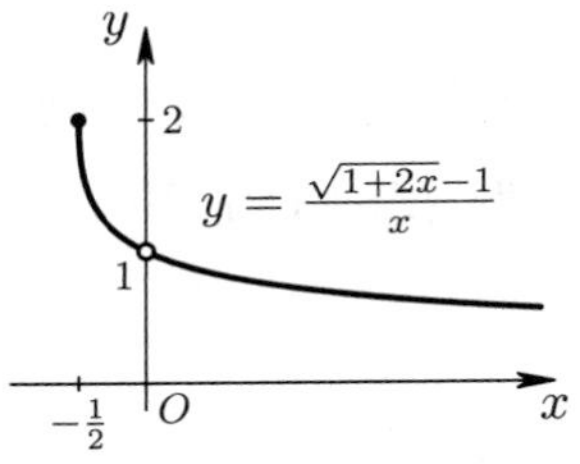

图 2.2.16

例 2.2.14 证明: (1) $\lim\limits_{x\to\infty}x\sin\dfrac{1}{x}=1$; (2) $\lim\limits_{x\to\pi}\dfrac{\sin^2 x}{\pi-x}=0$.

证明 (1) 令 $u=\dfrac{1}{x}$, 当 $x\to\infty$ 时, $u\to 0$, 所以

$$\lim_{x\to\infty} x\sin\frac{1}{x}=\lim_{x\to\infty}\frac{\sin\frac{1}{x}}{\frac{1}{x}}=\lim_{u\to 0}\frac{\sin u}{u}=1.$$

(2) 令 $t=\pi-x$, 则 $\sin x=\sin t$. 当 $x\to\pi$ 时, $t\to 0$, 所以

$$\lim_{x\to\pi}\frac{\sin^2 x}{\pi-x}=\lim_{t\to 0}\frac{\sin t}{t}\sin t=1\cdot 0=0.$$

□

注　(1) 设 $\alpha(x)\neq 0$, 且 $\lim\alpha(x)=0$, 由定理 2.2.10 和定理 2.2.11,

$$\lim\frac{\sin\alpha(x)}{\alpha(x)}=1,$$

其中“ lim ”笼统地表示六种类型的极限过程①. 以下使用记号“ lim ”时, 均表示与此处相同的意思.

(2) 由定理 2.2.11、例 2.2.12、例 2.2.13 和海涅定理知, 下列数列均收敛于 1:

$$\left\{n\sin\frac{1}{n}\right\},\quad \left\{n\arcsin\frac{1}{n}\right\},\quad \left\{\sqrt{n}\arctan\frac{1}{\sqrt{n}}\right\},\quad \left\{n^3\tan\frac{1}{n^3}\right\},$$

$$\left\{2n^2\left(1-\cos\frac{1}{n}\right)\right\},\quad \left\{n\left(\sqrt{1+\frac{2}{n}}-1\right)\right\}.$$

以下是本节又一个重要公式 (其证明见附录 A).

定理 2.2.12 证明:

$$\boxed{\lim_{x\to\infty}\left(1+\frac{1}{x}\right)^x=e.}$$

函数 $y=\left(1+\dfrac{1}{x}\right)^x$ 的图像见图 2.2.17.

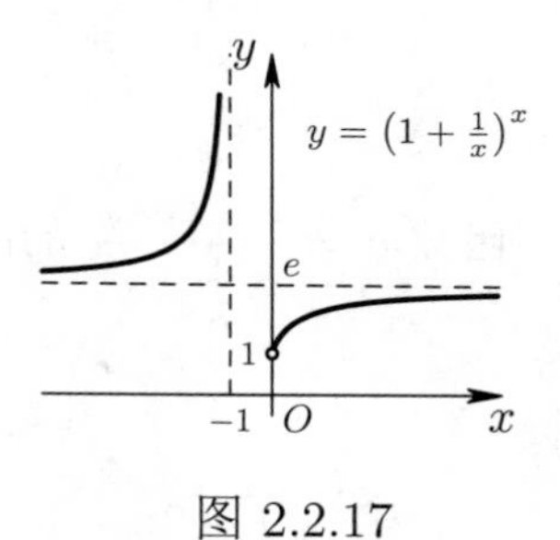

图 2.2.17

利用定理 2.2.12 可求出许多函数的极限.

例 2.2.15 证明:

$$\boxed{\lim_{x\to 0}(1+x)^{\frac{1}{x}}=e;\qquad \lim_{x\to 0}(1-x)^{\frac{1}{x}}=e^{-1}.}$$

① 由定理 2.2.10 、例 2.2.12 和例 2.2.13, $\lim\dfrac{\tan\alpha(x)}{\alpha(x)}=\lim\dfrac{\arcsin\alpha(x)}{\alpha(x)}=\lim\dfrac{\arctan\alpha(x)}{\alpha(x)}=\lim\dfrac{1-\cos\alpha(x)}{\frac{1}{2}[\alpha(x)]^2}=\lim\dfrac{\sqrt{1+2\alpha(x)}-1}{\alpha(x)}=1$ [$\alpha(x)\neq 0$ 且 $\lim\alpha(x)=0$].

证明 令 $x=\dfrac{1}{z}$, 当 $z\to\infty$ 时, $x\to 0$, 于是

$$\lim_{x\to 0}(1+x)^{\frac{1}{x}}=\lim_{z\to\infty}\left(1+\frac{1}{z}\right)^{z}=e.$$

令 $u=-x$, 当 $x\to 0$ 时, $u\to 0$, 于是

$$\lim_{x\to 0}(1-x)^{\frac{1}{x}}=\lim_{u\to 0}\frac{1}{(1+u)^{\frac{1}{u}}}=e^{-1}.$$ □

函数 $y=(1+x)^{\frac{1}{x}}$ 和 $y=(1-x)^{\frac{1}{x}}$ 的图像分别见图 2.2.18 和图 2.2.19.

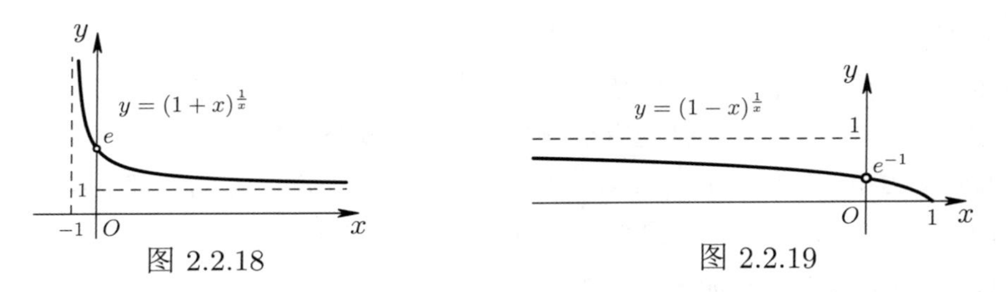

图 2.2.18　　图 2.2.19

例 2.2.16 证明: 对于任意正整数 n, 有

(1) $\lim\limits_{x\to 0}(1+nx)^{\frac{1}{x}}=e^{n}$;　　(2) $\lim\limits_{x\to 0}(1-nx)^{\frac{1}{x}}=e^{-n}$.

解 (1) 令 $z=nx$, 当 $x\to 0$ 时, $z\to 0$, 于是

$$\lim_{x\to 0}(1+nx)^{\frac{1}{x}}=\lim_{x\to 0}\left[(1+nx)^{\frac{1}{nx}}\right]^{n}=\left[\lim_{z\to 0}(1+z)^{\frac{1}{z}}\right]^{n}=e^{n}.$$

(2) $\lim\limits_{x\to 0}(1-nx)^{\frac{1}{x}}=\lim\limits_{z\to 0}\left[(1-z)^{\frac{1}{z}}\right]^{n}=\left[\lim\limits_{z\to 0}(1-z)^{\frac{1}{z}}\right]^{n}=(e^{-1})^{n}=e^{-n}$. □

注 由定理 2.2.10 和例 2.2.15 第一式知, 若 $\alpha(x)\neq 0$, 且 $\lim\alpha(x)=0$, 则

$$\lim[1+\alpha(x)]^{\frac{1}{\alpha(x)}}=e.$$

2.2.4 无穷小量与无穷大量

一、无穷小量的定义

定义 2.2.7 (**无穷小量**) 若函数 α (包括数列) 的极限为 0, 则称 α 是**无穷小量**, 简称为**无穷小**.

若无穷小 α 是数列, 极限过程为 $n\to\infty$ (只有这一种极限过程).

若无穷小 α 是函数(非数列的情形), 极限过程为如下六种之一:

$x\to+\infty,\quad x\to-\infty,\quad x\to\infty,\quad x\to x_0,\quad x\to x_0+,\quad x\to x_0-.$

说函数是无穷小时, 必须同时指出自变量的变化趋势. 例如, $2x$ 当 $x \to 0$ 时是无穷小, 但 $\lim_{x\to 1} 2x = 2 \neq 0$, 所以当 $x \to 1$ 时, $2x$ 不是无穷小.

注 无穷小不是很小的数, 而是以 0 为极限的变量. 显然, 数列 $\{0\}$ 与函数 $y = 0$ 都是无穷小.

以下各变量是所给极限过程中的无穷小:

$\left\{(-1)^n \frac{1}{n}\right\}$, $\left\{\frac{1}{2n\pi}\right\}$, $\left\{\sin\frac{1}{n}\right\}$ $(n \to \infty)$;

$\frac{1}{2x}$, $\frac{x}{x^2+5x}$ $(x \to +\infty)$;

$x^3 + 4x^2 + 2x$, $1 - \cos x$, $x\sin x$ $(x \to 0)$.

显然, α 是无穷小的充要条件是 $|\alpha|$ 是无穷小; 若数列 $\{x_n\}$ 是无穷小, 则它有界; 若函数 $f(x)$ 当 $x \to x_0$ 时是无穷小, 则它在 x_0 的某空心邻域内有界. 可是, 有界量未必是无穷小. 例如, $\sin\frac{1}{x}$, $\cos\frac{1}{x}$ 是有界函数, 但当 $x \to 0$, 它们都不是无穷小. 以下同一问题里出现多个无穷小时, 指相同的极限过程.

定理 2.2.13 无穷小有如下运算性质:

(1) 两个无穷小的和与积仍是无穷小;

(2) 无穷小与有界量的积是无穷小;

(3) 无穷小除以极限不为零的变量所得的商仍是无穷小.

由定理 2.2.13 知, 若 $\alpha_1, \alpha_2, \cdots, \alpha_m$ 均是无穷小, $k_1, k_2, \cdots, k_m$ 为常数, 则 $k_1\alpha_1 + k_2\alpha_2 + \cdots + k_m\alpha_m$ 与 $\alpha_1\alpha_2\cdots\alpha_m$ 也都是无穷小.

定理 2.2.14 设 u 为函数 (含数列), 则 $\lim u = A$ 的充要条件是 $\alpha = u - A$ 是无穷小, 即

$$\boxed{\lim u = A \quad \Leftrightarrow \quad u = A + \alpha \text{ (其中 } \alpha \text{ 是无穷小)}.}$$

定理 2.2.14 表明, 极限概念可用无穷小刻画, 这一事实将判断 $\lim u$ 是否为 A 的问题可转化为判断 u 能否表示为 A 与一个无穷小之和的问题, 因而具有重大理论意义①. 例如, 由分解式

$$f(x) = \frac{3x^2 + \sin x}{x^2} = 3 + \frac{1}{x^2}\sin x$$

① 微积分学创立当初, 微分与积分的概念正是以这种方式阐述的, 以至于历史上曾将微积分学称为“无穷小分析”. 洛必达 (G. L'Hospital, 1661 ~ 1704, 法国) 在 1696 年出版的历史上第一本微积分教材就叫《无穷小分析》. 之后, 麦克劳林 (C. Maclaurin, 1698 ~ 1746, 英国) 在 1742 年出版了《论流数》, 欧拉 (L. Euler) 在 1748 年出版了《无穷小分析引论》, 这些教材推动了微积分在欧洲的迅速传播.

立即可知 $\lim\limits_{x\to\infty} f(x)=3$. 再如, 由分解式

$$x_n=\frac{2n^2+2+\cos(5n^2+3n+1)}{n^2+1}=2+\frac{\cos(5n^2+3n+1)}{n^2+1}$$

立即可知 $\lim\limits_{n\to\infty} x_n=2$.

二、无穷小量阶的比较

虽然无穷小的极限是 0, 可是不同的无穷小趋近于 0 的"速度"可能不同, 有的可能"快"些, 有的可能"慢"些. 例如, $\left\{\dfrac{1}{n^2}\right\}$ 和 $\left\{\dfrac{1}{n}\right\}$ 都是无穷小, 可是前者比后者更快地趋近于 0. 我们现在来考察两个无穷小的比, 以便判断它们趋近于 0 的"速度". 现约定以下涉及的无穷小均为不取零值的变量 (数列无零项).

(1) 若 $\lim\dfrac{\alpha}{\beta}=0$, 则称 α 较 β 是**高阶无穷小**, 或称 β 较 α 是**低阶无穷小**, 记作 $\alpha=o(\beta)$;

(2) 若 $\lim\dfrac{\alpha}{\beta}=c\neq 0$, 则称 α 与 β 是**同阶无穷小**.

特别地, 若 $\lim\dfrac{\alpha}{\beta}=1$, 则称 α 与 β 是**等价无穷小**, 记为 $\alpha\sim\beta$.

举一些例子如下:

1. 因为 $\lim\limits_{n\to\infty}\dfrac{\frac{1}{n^2}}{\frac{1}{n}}=0$, 所以 $\dfrac{1}{n^2}=o\left(\dfrac{1}{n}\right)$ $(n\to\infty)$, 即 $\left\{\dfrac{1}{n^2}\right\}$ 较 $\left\{\dfrac{1}{n}\right\}$ 是高阶无穷小.

2. 因为 $\lim\limits_{x\to 0}\dfrac{1-\cos x}{x}=0$, 所以 $1-\cos x=o(x)$ $(x\to 0)$ [见图 2.2.21 (右)], 即当 $x\to 0$ 时, $1-\cos x$ 较 x 是高阶无穷小. 函数 $y=\dfrac{1-\cos x}{x}$ 的图像见图 2.2.20.

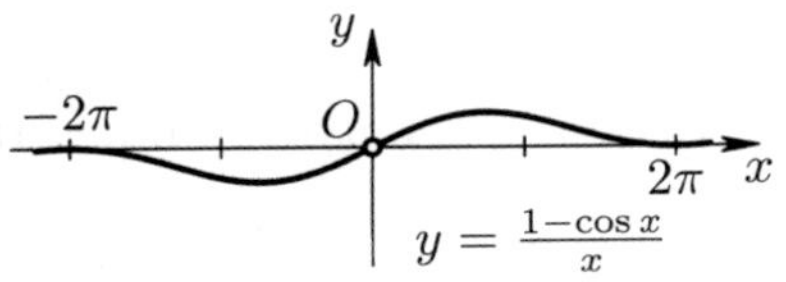

图 2.2.20

3. 因为 $\lim\limits_{x\to 0}\dfrac{\sin^2 x}{x}=0$, 所以 $\sin^2 x=o(x)$ $(x\to 0)$ [见图 2.2.21 (左)].

4. 因为 $\lim\limits_{x\to 0}\dfrac{\sin^2 x}{x^2}=1$, 所以 $\sin^2 x\sim x^2$ $(x\to 0)$ [见图 2.2.21 (左)].

5. 由例 2.2.13 (1), 当 $x\to 0$ 时, $1-\cos x$ 与 $\dfrac{1}{2}x^2$ 是等价无穷小 [见图 2.2.21 (右)], 即 $(1-\cos x)\sim\dfrac{1}{2}x^2$ $(x\to 0)$.

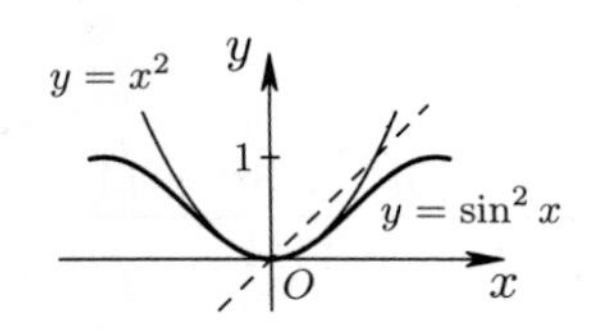

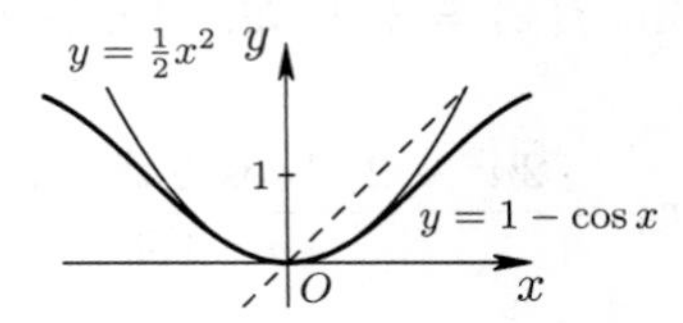

图 2.2.21

6. 因为 $\lim\limits_{x\to1}\dfrac{x^2-1}{x-1}=2$, $\lim\limits_{x\to1}\dfrac{(x-1)^2}{x-1}=0$, 所以当 $x\to1$ 时, x^2-1 与 $x-1$ 是同阶无穷小, $(x-1)^2$ 较 $x-1$ 是高阶无穷小.

设 α, β 与 γ 均为无穷小, 则下列事实成立:

(1) $\alpha\sim\alpha$;

(2) 若 $\alpha\sim\beta$, 则 $\beta\sim\alpha$;

(3) 若 $\alpha\sim\beta$, $\beta\sim\gamma$, 则 $\alpha\sim\gamma$.

由定理 2.2.11、例 2.2.12 及例 2.2.13, 当 $x\to0$ 时, 无穷小 $\sin x$, $\tan x$, $\arctan x$, $\arcsin x$, $\sqrt{1+2x}-1$ 都与 x 等价, 即

$$x\sim\sin x\sim\tan x\sim\arctan x\sim\arcsin x\sim(\sqrt{1+2x}-1)\ (x\to0).$$

注 并不是任何两个无穷小都可以比较的①.

定理 2.2.15 (等价无穷小替换定理) 设 α, β 和 w 是关于同一个自变量的函数 (含数列), 而且 $\alpha\sim\beta$, 则

$$\boxed{\lim\alpha w=\lim\beta w;\quad \lim\frac{w}{\alpha}=\lim\frac{w}{\beta}.}$$

证明 由 $\alpha\sim\beta$ 知, $\lim\dfrac{\alpha}{\beta}=1$, $\lim\dfrac{\beta}{\alpha}=1$, 所以

$$\lim\beta w=\lim\frac{\beta}{\alpha}\alpha w=\lim\frac{\beta}{\alpha}\lim\alpha w=\lim\alpha w;$$
$$\lim\frac{w}{\beta}=\lim\frac{w}{\alpha}\frac{\alpha}{\beta}=\lim\frac{w}{\alpha}\lim\frac{\alpha}{\beta}=\lim\frac{w}{\alpha}.$$

推论 2.2.4 若 $\alpha\sim\alpha'$, $\beta\sim\beta'$, 而且 $\lim\dfrac{\alpha}{\beta}$ 存在, 则

$$\boxed{\lim\frac{\alpha'}{\beta'}=\lim\frac{\alpha}{\beta}=\lim\frac{\alpha'}{\beta}=\lim\frac{\alpha}{\beta'}.}$$

① 例如, 当 $x\to0$ 时, 无穷小 $x\sin\dfrac{1}{x}$ 与 x^2 既不是同阶, 也非高阶或低阶, 因为 $\dfrac{x\sin\frac{1}{x}}{x^2}=\dfrac{1}{x}\sin\dfrac{1}{x}$ 与 $\dfrac{x^2}{x\sin\frac{1}{x}}=\dfrac{x}{\sin\frac{1}{x}}$ 在 0 的任何邻域内无界.

利用定理 2.2.15 或推论 2.2.4 可在很大程度上简化极限运算.

例 2.2.17 求极限: (1) $\lim\limits_{x\to 0}\dfrac{1-\cos x}{\sin^2 x}$; (2) $\lim\limits_{x\to 0}\dfrac{\sqrt{1+2x}-1}{3\arcsin x}$.

解 (1) 当 $x\to 0$ 时, $(1-\cos x)\sim\dfrac{1}{2}x^2$, $\sin^2 x\sim x^2$, 于是

$$\lim_{x\to 0}\frac{1-\cos x}{\sin^2 x}=\lim_{x\to 0}\frac{\frac{1}{2}x^2}{x^2}=\frac{1}{2}.$$

(2) 当 $x\to 0$ 时, $(\sqrt{1+2x}-1)\sim x$, $\arcsin x\sim x$, 于是

$$\lim_{x\to 0}\frac{\sqrt{1+2x}-1}{3\arcsin x}=\lim_{x\to 0}\frac{x}{3x}=\frac{1}{3}.$$

注 使用定理 2.2.15 时, 只能用等价无穷小替换"因子", 不能用其替换"加项", 例如, 下面的解法是错误的:

$$\lim_{x\to 0}\frac{\tan x-\sin x}{x^3}=\lim_{x\to 0}\frac{x-x}{x^3}=0,$$

正确的解法是

$$\lim_{x\to 0}\frac{\tan x-\sin x}{x^3}=\lim_{x\to 0}\frac{\sin x}{x}\cdot\frac{1}{\cos x}\cdot\frac{1-\cos x}{x^2}=\frac{1}{2}.$$

三、无穷大量

对于数列 $\{a_n\}$, 我们在前面定义了 $\lim\limits_{n\to\infty}a_n=+\infty$, $-\infty$ 或 ∞, 下面我们给出函数在相应的极限过程中以 $+\infty$, $-\infty$ 或 ∞ 为极限的定义.

定义 2.2.8 设函数 $f(x)$ 在 $(c,+\infty)$ 内有定义. 若 $\forall\, M>0$, $\exists$ 正数 $L>c$, 当 $x>L$ 时, 有

$$f(x)>M\ [f(x)<-M \text{ 或 } |f(x)|>M],$$

则称**当 $x\to+\infty$ 时, $f(x)$ 有无穷极限 $+\infty$ ($-\infty$ 或 ∞)**, 记作

$$\lim_{x\to+\infty}f(x)=+\infty\ (-\infty \text{ 或 } \infty).$$

例如, $\lim\limits_{x\to+\infty}x=+\infty$; $\lim\limits_{x\to+\infty}-x=-\infty$. 又如,

$$\boxed{\lim_{x\to+\infty}\ln x=+\infty;\quad \lim_{x\to+\infty}(-\ln x)=-\infty.}$$

可类似地定义 $\lim\limits_{x\to-\infty}f(x)=+\infty$ ($-\infty$ 或 ∞).

定义 2.2.9 设函数 $f(x)$ 在 (x_0, x_0+r) 内有定义. 若 $\forall\, M>0$, $\exists$ 正数 δ $(<r)$, 当 $x\in(x_0,x_0+\delta)$ 时, 有

$$f(x)>M\ [f(x)<-M\ \text{ 或 }\ |f(x)|>M],$$

则称**当 $x\to x_0+$ 时, $f(x)$ 有无穷极限 $+\infty$ ($-\infty$ 或 ∞)**, 记作

$$\lim_{x\to x_0+} f(x)=+\infty\ (-\infty \text{ 或 } \infty).$$

例如,

$$\boxed{\lim_{x\to 0+}(-\ln x)=+\infty;\quad \lim_{x\to 0+}\ln x=-\infty.}$$

可类似地定义 $\lim\limits_{x\to x_0-} f(x)=+\infty\ (-\infty \text{ 或 } \infty)$①.

例 2.2.18 (其证明见附录 A)

$$\boxed{\lim_{x\to 0+}\frac{1}{x}=+\infty;\quad \lim_{x\to 0-}\frac{1}{x}=-\infty.}$$

函数 $y=\dfrac{1}{x}$ 的图像见图 2.2.1.

定义 2.2.10 设函数 $f(x)$ 在 $U_r^\circ(x_0)$ 内有定义. 若 $\forall\, M>0$, $\exists$ 正数 δ $(<r)$, 当 $0<|x-x_0|<\delta$ 时, 有

$$f(x)>M\ [f(x)<-M\ \text{ 或 }\ |f(x)|>M],$$

则称**当 $x\to x_0$ 时, $f(x)$ 有无穷极限 $+\infty$ ($-\infty$ 或 ∞)**, 记作

$$\lim_{x\to x_0} f(x)=+\infty\ (-\infty \text{ 或 } \infty).$$

例 2.2.19 下列各式成立 (其证明见附录 A):

$$\boxed{\lim_{x\to 0}\frac{1}{x^2}=+\infty;\quad \lim_{x\to 0}\left(-\frac{1}{x^2}\right)=-\infty;\quad \lim_{x\to 0}\frac{1}{x}=\infty.}$$

函数 $y=\dfrac{1}{x^2}$ 和 $y=-\dfrac{1}{x^2}$ 的图像分别见图 2.2.22 和图 2.2.23, 函数 $y=\dfrac{1}{x}$ 的图像见图 2.2.1.

① 若 $f(x)$ 是习题 1.3 第 3 题 (a) (7) 中的函数, 则 $\lim\limits_{x\to 0+} f(x)=\infty$, $\lim\limits_{x\to 0-} f(x)=\infty$; 若 $f(x)$ 是习题 1.3 第 3 题 (a) (8) 中的函数, 则 $\lim\limits_{x\to +\infty} f(x)=\infty$, $\lim\limits_{x\to -\infty} f(x)=\infty$.

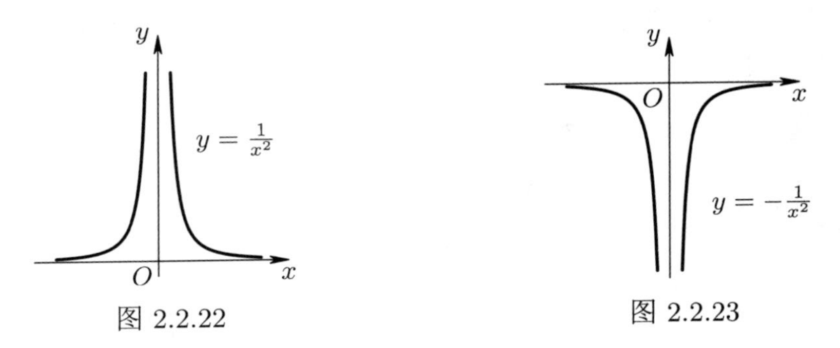

图 2.2.22　　　　图 2.2.23

例 2.2.20 下列各式成立 (见图 1.4.6、图 1.4.7、图 1.5.1 和图 1.5.3):

(1) $\lim\limits_{x\to\frac{\pi}{2}-}\tan x=+\infty$;　　(2) $\lim\limits_{x\to-\frac{\pi}{2}+}\tan x=-\infty$;

(3) $\lim\limits_{x\to 0+}\cot x=+\infty$;　　(4) $\lim\limits_{x\to\pi-}\cot x=-\infty$;

(5) $\lim\limits_{x\to+\infty}e^x=+\infty$;　　(6) $\lim\limits_{x\to-\infty}e^{-x}=+\infty$;

(7) $\lim\limits_{x\to+\infty}x^\alpha=+\infty\ (\alpha>0)$.

定义 2.2.11 设函数 $f(x)$ 在 $(-\infty,c)\cup(c,+\infty)\ (c>0)$ 内有定义. 若 $\forall M>0$, $\exists$ 正数 $L>c$, 当 $|x|>L$ 时, 有

$$f(x)>M\ [f(x)<-M\ \text{或}\ |f(x)|>M],$$

则称**当 $x\to\infty$ 时, $f(x)$ 有无穷极限 $+\infty$ ($-\infty$ 或 ∞)**, 记作

$$\lim_{x\to\infty}f(x)=+\infty\ (-\infty\ \text{或}\ \infty).$$

例 2.2.21 下列各式成立:

$$\lim_{x\to+\infty}x^n=+\infty,\ n=1,\ 2,\ 3,\ \cdots;$$

$$\lim_{x\to-\infty}x^n=\begin{cases}+\infty, & n=2,\ 4,\ 6,\ \cdots,\\ -\infty, & n=1,\ 3,\ 5,\ \cdots;\end{cases}$$

$$\lim_{x\to\infty}x^n=\infty,\ n=1,\ 2,\ 3,\ \cdots.$$

综上所述, 我们研究了三种无穷极限 $\lim u=+\infty,\ -\infty,\ \infty$ 的具体类型的定义, 其中 u 表示函数 (含数列), $\lim$ 表示 $\lim\limits_{n\to\infty}$, $\lim\limits_{x\to+\infty}$, $\lim\limits_{x\to-\infty}$, $\lim\limits_{x\to\infty}$, $\lim\limits_{x\to x_0}$, $\lim\limits_{x\to x_0+}$ 或 $\lim\limits_{x\to x_0-}$.

对照第 2.2.1 节展示 $\lim u = A$ 的各种定义的图表, 可得展示 $\lim u = +\infty$ 的各种定义的图表:

过程	u		$\exists$“时刻”	当 $\cdots$ 时	总有 $u > M$	
$n \to \infty$	x_n		$N > 0$	$n > N$	$x_n > M$	
$x \to +\infty$				$x > L$		
$x \to -\infty$			$L > 0$	$x < -L$		无穷极限
$x \to \infty$	$f(x)$	$\forall M > 0$		$\lvert x\rvert > L$	$f(x) > M$	$+\infty$
$x \to x_0$				$0 < \lvert x - x_0\rvert < \delta$		
$x \to x_0+$			$\delta > 0$	$0 < x - x_0 < \delta$		
$x \to x_0-$				$0 < x_0 - x < \delta$		

在上表第六列中用“$u < -M$ ($|u| > M$)”代替“$u > M$”, 同时第七列中用“$-\infty$ (∞)” 代替“$+\infty$” 可得展示 $\lim u = -\infty$ (∞) 的各种定义的图表.

对于极限不存在的函数 (含数列) u, 若其以 $+\infty$, $-\infty$ 或 ∞ 为无穷极限, 则称其为**无穷大量**, 简称为**无穷大**.

数列 $\{n^2\}$ 与 $\{(-1)^n n\}$ 均是无穷大. $\dfrac{1}{x^2}$ 是当 $x \to 0$ 时的无穷大. 无穷大必无界, 反之不然. 例如, 数列 $\{(-1)^n n + n\}$ 无界, 但它不是无穷大.

无穷大有如下性质:

(1) 两个无穷大的积仍是无穷大;

(2) 无穷大与有界量的和是无穷大.

例 2.2.22 下列无穷极限是明显的:

$$\lim_{x\to+\infty} \sqrt{x}(-\ln x) = -\infty; \qquad \lim_{x\to 0+} \frac{1}{x}\cot x = +\infty;$$

$$\lim_{x\to+\infty} (x - 2\arctan x) = +\infty; \qquad \lim_{x\to-\infty} (x - 5) = -\infty;$$

$$\lim_{x\to-\infty} \left(x - \frac{1}{x}\right) = -\infty; \qquad \lim_{x\to\frac{\pi}{2}-} (\tan x + \sin x) = +\infty.$$

定理 2.2.16 设函数 $f(x) \neq 0$, 则

$$\boxed{f(x)\ \text{是无穷小} \quad \Leftrightarrow \quad \frac{1}{f(x)}\ \text{是无穷大}.}$$

例 2.2.23 求下列极限:

(1) $\displaystyle\lim_{x\to\infty} \frac{3x^2 + x}{5x^3 + 2x + 1}$; (2) $\displaystyle\lim_{x\to\infty} \frac{5x^3 + 2x + 1}{3x^2 + x}$; (3) $\displaystyle\lim_{x\to\infty} \frac{2x^3 + 2x^2 + 1}{5x^3 + x^2 + x}$.

解 (1) $\lim\limits_{x\to\infty}\dfrac{3x^2+x}{5x^3+2x+1}=\lim\limits_{x\to\infty}\dfrac{\dfrac{3}{x}+\dfrac{1}{x^2}}{5+\dfrac{2}{x^2}+\dfrac{1}{x^3}}=0;$

(2) 由 (1) 及定理 2.2.16 知, $\lim\limits_{x\to\infty}\dfrac{5x^3+2x+1}{3x^2+x}=\lim\limits_{x\to\infty}\dfrac{1}{\dfrac{3x^2+x}{5x^3+2x+1}}=\infty;$

(3) $\lim\limits_{x\to\infty}\dfrac{2x^3+2x^2+1}{5x^3+x^2+x}=\lim\limits_{x\to\infty}\dfrac{2+\dfrac{2}{x}+\dfrac{1}{x^3}}{5+\dfrac{1}{x}+\dfrac{1}{x^2}}=\dfrac{2}{5}.$

一般地, 若 $a_n\neq 0,\ b_m\neq 0$, 则

$$\lim_{x\to\infty}\frac{a_nx^n+a_{n-1}x^{n-1}+\cdots+a_1x+a_0}{b_mx^m+a_{m-1}x^{m-1}+\cdots+b_1x+b_0}=\lim_{x\to\infty}\frac{a_nx^n}{b_mx^m}=\begin{cases}0, & n<m,\\ \dfrac{a_n}{b_m}, & n=m,\\ \infty, & n>m.\end{cases}$$

注 (1) 定理 2.2.7 和定理 2.2.10 中的极限 A 可用 $+\infty$, $-\infty$ 或 ∞ 来代替.

(2) 两个无穷大的和 (差) 未必是无穷大. 例如, 当 $x\to\infty$ 时, x^2 与 $-x^2$ 都是无穷大, 而 $x^2+(-x^2)=0$ 却不是无穷大. 同样, 两个无穷大的商也未必是无穷大.

习题 2.2

1. (a) 证明: 若 $c\neq 0$, 则

$$(1)\ \lim_{x\to 0}\left(1+\frac{x}{c}\right)^{\frac{c}{x}}=e;\qquad (2)\ \lim_{x\to\infty}\left(1+\frac{c}{x}\right)^{\frac{x}{c}}=e.$$

(b) 求极限:

$$\lim_{x\to 0}\left(1+\frac{x}{2}\right)^{-\frac{2}{x}};\quad \lim_{x\to 0}(1+3x)^{\frac{1}{x}};\quad \lim_{x\to\infty}\left(1+\frac{7}{x}\right)^{x};\quad \lim_{x\to\infty}\left(1-\frac{2}{x^4}\right)^{x^4}.$$

2. 求极限:

(a) (1) $\lim\limits_{x\to 0}(x^2-x-2)$;　(2) $\lim\limits_{x\to 1}\dfrac{2x}{x+1}$;　(3) $\lim\limits_{x\to\frac{1}{2}}\dfrac{x}{x+1}$;

(4) $\lim\limits_{x\to 2}\dfrac{x+2}{x^2+x-2}$;　(5) $\lim\limits_{x\to 3}\dfrac{x^2-9}{x-3}$;　(6) $\lim\limits_{x\to -1}(x^3-4x)$;

(b) (1) $\lim\limits_{x\to 0}\dfrac{\sqrt{x+4}-2}{x}$;　(2) $\lim\limits_{x\to 0}\dfrac{\sqrt{x^2+4}-2}{x}$;　(3) $\lim\limits_{x\to 3}\dfrac{1-\sqrt{x-2}}{x-3}$;

(4) $\lim\limits_{x\to+\infty}(\sqrt{x^2+3}-x)$;　(5) $\lim\limits_{x\to a}\dfrac{x}{x+a}$;　(6) $\lim\limits_{x\to 1}\dfrac{x^3-1}{x-1}$.

3. 求极限:

(1) $\lim\limits_{x\to\pi}\dfrac{x^2-\pi^2}{2x-2\pi}$;　　(2) $\lim\limits_{x\to3}\dfrac{x^2-9}{x^2-2x-3}$;

(3) $\lim\limits_{x\to1}\left(\dfrac{1}{x-1}-\dfrac{2}{x^2-1}\right)$;　　(4) $\lim\limits_{x\to\infty}\dfrac{x^8}{(x-1)^4(2x+1)^4}$;

(5) $\lim\limits_{x\to0}\dfrac{x(x+2)}{2x^2+2x}$;　　(6) $\lim\limits_{x\to-\infty}\dfrac{4x^2-x}{2x^3-5}$;

(7) $\lim\limits_{x\to+\infty}\dfrac{x^2+2}{x^2+3x+1}$;　　(8) $\lim\limits_{x\to-\infty}\dfrac{x^2+2}{x^2+3x+1}$;

(9) $\lim\limits_{x\to+\infty}\dfrac{x^3}{x^3+x^2-3}$;　　(10) $\lim\limits_{x\to-\infty}\dfrac{x^3}{x^3+x^2-3}$;

(11) $\lim\limits_{x\to+\infty}\sqrt[3]{\dfrac{3x+5}{6x-8}}$;　　(12) $\lim\limits_{x\to-\infty}(\sqrt{x^2+x}-\sqrt{x^2-x})$.

4. (a) 求下列单侧极限:

(1) $\lim\limits_{x\to0+}\left(\dfrac{\sin x}{x}-5^x\right)$;　　(2) $\lim\limits_{x\to0-}\left(\dfrac{\sin x}{x}-5^x\right)$;

(3) $\lim\limits_{x\to0+}(\cos x+\operatorname{sgn}x)$;　　(4) $\lim\limits_{x\to0-}(\cos x+\operatorname{sgn}x)$;

(5) $\lim\limits_{x\to0+}\left(\dfrac{\tan x}{x}+\sin x\right)$;　　(6) $\lim\limits_{x\to0-}\left(\dfrac{\tan x}{x}+\sin x\right)$.

(b) 研究下列函数当 $x\to0$ 时极限是否存在:

(1) $f(x)=\begin{cases}\dfrac{1}{2}, & x\leqslant0,\\ x, & x>0;\end{cases}$　　(2) $f(x)=\begin{cases}0, & x\leqslant0,\\ 1, & x>0;\end{cases}$

(3) $f(x)=|x|$;　　(4) $f(x)=\dfrac{|x|}{x}$;

(5) $f(x)=x|x|$;　　(6) $f(x)=x+\operatorname{sgn}x$;

(7) $f(x)=\begin{cases}e^x, & x<0,\\ 1, & x>0;\end{cases}$　　(8) $f(x)=\begin{cases}x+\cos x, & x\leqslant0,\\ (1+x)^{\frac{1}{x}}, & x>0;\end{cases}$

(9) $f(x)=\begin{cases}\dfrac{\sin x}{2x}+\tan x, & x<0,\\ \dfrac{1}{2}+x\sin\dfrac{1}{x}, & x>0;\end{cases}$　　(10) $f(x)=\dfrac{\sqrt{1-\cos2x}}{x}$.

5. 求极限:

(1) $\lim\limits_{x\to0}\dfrac{\sin 3x^2}{\sin^2 x}$;　(2) $\lim\limits_{x\to0}x^2\cot^2 3x$;　(3) $\lim\limits_{x\to0}\dfrac{\arctan 2x}{5\sin x+x^3}$;

(4) $\lim\limits_{x\to\frac{\pi}{2}}\dfrac{1-\sin x}{\left(x-\dfrac{\pi}{2}\right)^2}$;　(5) $\lim\limits_{x\to0+}\dfrac{\sin x}{\sqrt{x}}$;　(6) $\lim\limits_{x\to\infty}x\sin\dfrac{a}{x}$;

(7) $\lim\limits_{x\to0}\dfrac{\tan 3x^2}{1-\cos^2\sqrt{3x}}$;　(8) $\lim\limits_{x\to0}\left(1+\dfrac{2}{3}x\right)^{\frac{1}{x}}$;　(9) $\lim\limits_{x\to0}\left(\dfrac{1+2x}{1-x}\right)^{\frac{1}{x}}$;

(10) $\lim\limits_{x\to0}(\cos x)^{\cot^2 x}$;　(11) $\lim\limits_{x\to0}\left(\dfrac{1-x^2}{1+x^2}\right)^{\frac{3}{x^2}}$;　(12) $\lim\limits_{x\to\infty}\left(\dfrac{3x+2}{3x-1}\right)^{2x-1}$;

(13) $\lim\limits_{x\to1}x^{\frac{1}{1-x}}$;　(14) $\lim\limits_{x\to\infty}\left(\dfrac{5x+1}{5x-1}\right)^{5x}$;　(15) $\lim\limits_{x\to\frac{\pi}{2}}(\pi-2x)\tan x$;

(16) $\lim\limits_{x\to1}(1+\cot x)^{\frac{x^2-1}{x-1}}$;　(17) $\lim\limits_{x\to1}\dfrac{\arcsin(x-1)^2}{3\tan^2(x-1)}$;　(18) $\lim\limits_{x\to0}\dfrac{\arcsin^2 x}{\arctan 4x^2}$;

(19) $\lim\limits_{x\to0}\dfrac{(\sqrt{1+2x}-1)^2}{3\sin^2 x}$;　(20) $\lim\limits_{x\to0}\dfrac{xe^{3x}+2e^x\sin\dfrac{x}{2}}{4x}$.

6. 证明: 若 α 与 β 均为无穷小, 则

(1) $\alpha\sim\beta$ 的充要条件是 $\alpha=\beta+o(\beta)$;

(2) 若 $c\neq0$, 则 $\lim\dfrac{\alpha}{\beta}=c$ 的充要条件是 $\alpha\sim c\beta$.

7. 下列各式中哪些是无穷小, 哪些是无穷大?

(1) $\dfrac{1}{x-1}\cos x,\ x\to\infty$;　(2) $x^2(1+\sin^2 x),\ x\to\infty$;

(3) $[(-1)^n+1](n+2),\ n\to\infty$;　(4) $e^{x-1}\cos^2\dfrac{\pi}{2}x,\ x\to1$.

8. 比较下列无穷小量, 并在括号中, 填入高阶、同阶、等价等词.

(1) 当 $x\to0$ 时, $e^x\sin 3x$, $\arctan 4x$, (　　　);

(2) 当 $x\to1$ 时, $\arcsin^2(x-1)$, $\tan(x-1)$, (　　　);

(3) 当 $n\to\infty$ 时, $\dfrac{\sin n}{n^2}$, $\dfrac{1}{\sqrt{n}}$, (　　　);

(4) 当 $x\to0$ 时, x^2+x, $\arcsin x$, (　　　);

(5) 当 $x\to0$ 时, $1-\cos x$, $\tan^2 x$, (　　　);

(6) 当 $x\to0$ 时, $x^2+\sin^3 x$, $6x\cos x$, (　　　).

9. 求极限:

(1) $\lim\limits_{x\to\infty}\dfrac{x-2\sin x}{x}$; (2) $\lim\limits_{x\to\infty}\dfrac{x+x\sin 3x}{5x^2+2x}$.

10. 已知下列极限, 求其中的常数 a,b 和 k.

(1) $\lim\limits_{x\to\infty}\left(\dfrac{x^2+1}{x+1}-ax-b\right)=0$; (2) $\lim\limits_{x\to3}\dfrac{x^2-2x+k}{x-3}=4$.

11. (a) 填空:

$\lim\limits_{x\to+\infty}x^2=$; $\lim\limits_{x\to+\infty}x^3=$; $\lim\limits_{x\to+\infty}x^4=$; $\lim\limits_{x\to+\infty}x^5=$;

$\lim\limits_{x\to-\infty}x^2=$; $\lim\limits_{x\to-\infty}x^3=$; $\lim\limits_{x\to-\infty}x^4=$; $\lim\limits_{x\to-\infty}x^5=$.

(b) 求无穷极限:

(1) $\lim\limits_{x\to3+}\dfrac{x}{x-3}$; (2) $\lim\limits_{x\to3-}\dfrac{x}{x-3}$; (3) $\lim\limits_{x\to3}\dfrac{x}{x-3}$;

(4) $\lim\limits_{x\to4+}\dfrac{2-x}{(x-4)(x+2)}$; (5) $\lim\limits_{x\to4-}\dfrac{2-x}{(x-4)(x+2)}$; (6) $\lim\limits_{x\to4}\dfrac{2-x}{(x-4)(x+2)}$.

12. 指出下列计算中的错误: 由例 2.2.13, $(\sqrt{1+2x}-1)\sim x\ (x\to0)$, 故

$$\lim_{x\to0}\frac{\sqrt{1+2x}-1-x}{x^2}=\lim_{x\to0}\frac{x-x}{x^2}=0.$$

给出正确解.

13. (1) 当极限过程是 $x\to+\infty$ 时, 叙述定理 2.2.3 至定理 2.2.9;

(2) 用海涅定理证明当 $x\to+\infty$ 时, $\sin x$ 与 $\cos x$ 的极限均不存在.

14. 利用海涅定理求数列的极限:

(1) 求 $\lim\limits_{n\to\infty}2^n\sin\dfrac{1}{2^n}$; (2) 求 $\lim\limits_{n\to\infty}\cos\dfrac{1}{2^n}\cos\dfrac{1}{2^{n-1}}\cdots\cos\dfrac{1}{2}$.

15. 当极限过程是下列情况时, 叙述定理 2.2.10:

(1) $u\to u_0$, $x\to+\infty$; (2) $u\to+\infty$, $x\to x_0$.

16. (a) 用 $+\infty$, $-\infty$ 或 ∞ 代替定理 2.2.7 中的极限 A, 叙述该定理;

(b) 用 $+\infty$, $-\infty$ 或 ∞ 代替定理 2.2.10 中的极限 A, 叙述该定理;

(c) 求下列无穷极限:

(1) $\lim\limits_{n\to\infty}\ln(\sqrt{n}+\cos^2 n)$; (2) $\lim\limits_{n\to\infty}e^{n(n+1)}$; (3) $\lim\limits_{x\to0}e^{\frac{1}{x^2}}$;

(4) $\lim\limits_{x\to-\infty}(x+\sin x)^3$; (5) $\lim\limits_{n\to\infty}\cot\left(\pi-\dfrac{1}{n^2}\right)$; (6) $\lim\limits_{x\to+\infty}\tan\left(\dfrac{\pi}{2}+\dfrac{1}{x}\right)$;

(7) $\lim\limits_{x\to+\infty}e^{\sqrt[3]{x}+2}$; (8) $\lim\limits_{x\to-\infty}\ln(x^4+3)$.

2.3 函数的连续性

与函数的极限概念密切相关的另一个基本概念是函数的连续性. 连续性是函数的重要性态之一. 从几何上看, 连续函数的图像是一条连绵不断的曲线.

2.3.1 函数连续性的定义

定义 2.3.1 (**函数在一点连续**) 设函数 $f(x)$ 在点 x_0 的某个邻域内有定义. 若

$$\lim_{x\to x_0} f(x) = f(x_0),$$

则称 $f(x)$ **在点** x_0 **连续**.

由于 $\lim\limits_{x\to x_0} x = x_0$, 可将 $\lim\limits_{x\to x_0} f(x) = f(x_0)$ 写成

$$\boxed{\lim_{x\to x_0} f(x) = f\left(\lim_{x\to x_0} x\right).}$$

上式说明在连续意义下, 极限运算 $\lim\limits_{x\to x_0}$ 与对应法则 f 是可交换的.

注 函数 $f(x)$ 在点 x_0 连续, 不仅要求 $f(x)$ 在 x_0 有定义, 而且要求当 $x \to x_0$ 时, $f(x)$ 的极限等于 $f(x_0)$. 因为 $|f(x_0) - f(x_0)| = 0 < \varepsilon$ 总成立, 所以在函数极限定义 (定义 2.2.4) 中, 只要把"$0 < |x - x_0| < \delta$"换成"$|x - x_0| < \delta$", 就得到连续性的如下叙述 [设 $f(x)$ 在 x_0 的某个邻域内有定义]:

$$\boxed{f(x)\text{ 在 }x_0\text{ 连续} \Leftrightarrow \forall\, \varepsilon > 0,\ \exists\ \delta > 0,\ \text{当 }|x - x_0| < \delta\text{ 时, 有 }|f(x) - f(x_0)| < \varepsilon.}$$

例 2.3.1 (1) 常函数 $f(x) = c$ 在 $\mathbf{R}$ 上的任意点 x_0 连续. 事实上,

$$\lim_{x\to x_0} f(x) = \lim_{x\to x_0} c = c = f(x_0).$$

(2) 幂函数 $f(x) = x^k$ (k 为正整数) 在 $\mathbf{R}$ 上的任意点 x_0 连续, 因为

$$\lim_{x\to x_0} f(x) = \lim_{x\to x_0} x^k = \left(\lim_{x\to x_0} x\right)^k = x_0^k = f(x_0).$$

(3) 由例 2.2.11, $\lim\limits_{x\to x_0} \sin x = \sin x_0$, $\lim\limits_{x\to x_0} \cos x = \cos x_0$, 故正弦函数 $\sin x$ 和余弦函数 $\cos x$ 在 $\mathbf{R}$ 上的任意点 x_0 连续.

例 2.3.2 设函数 $f(x)=\begin{cases} x\sin\dfrac{1}{x}, & x\neq 0,\\ 0, & x=0,\end{cases}$ 由于当 $x\to 0$ 时, x 是无穷小, $\sin\dfrac{1}{x}$ 有界 (极限不存在, 见例 2.2.7), 因而

$$\lim_{x\to 0} f(x)=\lim_{x\to 0} x\sin\frac{1}{x}=0=f(0),$$

所以 $f(x)$ 在点 $x=0$ 连续 (见图 2.3.1).

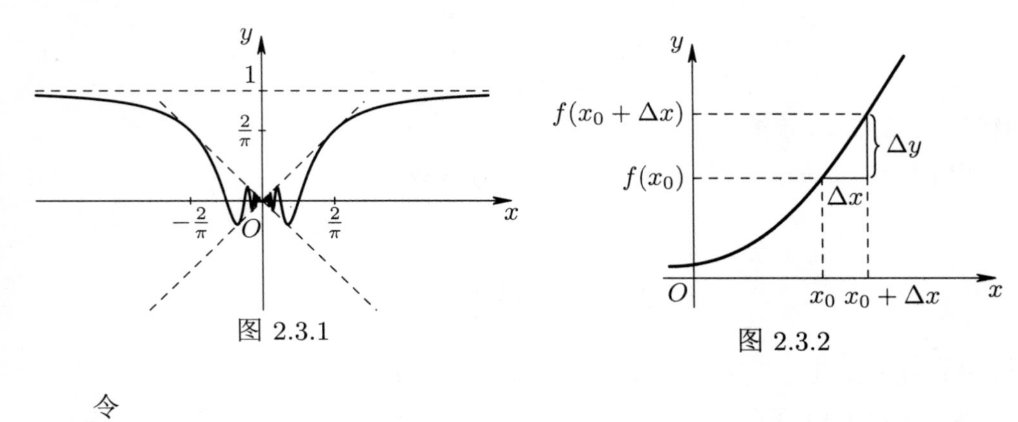

图 2.3.1

图 2.3.2

令

$$\Delta x=x-x_0,$$

$$\Delta y=y-y_0=f(x)-f(x_0),$$

则

$$x=x_0+\Delta x,$$

$$f(x)=f(x_0+\Delta x)=f(x_0)+\Delta y,$$

我们称 Δx 为自变量 (x 在 x_0) 的增量或改变量, Δy 为函数 (y 在 x_0) 的增量或改变量 (见图 2.3.2), Δx 和 Δy 可正可负, 也可能为零. 在这样的记号下, 我们给出连续性的另一种叙述:

函数 $f(x)$ 在点 x_0 连续是指当自变量的增量 Δx 趋于 0 时, 相应的函数的增量 $\Delta y=f(x_0+\Delta x)-f(x_0)$ 也趋于 0, 即

函数 $f(x)$ 在点 x_0 连续 $\quad\Leftrightarrow\quad \lim\limits_{\Delta x\to 0}\Delta y=0.$

由海涅定理和函数在一点连续的定义得如下定理:

定理 2.3.1 设函数 $f(x)$ 在点 x_0 的邻域 $G=U_r(x_0)$ 内有定义, 则

$$\boxed{f(x)\text{ 在点 } x_0 \text{ 连续} \quad\Leftrightarrow\quad \text{若 } G \text{ 中数列 } \{x_n\} \text{ 收敛于 } x_0,\text{ 则 } \lim_{n\to\infty} f(x_n)=f(x_0).}$$

根据定理 2.3.1, 可利用函数的连续性来求数列的极限. 例如, 由例 2.3.1 的 (2) 与 (3) 知, 当 $n\to\infty$ 时, 有

$$\left(\frac{1}{\sqrt[3]{n}}+2\right)^k \to 2^k\ (k\in\mathbf{N}^+),\quad \sin\left(3+\frac{1}{n}\right)\to\sin 3,\quad \cos\left(-\frac{2}{5}\right)^n\to 1.$$

定义 2.3.2 [**左 (右) 连续**] 设函数 $f(x)$ 在 $(x_0-r,x_0]$ $([x_0,x_0+r))$ 上有定义. 若

$$\lim_{x\to x_0-} f(x)=f(x_0)\quad \left[\lim_{x\to x_0+} f(x)=f(x_0)\right],$$

则称 $f(x)$ **在点** x_0 **左 (右) 连续**.

由定理 2.2.2 、定义 2.3.1 和定义 2.3.2 可得如下定理:

定理 2.3.2 设函数 $y=f(x)$ 在点 x_0 的某邻域内有定义, 则 $f(x)$ 在点 x_0 连续的充分必要条件是 $f(x)$ 在点 x_0 既左连续, 又右连续, 即

$$\boxed{f(x)\text{ 在点 } x_0 \text{ 连续} \quad\Leftrightarrow\quad \lim_{x\to x_0+} f(x)=\lim_{x\to x_0-} f(x)=f(x_0).}$$

以下是用定理 2.3.2 来判断分段函数在“接头点”的连续性的两个例子.

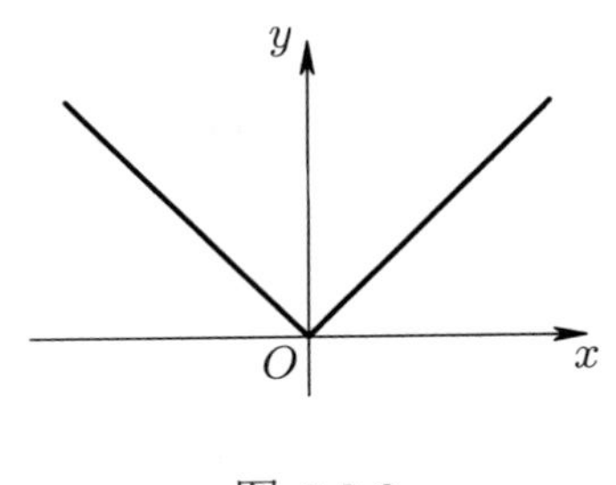

图 2.3.3

例 2.3.3 证明 $f(x)=|x|$ 在 $\mathbf{R}$ 内的任意点连续.

证明 显然, $|x|=\begin{cases} x, & x\geqslant 0,\\ -x, & x<0,\end{cases}$

$$\lim_{x\to 0+} f(x)=\lim_{x\to 0+} x=0=f(0),$$

$$\lim_{x\to 0-} f(x)=\lim_{x\to 0-} (-x)=0=f(0),$$

因为 $f(0+)=f(0-)=f(0)$, 由定理 2.3.2, $f(x)$ 在点 $x=0$ 连续.

在 $(0,+\infty)$ 内, $f(x)=x$, 由例 2.3.1 (2) 知, 它在此区间内的任意点连续, 而在 $(-\infty,0)$ 内, $f(x)=-x$, 同理知, 它在此区间内的任意点也连续 (见图 2.3.3).

一般地, 对任意常数 a, $g(x)=|x-a|$ 在 $\mathbf{R}$ 内的任意点连续.

例 2.3.4 讨论函数

$$f(x)=\begin{cases}x^2, & x\geqslant 0,\\ -1, & x<0\end{cases}$$

在点 $x=0$ 的连续性.

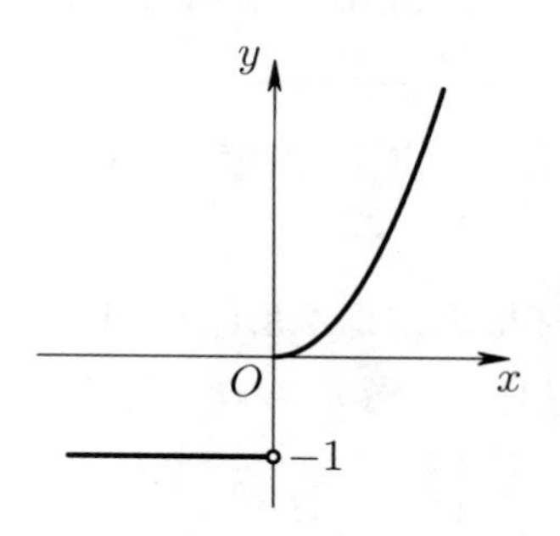

图 2.3.4

解 由于 $f(0)=0$, 而

$$\lim_{x\to 0-}f(x)=\lim_{x\to 0-}(-1)=-1\neq f(0),$$

可见, $f(x)$ 在点 0 不是左连续的. 由定理 2.3.2, $f(x)$ 在点 0 不连续 (见图 2.3.4).

定义 2.3.3 (**函数在区间 I 上连续**) 若函数 $f(x)$ 在区间 I 上非端点的点都连续, 如果 $x\in I$ 是左端点, $f(x)$ 在点 x 右连续, 如果 $x\in I$ 是右端点, $f(x)$ 在点 x 左连续, 则称 $f(x)$ **在区间 I 上连续** [若区间 I 不含端点, 也称 $f(x)$ 在 I 内连续].

直观上看, 在区间 I 上连续的一元函数的图像是平面 $\mathbf{R}^2$ 上的一条连续曲线.

由定义 2.3.3、例 2.3.1 和例 2.3.3 知, 常函数以及 x^k (k 为正整数), $\sin x$, $\cos x$ 和 $|x|$ 都在 $\mathbf{R}$ 上连续.

2.3.2 函数的间断点

客观事物的渐变是用连续不断的曲线描写的, 而突变则表示出现了一个间断 —— 不连续. 由于函数的某些性质与其在不连续的点附近的状态有关, 在这一节, 我们将讨论函数的不连续点以及它们的分类. 为确定起见, 以下设函数 $f(x)$ 至少在点 x_0 的某个空心邻域内有定义.

若函数 $f(x)$ 在点 x_0 不满足连续性定义, 则称点 x_0 是 $f(x)$ 的**间断点**, 或**不连续点**.

当 x_0 是 $f(x)$ 的间断点时, 必出现下列情形之一:

(1) 当 $x\to x_0$ 时, $f(x)$ 没有极限;

(2) 极限 $\lim\limits_{x\to x_0}f(x)$ 存在 (有限极限), 但不等于 $f(x_0)$, 或 $f(x)$ 在点 x_0 没有定义.

以下我们讨论间断点的分类.

一、可去间断点

若 $\lim\limits_{x\to x_0}f(x)=A$, $f(x)$ 在点 x_0 没有定义, 或有定义但 $f(x_0)\neq A$, 则称 x_0

是 $f(x)$ 的**可去间断点**. 此时定义函数

$$f_*(x)=\begin{cases}f(x), & x\neq x_0,\\ A, & x=x_0,\end{cases}$$

则 $\lim\limits_{x\to x_0}f_*(x)=\lim\limits_{x\to x_0}f(x)=A=f_*(x_0)$, 因而 $f_*(x)$ 在点 x_0 连续, 所以 $f(x)$ 的间断点 x_0 是"可去的".

例 2.3.5 函数 $\dfrac{\sin x}{x}$ 在点 0 没有定义, 但是 $\lim\limits_{x\to 0}\dfrac{\sin x}{x}=1$, 所以 0 是 $\dfrac{\sin x}{x}$ 的可去间断点. 定义

$$f_*(x)=\begin{cases}\dfrac{\sin x}{x}, & x\neq 0,\\ 1, & x=0,\end{cases}$$

则函数 $f_*(x)$ 在点 0 连续, 见图 2.3.5 [比较函数 $f(x)=\dfrac{\sin x}{x}$ 的图像 (见图 2.2.12)].

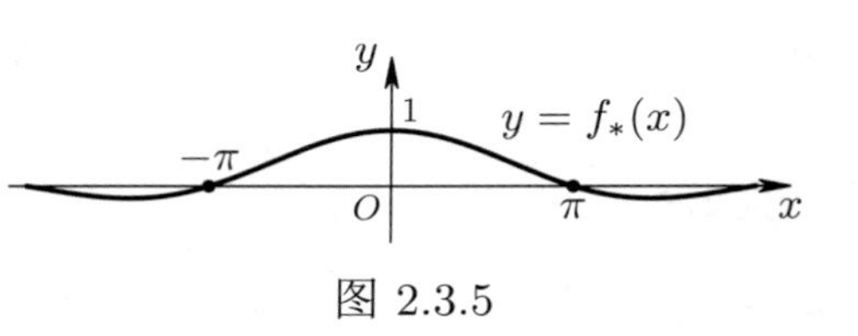

图 2.3.5

同理可知, 点 0 也是下列函数的可去间断点:

$$\frac{\tan x}{x},\quad \frac{\arcsin x}{x},\quad \frac{\arctan x}{x},\quad \frac{1-\cos x}{x},\quad \frac{1-\cos x}{x^2},\quad \frac{\sqrt{1+2x}-1}{x}.$$

例 2.3.6 函数

$$g(x)=|\operatorname{sgn} x|=\begin{cases}1, & x\neq 0,\\ 0, & x=0\end{cases}$$

在点 0 有定义且 $g(0)=0$. 由于 $\lim\limits_{x\to 0}g(x)=1\neq g(0)$. 因而 0 是 $g(x)$ 的可去间断点. 定义

$$g_*(x)=\begin{cases}g(x), & x\neq 0,\\ 1, & x=0,\end{cases}$$

则常函数 $g_*(x)=1$ 在点 0 连续.

二、跳跃间断点

若函数 $f(x)$ 在点 x_0 存在左极限和右极限, 但

$$\lim_{x\to x_0-}f(x)\neq\lim_{x\to x_0+}f(x),$$

则称点 x_0 是 $f(x)$ 的**跳跃间断点**.

对于例 2.3.4 中的函数 $f(x)$, $f(0-)=-1$, $f(0+)=0$, 所以 0 是 $f(x)$ 的跳跃间断点.

例 2.3.7 (1) 对于函数 $f(x)=\operatorname{sgn} x$, 由于 $f(0-)=-1$, $f(0+)=1$, 两者不等, 因而 0 是 $\operatorname{sgn} x$ 的跳跃间断点 (见图 1.2.3).

(2) 对于取整函数 $f(x)=[x]$, 在整数点 n 处, 左极限 $f(n-)=\lim\limits_{x\to n-}(n-1)=n-1$, 右极限 $f(n+)=\lim\limits_{x\to n+}n=n$, 故点 n 是 $f(x)=[x]$ 的跳跃间断点 (见图 1.2.4).

可去间断点和跳跃间断点统称为**第一类间断点**. 第一类间断点的特点是函数在该点的左极限和右极限都存在.

三、第二类间断点

不是第一类的间断点称为**第二类间断点**, 此时函数在该点至少有一侧的极限不存在.

例 2.3.8 (1) 对于函数 $\dfrac{1}{x-1}$, $\lim\limits_{x\to 1-}\dfrac{1}{x-1}=-\infty$, $\lim\limits_{x\to 1+}\dfrac{1}{x-1}=+\infty$, 所以 1 是 $\dfrac{1}{x-1}$ 的第二类间断点 (见图 2.3.6).

一般地, 对于任何 $b\in\mathbf{R}$, 点 b 是函数 $\dfrac{1}{x-b}$ 的第二类间断点.

(2) 对于函数 $e^{\frac{1}{x}}$, 有 $\lim\limits_{x\to 0+}e^{\frac{1}{x}}=+\infty$, $\lim\limits_{x\to 0-}e^{\frac{1}{x}}=0$, 所以 0 是 $e^{\frac{1}{x}}$ 的第二类间断点 (见图 2.3.7).

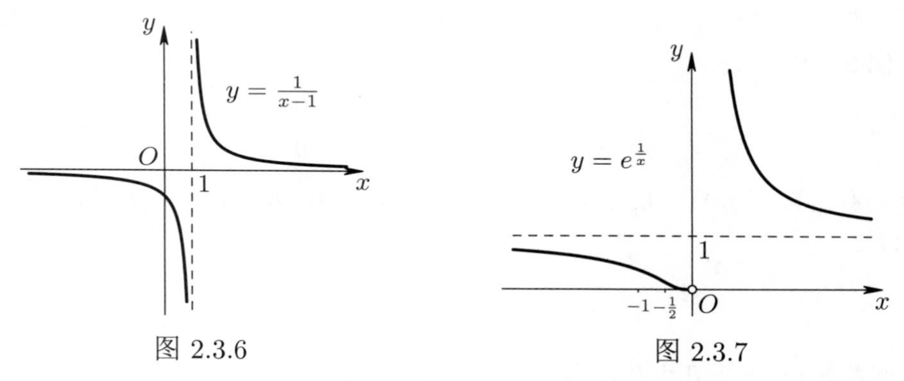

图 2.3.6 图 2.3.7

(3) 函数 $\sin\dfrac{1}{x}$ (见图 2.2.9) 及 $\cos\dfrac{1}{x}$ (见图 2.2.10) 在点 0 附近的值在 1 和 -1 之间无限次振荡, 所以当 $x\to 0$ 时, 函数的左极限与右极限都不存在, 这样, 0 是 $\sin\dfrac{1}{x}$ 和 $\cos\dfrac{1}{x}$ 的第二类间断点.

2.3.3 连续函数的运算

定理 2.3.3 (连续函数四则运算) 若函数 $f(x)$ 和 $g(x)$ 都在点 x_0 连续, 则 $f(x)\pm g(x)$ 和 $f(x)g(x)$ 在点 x_0 连续. 若 $g(x_0)\neq 0$, 则 $\dfrac{f(x)}{g(x)}$ 也在点 x_0 连续.

证明 由于

$$\lim_{x\to x_0} f(x) = f(x_0), \quad \lim_{x\to x_0} g(x) = g(x_0),$$

根据函数极限的四则运算法则,

$$\lim_{x\to x_0}[f(x)+g(x)] = \lim_{x\to x_0} f(x) + \lim_{x\to x_0} g(x) = f(x_0)+g(x_0),$$

所以 $f(x)+g(x)$ 在点 x_0 连续.

其余的证明留给读者. □

推论 2.3.1 若函数 $f(x)$ 和 $g(x)$ 都在区间 I 上连续, 则 $f(x)\pm g(x)$ 和 $f(x)g(x)$ 也在 I 上连续. 若 $g(x)$ 在 I 上处处不为 0, 则 $\dfrac{f(x)}{g(x)}$ 也在 I 上连续.

例 2.3.9 对常函数及 $y=x$ 反复使用定理 2.3.3 知, 多项式函数

$$P_n(x) = a_n x^n + a_{n-1}x^{n-1} + \cdots + a_1 x + a_0$$

和有理函数

$$Q(x) = \frac{P_n(x)}{P_m(x)}$$

在其定义域上每一点都是连续的.

由于 $\sin x$, $\cos x$ 在 $\mathbf{R}$ 上连续, 根据定理 2.3.3, $\tan x = \dfrac{\sin x}{\cos x}$, $\cot x = \dfrac{\cos x}{\sin x}$, $\sec x = \dfrac{1}{\cos x}$, $\csc x = \dfrac{1}{\sin x}$ 在它们各自有定义的区间上都是连续的.

以下定理 2.3.4、定理 2.3.5 和定理 2.3.6 的证明见附录 A.

定理 2.3.4 (反函数的连续性) 若函数 $f(x)$ 在区间 I 上严格单调递增 (减) 且连续, 则其反函数 $f^{-1}(y)$ 也严格单调递增 (减) 且连续.

例 2.3.10 由于 $\sin x$ 在区间 $\left[-\dfrac{\pi}{2}, \dfrac{\pi}{2}\right]$ 上严格单调递增且连续, 因而其反函数 $\arcsin x$ 在区间 $[-1,1]$ 上严格单调递增且连续; $\cos x$ 在 $[0,\pi]$ 严格单调递减且连续, 因而 $\arccos x$ 在区间 $[-1,1]$ 上严格单调递减且连续.

例 2.3.11 由于 $\tan x$ 在区间 $\left(-\dfrac{\pi}{2}, \dfrac{\pi}{2}\right)$ 上严格单调递增且连续, 因而其反函数 $\arctan x$ 在 $\mathbf{R}$ 上严格单调递增且连续; 由于 $\cot x$ 在区间 $(0,\pi)$ 上严格单调递减且连续, 因而 $\operatorname{arccot} x$ 在 $\mathbf{R}$ 上严格单调递减且连续.

总之, 反三角函数 $\arcsin x$, $\arccos x$, $\arctan x$, $\operatorname{arccot} x$ 在它们的定义域上都是连续的.

定理 2.3.5 (复合函数的连续性) 设外函数 $f(u)$ 在点 u_0 连续, 内函数 $u=\varphi(x)$ 在点 x_0 连续, 而且 $u_0=\varphi(x_0)$, 则复合函数 $f(\varphi(x))$ 在点 x_0 连续.

根据连续性的定义, 定理 2.3.5 的结果可简记为

$$\boxed{\lim_{x\to x_0} f(\varphi(x)) = f\big(\lim_{x\to x_0}\varphi(x)\big) = f\big(\varphi\big(\lim_{x\to x_0} x\big)\big) = f(\varphi(x_0)).}$$

推论 2.3.2 若外函数 $f(u)$ 在区间 K 上连续, 内函数 $u=\varphi(x)$ 在区间 I 上连续, 而且当 $x\in I$ 时, $\varphi(x)\in K$, 则复合函数 $f(\varphi(x))$ 在区间 I 上连续.

例 2.3.12 求 $\lim\limits_{x\to 2}\sin(4-x^2)$.

解 设 $f(u)=\sin u$, $u=\varphi(x)=4-x^2$, 则 $\sin(4-x^2)$ 可看成是 $f(u)$ 与 $u=\varphi(x)$ 的复合. 内函数 $\varphi(x)=4-x^2$ 在 $x=2$ 处连续, 且 $\varphi(2)=0$, 外函数 $f(u)=\sin u$ 在 $u=0$ 处连续, 由定理 2.3.5 得

$$\lim_{x\to 2}\sin(4-x^2)=\sin\left(4-\big(\lim_{x\to 2}x\big)^2\right)=\sin(4-2^2)=\sin 0=0.$$

若有限个连续函数满足复合条件, 逐次应用推论 2.3.2 进行复合运算, 所得的复合函数也连续.

例 2.3.13 函数 $y=\arcsin u$ 在 $[-1,1]$ 上连续, 函数 $u=\tan t$ 在 $K=\left[-\dfrac{\pi}{4},\dfrac{\pi}{4}\right]$ 上连续, 函数 $t=2x$ 在 $I=\left[-\dfrac{\pi}{8},\dfrac{\pi}{8}\right]$ 上连续, 而且当 $x\in I$ 时, $t=2x\in K$, 当 $t\in K$ 时, $u=\tan t\in[-1,1]$, 因此复合函数 $y=\arcsin\tan(2x)$ 是 $\left[-\dfrac{\pi}{8},\dfrac{\pi}{8}\right]$ 上的连续函数.

利用函数的连续性求极限可使用如下定理 [其中不要求内函数 $\varphi(x)$ 在点 x_0 连续].

定理 2.3.6 设外函数 $f(u)$ 在点 $u=u_0$ 连续, 内函数 $u=\varphi(x)$ 满足 $u_0=\lim\limits_{x\to x_0}\varphi(x)$, 则

$$\boxed{\lim_{x\to x_0} f(\varphi(x)) = f\left(\lim_{x\to x_0}\varphi(x)\right) = f(u_0).}$$

上式 $x\to x_0$ 中的 x_0 可用 x_0+, x_0-, $+\infty$, $-\infty$, ∞ 来代替.

例 2.3.14 求极限: (1) $\lim\limits_{x\to 0}\left(2-\dfrac{\sin x}{x}\right)^3$;　　(2) $\lim\limits_{x\to\infty}\tan\dfrac{1}{x}$.

解 (1) 由于 $\lim\limits_{x\to 0}\dfrac{\sin x}{x}=1$, u^3 在 $u=1$ 连续, 根据定理 2.3.6,

$$\lim_{x\to 0}\left(2-\frac{\sin x}{x}\right)^3=\left(2-\lim_{x\to 0}\frac{\sin x}{x}\right)^3=(2-1)^3=1.$$

(2) 由于 $\lim\limits_{x\to\infty}\dfrac{1}{x}=0$, $\tan u$ 在 $u=0$ 连续, 根据定理 2.3.6,

$$\lim_{x\to\infty}\tan\frac{1}{x}=\tan\lim_{x\to\infty}\frac{1}{x}=\tan 0=0.$$

2.3.4　初等函数的连续性

我们知道, 基本初等函数是指常函数、幂函数、指数函数、对数函数、三角函数和反三角函数.

前面已经证明常函数、三角函数和反三角函数在其有定义的区间上连续 (参看例 2.2.11、例 2.3.10 和例 2.3.11).

对于指数函数 $y=a^x$ $(a>0,\ a\neq 1)$, 由例 2.2.4 和例 2.2.7 知, $\lim\limits_{x\to 0}a^x=1=a^0$, 所以它在点 0 连续. 对于任意实数 x_0, 因为

$$\lim_{x\to x_0}a^x=\lim_{x\to x_0}a^{x-x_0}a^{x_0}=a^{x_0}\lim_{x\to x_0}a^{x-x_0}=a^{x_0}\cdot 1=a^{x_0},$$

因此 $y=a^x$ 在点 x_0 连续. 由于 x_0 的任意性, $y=a^x$ 在其定义域 $\mathbf{R}$ 上连续.

因为指数函数 $y=a^x$ $(a>0,\ a\neq 1)$ 在其定义域上是严格单调的, 根据定理 2.3.4, 其反函数 —— 对数函数 $y=\log_a x$ $(a>0,\ a\neq 1)$ 在其定义域 $(0,+\infty)$ 内也是严格单调的连续函数. 特别地, $y=e^x$ 与 $y=\ln x$ 分别是在 $\mathbf{R}$ 及 $(0,+\infty)$ 内严格单调递增的连续函数.

关于幂函数 $y=x^\alpha$, 对于 $x>0$, $x^\alpha=e^{\alpha\ln x}$ 是连续函数 $y=e^u$ 与 $u=\alpha\ln x$ 的复合, 所以 $y=x^\alpha$ 当 $x>0$ 时连续. 对于 $x\leqslant 0$, 也可以证明, $y=x^\alpha$ 在有定义的点连续. 因而幂函数 $y=x^\alpha$ 在其有定义的区间上也是连续的, 这样, 我们有如下定理.

定理 2.3.7 (**基本初等函数的连续性**) 基本初等函数在其有定义的区间上都是连续的.

例如, $y=x^{-1}$ 和 $y=x^{-2}$ 在区间 $(-\infty,0)$ 以及 $(0,+\infty)$ 内都是连续的.

因为初等函数是由基本初等函数经过有限次四则运算和有限次复合运算所得到的函数, 由定理 2.3.3、定理 2.3.5 与定理 2.3.7 得如下定理.

定理 2.3.8 (**初等函数的连续性**) 初等函数在其有定义的区间上都是连续的.

由定理 2.3.8 知, 对于初等函数 $f(x)$, 求其在定义域上任何点 x_0 的极限, 只需求在点 x_0 的函数值.

例 2.3.15 求极限:

(1) $\lim\limits_{x\to 0}e^{\sqrt{2-x^2}}\arcsin x$;　(2) $\lim\limits_{x\to 1}\dfrac{\arctan x}{\ln(3+\sin x)}$;　(3) $\lim\limits_{x\to 0}e^{-x}\sin x$.

解 (1) $e^{\sqrt{2-x^2}}\arcsin x$ 的定义域为 $[-1,1]$, $0\in[-1,1]$, 根据连续性,

$$\lim_{x\to 0} e^{\sqrt{2-x^2}}\arcsin x = e^{\sqrt{2-0^2}}\arcsin 0 = 0.$$

(2) $\dfrac{\arctan x}{\ln(3+\sin x)}$ 的定义域为 $\mathbf{R}$, 因而在点 1 连续, 于是,

$$\lim_{x\to 1}\frac{\arctan x}{\ln(3+\sin x)} = \frac{\arctan 1}{\ln(3+\sin 1)} = \frac{\pi}{4\ln(3+\sin 1)}.$$

(3) 因为 $e^{-x}\sin x$ 在点 0 连续, 所以

$$\lim_{x\to 0} e^{-x}\sin x = e^0\sin 0 = 0 \text{ (见图 2.3.8)}.$$

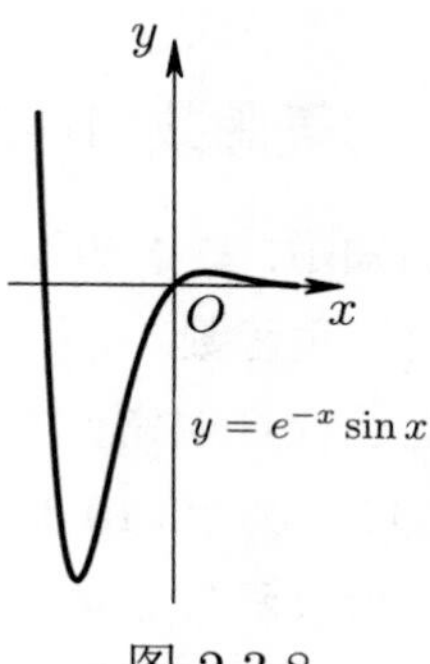

图 2.3.8

例 2.3.16 证明:

$$\boxed{\lim_{x\to 0}\frac{\ln(1+x)}{x} = 1;\quad \lim_{x\to 0}\frac{e^x-1}{x} = 1.}$$

证明 由定理 2.3.6 及对数函数 $\ln x$ 在点 e 的连续性, 有

$$\lim_{x\to 0}\frac{\ln(1+x)}{x} = \lim_{x\to 0}\ln(1+x)^{\frac{1}{x}} = \ln\left(\lim_{x\to 0}(1+x)^{\frac{1}{x}}\right) = \ln e = 1.$$

令 $y=e^x-1$, 则 $x=\ln(1+y)$, 当 $x\to 0$ 时, $y\to 0$. 利用第一式得

$$\lim_{x\to 0}\frac{e^x-1}{x} = \lim_{y\to 0}\frac{y}{\ln(1+y)} = 1.$$

□

例 2.3.16 说明,

$$\ln(1+x)\sim(e^x-1)\sim x\ (x\to 0).$$

函数 $y=\dfrac{\ln(1+x)}{x}$ 与 $y=\dfrac{e^x-1}{x}$ 的图像分别如图 2.3.9 和图 2.3.10 所示.

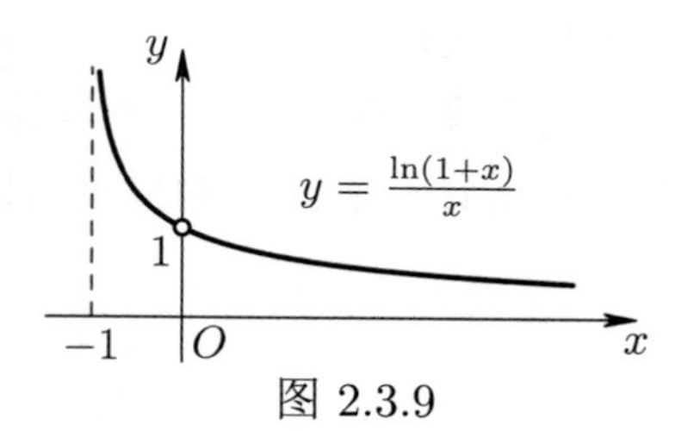

图 2.3.9

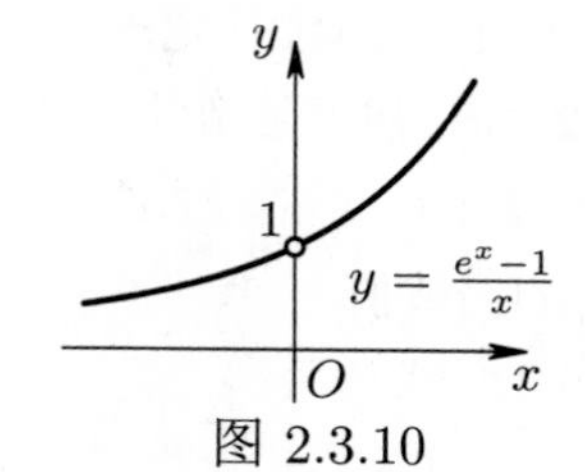

图 2.3.10

注 设 $x=\alpha(t)\neq 0$ 而且 $\lim\alpha(t)=0$, 由例 2.3.16, 在相应的极限过程中, 有

$$\ln(1+\alpha(t))\sim[e^{\alpha(t)}-1]\sim\alpha(t).$$

2.3.5 闭区间上连续函数的基本性质

这一节, 我们将给出闭区间上连续函数的几条重要性质, 它们是研究许多问题的基础. 由于准备知识不够, 这些性质的证明从略. 我们将借助于实际例子及函数的图像去理解这些性质所揭示的事实.

定义 2.3.4 设函数 $f(x)$ 在 D 上有定义, $x_0\in D$, 而且对一切 $x\in D$, 有 $f(x_0)\geqslant f(x)$ $[f(x_0)\leqslant f(x)]$, 则称 $f(x)$ 在 D 上有**最大 (小) 值** $f(x_0)$.

定理 2.3.9 (最大值最小值定理) 若函数 $f(x)$ 在闭区间 $[a,b]$ 上连续, 则 $f(x)$ 在 $[a,b]$ 上必有最大值与最小值, 即存在 x_1, $x_2\in[a,b]$, 使得对任意 $x\in[a,b]$, 有

$$f(x_1)\leqslant f(x)\leqslant f(x_2).$$

此性质从物理上看, 抛射一个物体, 它总可以达到最高点和最低点. 从几何上看闭区间 $[a,b]$ 上连续函数的图像是具有端点的连续曲线, 因而这条曲线有最低点 $A(x_1,f(x_1))$ 和最高点 $B(x_2,f(x_2))$ (见图 2.3.11).

推论 2.3.3 (有界性定理) 闭区间 $[a,b]$ 上的连续函数 $f(x)$ 是有界的.

定理 2.3.9 及推论 2.3.3 中 $f(x)$ 在闭区间上连续这一条件不可去掉.

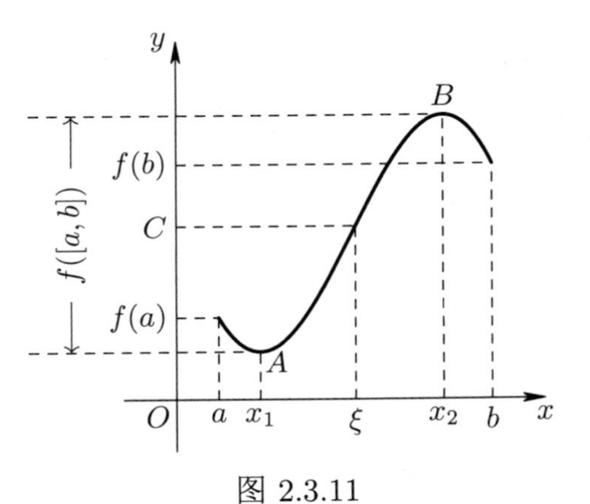

图 2.3.11

例 2.3.17 函数 $f(x)=x^2$, $x\in(-1,1)$, 在开区间 $(-1,1)$ 内连续且有最小值 $f(0)=0$, 但没有最大值 (见图 2.3.12). 函数

$$g(x)=\begin{cases}x^2, & x\in[-1,0)\cup(0,1],\\ 1, & x=0\end{cases}$$

在点 0 间断, 在 $[-1,1]$ 上有最大值 $g(-1)=g(1)=g(0)=1$, 但没有最小值 (见图 2.3.13).

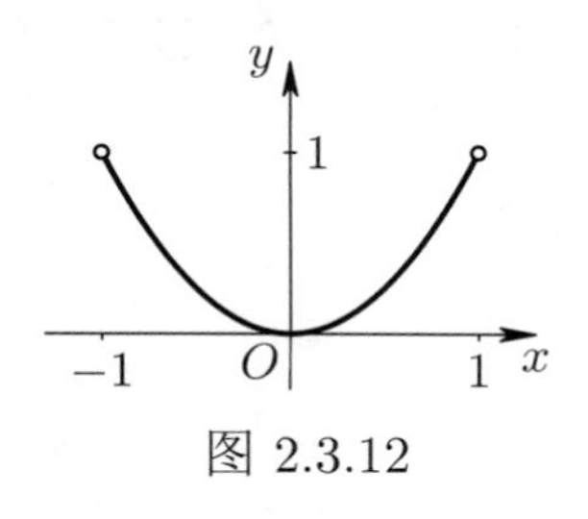

图 2.3.12

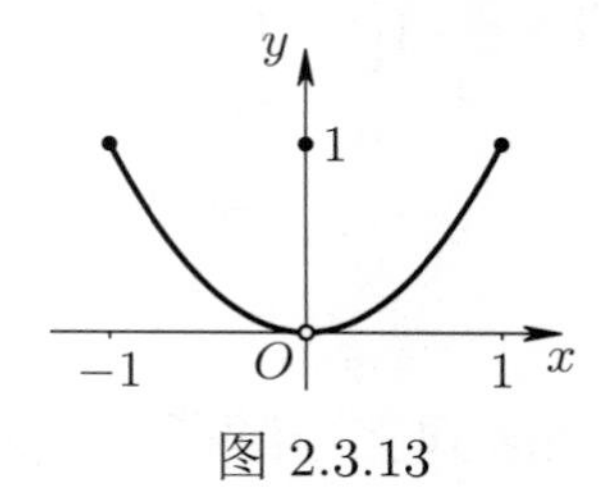

图 2.3.13

例 2.3.18 设 $f(x)=(x-1)^{-1},\ x\in[0,1),\quad g(x)=e^{\frac{1}{x}},\ x\in(0,1]$, 它们是连续的, 但无界. $f(x)$ 在 $[0,1)$ 上无最小值 (见图 2.3.6), $g(x)$ 在 $(0,1]$ 上无最大值 (见图 2.3.7).

定理 2.3.10 (介值定理) 设函数 $f(x)$ 在闭区间 $[a,b]$ 上连续, 且 $f(a)\neq f(b)$, 则对于 $C\in(f(a),f(b))$ 或 $C\in(f(b),f(a))$, 存在 $\xi\in(a,b)$, 使得

$$f(\xi)=C.$$

定理 2.3.10 所揭示的性质从物理上看, 例如, 自由落体从 10 米高的地方落到地面, 中间要路过 10 米以下的一切高度. 从几何上看闭区间 $[a,b]$ 上连续的函数 $f(x)$, 当 x 从 a 变到 b 时, 要经过 $f(a)$ 与 $f(b)$ 之间的一切数值 (见图 2.3.11).

由定理 2.3.10 知, 若 $m=f(x_1)$ 和 $M=f(x_2)$ 分别是连续函数 $f(x)$ 在 $[a,b]$ 上的最小值和最大值, 则对于任意 $C\in(m,M)$, 存在 $\xi\in(a,b)$, 使得 $f(\xi)=C$ (因为 $f(x)$ 在 $[x_1,x_2]$ 或 $[x_2,x_1]$ 上也连续).

推论 2.3.4 (零点定理) 设函数 $f(x)$ 在闭区间 $[a,b]$ 上连续, 且 $f(a)f(b)<0$, 则存在 $\xi\in(a,b)$, 使得

$$f(\xi)=0.$$

推论 2.3.4 是说, 若点 $P(a,f(a))$ 与点 $Q(b,f(b))$ 分别在 x 轴上下两侧, 则连接 PQ 的连续曲线 $y=f(x)$ 至少与 x 轴相交一次 (见图 2.3.14).

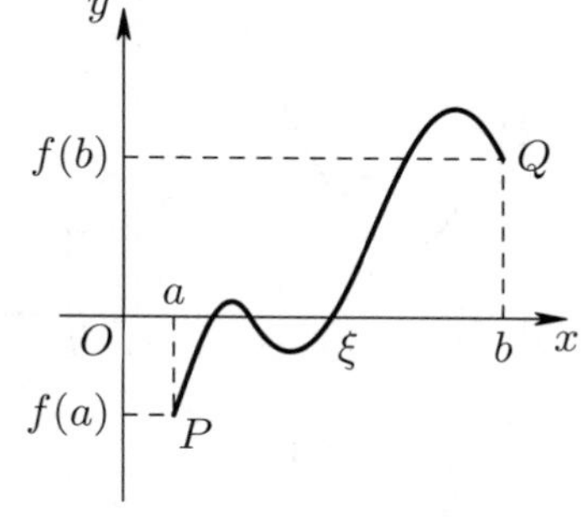

图 2.3.14

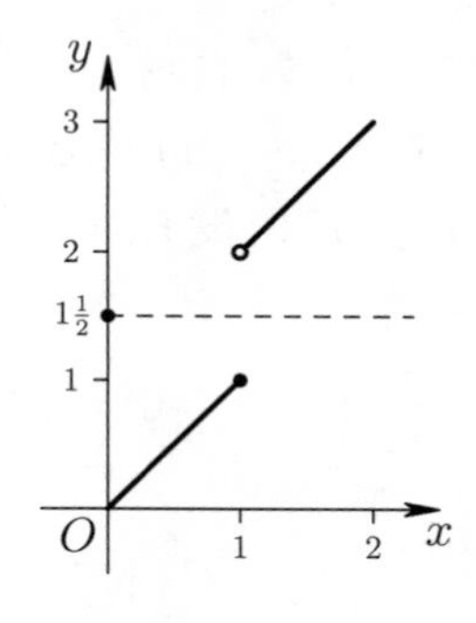

图 2.3.15

定理 2.3.10 与推论 2.3.4 中 $f(x)$ 在闭区间上连续这一条件不可去掉, 例如,

例 2.3.19 设函数

$$f(x)=\begin{cases}x, & x\in[0,1],\\ x+1, & x\in(1,2],\end{cases}$$

则 $f(x)$ 在点 $x=1$ 间断, $f(0)=0$, $f(2)=3$. 虽然 $\dfrac{3}{2}\in(0,3)$, 可是 $(0,2)$ 内不存在函数值等于 $\dfrac{3}{2}$ 的点 (见图 2.3.15).

例 2.3.20 证明方程 $e^x+3x=2$ 在 $(0,1)$ 内有解.

证明 设 $f(x)=e^x+3x-2$, 则初等函数 $f(x)$ 在 $\mathbf{R}$ 上连续, 从而在闭区间 $[0,1]$ 上连续. 又 $f(0)=-1$, $f(1)=e+1$, $f(0)f(1)=-1-e<0$, 根据零点定理, 存在 $\xi\in(0,1)$, 使得 $f(\xi)=0$, 即 $e^\xi+3\xi=2$.

习题 2.3

1. 设下列函数在点 $x=0$ 连续, 求待定常数 a 与 b.

(1) $y=\begin{cases}2a+\ln(x+1), & x>0,\\ 1, & x=0,\\ \arctan 6x+2be^x, & x<0;\end{cases}$　(2) $y=\begin{cases}x^2\sin\dfrac{1}{x}+a, & x>0,\\ 0, & x=0,\\ \dfrac{\tan x}{x}-be^x, & x<0.\end{cases}$

2. 设函数 $f(x)$, $g(x)$ 在点 x_0 的邻域内有定义. 在下列条件下讨论 $f(x)+g(x)$ 与 $f(x)g(x)$ 在点 x_0 的连续性:

(1) $f(x)$ 与 $g(x)$ 在点 x_0 均不连续;

(2) $f(x)$ 在点 x_0 连续, $g(x)$ 在点 x_0 不连续.

3. 求下列函数的间断点, 并说明间断点的类型.

(1) $y=\dfrac{|x|}{x}$;　(2) $y=\dfrac{1}{3-\dfrac{1}{x}}$;

(3) $y=\dfrac{x}{\sin x}$;　(4) $y=\dfrac{1}{x^2-2x-3}$;

(5) $y=e^{\frac{1}{x^2}}$;　(6) $y=x\sin\dfrac{1}{x}$;

(7) $y=\begin{cases}\dfrac{x^2-1}{x-1}, & x\neq 1,\\ 0, & x=1;\end{cases}$　(8) $y=\begin{cases}1-x, & 0\leqslant x<1,\\ 1, & x=1,\\ 3-x, & 1<x\leqslant 2;\end{cases}$

(9) $y=\dfrac{1}{1+e^{\frac{1}{x}}}$.

4. 求极限:

(1) $\lim\limits_{x\to 1}(a_nx^n+a_{n-1}x^{n-1}+\cdots+a_1x+a_0)$;

(2) $\lim\limits_{x\to\pi}(x+13\sin x)\cos(5x+1)e^{x^2}$; (3) $\lim\limits_{x\to 2}\left(\arctan\dfrac{1}{4}x^2+\ln\dfrac{4}{x^2}\right)$;

(4) $\lim\limits_{x\to 0}\dfrac{\sqrt{1+\arctan^2 x}}{3x^2+5x+1}$; (5) $\lim\limits_{x\to 1}\dfrac{2^x\cos\pi x}{x^2+\sqrt{x+3}}$;

(6) $\lim\limits_{x\to 3}(\sqrt{x-2}+\sqrt{2x-1})$; (7) $\lim\limits_{x\to 1}\left(\dfrac{x\cos x}{2+\cos x}\right)^{\frac{1-\sqrt{x}}{1-x}}$;

(8) $\lim\limits_{x\to-\infty}\dfrac{\ln(1+e^x)}{\ln(1+2^x)}$; (9) $\lim\limits_{x\to+\infty}\dfrac{\ln(1+e^x)}{\ln(1+2^x)}$;

(10) $\lim\limits_{x\to\infty}x^3(5^{\frac{2}{x^3}}-1)$; (11) $\lim\limits_{x\to 0}\dfrac{e^x-e^{\tan x}}{x-\tan x}$.

5. 证明: 若 $\alpha\neq 0$, 则当 $x\to 0$ 时, 有

(1) $\lim\limits_{x\to 0}(1+\alpha x)^{\frac{1}{x}}=e^{\alpha}$; (2) $\lim\limits_{x\to 0}(1-\alpha x)^{\frac{1}{x}}=e^{-\alpha}$;

(3) $\lim\limits_{x\to 0}\dfrac{(1+x)^{\alpha x}-1}{\alpha x^2}=1$; (4) $\lim\limits_{x\to 0}\dfrac{(1+x)^{\alpha}-1}{\alpha x}=1$,

由 (3) 知, 当 $x\to 0$ 时, $[(1+x)^x-1]\sim x^2$.

6. 证明函数 $f(x)=\begin{cases}x, & x\text{ 为有理数},\\ -x, & x\text{ 为无理数}\end{cases}$ 在点 0 连续.

7. 证明方程 $x^3-2x=5$ 在区间 $(2,3)$ 内有实根.

8. 证明方程 $x-\cos x=0$ 至少有一个正根.

9. 设函数 $f(x)$, $g(x)$ 在闭区间 $[a,a+1]$ 上连续, $f(a)>g(a)$, $f(a+1)<g(a+1)$. 证明: 在区间 $(a,a+1)$ 内至少存在一点 ξ 使得 $f(\xi)=g(\xi)$.

10. 证明方程 $x-2\arctan x=0$ 在区间 $(-\pi,-1)$ 和 $(1,\pi)$ 内均有实根.

第三章　一元函数微分学

微积分诞生于 17 世纪的欧洲, 是以极限方法为基础研究函数的数学理论. 适合微积分解决的问题有两种类型: 一是微分问题, 确定图形的切线、法线和曲率这样的局部性质; 二是积分问题, 求弯曲图形的长度、面积和体积. 以上两类问题的研究在 17 世纪之前相互独立地发展着. 英国数学家牛顿 (I. Newton, 1642 ~ 1727) 和德国数学家莱布尼茨 (G. W. Leibniz, 1646 ~ 1716) 独立地发现了以上两类问题的联系, 即微分运算和积分运算的互逆关系 —— 微积分基本定理, 后来被称为牛顿 – 莱布尼茨公式，以此为基础, 一门新的数学分支开始形成, 系统的微积分得以建立, 成为有效处理问题的具有普遍性的数学方法, 是数学在科学技术中应用最广泛的部分.

有了前面的预备知识后, 我们将学习微积分学的主体内容: 微分学与积分学. 在这一章, 我们讲一元函数微分学, 主要内容有: 微分学的两个基本概念 —— 导数与微分, 导数与微分的运算法则, 微分学中的几个基本定理及微分学的若干应用. 这一章也是积分学的基础.

3.1　导数与微分

3.1.1　导数的概念

导数作为微积分学最主要的概念, 是由莱布尼茨和牛顿分别在研究几何学与力学过程中建立的, 它与曲线的切线斜率、电流强度、瞬时速度、线密度等变化率问题有密切的联系. 现在我们列举两个例子, 以其为背景来引出导数的概念.

一、 变速直线运动的瞬时速度

设一质点从点 A 出发沿 AB 做直线运动, 它与点 A 的距离是时间 t 的函数 $s = f(t)$. 若在 t_0 时刻它到达点 M_0, 则 M_0 与 A 的距离为 $s = f(t_0)$. 设经过 Δt 时刻, 质点于时刻 $t = t_0 + \Delta t$ 到达点 M, 则 M 与 A 的距离为 $f(t) = f(t_0 + \Delta t)$ (见图 3.1.1). 于是质点在 Δt 这段时间所经过的路程为

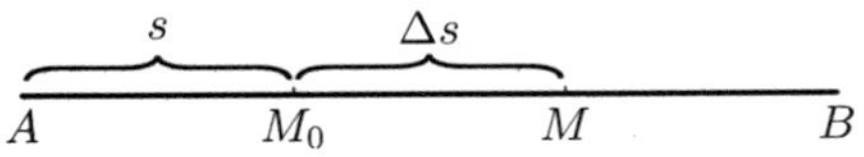

s　Δs
A　M_0　M　B

图 3.1.1

$$\Delta s = f(t) - f(t_0) = f(t_0 + \Delta t) - f(t_0),$$

平均速度为

$$\overline{v}=\frac{\Delta s}{\Delta t}=\frac{f(t_0+\Delta t)-f(t_0)}{\Delta t}.$$

由于质点是做变速运动, 在各个时刻运动快慢不同, 所以平均速度 $\overline{v}$ 只能近似地表示 t_0 时刻质点运动的快慢情况. 时间间隔 $|\Delta t|$ 越小, 这种近似就越精确, 因此, 称平均速度 $\overline{v}$ (当 Δt 趋于 0 时) 的极限 v 为 t_0 时刻的**瞬时速度**:

$$v=\lim_{\Delta t\to 0}\frac{\Delta s}{\Delta t}=\lim_{t\to t_0}\frac{f(t)-f(t_0)}{t-t_0}=\lim_{\Delta t\to 0}\frac{f(t_0+\Delta t)-f(t_0)}{\Delta t}. \tag{3.1}$$

二、平面曲线的切线的斜率

设 xOy 平面的曲线 Γ 的方程为 $y=f(x)$, M_0 是曲线 Γ 上的任意取定的一点. 在曲线 Γ 上另取一点 M, 作割线 M_0M, 当 M 在曲线 Γ 上趋于点 M_0 时, 如果割线 M_0M 有极限位置 M_0T, 则称 M_0T (或 T) 为曲线 Γ 在点 M_0 的切线 (见图 3.1.2).

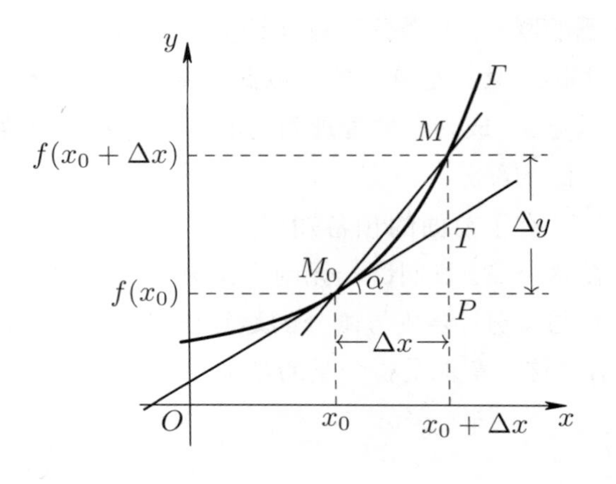

图 3.1.2

欲确定切线 M_0T, 由于它通过点 M_0, 只需求出其斜率即可. 设已知点 M_0 的横坐标为 x_0, 点 M 的横坐标为 $x=x_0+\Delta x$, 则 M_0 与 M 的纵坐标分别为 $f(x_0)$ 和 $f(x)=f(x_0+\Delta x)$. 过点 M_0 作 x 轴的平行线, 过点 M 作 y 轴的平行线, 两直线的交点为 P, 则

$$M_0P=\Delta x,$$

$$PM=\Delta y=f(x)-f(x_0)=f(x_0+\Delta x)-f(x_0).$$

所以割线 M_0M 的斜率为 $\dfrac{\Delta y}{\Delta x}$. 既然切线 M_0T 是割线 M_0M 当 M 趋于 M_0 时的极限位置, 那么切线 M_0T 的斜率 k 就是 M_0M 的斜率当 Δx 趋于 0 时的极限:

$$k=\lim_{x\to x_0}\frac{f(x)-f(x_0)}{x-x_0}=\lim_{\Delta x\to 0}\frac{\Delta y}{\Delta x}=\lim_{\Delta x\to 0}\frac{f(x_0+\Delta x)-f(x_0)}{\Delta x}. \tag{3.2}$$

尽管以上两个问题的背景不同, 但是在研究这两个问题的过程中遇到的极限, 其数学形式是完全相同的, 都是函数的增量与引起这一增量的自变量增量的比值, 当自变量增量趋于 0 时的极限, 即函数的变化率. 这就引出了导数的概念.

三、导数的定义

定义 3.1.1 (**导数**) 设函数 $y=f(x)$ 在点 x_0 的某邻域内有定义. 若极限

$$\boxed{\lim_{x\to x_0}\frac{f(x)-f(x_0)}{x-x_0}} \tag{3.3}$$

存在, 则称 $f(x)$ 在点 x_0 **可导**, 其极限值称为 $f(x)$ 在点 x_0 的**导数** (**或微商**)①, 记作 $f'(x_0)$.

由于 $x=x_0+\Delta x$, $f(x)=f(x_0+\Delta x)$, $f'(x_0)$ 可写成

$$\boxed{f'(x_0)=\lim_{\Delta x\to 0}\frac{\Delta y}{\Delta x}=\lim_{\Delta x\to 0}\frac{f(x_0+\Delta x)-f(x_0)}{\Delta x}.} \tag{3.3$'$}$$

函数 $y=f(x)$ 在点 x_0 的导数还可以用下列记号表示:

$$y'(x_0),\quad y'\Big|_{x=x_0},\quad \frac{df}{dx}\Big|_{x=x_0},\quad \frac{dy}{dx}\Big|_{x=x_0},\quad \frac{df(x_0)}{dx} \text{ 或 } \frac{dy(x_0)}{dx}.$$

若 (3.3) 式的极限不存在, 则称 $y=f(x)$ 在点 x_0 **不可导**. 若这个极限为 $+\infty$ $(-\infty)$, 则称 $f(x)$ 在 x_0 有**无穷导数** $+\infty$ $(-\infty)$, 记为 $f'(x_0)=+\infty$ $(-\infty)$, 这时 $y=f(x)$ 在点 x_0 是不可导的.

有了导数的定义, 前面两例中, (3.1) 式的瞬时速度 v 和 (3.2) 式的切线斜率分别可以写成

$$v=\frac{ds}{dt}\Big|_{t=t_0} \text{ 和 } k=\frac{dy}{dx}\Big|_{x=x_0}.$$

例 3.1.1 证明: 常函数 $f(x)=c$ 在任意点 x_0 的导数都是零, 即

$$\boxed{c'=0\ .}$$

证明

$$f'(x_0)=\lim_{x\to x_0}\frac{f(x)-f(x_0)}{x-x_0}=\lim_{x\to x_0}\frac{c-c}{x-x_0}=0.$$ □

例 3.1.2 证明: 对任意实数 x_0, 下列两式成立:

$$\boxed{(\sin x)'\Big|_{x=x_0}=\cos x_0;\quad (\cos x)'\Big|_{x=x_0}=-\sin x_0.}$$

---

① 关于导数记号的注记: $\dfrac{df(x_0)}{dx}$ 是莱布尼茨表示导数的记号, 这里把它当做整个记号理解, 在第 3.1.7 节, 我们将会看到, 也可以把它看做分式; 把导数记为 $f'(x_0)$ 的是意大利和法国数学家拉格朗日 (J. L. Lagrange, 1736 ~ 1813), 我们主要使用这种简单的记法; 柯西 (A. L. Cauchy) 则用记号 $Df(x_0)$ 来表示导数. 我国新中国成立前的书称导数为“微商”.

证明 由 $\cos x$ 的连续性,得

$$(\sin x)'\big|_{x=x_0} = \lim_{x\to x_0}\frac{\sin x-\sin x_0}{x-x_0} = \lim_{x\to x_0}\cos\frac{x+x_0}{2}\frac{\sin\dfrac{x-x_0}{2}}{\dfrac{x-x_0}{2}}$$

$$= \lim_{x\to x_0}\cos\frac{x+x_0}{2}\cdot 1 = \cos x_0.$$

注意到 $\cos x-\cos x_0 = -2\sin\dfrac{x+x_0}{2}\sin\dfrac{x-x_0}{2}$, 可类似地证明第二式. □

设 $M_0(x_0, f(x_0))$ 是曲线 $\Gamma: y=f(x)$ 上的一点. 曲线 Γ 在点 M_0 的切线是割线 M_0M 当 $M(x,y)$ 沿 Γ 趋于 M_0 的极限位置 (见图 3.1.2). 曲线 Γ 在点 M_0 的法线是指通过点 M_0 且与 Γ 在该点的切线垂直的直线.

导数的几何意义: 设函数 $f(x)$ 在点 x_0 可导. 导数 $f'(x_0)$ 是曲线 $y=f(x)$ 在点 $(x_0, f(x_0))$ 的切线的斜率. 若 α 表示切线与 x 轴正向的夹角 (见图 3.1.2), 则 $f'(x_0)=\tan\alpha$. $f'(x_0)>0$ 意味着 α 为锐角; $f'(x_0)<0$ 意味着 α 为钝角; $f'(x_0)=0$ 表示切线与 x 轴平行, 这样,

曲线 $y=f(x)$ 在点 $(x_0, f(x_0))$ 的切线方程为 $y-y_0=f'(x_0)(x-x_0)$.

若 $f'(x_0)=0$, 则曲线 $y=f(x)$ 在点 $(x_0, f(x_0))$ 的法线为 $x=x_0$.

若 $f'(x_0)\neq 0$, 则

曲线 $y=f(x)$ 在点 $(x_0, f(x_0))$ 的法线方程为 $y-y_0=-\dfrac{1}{f'(x_0)}(x-x_0)$.

若 $f(x)$ 在点 x_0 连续, 而且 $f'(x_0)=+\infty$ 或 $-\infty$, 则曲线 $y=f(x)$ 在点 $(x_0, f(x_0))$ 的切线为 $x=x_0$, 它与 x 轴垂直, 而此时该曲线在点 $(x_0, f(x_0))$ 的法线为 $y=f(x_0)$, 它与 x 轴平行.

由例 3.1.1, 常函数 $y=c$ 在任意一点 x_0 的导数是 0, 因而曲线 $y=c$ 过 (x_0, c) 的切线为 $y=c$.

由例 3.1.2, 函数 $\sin x$ 在点 0 的导数是 $\cos 0=1$, 因而正弦曲线 $y=\sin x$ 在点 $(0,0)$ 的切线为 $y-0=1(x-0)$, 即 $y=x$.

例 3.1.3 (1) 设 $f(x)=x^2$, 求 $f'(0)$ 和 $f'\left(\dfrac{1}{2}\right)$;

(2) 设 $f(x)=\begin{cases} x^2\sin\dfrac{1}{x}, & x\neq 0, \\ 0, & x=0, \end{cases}$ 求 $f'(0)$.

解 (1) $f'(0)=\lim\limits_{x\to 0}\dfrac{f(x)-f(0)}{x-0}=\lim\limits_{x\to 0}\dfrac{x^2-0}{x-0}=\lim\limits_{x\to 0}x=0$,

$$f'\left(\frac{1}{2}\right)=\lim_{x\to\frac{1}{2}}\frac{f(x)-f\left(\dfrac{1}{2}\right)}{x-\dfrac{1}{2}}=\lim_{x\to\frac{1}{2}}\frac{x^2-\dfrac{1}{4}}{x-\dfrac{1}{2}}=\lim_{x\to\frac{1}{2}}\left(x+\frac{1}{2}\right)=1.$$

(2) $f'(0)=\lim\limits_{x\to 0}\dfrac{x^2\sin\dfrac{1}{x}-0}{x-0}=\lim\limits_{x\to 0}x\sin\dfrac{1}{x}=0$.

函数 $y=x^2\sin\dfrac{1}{x}$ 的图像见图 3.1.3 (图 3.1.4 是其在原点附近的放大图).

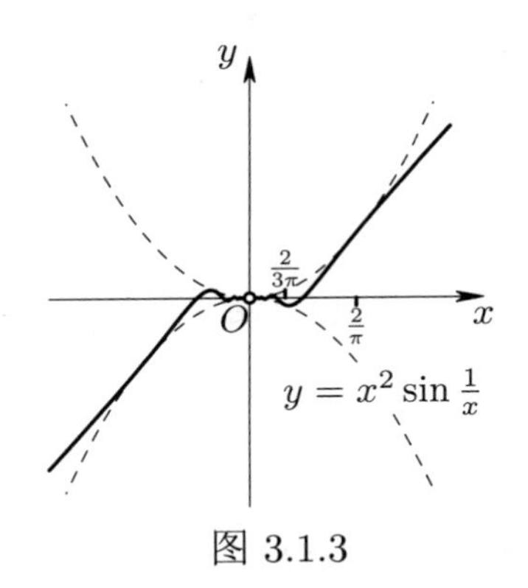

图 3.1.3

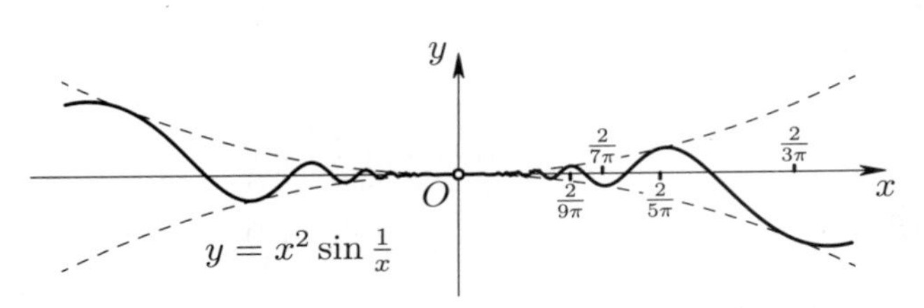

图 3.1.4 (左图原点附近的放大图)

例 3.1.4 求曲线 $y=x^2$ 在点 $P\left(\dfrac{1}{2},\dfrac{1}{4}\right)$ 的切线方程与法线方程.

解 由例 3.1.3 (1) 知, $f'\left(\dfrac{1}{2}\right)=1$, 从而曲线 $y=x^2$ 在点 P 的切线方程为 $y-\dfrac{1}{4}=x-\dfrac{1}{2}$, 即 $4x-4y-1=0$ (见图 3.1.5, $\alpha=\dfrac{\pi}{4}$).

曲线 $y=x^2$ 在点 P 的法线方程为

$$y-\frac{1}{4}=-\left(x-\frac{1}{2}\right),$$

即 $4x+4y-3=0$.

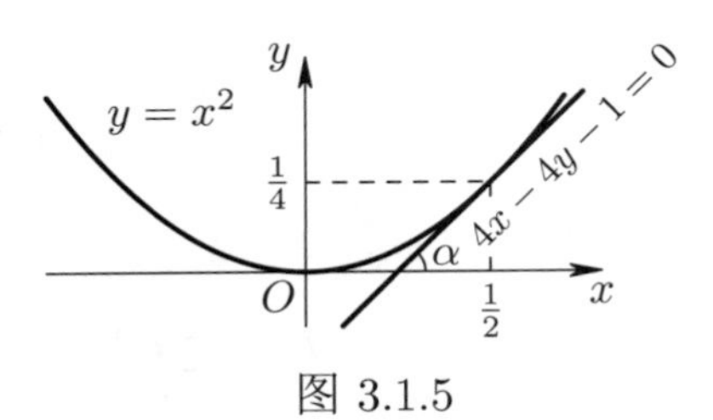

图 3.1.5

定理 3.1.1

> 若函数 $f(x)$ 在点 x_0 可导, 则 $f(x)$ 在点 x_0 连续.

证明 因为

$$\lim_{x\to x_0}[f(x)-f(x_0)]=\lim_{x\to x_0}\frac{f(x)-f(x_0)}{x-x_0}(x-x_0)$$

$$=\lim_{x\to x_0}\frac{f(x)-f(x_0)}{x-x_0}\lim_{x\to x_0}(x-x_0)=f'(x_0)\cdot 0=0,$$

所以 $f(x)$ 在点 x_0 连续. □

根据定理 3.1.1, 函数在不连续的点一定不可导. 例如 $y=|\operatorname{sgn} x|$ 在点 0 不连续, 因而不可导. 函数在连续的点未必可导, 见下例.

例 3.1.5 证明下列函数在点 0 不可导:

(1) $f(x)=x^{\frac{1}{3}}$;　(2) $f(x)=-x^{\frac{1}{3}}$;　(3) $f(x)=\begin{cases}x\sin\dfrac{1}{x}, & x\neq 0,\\ 0, & x=0.\end{cases}$

证明 (1) 因为

$$f'(0)=\lim_{x\to 0}\frac{x^{\frac{1}{3}}-0}{x-0}=\lim_{x\to 0}x^{-\frac{2}{3}}=+\infty,$$

所以 $f(x)$ 在点 0 不可导. 曲线在点 $(0,0)$ 的切线为 $x=0$, 即 y 轴 [见图 3.1.6 (1)].

(2) 因为

$$f'(0)=\lim_{x\to 0}\frac{-x^{\frac{1}{3}}-0}{x-0}=\lim_{x\to 0}-x^{-\frac{2}{3}}=-\infty,$$

所以 $f(x)$ 在点 0 不可导. 曲线在点 $(0,0)$ 的切线为 y 轴 [见图 3.1.6 (2)].

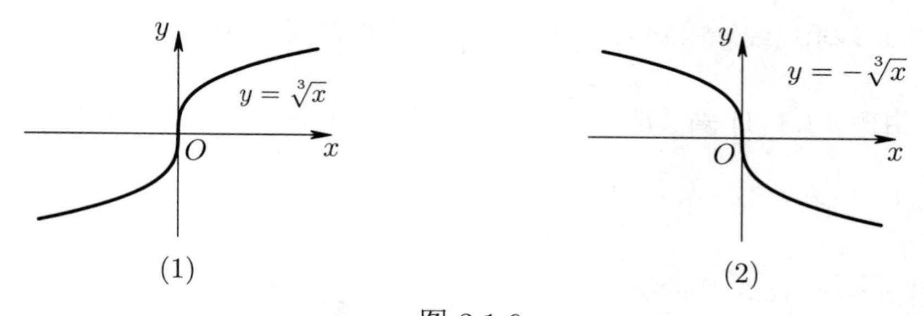

图 3.1.6

(3) 因为

$$\frac{f(x)-f(0)}{x-0}=\frac{x\sin\dfrac{1}{x}}{x}=\sin\frac{1}{x},$$

上式当 $x \to 0$ 时不存在极限, 所以 $f(x)$ 在点 0 不可导 (见图 2.3.1). □

类似于例 3.1.5, 可证明函数 $y=(x-1)^{\frac{1}{3}}$ 以及 $y=-(x-1)^{\frac{1}{3}}$ 在点 1 的导数分别为 $+\infty$, $-\infty$, 两条曲线在点 $(1,0)$ 的切线均为 $x=1$ (见图 3.1.7)①.

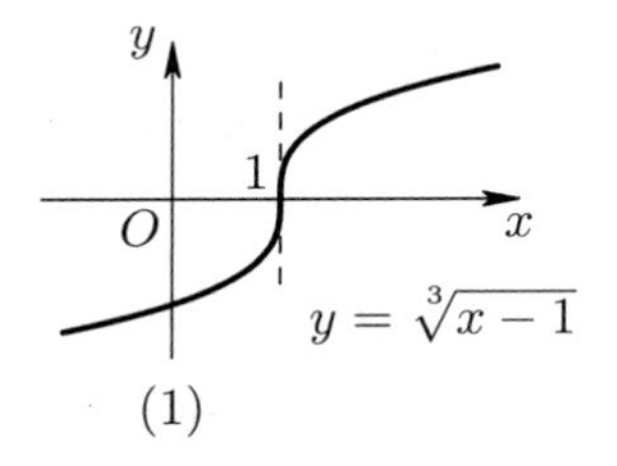

(1)

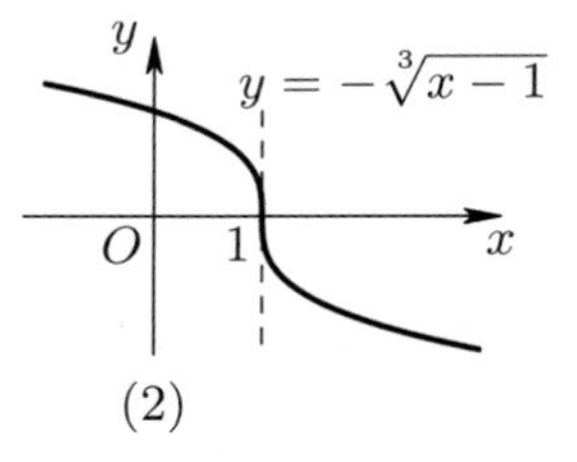

(2)

图 3.1.7

在导数的定义中, Δx 可能大于零, 也可能小于零. 考虑 Δx 从单侧趋于零时 $\dfrac{\Delta y}{\Delta x}$ 的极限, 得到如下单侧导数的定义.

定义 3.1.2 [左 (右) 导数] 设 $f(x)$ 在 $(x_0-r, x_0]$ $(r>0)$ 上有定义. 若左极限

$$\boxed{\lim_{x\to x_0-}\frac{f(x)-f(x_0)}{x-x_0}} \tag{3.4}$$

存在, 则称之为 $f(x)$ 在点 x_0 的**左导数**, 记作 $f'_-(x_0)$. 若上式的极限为 $+\infty$ $(-\infty)$, 则称 $f(x)$ 在点 x_0 有无穷左导数 $+\infty$ $(-\infty)$, 记作 $f'_-(x_0)=+\infty$ $(-\infty)$.

设 $f(x)$ 在点 $[x_0, x_0+r)$ $(r>0)$ 上有定义. 若右极限

$$\boxed{\lim_{x\to x_0+}\frac{f(x)-f(x_0)}{x-x_0}} \tag{3.5}$$

存在, 则称之为 $f(x)$ 在点 x_0 的**右导数**, 记作 $f'_+(x_0)$. 若上式的极限为 $+\infty$ $(-\infty)$, 则称 $f(x)$ 在点 x_0 有无穷右导数 $+\infty$ $(-\infty)$, 记作 $f'_+(x_0)=+\infty$ $(-\infty)$.

左导数和右导数也可以写成

$$f'_-(x_0)=\lim_{\Delta x\to 0-}\frac{\Delta y}{\Delta x}=\lim_{\Delta x\to 0-}\frac{f(x_0+\Delta x)-f(x_0)}{\Delta x}, \qquad (1)$$

$$f'_+(x_0)=\lim_{\Delta x\to 0+}\frac{\Delta y}{\Delta x}=\lim_{\Delta x\to 0+}\frac{f(x_0+\Delta x)-f(x_0)}{\Delta x}. \qquad (2)$$

① 一般地, 对于任意 $b\in\mathbf{R}$ 及任意正整数 k, $y=(x-b)^{\frac{1}{2k+1}}$ 及 $y=-(x-b)^{\frac{1}{2k+1}}$ 在点 b 连续, 其导数分别为 $+\infty$ 和 $-\infty$, 两条曲线在点 $(b,0)$ 的切线均为 $x=b$.

若 $f'_-(x_0) = +\infty\ (-\infty)$, 我们说 $f(x)$ 在 x_0 不是左可导的; 若 $f'_+(x_0) = +\infty\ (-\infty)$, 我们说 $f(x)$ 在 x_0 不是右可导的.

由左、右导数的定义及第二章定理 2.2.2 得如下定理.

定理 3.1.2 设函数 $y = f(x)$ 在点 x_0 的某邻域内有定义, 则

$f(x)$ 在点 x_0 可导 $\quad\Leftrightarrow\quad$ $f(x)$ 在点 x_0 的左、右导数都存在且相等.

判断分段函数 $f(x)$ 在"接头点" x_0 是否可导, 需根据 x_0 两侧给出的解析式求 $f(x)$ 在点 x_0 的左、右导数, 若左、右导数都存在且相等, 由定理 3.1.2, $f(x)$ 在点 x_0 可导, 否则 $f(x)$ 在点 x_0 不可导.

例 3.1.6 证明: (1) 函数 $f(x) = x|x|$ 在点 $x = 0$ 可导;

(2) 函数 $f(x) = |x|$ 在点 0 不可导.

证明 (1) $f(x) = \begin{cases} x^2, & x \geqslant 0, \\ -x^2, & x < 0, \end{cases}$ 其图像见图 3.1.8. 注意到 $f(0) = 0$ 知

$$f'_+(0) = \lim_{x\to 0+} \frac{x^2 - 0}{x - 0} = \lim_{x\to 0+} x = 0,$$

$$f'_-(0) = \lim_{x\to 0-} \frac{-x^2 - 0}{x - 0} = \lim_{x\to 0-} -x = 0,$$

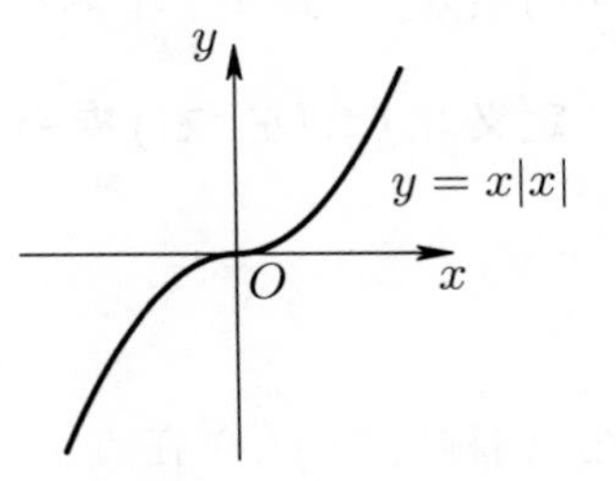

图 3.1.8

因 $f'_+(0) = f'_-(0) = 0$, 由定理 3.1.2, 函数在点 0 可导, 且有 $f'(0) = 0$.

(2) 对于函数 $f(x) = |x|$,

$$f'_+(0) = \lim_{x\to 0+} \frac{|x| - 0}{x - 0} = \lim_{x\to 0+} \frac{x}{x} = 1, \qquad f'_-(0) = \lim_{x\to 0-} \frac{|x| - 0}{x - 0} = \lim_{x\to 0-} \frac{-x}{x} = -1,$$

因 $f'_+(0) \neq f'_-(0)$, 故 $f(x) = |x|$ 在点 0 不可导 (见图 2.3.3). □

若函数 $f(x)$ 在一点的左 (右) 导数存在, 则 $f(x)$ 在这一点左 (右) 连续. 但是在一点左 (右) 连续的函数在这点未必存在左 (右) 导数, 见下例.

例 3.1.7 证明: (1) 函数 $f(x) = \sqrt{x}$ 在点 0 不存在右导数;

(2) 函数 $f(x) = x^{\frac{2}{3}}$ 在点 0 左、右导数均不存在.

证明 (1) 对于函数 $f(x) = \sqrt{x}$,

$$f'_+(0) = \lim_{x\to 0+} \frac{\sqrt{x} - 0}{x - 0} = \lim_{x\to 0+} x^{-\frac{1}{2}} = +\infty \text{ (见图 1.4.2)}.$$

(2) 对于函数 $f(x)=x^{\frac{2}{3}}$,

$$f'_+(0)=\lim_{x\to 0+}\frac{x^{\frac{2}{3}}-0}{x-0}=\lim_{x\to 0+}x^{-\frac{1}{3}}=+\infty\ (\text{见图 1.4.3}),$$

$$f'_-(0)=\lim_{x\to 0-}\frac{x^{\frac{2}{3}}-0}{x-0}=\lim_{x\to 0+}x^{-\frac{1}{3}}=-\infty\ (\text{见图 1.4.3}).$$ □

四、导函数

定义 3.1.3 (导函数) 若 $y=f(x)$ 在开区间 (a,b) 内每一点可导, 则称 $f(x)$ 在 (a,b) 内可导. 这时对每一个 $x\in(a,b)$, 都有 $f(x)$ 在点 x 的导数 $f'(x)$ 与之对应, 这样就确定了一个定义在 (a,b) 内的新函数, 称为 $f(x)$ 在 (a,b) 内的**导函数**①, 记作

$$\boxed{y'(x),\quad f'(x),\quad y',\quad f',\quad \frac{df}{dx}\quad \text{或}\quad \frac{dy}{dx}.}$$

函数 $y=f(x)$ **在区间 I 上可导**是指若 $x\in I$ 不是端点, 则 $f(x)$ 在点 x 可导; 若 x 是左端点, 则 $f(x)$ 的右导数存在; 若 x 是右端点, 则 $f(x)$ 的左导数存在, 此时 $y=f(x)$ 在区间 I 上的导函数定义为

$$y'(x)=\begin{cases} f'(x), & x\in I \ \text{不是端点}, \\ f'_+(x), & x\ \text{是}\ I\ \text{的左端点}, \\ f'_-(x), & x\ \text{是}\ I\ \text{的右端点}. \end{cases}$$

导函数也简称**导数**. 我们可以把 $\dfrac{d}{dx}$ 看成是施加于 y 的求导数运算. 因此, $\dfrac{dy}{dx}$ 与 $\dfrac{df}{dx}$ 也可以分别写作 $\dfrac{d}{dx}y(x)$ 与 $\dfrac{d}{dx}f(x)$.

① 微积分发展早期, 数学家们对连续性和可导性的认识模糊, 主要靠直觉处理与连续性相关的问题. 1874 年, 魏尔斯特拉斯 (K. W. T. Weierstrass) 构造了一个没有导数的连续函数 [见 Γ. M. 菲赫金哥尔茨 (2006), 例 444], 即一条处处没有切线的连续曲线. 这条曲线与人们的直观信念矛盾, 使数学家们感到震惊! 这个函数以及狄利克雷函数 $D(x)$ 和黎曼函数 $R(x)$ (可积但不连续, 见第四章) 暗示微积分最基础的东西是实数, 需要理解实数系更深刻的性质来为微积分建立完善的基础. 魏尔斯特拉斯提出了分析的算术化规划 (即逻辑地构造实数系, 从实数系出发去定义函数和极限的概念、函数的连续性、可微性、可积性、级数的收敛和发散), 他创造了一套 ε - δ 语言, 重新精确地、形式化地定义极限、连续、导数等基本概念, 消除了各种异议. 魏尔斯特拉斯、戴德金 (J. W. R. Dedekind) 以及康托尔 (G. Cantor, 1845 ~ 1918, 德国) 用不同的方式分别建立了严格的实数定义. 19 世纪末, 这个规划得以完成, 分析从完全依靠运动、直觉理解和几何概念中解放出来, 这在完善数学基础方面产生了深远的影响.

例 3.1.8 证明:

$$\boxed{(x^n)' = nx^{n-1},\ n\ \text{为正整数};\quad (\sqrt{x})' = \frac{1}{2\sqrt{x}},\ x \in (0, +\infty).}$$

证明 对于 $y = x^n$, 因为

$$\begin{aligned}\frac{\Delta y}{\Delta x} &= \frac{(x+\Delta x)^n - x^n}{\Delta x}\\ &= \frac{1}{\Delta x}(x^n + C_n^1 x^{n-1}\Delta x + C_n^2 x^{n-2}\Delta x^2 + \cdots + C_n^n \Delta x^n - x^n)\\ &= C_n^1 x^{n-1} + C_n^2 x^{n-2}\Delta x + \cdots + C_n^n \Delta x^{n-1}\end{aligned}$$

所以

$$\begin{aligned}y' &= \lim_{\Delta x\to 0}\frac{\Delta y}{\Delta x} = \lim_{\Delta x\to 0}(C_n^1 x^{n-1} + C_n^2 x^{n-2}\Delta x + \cdots + C_n^n \Delta x^{n-1})\\ &= C_n^1 x^{n-1} = nx^{n-1}.\end{aligned}$$

对于 $y = \sqrt{x}$, 因为

$$\frac{\Delta y}{\Delta x} = \frac{\sqrt{x+\Delta x} - \sqrt{x}}{\Delta x} = \frac{1}{\sqrt{x+\Delta x} + \sqrt{x}},$$

所以

$$y' = \lim_{\Delta x\to 0}\frac{\Delta y}{\Delta x} = \lim_{\Delta x\to 0}\frac{1}{\sqrt{x+\Delta x}+\sqrt{x}} = \frac{1}{2\sqrt{x}}.$$

□

例 3.1.9 证明:

$$\boxed{\frac{d}{dx}a^x = a^x \ln a\ (a > 0,\ a \neq 1).}$$

特别地,

$$\boxed{\frac{d}{dx}e^x = e^x.}$$

证明 因为

$$\Delta y = a^{x+\Delta x} - a^x = a^x\left(a^{\Delta x} - 1\right),$$

所以

$$\frac{\Delta y}{\Delta x} = a^x \frac{a^{\Delta x} - 1}{\Delta x} = a^x \ln a \frac{e^{\Delta x \ln a} - 1}{\Delta x \ln a}.$$

据例 2.3.16, $(e^{\Delta x\ln a}-1)\sim \Delta x\ln a\ (\Delta x\to 0)$, 所以

$$\frac{d}{dx}a^x=\lim_{\Delta x\to 0}\frac{\Delta y}{\Delta x}=a^x\ln a\lim_{\Delta x\to 0}\frac{e^{\Delta x\ln a}-1}{\Delta x\ln a}=a^x\ln a. \qquad \square$$

例 3.1.10 证明:

$$\boxed{\frac{d}{dx}\log_a x=\frac{1}{x\ln a}\ (a>0,\ a\neq 1).}$$

特别地,

$$\boxed{\frac{d}{dx}\ln x=\frac{1}{x}.}$$

证明 由于

$$\Delta y=\log_a(x+\Delta x)-\log_a x=\log_a\left(1+\frac{\Delta x}{x}\right)=\frac{\ln\left(1+\dfrac{\Delta x}{x}\right)}{\ln a},$$

据例 2.3.16,

$$\frac{d}{dx}\log_a x=\lim_{\Delta x\to 0}\frac{\Delta y}{\Delta x}=\lim_{\Delta x\to 0}\frac{\ln\left(1+\dfrac{\Delta x}{x}\right)}{\Delta x\ln a}=\lim_{\Delta x\to 0}\frac{\ln\left(1+\dfrac{\Delta x}{x}\right)}{\dfrac{\Delta x}{x}x\ln a}$$

$$=\frac{1}{x\ln a}\lim_{\Delta x\to 0}\frac{\ln\left(1+\dfrac{\Delta x}{x}\right)}{\dfrac{\Delta x}{x}}=\frac{1}{x\ln a}. \qquad \square$$

3.1.2 导数的四则运算法则

由于导数的构造性定义 (即在定义什么是导数的同时给出了导数计算方法), 如果函数的导数存在, 总能根据定义求出其导数. 但是总是用定义求导数计算量很大. 下面我们将研究求导运算的规律, 给出求导法则, 以便简便地求出已知函数的导数.

定理 3.1.3 (**和与差的导数**)　若函数 $f(x)$ 与 $g(x)$ 都在点 x_0 可导, 则函数 $f(x) \pm g(x)$ 在点 x_0 可导, 且

$$\boxed{[f(x) \pm g(x)]'\big|_{x=x_0} = f'(x_0) \pm g'(x_0).}$$

证明　令 $F(x) = f(x) \pm g(x)$, 由于

$$\begin{aligned}\frac{F(x_0+\Delta x)-F(x_0)}{\Delta x} &= \frac{f(x_0+\Delta x) \pm g(x_0+\Delta x) - [f(x_0) \pm g(x_0)]}{\Delta x} \\ &= \frac{f(x_0+\Delta x)-f(x_0)}{\Delta x} \pm \frac{g(x_0+\Delta x)-g(x_0)}{\Delta x}\end{aligned}$$

由于 $f(x)$ 与 $g(x)$ 都在点 x_0 可导, 根据极限的四则运算性质,

$$\begin{aligned}F'(x_0) &= \lim_{\Delta x \to 0}\left[\frac{f(x_0+\Delta x)-f(x_0)}{\Delta x} \pm \frac{g(x_0+\Delta x)-g(x_0)}{\Delta x}\right] \\ &= \lim_{\Delta x \to 0}\frac{f(x_0+\Delta x)-f(x_0)}{\Delta x} \pm \lim_{\Delta x \to 0}\frac{g(x_0+\Delta x)-g(x_0)}{\Delta x} \\ &= f'(x_0) \pm g'(x_0).\end{aligned}$$

□

利用数学归纳法可以把定理 3.1.3 推广到对有限个函数之代数和求导的情形. 例如, 对于任意正整数 k, 若 $f_1(x)$, $f_2(x)$, $\cdots$, $f_k(x)$ 都在点 x_0 可导, 则 $f_1(x)+f_2(x)+\cdots+f_k(x)$ 也在点 x_0 可导, 而且

$$[f_1(x)+f_2(x)+\cdots+f_k(x)]'\big|_{x=x_0} = [f_1'(x)+f_2'(x)+\cdots+f_k'(x)]\big|_{x=x_0}.$$

例 3.1.11　设 $f(x) = x^3 - x^2 + 4$, 求 $f'(x)$.

解　因为 $(x^3)' = 3x^2$, $(x^2)' = 2x$, $4' = 0$, 由定理 3.1.3,

$$f'(x) = (x^3 - x^2 + 4)' = (x^3)' - (x^2)' + (4)' = 3x^2 - 2x.$$

定理 3.1.4 (**积的导数**)　若函数 $f(x)$ 与 $g(x)$ 都在点 x_0 可导, 则函数 $f(x)g(x)$ 在点 x_0 可导, 且

$$\boxed{[f(x)g(x)]'\big|_{x=x_0} = f'(x_0)g(x_0) + f(x_0)g'(x_0).}$$

特别地, 若 $f(x) = c$ 为常函数, 则

$$\boxed{[cg(x)]'\big|_{x=x_0} = cg'(x_0).}$$

证明 令 $F(x) = f(x)g(x)$, 由于

$$\begin{aligned}\frac{F(x_0+\Delta x)-F(x_0)}{\Delta x} &= \frac{f(x_0+\Delta x)g(x_0+\Delta x)-f(x_0)g(x_0)}{\Delta x}\\ &= \frac{g(x_0)[f(x_0+\Delta x)-f(x_0)]}{\Delta x}\\ &\quad+\frac{f(x_0+\Delta x)[g(x_0+\Delta x)-g(x_0)]}{\Delta x}\end{aligned}$$

以及 $f(x)$ 与 $g(x)$ 都在点 x_0 可导, 根据极限的四则运算性质, 并注意到 $f(x)$ 在点 x_0 连续, 得

$$\begin{aligned}F'(x_0) &= g(x_0)\lim_{\Delta x\to 0}\frac{f(x_0+\Delta x)-f(x_0)}{\Delta x}\\ &\quad+\lim_{\Delta x\to 0}f(x_0+\Delta x)\lim_{\Delta x\to 0}\frac{g(x_0+\Delta x)-g(x_0)}{\Delta x}\\ &= g(x_0)f'(x_0)+f(x_0)g'(x_0).\end{aligned}$$

□

利用数学归纳法可以把定理 3.1.4 推广到对有限个函数之积求导的情形:

对任意正整数 k, 若 $f_1(x), f_2(x), \cdots, f_k(x)$ 都在点 x_0 可导, 则 $f_1(x)f_2(x)\cdots f_k(x)$ 也在点 x_0 可导, 而且

$$\begin{aligned}[f_1(x)f_2(x)\cdots f_k(x)]'\big|_{x=x_0} &= [f_1'(x)f_2(x)\cdots f_k(x)]\big|_{x=x_0}\\ &\quad+[f_1(x)f_2'(x)\cdots f_k(x)]\big|_{x=x_0}\\ &\quad+\cdots\\ &\quad+[f_1(x)f_2(x)\cdots f_k'(x)]\big|_{x=x_0}.\end{aligned}$$

特别地, 若 $f(x), g(x), h(x)$ 都在 x_0 可导, 则 $f(x)g(x)h(x)$ 也在 x_0 可导, 而且

$$f(x)g(x)h(x)|_{x=x_0} =$$

$$[f'(x)g(x)h(x)]|_{x=x_0}+[f(x)g'(x)h(x)]|_{x=x_0}+[f(x)g(x)h'(x)]|_{x=x_0}.$$

例 3.1.12 设 $y = a^x\sin x\ (a>0,\ a\neq 1)$, 求 y'.

解 由定理 3.1.4,

$$\begin{aligned}y' &= (a^x \sin x)' = (a^x)' \sin x + a^x (\sin x)' = a^x (\ln a) \sin x + a^x \cos x \\&= a^x[(\ln a) \sin x + \cos x].\end{aligned}$$

例 3.1.13 设 $y = (\ln x)\cos x + e^x + \log_a x\ (a > 0,\ a \neq 1)$, 求 $y'\big|_{x=1}$.

解 由定理 3.1.3 与定理 3.1.4,

$$\begin{aligned}y' &= [(\ln x)\cos x]' + (e^x)' + (\log_a x)' \\&= \frac{1}{x}\cos x + (-\sin x)\ln x + e^x + \frac{1}{x\ln a}.\end{aligned}$$

所以

$$y'\big|_{x=1} = 1\cos 1 + (-\sin 1)\ln 1 + e^1 + \frac{1}{\ln a} = \cos 1 + e + \frac{1}{\ln a}.$$

例 3.1.14 设多项式函数 $y = a_n x^n + a_{n-1}x^{n-1} + \cdots + a_1 x + a_0$, 求 y'.

解

$$\begin{aligned}y' &= (a_n x^n)' + (a_{n-1}x^{n-1})' + \cdots + (a_1 x)' + (a_0)' \\&= a_n n x^{n-1} + a_{n-1}(n-1)x^{n-2} + \cdots + a_1,\end{aligned}$$

它比 y 降低一次幂.

定理 3.1.5 (**商的导数**) 若函数 $f(x)$ 与 $g(x)$ 都在点 x_0 可导, 且 $g(x_0) \neq 0$, 则函数 $\dfrac{f(x)}{g(x)}$ 在点 x_0 也可导, 且

$$\boxed{\left[\frac{f(x)}{g(x)}\right]'\Bigg|_{x=x_0} = \frac{f'(x_0)g(x_0) - f(x_0)g'(x_0)}{[g(x_0)]^2}.}$$

证明 令 $h(x) = \dfrac{1}{g(x)}$, 首先来证明 $h(x)$ 在点 x_0 可导. 由于 $g(x_0) \neq 0$, 根据 $g(x)$ 的连续性以及函数极限的保号性 I (定理 2.2.5), 当 Δx 充分小时, $g(x_0 + \Delta x) \neq 0$, 于是

$$\begin{aligned}\frac{h(x_0+\Delta x) - h(x_0)}{\Delta x} &= \frac{\dfrac{1}{g(x_0+\Delta x)} - \dfrac{1}{g(x_0)}}{\Delta x} \\&= -\frac{g(x_0+\Delta x) - g(x_0)}{\Delta x} \cdot \frac{1}{g(x_0+\Delta x)g(x_0)},\end{aligned}$$

从而

$$h'(x)\big|_{x=x_0} = -\lim_{\Delta x\to 0}\frac{g(x_0+\Delta x)-g(x_0)}{\Delta x}\cdot\lim_{\Delta x\to 0}\frac{1}{g(x_0+\Delta x)g(x_0)}$$
$$= -\frac{g'(x_0)}{[g(x_0)]^2}.$$

由于 $\dfrac{f(x)}{g(x)} = f(x)h(x)$, 由定理 3.1.4,

$$\left[\frac{f(x)}{g(x)}\right]'\Bigg|_{x=x_0} = f'(x_0)h(x_0)+f(x_0)h'(x_0)$$
$$= f'(x_0)\frac{1}{g(x_0)}+f(x_0)\frac{-g'(x_0)}{[g(x_0)]^2}$$
$$= \frac{f'(x_0)g(x_0)-f(x_0)g'(x_0)}{[g(x_0)]^2}.$$ □

例 3.1.15 设 $y = e^{-x}$, 求 y'.

解 因为 $e^{-x} = \dfrac{1}{e^x}$, 由定理 3.1.5,

$$y' = \left(\frac{1}{e^x}\right)' = \frac{-(e^x)'}{(e^x)^2} = \frac{-e^x}{e^{2x}} = -e^{-x}.$$

例 3.1.16 证明:

$(x^{-n})' = -nx^{-n-1}$, n 为正整数.

证明 因为 $x^{-n} = \dfrac{1}{x^n}$, 由定理 3.1.5 和例 3.1.8,

$$(x^{-n})' = \left(\frac{1}{x^n}\right)' = \frac{-(x^n)'}{(x^n)^2} = \frac{-nx^{n-1}}{x^{2n}} = -nx^{-n-1}.$$ □

例 3.1.17 证明:

$(\tan x)' = \sec^2 x;\quad (\cot x)' = -\csc^2 x.$

证明 因为 $\tan x = \dfrac{\sin x}{\cos x}$, 由定理 3.1.5 和例 3.1.2,

$$(\tan x)' = \frac{(\sin x)'\cos x - (\cos x)'\sin x}{\cos^2 x}$$
$$= \frac{\cos^2 x + \sin^2 x}{\cos^2 x} = \frac{1}{\cos^2 x} = \sec^2 x.$$

类似地, 可求得

$$(\cot x)' = -\frac{1}{\sin^2 x} = -\csc^2 x. \qquad \square$$

3.1.3 反函数的导数

定理 3.1.6 (**反函数的导数**) 设 $x = \varphi(y)$ 在点 y_0 的某邻域内是严格单调的连续函数, 且 $\varphi'(y_0) \neq 0$①, 则反函数 $y = f(x)$ 在点 $x_0 = \varphi(y_0)$ 可导, 且

$$\boxed{f'(x_0) = \frac{1}{\varphi'(y_0)}, \text{ 或记为 } \left.\frac{dy}{dx}\right|_{x=x_0} = \frac{1}{\left.\dfrac{dx}{dy}\right|_{y=y_0}}.} \tag{3.6}$$

证明 设 $\Delta x = \varphi(y_0 + \Delta y) - \varphi(y_0)$, $\Delta y = f(x_0 + \Delta x) - f(x_0)$. 由于 $\varphi(y)$ 严格单调, 当 $\Delta y \neq 0$ 时, 有 $\Delta x \neq 0$, 从而

$$\frac{\Delta y}{\Delta x} = \frac{1}{\dfrac{\Delta x}{\Delta y}}.$$

由于 $y = f(x)$ 在点 x_0 连续, 当 $\Delta x \to 0$ 时, 有 $\Delta y \to 0$. 又因为 $\varphi'(y_0) \neq 0$, 故

$$f'(x_0) = \lim_{\Delta x \to 0} \frac{\Delta y}{\Delta x} = \frac{1}{\lim\limits_{\Delta y \to 0} \dfrac{\Delta x}{\Delta y}} = \frac{1}{\varphi'(y_0)}. \qquad \square$$

例 3.1.18 证明下列反函数的导数公式:

$$\boxed{(\arcsin x)' = \frac{1}{\sqrt{1-x^2}}, \quad x \in (-1, 1); \quad (\arccos x)' = -\frac{1}{\sqrt{1-x^2}}, \ x \in (-1, 1).}$$

---

① 条件“$\varphi'(y_0) \neq 0$”不能去掉. 例如, $x = y^3$ 在点 $y = 0$ 可导, 且导数为 0, 但其反函数 $y = x^{\frac{1}{3}}$ 在 $x = 0$ 不可导 [见例 3.1.5 (1)].

$$(\arctan x)' = \frac{1}{1+x^2},\quad x \in (-\infty, \infty); \qquad (\operatorname{arccot} x)' = -\frac{1}{1+x^2},\quad x \in (-\infty, \infty).$$

证明 因为 $y = \arcsin x\ [x \in (-1,1)]$ 是 $x = \sin y\ \left[y \in \left(-\frac{\pi}{2}, \frac{\pi}{2}\right)\right]$ 的反函数, 且 $(\sin y)' = \cos y \neq 0$, 由定理 3.1.6,

$$(\arcsin x)' = \frac{1}{(\sin y)'} = \frac{1}{\cos y} = \frac{1}{\sqrt{1-\sin^2 y}} = \frac{1}{\sqrt{1-x^2}}.$$

可类似地证明后三个公式 (见习题 3.1 第 2 题 (d)). □

3.1.4 复合函数的导数

定理 3.1.7 (**复合函数的导数**) 若外函数 $y = f(u)$ 在点 u_0 可导, 内函数 $u = g(x)$ 在点 x_0 可导, 且 $u_0 = g(x_0)$, 则复合函数 $y = f(g(x))$ 在点 x_0 可导, 且

$$[f(g(x))]'\big|_{x=x_0} = f'(u_0)g'(x_0) = f'(g(x_0))g'(x_0).$$

上式还可以写成

$$\cdot\ \frac{dy}{dx}\bigg|_{x=x_0} = \frac{dy}{du}\bigg|_{u=u_0} \cdot \frac{du}{dx}\bigg|_{x=x_0}.$$

以上定理的证明见附录 A.

求函数 $y = f(u)$ 与 $u = g(x)$ 的复合函数 $y = f(g(x))$ 在点 x 的导数的法则可以写成:

$$\frac{dy}{dx} = \frac{dy}{du}\frac{du}{dx} \tag{3.7}$$

还可写成

$$[f(g(x))]' = f'(g(x))g'(x) \quad 或 \quad [f(g(x))]' = f'(u)g'(x).$$

重复使用上述定理, 可把复合函数的求导数法则推广到多次复合的情形.

例如, 设以下三个函数

$$y = f(u), \quad u = g(x), \quad x = h(t)$$

都可导, 且可以复合, 因为 $\frac{dy}{dt}=\frac{dy}{du}\frac{du}{dt}$, $\frac{du}{dt}=\frac{du}{dx}\frac{dx}{dt}$, 则复合函数 $y=f(g(h(t)))$ 的导数是

$$\boxed{\frac{dy}{dt}=\frac{dy}{du}\frac{du}{dx}\frac{dx}{dt}.} \tag{3.8}$$

还可写成

$$\boxed{[f(g(h(t)))]'=f'(g(h(t)))g'(h(t))h'(t) \quad \text{或} \quad [f(g(h(t)))]'=f'(u)g'(x)h'(t).}$$

求复合函数导数的 (3.7) 式与 (3.8) 式也称为**链式法则**.

利用链式法则求复合函数的导数, 首先要确定此函数是由那几个基本初等函数复合而得到的, 然后才能进行复合函数的求导运算.

例 3.1.19 证明:

$$\boxed{\frac{d}{dx}x^{\alpha}=\alpha x^{\alpha-1}\ (x>0),\ \alpha \text{ 为实数.}}$$

证明 由于 $y=e^{\alpha\ln x}$ 是 $y=e^u$ 与 $u=\alpha\ln x$ 的复合, 而 $\frac{dy}{du}=e^u$, $\frac{du}{dx}=\frac{\alpha}{x}$, 由链式法则, 当 $x>0$ 时,

$$\frac{dy}{dx}=\frac{dy}{du}\frac{du}{dx}=e^u\cdot\frac{\alpha}{x}=e^{\alpha\ln x}\cdot\frac{\alpha}{x}=x^{\alpha}\cdot\frac{\alpha}{x}=\alpha x^{\alpha-1}. \qquad \square$$

当 α 为 n (正整数) 和 $-n$ 时, 就是我们已求过的幂函数 $y=x^n$ 与 $y=x^{-n}$ 的导数 (分别见例 3.1.8 与例 3.1.16).

例 3.1.20 设 $y=\sqrt{1+x^2}$, 求 y'.

解 由于 y 是 $y=\sqrt{u}$ 与 $u=1+x^2$ 的复合, 而 $y'=\frac{1}{2\sqrt{u}}$, $u'=2x$, 所以

$$y'=(\sqrt{1+x^2})'=\left.\frac{1}{2\sqrt{u}}\right|_{u=1+x^2}\cdot(1+x^2)'=\frac{2x}{2\sqrt{1+x^2}}=\frac{x}{\sqrt{1+x^2}}.$$

例 3.1.21 设 $y=e^{(x+1)^2}$, 求 y'.

解 由于 y 是 $y=e^u$, $u=v^2$ 与 $v=x+1$ 的复合, 而 $(e^u)'=e^u$, $u'=2v$, $v'=1$, 所以

$$\begin{aligned} y'=[e^{(x+1)^2}]'&=(e^u)'\big|_{u=v^2}\cdot(v^2)'\big|_{v=x+1}\cdot(x+1)' \\ &=e^u\big|_{u=v^2}\cdot 2v\big|_{v=x+1}\cdot 1=2(x+1)e^{(x+1)^2}. \end{aligned}$$

例 3.1.22 设 $y=\arctan\sin x^3$, 求 $\dfrac{dy}{dx}$.

解 由于 y 是 $y=\arctan u$, $u=\sin v$ 与 $v=x^3$ 的复合, 所以

$$\begin{aligned}\frac{dy}{dx}&=\frac{d}{dx}\arctan\sin x^3=\frac{d}{du}\arctan u\cdot\frac{d}{dv}\sin v\cdot\frac{d}{dx}x^3\\&=\left.\frac{1}{1+u^2}\right|_{u=\sin v}\cdot\cos v\big|_{v=x^3}\cdot 3x^2=\frac{3x^2\cos x^3}{1+\sin^2 x^3}.\end{aligned}$$

例 3.1.23 设函数 $y=f(x)$ 可导, 且 $f(x)\neq 0$. 求证 $\dfrac{d}{dx}\ln|y|=\dfrac{1}{y}\dfrac{dy}{dx}$, 即

$$\boxed{[\ln|f(x)|]'=\frac{f'(x)}{f(x)}.}$$

证明 当 $f(x)>0$ 时, $\ln|y|=\ln y$, 由链式法则及例 3.1.10, 得

$$\frac{d}{dx}\ln|y|=\frac{d}{dx}\ln y=\frac{d\ln y}{dy}\frac{dy}{dx}=\frac{1}{y}\frac{dy}{dx}.$$

当 $f(x)<0$ 时, $\ln|y|=\ln(-y)$, 于是

$$\frac{d}{dx}\ln|y|=\frac{d}{dx}\ln(-y)=\frac{d\ln(-y)}{d(-y)}\frac{d(-y)}{dx}=\frac{1}{-y}\frac{d}{dx}(-y)=\frac{1}{y}\frac{dy}{dx}.$$ □

在上例中, 若 $y=x$, 则有

$$\boxed{\frac{d}{dx}\ln|x|=\frac{1}{x}.}$$

因为 $\dfrac{d}{dx}\log_a|x|=\dfrac{d}{dx}\dfrac{\ln|x|}{\ln a}$, 所以

$$\boxed{\frac{d}{dx}\log_a|x|=\frac{1}{x\ln a}\ (a>0,\ a\neq 1).}$$

3.1.5 初等函数的导数

根据导数定义和求导法则, 我们已经求出全部基本初等函数的导数, 它们是求初等函数导数的基础. 现在把基本初等函数的导数公式列表如下, 以备查用.

基本初等函数导数公式表

1. $(c)' = 0$　(c 为常数).

2. $(a^x)' = a^x \ln a\ (a > 0, a \neq 1)$,　$(e^x)' = e^x$.

3. $(\log_a |x|)' = \dfrac{1}{x \ln a}$　$(a > 0,\ a \neq 1)$,　$(\ln |x|)' = \dfrac{1}{x}$.

4. $(x^\alpha)' = \alpha x^{\alpha - 1}$　(α 为任意实数).

5. $(\sin x)' = \cos x$.

6. $(\cos x)' = -\sin x$.

7. $(\tan x)' = \dfrac{1}{\cos^2 x} = \sec^2 x$.

8. $(\cot x)' = -\dfrac{1}{\sin^2 x} = -\csc^2 x$.

9. $(\arcsin x)' = \dfrac{1}{\sqrt{1 - x^2}}$.

10. $(\arccos x)' = -\dfrac{1}{\sqrt{1 - x^2}}$.

11. $(\arctan x)' = \dfrac{1}{1 + x^2}$.

12. $(\operatorname{arccot} x)' = -\dfrac{1}{1 + x^2}$.

由于基本初等函数的导数仍是初等函数, 所以初等函数的导数仍是初等函数. 这样, 利用求导法则和基本初等函数导数公式表, 能够求出任意初等函数的导数.

求导数是微积分学的基本运算之一, 为了使读者能够熟练使用求导法则与公式, 迅速准确地求出初等函数的导数, 我们再举一些例子. 对复合函数求导数时, 可省略书写中间变量的步骤, 简化书写过程.

例 3.1.24 设 $y = \dfrac{x^3 - 2x^2}{g(x)}$, $g(x)$ 可导, 而且 $g'(1) = 2$, $g(1) = 4$. 求 $y'\big|_{x=1}$.

解 因为 $y' = \dfrac{g(x)(3x^2 - 4x) - (x^3 - 2x^2)g'(x)}{g^2(x)}$, 所以

$$y'\big|_{x=1} = \frac{g(1)(-1) - (-1)g'(1)}{g^2(1)} = \frac{-4 + 2}{4^2} = -\frac{1}{8}.$$

例 3.1.25 设 $y = \ln(x + \sqrt{1 + x^2})$, 求 y'.

解
$$\begin{aligned} y' &= \frac{1}{x + \sqrt{1 + x^2}}(x + \sqrt{1 + x^2})' = \frac{1}{x + \sqrt{1 + x^2}} \cdot \left[1 + \frac{(1 + x^2)'}{2\sqrt{1 + x^2}}\right] \\ &= \frac{1}{x + \sqrt{1 + x^2}} \cdot \left(1 + \frac{x}{\sqrt{1 + x^2}}\right) = \frac{1}{x + \sqrt{1 + x^2}} \cdot \frac{x + \sqrt{1 + x^2}}{\sqrt{1 + x^2}} \\ &= \frac{1}{\sqrt{1 + x^2}}. \end{aligned}$$

例 3.1.26 设 $y = x^2 3^{-x}$, 求 y'.

解
$$y' = (x^2)'3^{-x} + x^2(3^{-x})' = 2x3^{-x} + x^2 3^{-x}\ln 3\cdot(-1)$$
$$= 2x3^{-x} - (\ln 3)x^2 3^{-x}.$$

例 3.1.27 设 $y = 2^{\sin^2\frac{1}{x}}$, 求 y'.

解
$$y' = 2^{\sin^2\frac{1}{x}}\ln 2\left(\sin^2\frac{1}{x}\right)' = (\ln 2)2^{\sin^2\frac{1}{x}}\cdot 2\sin\frac{1}{x}\cdot\cos\frac{1}{x}\cdot\left(-\frac{1}{x^2}\right)$$
$$= -\frac{\ln 2}{x^2}\cdot 2^{\sin^2\frac{1}{x}}\cdot\sin\frac{2}{x}.$$

例 3.1.28 设 $y = \dfrac{1}{2}\arctan\dfrac{2x}{1-x^2}$, 求 y'.

解
$$y' = \frac{1}{2}\cdot\frac{1}{1+\left(\dfrac{2x}{1-x^2}\right)^2}\left(\frac{2x}{1-x^2}\right)'$$
$$= \frac{1}{2}\cdot\frac{1}{1+\left(\dfrac{2x}{1-x^2}\right)^2}\frac{2(1-x^2)-2x(-2x)}{(1-x^2)^2} = \frac{1}{1+x^2}.$$

例 3.1.29 设 $y = \ln\dfrac{x^2-1}{x^2+1}$, 求 y'.

解法 1
$$y' = \frac{x^2+1}{x^2-1}\left(\frac{x^2-1}{x^2+1}\right)' = \frac{x^2+1}{x^2-1}\frac{(x^2-1)'(x^2+1)-(x^2-1)(x^2+1)'}{(x^2+1)^2}$$
$$= \frac{1}{x^2-1}\frac{2x(x^2+1)-2x(x^2-1)}{x^2+1} = \frac{4x}{x^4-1}.$$

解法 2 因为 $y = \ln(x^2-1) - \ln(x^2+1)$, 所以
$$y' = [\ln(x^2-1)]' - [\ln(x^2+1)]' = \frac{2x}{x^2-1} - \frac{2x}{x^2+1} = \frac{4x}{x^4-1}.$$

例 3.1.30 设 $y = \ln\dfrac{x^4}{x^3+1}$, 求 y'.

解 因为
$$y = \ln x^4 - \ln(x^3+1),$$

所以

$$y' = (\ln x^4)' - [\ln(x^3+1)]' = \frac{4}{x} - \frac{3x^2}{x^3+1}.$$

对于某些复合函数, 例如, 用乘除法表达的函数和幂指函数, 在求导时, 先取对数再求导数, 会使计算过程简化, 这种方法称为**对数求导法**.

例 3.1.31 设 $y = \sqrt[3]{\dfrac{x(x^2+5)}{(x^2-7)^2(x^2+1)^{\frac{1}{2}}}}$, 求 y'.

解 由于 y 可能取负值, 故对 $|y|$ 两边取对数得

$$\ln|y| = \frac{1}{3}\left[\ln|x| + \ln(x^2+5) - 2\ln|x^2-7| - \frac{1}{2}\ln(x^2+1)\right].$$

由例 3.1.23, 上式两边对 x 求导得

$$\frac{1}{y}y' = \frac{1}{3}\left[\frac{1}{x} + \frac{2x}{x^2+5} - \frac{4x}{x^2-7} - \frac{2x}{2(x^2+1)}\right],$$

所以

$$y' = \frac{1}{3}y\left(\frac{1}{x} + \frac{2x}{x^2+5} - \frac{4x}{x^2-7} - \frac{x}{x^2+1}\right),$$

上式中 $y = \sqrt[3]{\dfrac{x(x^2+5)}{(x^2-7)^2(x^2+1)^{\frac{1}{2}}}}$.

例 3.1.32 设 $y = x^{\ln x}$, 求 y'.

解法 1 $y' = (e^{\ln x \ln x})' = e^{\ln x \ln x}(\ln^2 x)' = x^{\ln x} 2\ln x\left(\dfrac{1}{x}\right) = x^{\ln x - 1}\ln x^2$.

解法 2 对 $y = x^{\ln x}$ 两边取对数: $\ln y = \ln x \ln x$, 再两边对 x 求导:

$$\frac{1}{y}y' = \frac{\ln x}{x} + \frac{\ln x}{x} = \frac{2\ln x}{x} = \frac{\ln x^2}{x},$$

从而

$$y' = y\frac{\ln x^2}{x} = x^{\ln x}\frac{\ln x^2}{x} = x^{\ln x - 1}\ln x^2.$$

一般地, 对于幂指函数 $y = f(x)^{g(x)}$ $[f(x) > 0]$, 求 y' 可用两种方法:

方法 1

$$\begin{aligned} y' &= \left[e^{g(x)\ln f(x)}\right]' = (e^u)'\big|_{u=g(x)\ln f(x)}[g(x)\ln f(x)]' \\ &= e^{g(x)\ln f(x)}[g(x)\ln f(x)]' \\ &= f(x)^{g(x)}\left[g'(x)\ln f(x) + g(x)\frac{f'(x)}{f(x)}\right]. \end{aligned}$$

方法 2 对函数两边取对数: $\ln y = g(x)\ln f(x)$, 再两边对 x 求导:

$$\frac{1}{y}y' = g'(x)\ln f(x) + g(x)\frac{f'(x)}{f(x)},$$

从而

$$y' = y\left[g'(x)\ln f(x) + g(x)\frac{f'(x)}{f(x)}\right], \quad \text{其中 } y = f(x)^{g(x)}.$$

读者可根据具体函数的特点选择用哪种方法.

求分段函数 $f(x)$ 的导函数时, 首先判断"接头点" x_0 是否可导, 可导的话, 求出 $f'(x_0)$, 再根据 x_0 两侧给出的解析式分别求出当 $x > x_0$ 时和当 $x < x_0$ 时函数的导函数. 例如,

对于函数 $f(x) = x|x|$, 当 $x = 0$ 时, $f'(0) = 0$ (见例 3.1.6). 若 $x > 0$, $f(x) = x^2$, $f'(x) = 2x$. 若 $x < 0$, $f(x) = -x^2$, $f'(x) = -2x$. 所以, $f(x)$ 在 $\mathbf{R}$ 内可导, 且

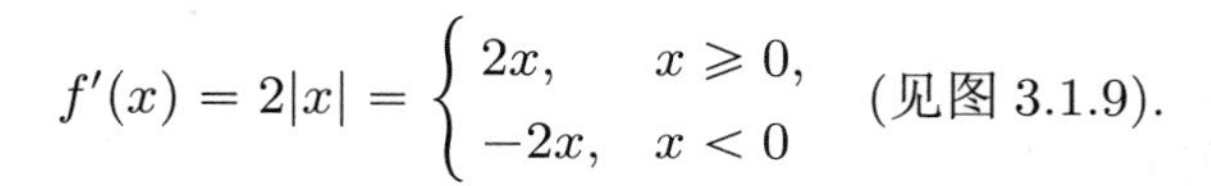

$$f'(x) = 2|x| = \begin{cases} 2x, & x \geqslant 0, \\ -2x, & x < 0 \end{cases} \quad (\text{见图 3.1.9}).$$

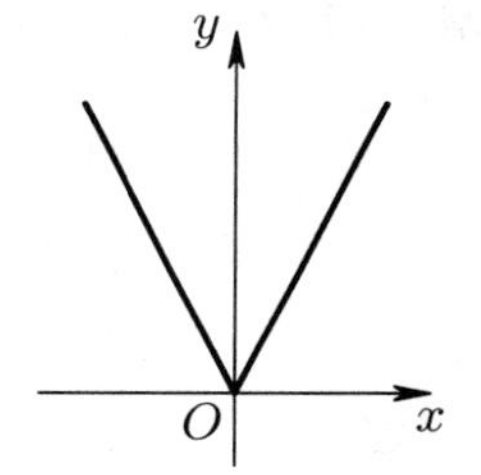

图 3.1.9

3.1.6 高阶导数

若函数 $y = f(x)$ 可导, 则导函数 $f'(x)$ 是 x 的函数, 若导函数 $y' = f'(x)$ 在点 x 仍有导数 $[f'(x)]'$, 记为 $f''(x)$, 称它为 $y = f(x)$ 在点 x 的**二阶导数**. 若 $y = f(x)$ 在开区间 (a, b) 内每一点都有二阶导数, 则得到一个定义在 (a, b) 内的二阶导函数 $y'' = f''(x)$, $x \in (a, b)$.

类似地, 我们可以定义三阶导数 $f'''(x)$ 以及更高阶的导数. 函数 $y = f(x)$ 的二阶以上的导数称为它的**高阶导数**. 高阶导数用以下记号表示:

$$f''(x),\ f'''(x),\ \cdots,\ f^{(n)}(x)\ (n > 3) \text{ 或 } \frac{d^2 f}{dx^2},\ \frac{d^3 f}{dx^3},\ \cdots,\ \frac{d^n f}{dx^n},$$

以上记号中的 f 可用 y 来代替:

$$y''(x),\ y'''(x),\ \cdots,\ y^{(n)}(x)\ (n > 3) \text{ 或 } \frac{d^2 y}{dx^2},\ \frac{d^3 y}{dx^3},\ \cdots,\ \frac{d^n y}{dx^n}.$$

例 3.1.33 设 $y = e^x \sin x$, 求 $y''(0)$.

解
$$
\begin{aligned}
y' &= (e^x)' \sin x + e^x (\sin x)' = e^x \sin x + e^x \cos x,\\
y'' &= (e^x \sin x + e^x \cos x)' = (e^x \sin x)' + (e^x \cos x)'\\
&= e^x \sin x + e^x \cos x + e^x \cos x + e^x(-\sin x)\\
&= 2e^x \cos x.
\end{aligned}
$$

$$y''(0) = 2e^0 \cos 0 = 2.$$

例 3.1.34 设 $y = e^{2x}$, 求 $y^{(n)}(0)$.

解 $y' = 2e^{2x},\ y'' = 2^2 e^{2x},\ \cdots,\ y^{(n)} = 2^n e^{2x},\ y^{(n)}(0) = 2^n$.

例 3.1.35 设 $y = x^n$ (n 为正整数), 求 $y^{(n+1)}$.

解 根据幂函数的求导公式,

$$
\begin{aligned}
&y' = nx^{n-1},\\
&y'' = (y')' = (nx^{n-1})' = n(n-1)x^{n-2},\\
&y''' = (y'')' = [n(n-1)x^{n-2}]' = n(n-1)(n-2)x^{n-3},\\
&\qquad \cdots\ \cdots\\
&y^{(n-1)} = n(n-1)(n-2)\cdots 2x,\\
&y^{(n)} = [y^{(n-1)}]' = [n(n-1)(n-2)\cdots 2x]' = n!,\\
&y^{(n+1)} = 0.
\end{aligned}
$$

例 3.1.36 设 $y = \ln x$, 求 $y^{(n)}$.

解
$$
\begin{aligned}
&y' = x^{-1},\\
&y'' = -x^{-2},\\
&y''' = (-1)(-2)x^{-3},\\
&\qquad \cdots\ \cdots\\
&y^{(n)} = (-1)^{n-1} 1 \cdot 2 \cdot 3 \cdots (n-1)x^{-n} = (-1)^{n-1}\frac{(n-1)!}{x^n}.
\end{aligned}
$$

3.1.7 微分

一、微分的概念

设函数 $y=f(x)$ 在某一区间 (a,b) 内有定义, 在点 $x_0\in(a,b)$ 连续. 这样当自变量的增量 Δx 趋于零时, 对应的函数的增量

$$\Delta y=f(x_0+\Delta x)-f(x_0)$$

也趋于零. 一般来讲, Δy 是 Δx 的复杂函数. 若能找到 Δx 的一个一次函数 $A\Delta x$ (其中 A 是不依赖于 Δx 的) 来近似地代替 Δy, 就会简化 Δy 的计算. 而且在实际应用中, 求出 Δy 的近似值就够了, 为此我们讨论求 Δy 的近似值的方法.

我们来看下面的例子: 边长为 x 的正方形的面积 $y=x^2$ 是 x 的函数. 若边长 x_0 增加 Δx, 相应的面积的增量

$$\Delta y=(x_0+\Delta x)^2-x_0^2=2x_0\Delta x+(\Delta x)^2.$$

Δy 由两部分组成, 其中第一部分 $2x_0\Delta x$ 是 Δx 的一次函数 (见图 3.1.10), 第二部分 $(\Delta x)^2$ 是较 Δx 的高阶无穷小. 当给边长 x_0 一个微小的增量 Δx 时, 由此所引起的正方形的面积的增量 Δy 可近似地用第一部分 $2x_0\Delta x$ 来代替, 所产生的误差是较 Δx 的高阶无穷小, 即以 Δx 为边的小正方形的面积.

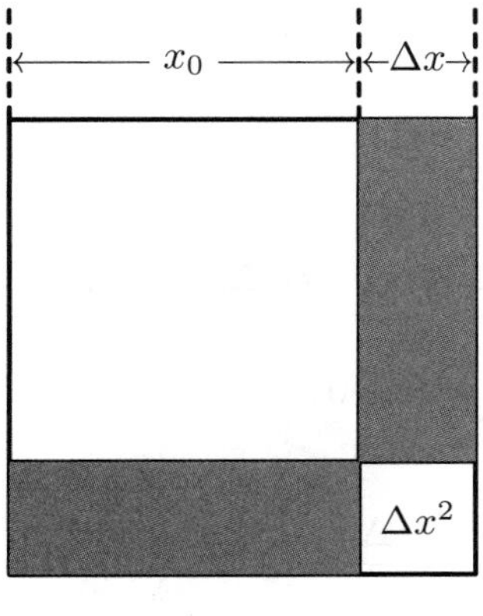

图 3.1.10

正方体的体积 $y=x^3$ 是边长 x 的函数. 当给边长 x_0 一个微小的增量 Δx, 相应的体积的增量

$$\begin{aligned}\Delta y&=(x_0+\Delta x)^3-x_0^3\\&=3x_0^2\Delta x+3x_0(\Delta x)^2+(\Delta x)^3.\end{aligned}$$

Δy 由两部分组成, 其中第一部分 $3x_0^2\Delta x$ 是 Δx 的一次函数, 第二部分 $3x_0(\Delta x)^2+(\Delta x)^3$ 是较 Δx 的高阶无穷小.

在以上两例中, 用自变量增量 Δx 的一次函数 $A\Delta x$ 代替函数的增量 Δy, 其误差 $\Delta y-A\Delta x$ 是较 Δx 的高阶无穷小 $o(\Delta x)$, 这样, 一次函数 $A\Delta x$ 近似地等于 Δy, 因而具有特殊的意义. 将这类问题进行概括, 就产生了微分的概念. 以下设函数 $y=f(x)$ 在点 x_0 的某邻域内有定义.

定义 3.1.4 (**微分**) 若函数 $y=f(x)$ 在点 x_0 的增量 Δy 可表示为 Δx 的一次

函数 $A\Delta x$ (其中A 是与 Δx 无关的常数) 与 $o(\Delta x)$ 之和:

$$\boxed{\Delta y = A\Delta x + o(\Delta x),} \tag{3.9}$$

其中 $o(\Delta x)$ 较 Δx 是当 $\Delta x \to 0$ 时的高阶无穷小, 则称 $f(x)$ 在点 x_0 **可微**, $A\Delta x$ 称为 $f(x)$ 在点 x_0 的**微分**, 记作

$$\boxed{dy\big|_{x=x_0} = A\Delta x, \quad df(x_0) = A\Delta x \quad \text{或} \quad dy(x_0) = A\Delta x.}$$

当不产生混淆时, $dy\big|_{x=x_0}$ 也简记为 dy.

下列定理揭示了函数 $f(x)$ 在点 x_0 的微分与导数的关系.

定理 3.1.8 函数 $y = f(x)$ 在点 x_0 可微与可导是等价的, 即

$$\boxed{f(x) \text{ 在点 } x_0 \text{ 可微} \Leftrightarrow f(x) \text{ 在点 } x_0 \text{ 可导}.}$$

这时在 (3.9) 式中, $A = f'(x_0)$, 即

$$\boxed{dy\big|_{x=x_0} = f'(x_0)\Delta x.} \tag{3.10}$$

证明 **必要性** 由于 $f(x)$ 在点 x_0 可微, 因而 (3.9) 式成立, 即

$$\Delta y = A\Delta x + o(\Delta x),$$

其中 $o(\Delta x)$ 较 Δx 是当 $\Delta x \to 0$ 时的高阶无穷小, 上式两边除以 Δx 后取极限得

$$f'(x_0) = \lim_{\Delta x \to 0} \frac{\Delta y}{\Delta x} = A + \lim_{\Delta x \to 0} \frac{o(\Delta x)}{\Delta x} = A + 0 = A.$$

这说明 $f(x)$ 在点 x_0 可导, 而且 $f'(x_0) = A$.

充分性 由于 $f'(x_0) = \lim\limits_{\Delta x \to 0} \dfrac{\Delta y}{\Delta x}$, 令 $A = f'(x_0)$, $\beta = \dfrac{\Delta y}{\Delta x} - A$, 则 $\lim\limits_{\Delta x \to 0} \beta = 0$, 而且

$$\Delta y = A\Delta x + \beta\Delta x.$$

因为 $\beta\Delta x = o(\Delta x)$, 所以函数 $f(x)$ 在点 x_0 可微. □

例 3.1.37 求函数 $y = \sqrt{x}$ 在 $x_0 = 16$, $\Delta x = 1.64$ 时的增量与微分.

解 $\quad \Delta y = \sqrt{16 + \Delta x} - \sqrt{16} = \sqrt{16 + 1.64} - 4 = 4.2 - 4 = 0.2.$

因为 $y' = \dfrac{1}{2\sqrt{x}}$, $y'\big|_{x=16} = \dfrac{1}{2\sqrt{16}} = \dfrac{1}{8}$, 所以

$$dy\big|_{x=16} = \frac{1}{8} \times 1.64 = 0.205.$$

微分的几何解释: 如图 3.1.11 所示, 当自变量由 x_0 增加到 $x_0 + \Delta x$ 时, 函数的增量是

$$\Delta y = f(x_0 + \Delta x) - f(x_0) = PM,$$

而曲线 $y = f(x)$ 在点 $M_0(x_0, y_0)$ 处的切线上点的纵坐标所对应的增量为

$$dy\big|_{x=x_0} = f'(x_0)\Delta x = \tan\alpha \Delta x = \frac{PN}{\Delta x}\Delta x = PN.$$

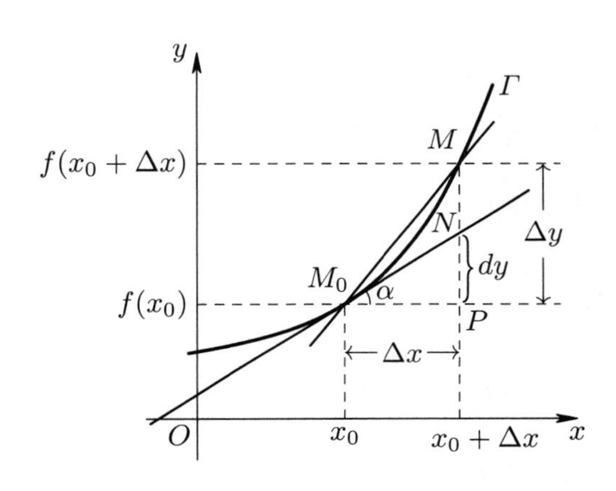

图 3.1.11

Δy 与 dy 之差 NM 随 Δx 趋于零而趋于零, 且是较 Δx 高阶的无穷小. 因而在点 x_0 的充分小的邻域内, 可用过点 $(x_0, f(x_0))$ 的切线段 M_0N 来近似代替对应的曲线段 $\overset{\frown}{M_0M}$.

若 $y = f(x)$ 在开区间 (a, b) 内每一点都可微, 则称 $f(x)$ **在** (a, b) **内可微**①.

若 $y = x$, 则 $dy = dx$, 而 $dy = (x)'\Delta x = \Delta x$, 这样,

$$\boxed{dx = \Delta x.}$$

即自变量 x 的微分 dx 等于自变量 x 的增量 Δx. 于是用 dx 代替 Δx, 函数 $y = f(x)$ 在点 x 的微分可写成

$$\boxed{dy = f'(x)dx.} \tag{3.11}$$

(3.11) 式表明, 导数 $f'(x)$ 是函数的微分 dy 与自变量微分 dx 的商 $\dfrac{dy}{dx}$, 这也是称导数为微商的原因. 在没有引入微分的概念之前, 用 $\dfrac{dy}{dx}$ 表示导数是把它看成

① 若函数 $y = f(x)$ 在 $[x_0, x_0 + r)$ ($(x_0 - r, x_0]$) 上有定义, 在定义 3.1.4 中要求 $\Delta x > 0$ ($\Delta x < 0$) 可给出 $f(x)$ 在点 x_0 右 (左) 可微的定义. $f(x)$ 在区间 I 上可微是指若 $x \in I$ 不是端点, 则 $f(x)$ 在 x 可微; 若 x 是左端点, 则 $f(x)$ 在 x 右可微; 若 x 是右端点, 则 $f(x)$ 在 x 左可微.

一个完整的符号, 并不具有商的意义①.

二、 微分的运算法则

求已知函数的微分, 也叫**微分法**. 因为可导与可微是等价的, 所以微分是导数的另一种形式. 由导数的运算法则和导数公式可相应地得到微分运算法则和微分公式.

定理 3.1.9 设函数 $f(x)$ 与 $g(x)$ 均在点 x 可微, 则

$$\boxed{d[f(x)\pm g(x)]=df(x)\pm dg(x);}$$

$$\boxed{d[f(x)g(x)]=f(x)dg(x)+g(x)df(x);}$$

特别地,

$$\boxed{d[cg(x)]=cdg(x);}$$

$$\boxed{d\frac{f(x)}{g(x)}=\frac{g(x)df(x)-f(x)dg(x)}{g^2(x)},\qquad g(x)\neq 0.}$$

证明 仅证第二式, 略去其余的证明.

$$\begin{aligned}d[f(x)g(x)]&=[f(x)g(x)]'dx=[f'(x)g(x)+g'(x)f(x)]dx\\&=g(x)f'(x)dx+f(x)g'(x)dx=g(x)df(x)+f(x)dg(x).\end{aligned}$$ □

例 3.1.38 设 $y=(1+x^2)\arctan x$, 求 dy.

解 由积的微分公式,

$$\begin{aligned}dy&=(1+x^2)d\arctan x+\arctan x d(1+x^2)\\&=(1+x^2)\left(\frac{dx}{1+x^2}\right)+(\arctan x)(2xdx)\\&=(1+2x\arctan x)dx.\end{aligned}$$

根据导数与微分的关系, 将导数公式表中每个公式都乘自变量的微分 dx 就得到函数的微分 dy 了. 为方便起见, 我们列出微分基本公式表.

---

① 记号 $\frac{dy}{dx}$ 使许多微分公式得到自然的解释: 例如, 反函数的求导法则和链式法则 $\left[\text{见公式 (3.6), (3.7) 和 (3.8): } \frac{dy}{dx}=\left(\frac{dx}{dy}\right)^{-1},\ \frac{dy}{dx}=\frac{dy}{du}\frac{du}{dx} \text{ 和 } \frac{dy}{dt}=\frac{dy}{du}\frac{du}{dx}\frac{dx}{dt}\right]$ 看起来是关于微分的代数恒等式.

三、微分基本公式表

1. $y=c$, $dy=0$.
2. $y=a^x$, $dy=a^x(\ln a)dx\ (a>0,\ a\neq 1)$.
   $y=e^x$, $dy=e^x dx$.
3. $y=\log_a|x|$, $dy=\dfrac{dx}{x\ln a}\quad (a>0,\ a\neq 1)$.
   $y=\ln|x|$, $dy=\dfrac{dx}{x}$.
4. $y=x^\alpha$, $dy=\alpha x^{\alpha-1}dx\ (\alpha\in\mathbf{R})$.
5. $y=\sin x$, $dy=\cos x dx$.
6. $y=\cos x$, $dy=-\sin x dx$.
7. $y=\tan x$, $dy=\dfrac{dx}{\cos^2 x}=\sec^2 x dx$.
8. $y=\cot x$, $dy=-\dfrac{dx}{\sin^2 x}=-\csc^2 x dx$.
9. $y=\arcsin x$, $dy=\dfrac{dx}{\sqrt{1-x^2}}$.
10. $y=\arccos x$, $dy=-\dfrac{dx}{\sqrt{1-x^2}}$.
11. $y=\arctan x$, $dy=\dfrac{dx}{1+x^2}$.
12. $y=\operatorname{arccot} x$, $dy=-\dfrac{dx}{1+x^2}$.

例 3.1.39 设函数 $f(x)=x^3\ln x^2+\cos x$, 求 $df(1)$.

解 因为

$$df(x)=d(x^3\ln x^2)+d\cos x=\left(3x^2\ln x^2+x^3\frac{2x}{x^2}\right)dx+(-\sin x)dx$$

$$=(3x^2\ln x^2+2x^2-\sin x)dx,$$

所以

$$df(1)=(3\ln 1+2-\sin 1)dx=(2-\sin 1)dx.$$

四、一阶微分形式的不变性

我们已经知道, 若函数 $y=f(u)$ 可导, 而 u 为自变量, 则其微分为 $dy=f'(u)du$. 如果 u 不是自变量, 而是中间变量 $u=g(x)$, 这一公式是否成立呢? 我们有下面的定理.

定理 3.1.10 设函数 $y=f(u)$ 在点 u 可导，$u=g(x)$ 在点 x 可导，则

$$\boxed{dy=d[f(g(x))]=f'(u)du.} \tag{3.12}$$

证明 由于 $du=g'(x)dx$, $[f(g(x))]'=f'(u)g'(x)$, 故

$$dy=d[f(g(x))]=[f(g(x))]'dx=f'(u)g'(x)dx=f'(u)du. \qquad \square$$

由定理 3.1.10, 无论 u 是自变量还是中间变量, 函数 $y=f(u)$ 的微分都保持同一形式, 即函数 y 的微分 dy 等于该函数对某变量的导数乘以该变量的微分, 这一性质称为**一阶微分形式的不变性**.

例 3.1.40 利用一阶微分形式的不变性, 求函数 $y=e^{\sin x}+3^{4x+5}$ 的微分.

解 令 $u=\sin x$, 则 $du=\cos x dx$; 令 $v=4x+5$, 则 $dv=4dx$, 于是

$$\begin{aligned}dy&=de^{\sin x}+d3^{4x+5}=(e^u)'du+(3^v)'dv\\&=e^udu+3^v(\ln 3)dv=e^{\sin x}\cdot\cos x dx+3^{4x+5}(\ln 3)4dx\\&=[e^{\sin x}\cos x+4(\ln 3)3^{4x+5}]dx.\end{aligned}$$

五、微分在近似计算与误差估计中的应用

在生产实践和科学研究中, 常常会遇到近似计算与误差估计问题, 需要寻找计算过程简单而且计算结果足够精确的公式.

设函数 $y=f(x)$ 在点 x_0 的导数 $f'(x_0)\neq 0$. 由定理 3.1.8,

$$\Delta y=f(x_0+\Delta x)-f(x_0)=f'(x_0)\Delta x+o(\Delta x).$$

由于当 $\Delta x\to 0$ 时, $o(\Delta x)$ 较 Δx 是高阶无穷小, 所以当 $|\Delta x|$ 充分小时, 下列近似公式成立:

$$\boxed{f(x_0+\Delta x)-f(x_0)\approx f'(x_0)\Delta x,} \tag{3.13}$$

即

$$f(x_0+\Delta x)\approx f(x_0)+f'(x_0)\Delta x.$$

特别地, 当 $x_0=0$ 时, $\Delta x=x$, 上式即为

$$\boxed{f(x)\approx f(0)+f'(0)x.}$$

一般来讲, 直接求出 $f(x_0+\Delta x)$ 与 Δy 比较困难, 我们可利用上面的近似公式来求它们的近似值. 下面给出几个特殊函数的近似公式.

例 3.1.41 证明: 在 $|x|$ 充分小时, 下列近似公式成立:

$$\ln(1+x)\approx x,\quad \tan x\approx x,\quad \sin x\approx x,$$
$$e^x\approx 1+x,\quad \frac{1}{1+x}\approx 1-x,\quad \sqrt{1\pm x}\approx 1\pm\frac{1}{2}x.$$

证明 设 $f(x)=\ln(1+x)$, 则 $f(0)=0$, $f'(0)=\dfrac{1}{1+0}=1$, 代入公式 $f(x)\approx f(0)+f'(0)x$ 得

$$\ln(1+x)\approx 0+1\cdot x=x.$$

类似地, 分别令 $f(x)=\tan x$, $\sin x$, e^x, $\dfrac{1}{1+x}$ 以及 $\sqrt{1\pm x}$ 可证得其余的近似公式. □

$\ln(1+x)$, $\tan x$, $\sin x$ 在点 0 的导数都是 1, 其图像上过原点的切线都是 $y=x$.

以上近似公式的几何意义: $\ln(1+x)\approx x$, $\tan x\approx x$, $\sin x\approx x$ 表示: 在 $|x|$ 很小时, 原点附近函数的图像可用过原点的切线 $y=x$ 近似代替 (见图 3.1.12).

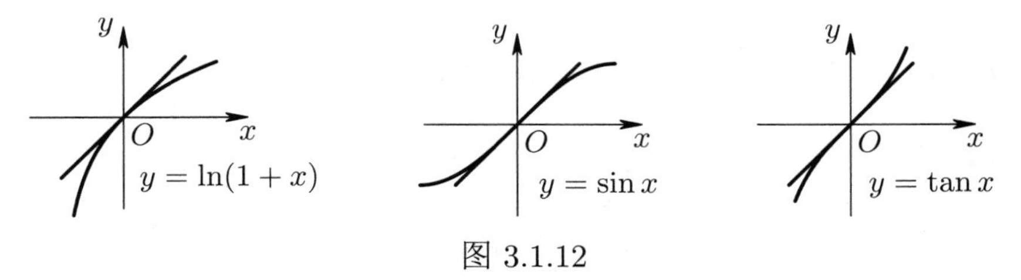

图 3.1.12

$e^x\approx 1+x$, $\dfrac{1}{1+x}\approx 1-x$ 表示: 在 $|x|$ 很小时, 点 $(0,1)$ 附近 $y=e^x$ 和 $y=\dfrac{1}{1+x}$ 的图像分别可用过点 $(0,1)$ 的切线 $y=1+x$ 和 $y=1-x$ 近似代替 (见图 3.1.13).

$\sqrt{1\pm x}\approx 1\pm\dfrac{1}{2}x$ 表示: 在 $|x|$ 很小时, 点 $(0,1)$ 附近 $y=\sqrt{1\pm x}$ 的图像可用过点 $(0,1)$ 的切线 $y=1\pm\dfrac{1}{2}x$ 近似代替 (见图 3.1.14).

例 3.1.42 求 $\sqrt{1.1}$ 的近似值.

解 设 $f(x)=\sqrt{x}$, 则 $f(1.1)=\sqrt{1.1}$, 现在来求 $f(1.1)$ 的近似值.

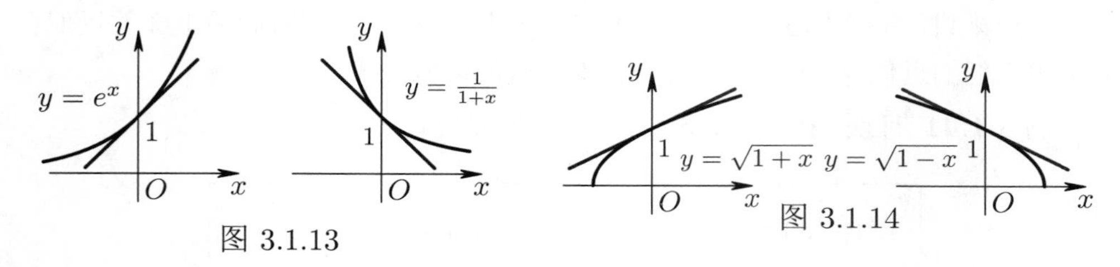

图 3.1.13　　图 3.1.14

取 $x_0 = 1$, $\Delta x = 0.1$, 则 $x_0 + \Delta x = 1.1$. 由于 $f'(x) = \dfrac{1}{2\sqrt{x}}$, 根据 (3.13) 式,

$$f(1.1) \approx f(1) + f'(1) \cdot (0.1) = 1 + \frac{1}{2\sqrt{1}} \cdot (0.1) = 1.05.$$

因为自变量的增量 Δx 等于它的微分 dx, 所以近似公式 (3.13) $[\Delta y \approx f'(x_0)\Delta x]$ 也写成

$$\boxed{\Delta y \approx dy.} \tag{3.14}$$

设 $y = f(x)$, 现在用以上公式由 x 的值计算 y 的值, 因输入数据 x 出现误差 Δx 而导致计算结果出现误差 Δy. 由 (3.14) 式得

$$|\Delta y| \approx |dy| = |f'(x)\Delta x|,$$

$$\left|\frac{\Delta y}{y}\right| \approx \left|\frac{dy}{y}\right| = \left|\frac{f'(x)\Delta x}{f(x)}\right|,$$

$|\Delta y|$ 称为 y 的**绝对误差**, $\left|\dfrac{\Delta y}{y}\right|$ 称为 y 的**相对误差**.

例 3.1.43 若测得一圆轴的半径为 25 厘米, 其绝对误差不超过 0.02 厘米, 试求以此数据计算圆轴的横截面积时所引起的绝对误差和相对误差.

解 我们已知, 圆的半径 $r = 25$ 厘米, 其绝对误差 $|\Delta r| \leqslant 0.02$ 厘米. 圆轴的横截面积 $S = f(r) = \pi r^2$. 按照测得的数据计算圆轴的横截面积, 得

$$S = f(25) = \pi(25)^2 = 625\pi(\text{厘米})^2.$$

根据近似公式 (3.14),

$$\Delta S \approx dS,$$

所以其绝对误差

$$|\Delta S| \approx |dS| = |f'(r)\Delta r| = |2r\pi||\Delta r| \leqslant 50\pi(0.02) = \pi(\text{厘米})^2.$$

其相对误差

$$\frac{|\Delta S|}{S} \approx \frac{|dS|}{S} = \frac{2r\pi|\Delta r|}{\pi r^2} = 2\frac{|\Delta r|}{r} \leqslant 2\frac{0.02}{25} = 0.001\,6.$$

习题 3.1

1. 已知 $f(1) = 0$, $f'(1) = 4$, 求极限:

(1) $\lim\limits_{\Delta x \to 0} \dfrac{f(1+3\Delta x) - f(1)}{\Delta x}$; (2) $\lim\limits_{\Delta x \to 0} \dfrac{f(1-\Delta x)}{\Delta x}$;

(3) $\lim\limits_{x \to 1} \dfrac{f(x)}{x^2 - 1}$; (4) $\lim\limits_{\Delta x \to 0} \dfrac{f(1+\Delta x) - f(1-\Delta x)}{\Delta x}$;

(5) $\lim\limits_{x \to 1} \dfrac{f(x) + x^3 - 1}{2x - 2}$; (6) $\lim\limits_{x \to \frac{1}{2}} \dfrac{f(2x)}{x - \frac{1}{2}}$.

2. (a) 设 $f(x) = \begin{cases} \dfrac{1 - \cos x}{x}, & x \neq 0, \\ 0, & x = 0, \end{cases}$ 求 $f'(0)$.

(b) 下列函数在点 $x = 0$ 是否可导? 为什么[观察函数图像在点 $(0, f(0))$ 处的形状]? 求 $f'(x)$:

(1) $f(x) = \begin{cases} x + 1, & x \geqslant 0, \\ 1, & x < 0; \end{cases}$ (2) $f(x) = e^{|x|}$;

(3) $f(x) = x \sin |x|$; (4) $f(x) = |\sin x|$, $x \in (-\pi, \pi)$.

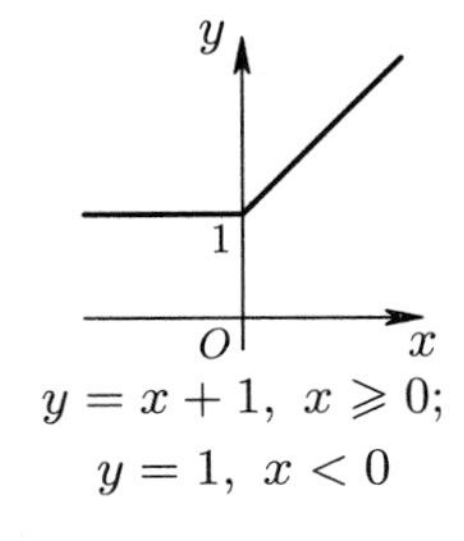

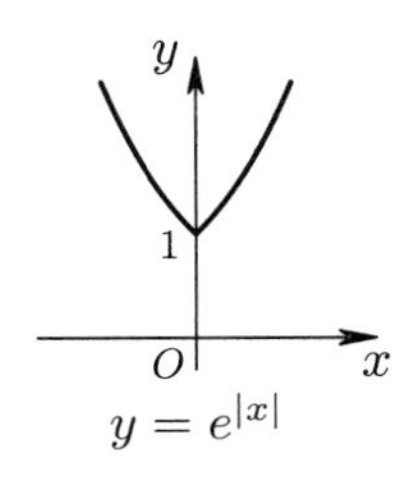

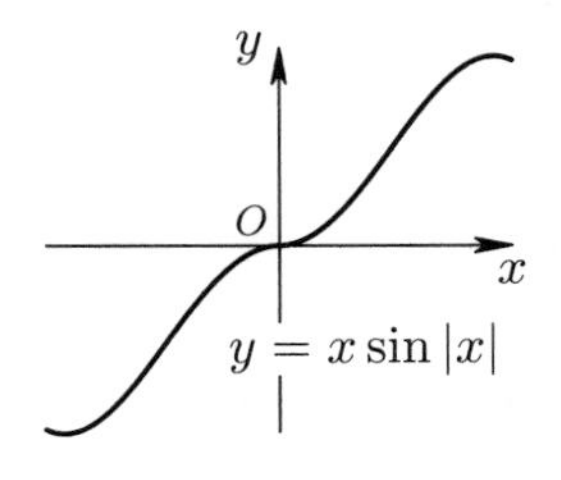

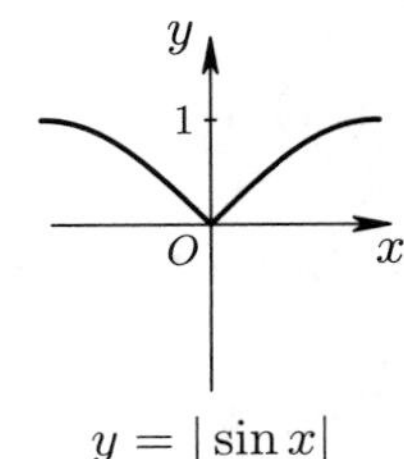

第 2 (b) 题图

(c) 类似于例 3.1.7 (1), 证明第一章习题 1.2 第 5 题 (2) 中的 7 个函数在其图像的"尖点"对应的横坐标处不可导.

(d) 证明例 3.1.18 中的后三个反函数的导数公式.

3. 证明: 函数 $= -\sqrt{x}$ 在点 0 的右导数为 $-\infty$ (见图 1.4.2).

4. 求下列各曲线在指定点的切线方程与法线方程:

(1) $y = x^3 - 1$, $(1, 0)$;　　(2) $y = \sin x$, $\left(\dfrac{\pi}{2}, 1\right)$;

(3) $y = \dfrac{1}{x^2}$, $(1, 1)$;　　(4) $y = \ln x$, $\left(\dfrac{1}{2}, -\ln 2\right)$;

(5) 求曲线 $y = 1 - \cos x$ 及 $y = x \sin |x|$ 在点 $(0, 0)$ 的切线方程与法线方程.

(6) 在曲线 $y = x^2$ 上求一点 P_0, 使得曲线过点 P_0 的切线与坐标轴在第四象限围成的三角形的面积为 $\dfrac{1}{4}$.

5. 求下列函数的导数:

(1) $y = x^n + nx + \dfrac{1}{x}$;　　(2) $y = 2\sqrt{x} + \dfrac{2}{\sqrt{x}} + \dfrac{1}{\sqrt[3]{x^2}}$;

(3) $y = \dfrac{1 + \ln x}{1 - \ln x}$;　　(4) $y = \dfrac{1 - x^2}{1 + x + x^2}$;

(5) $y = \dfrac{1 - \sin x}{1 - \cos x}$;　　(6) $y = (x^2 - 1)(x^2 - 2)(x^2 - 3)$.

6. 求下列函数的导数:

(1) $y = (x^2 + x + 1)^n$;　　(2) $y = \ln \ln \ln x$;

(3) $y = e^{\sqrt{1 - \sin x}}$;　　(4) $y = \sin(\cos^2(x^3 + x))$;

(5) $y = \sqrt[3]{\ln \arcsin x}$;　　(6) $y = \dfrac{2}{\sqrt{3}} \arctan\left(\dfrac{1}{\sqrt{3}} \tan \dfrac{x}{2}\right)$;

(7) $y = e^{3 \sin x^2}$;　　(8) $y = 2^{5x+1}$;

(9) $y = \dfrac{(x + 5)^2 (x - 4)^{\frac{1}{3}}}{(x + 2)^5 (x + 4)^{\frac{1}{2}}}$;　　(10) $y = e^{2x} \sin 3x$;

(11) $y = \arcsin \sqrt{1 - x^2}$;　　(12) $y = \sqrt{x + \sqrt{x + \sqrt{x}}}$;

(13) $y = 2^x \cdot x^2 + \ln^2 x$;　　(14) $y = \dfrac{\sin x^2}{\sin^2 x}$;

(15) $y = (\sqrt{x} + 1) \arctan 2x$;　　(16) $y = \sin \sin x$;

(17) $y = x\sqrt{1 - x^2} + \ln \sin x$;　　(18) $y = \ln(x + \sqrt{x^2 + a^2})$;

(19) $y = \ln \dfrac{\sqrt{x^2 + 1} - x}{\sqrt{x^2 + 1} + x}$;　　(20) $y = a^{x^x}$ $(a > 0,\ a \neq 1)$;

(21) $y = x^{x^a}$ $(a > 0)$;　　(22) $y = x^{a^x}$ $(a > 0,\ a \neq 1)$;

(23) $y = x^{\frac{1}{x}}$;　　(24) $y = (\sin \sqrt{x})^{\cos 2x}$.

7. 求下列函数的高阶导数:

(1) $y = a_n x^n + a_{n-1}x^{n-1} + \cdots + a_1 x + a_0$, 求 $y^{(n)}$;

(2) $y = e^{\frac{1}{x}}$, 求 y'';　　(3) $y = \ln(1+x)$, 求 $y^{(n)}$, $y^{(n)}(0)$;

(4) $y = xe^x$, 求 $y^{(n)}$, $y^{(n)}(1)$;　　(5) $y = \sin x$, 求 $y^{(n)}$.

8. 求微分:

(1) $y = \dfrac{x}{\sqrt{x^2+1}}$, 求 $dy\big|_{x=1}$;　　(2) $y = \dfrac{\ln x}{x^2}$, 求 $dy\big|_{x=1}$;

(3) $f(x) = \dfrac{x}{\cos x}$, 求 $df(0)$, $df(\pi)$;　　(4) $f(x) = \sqrt{1+\sqrt{x}}$, 求 $df(1)$, $df(4)$;

(5) $y = \dfrac{1}{1+e^{-x}}$, 求 $dy\big|_{x=0}$;　　(6) $f(x) = \dfrac{e^x - e^{-x}}{e^x + e^{-x}}$, 求 $df(0)$.

9. 求下列函数的微分 dy:

(1) $y = 2x^2 - 3x^3 + \dfrac{1}{4}x^4$;　　(2) $y = 2x\ln x - x$;

(3) $y = x^2\cos 2x$;　　(4) $y = \dfrac{x}{1-x^2}$;

(5) $y = \sqrt{x}e^{-\sqrt{x}}$;　　(6) $y = \dfrac{e^x}{1+e^{-x}}$;

(7) $y = \dfrac{e^x}{x}$;　　(8) $y = \dfrac{xe^x}{x^2+1}$.

10. 证明: 在 $|x|$ 充分小时, 下列各近似公式成立, 并说明其几何意义:

(1) $\arcsin x \approx x$;　　(2) $\arctan x \approx x$;　　(3) $\sqrt{1+2x} - 1 \approx x$.

11. 利用微分计算下列各式的近似值:

(1) $\sqrt{0.97}$;　(2) $\sqrt[3]{1.02}$;　(3) $\sin 29°$;　(4) $\sqrt{25.4}$.

12. 设 $f(x)$ 在点 x_0 的左、右导数都存在, 问 $f(x)$ 在点 x_0 是否连续? 为什么?

3.2 微分学基本定理

这一节, 我们研究微分学基本定理及其应用. 微分学基本定理由一组中值定理组成: 罗尔定理、拉格朗日定理、柯西定理以及泰勒定理. 作为它们的应用, 我们将得到函数为常数的判别法以及通过求导函数的极限来求单侧导数的方法, 我们还将给出求极限的简便有效的一般方法 —— 洛必达法则.

3.2.1　中值定理

定义 3.2.1　设函数 $f(x)$ 在点 x_0 的某邻域 $U_r(x_0)$ 内有定义. 若对于任意 $x \in U_r(x_0)$, 有

$$f(x_0) \geqslant f(x) \quad [f(x_0) \leqslant f(x)],$$

则称 $f(x)$ 在点 x_0 取得**极大 (小) 值** $f(x_0)$, 称点 x_0 为**极大 (小) 值点**. 极大值, 极小值统称**极值**. 极大值点, 极小值点统称**极值点**.

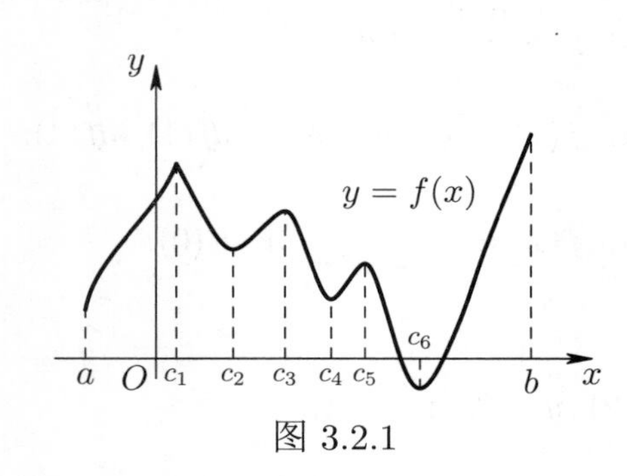

图 3.2.1

图 3.2.1 中, c_1, c_2, c_3, c_4, c_5, c_6 是极值点, 函数 $f(x)$ 的极大值为 $f(c_1)$, $f(c_3)$, $f(c_5)$, 极小值为 $f(c_2)$, $f(c_4)$, $f(c_6)$.

设 $f(x) = \cos x$, 对于任意 $k \in \mathbf{N}^+$, $f(2k\pi) = 1$ 是极大值, $f((2k+1)\pi) = -1$ 是极小值. x^2 在点 0 取极小值. 点 0 不是 x^3 的极值点.

若 $f'(x_0) = 0$, 则点 x_0 称为函数 $f(x)$ 的**驻点**或**稳定点**. 由于 $f'(x_0) = 0$ 表示 $f(x)$ 在 x_0 的变化率为零, 曲线 $y = f(x)$ 在点 $(x_0, f(x_0))$ 的切线方程为 $y = f(x_0)$, 它平行于 x 轴. 图 3.2.1 中, c_2, c_3, c_4, c_5, c_6 是 $f(x)$ 的驻点, $f(x)$ 在点 c_1 不可导. 下面的定理指出, 可导的极值点必定是驻点.

定理 3.2.1 (**费马**①**定理**)　设函数 $f(x)$ 在点 x_0 可导. 若点 x_0 为 $f(x)$ 的极值点, 则必有

$$f'(x_0) = 0.$$

证明　设 x_0 是 $f(x)$ 的极大值点 (极小值点的情形可类似地证明), 则存在点 x_0 的一个邻域 $U_r(x_0)$, 使得对一切 $x \in U_r(x_0)$, 有

$$f(x) \leqslant f(x_0),$$

所以当 $x < x_0$ 时, 有

$$\frac{f(x) - f(x_0)}{x - x_0} \geqslant 0,$$

① 费马 (P. Fermat, 1601 ~ 1665) 是法国数学家，解析几何的创始人之一. 1637 年左右, 他在阅读古希腊数学家丢番图 (Diophantus, 约 246 ~ 330) 的《算术》一书时, 曾以页边笔记提出著名的“费马猜想” (即当整数 $n > 2$ 时，不定方程 $x^n + y^n = z^n$ 的整数解都是平凡解), 声称“我发现了一个美妙的证明, 但由于空白太小而没有写下来”. 后来, 数学家们经过三个多世纪的努力，直到 1995 年，才由英国数学家，普林斯顿大学教授安德鲁 · 怀尔斯 (A. J. Wiles) 成功证明了“费马猜想”，使其称之为“费马大定理”. 1996 年，怀尔斯获国际数学大奖 —— 沃尔夫奖, 此时他 43 岁，他是当时沃尔夫奖获得者中最年轻的一位.

当 $x > x_0$ 时, 有

$$\frac{f(x)-f(x_0)}{x-x_0} \leqslant 0.$$

根据左、右导数的定义以及函数极限的保号性 II, 有

$$f'_-(x_0) = \lim_{x\to x_0-} \frac{f(x)-f(x_0)}{x-x_0} \geqslant 0,$$

$$f'_+(x_0) = \lim_{x\to x_0+} \frac{f(x)-f(x_0)}{x-x_0} \leqslant 0.$$

因为 $f(x)$ 在点 x_0 可导, $f'_-(x_0) = f'_+(x_0) = f'(x_0)$, 所以 $f'(x_0) = 0$. □

注 (1) 在费马定理中, $f'(x_0) = 0$ 是 $f(x)$ 在点 x_0 取极值的必要条件, 但不是充分条件. 例如, 对于函数 $f(x) = x^3$, 点 0 是驻点, 但 0 不是它的极值点.

(2) 在不可导的点函数也可能取极值. 例如, $|x|$ 在点 0 取极小值, 但不可导; 图 3.2.1 中的函数在点 c_1 取极大值, 但不可导.

(3) 函数的极值 $f(x_0)$ 是一个"局部"性质, 即在点 x_0 的一个邻域内具有的性质, 并不是函数在整个定义域上的性质, 在一个点的极小值可能大于在另一个点的极大值 (见图 3.2.1).

定理 3.2.2 (**罗尔**[①]**定理**) 若函数 $f(x)$ 满足如下条件:

(1) 在闭区间 $[a, b]$ 上连续;

(2) 在开区间 (a, b) 内可导;

(3) 在区间端点的函数值相等: $f(a) = f(b)$,

则存在 $\xi \in (a, b)$, 使得

$$f'(\xi) = 0.$$

证明 由 (1), $f(x)$在闭区间 $[a, b]$ 上有最小值 m 和最大值 M, 即 $[a, b]$ 上存在 x_1 和 x_2 使得 $m = f(x_1)$, $M = f(x_2)$, 对一切 $x \in [a, b]$, 有

$$m \leqslant f(x) \leqslant M.$$

由于 $m \leqslant M$, 只可能出现两种情况:

(1) $m = M$. 此时 $f(x)$ 在 $[a, b]$ 上恒为常数, 所以 $f'(x) \equiv 0$. 当然任取一

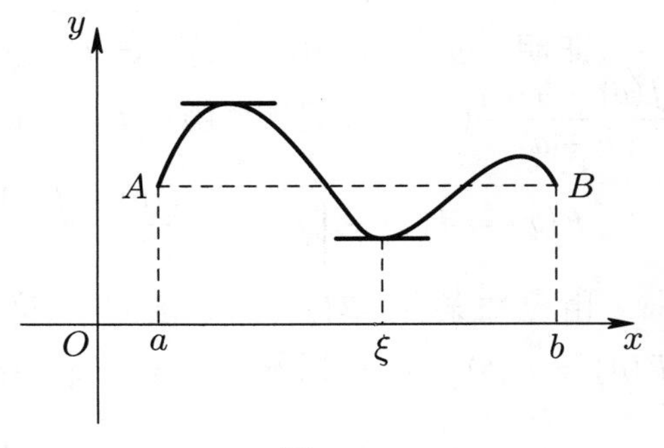

图 3.2.2

① 罗尔 (M. Rolle, 1652 ~ 1719) 是法国数学家.

$\xi \in (a,b)$, 有 $f'(\xi)=0$.

(2) $m<M$. 此时, 由于 $f(a)=f(b)$, $M \neq f(a)$ 与 $m \neq f(a)$ 中必有一个成立, 不妨设 $M \neq f(a)$ 成立. 这样 $x_2 \in (a,b)$. 由 (2), $f(x)$ 在点 x_2 可导. 根据费马定理, $f'(x_2)=0$. 取 $\xi = x_2$, 即得 $f'(\xi)=0$. □

罗尔定理的几何意义: 若一段曲线两个端点的高度相同, 且除端点外每一点都有不垂直于 x 轴的切线, 则该曲线上至少有异于端点的一点 $M_0(\xi, f(\xi))$, 使得曲线过 M_0 的切线平行于 x 轴 (见图 3.2.2).

注　罗尔定理的三个条件是不可缺少的 [见习题 3.2 第 1 题 (4), (5), (6)]; 罗尔定理的条件是充分的, 但不是必要的 [见习题 3.2 第 1 题 (7), (8), (9)].

例 3.2.1　证明方程 $x^3-3x+2=0$ 在闭区间 $[-1,1]$ 上不可能有不同的根.

证明　设 $f(x)=x^3-3x+2$, 则初等函数 $f(x)$ 在闭区间 $[-1,1]$ 上连续, 在开区间 $(-1,1)$ 内可导. 假设在闭区间 $[-1,1]$ 上 $f(x)$ 有两个不同的根 a 和 b, 即 $f(a)=f(b)=0$, 不妨设 $a<b$, 则由罗尔定理, $\exists\, \xi \in (a,b)$, 使得

$$f'(\xi)=0,$$

由于 $f'(x)=3x^2-3=3(x^2-1)$, 于是 $f'(\xi)=3(\xi^2-1)=0$, 从而 $\xi=\pm 1$, 这与 $\xi \in (a,b)$ 矛盾.

定理 3.2.3 (拉格朗日[①]定理)　若函数 $f(x)$ 满足如下条件:

(1) 在闭区间 $[a,b]$ 上连续;

(2) 在开区间 (a,b) 内可导,

则存在 $\xi \in (a,b)$, 使得下列**拉格朗日公式**成立:

$$\boxed{f'(\xi)=\frac{f(b)-f(a)}{b-a}.}$$

证明　过两点 $A(a,f(a))$ 与 $B(b,f(b))$ 的直线 L 的方程为 $y=f(a)+\dfrac{f(b)-f(a)}{b-a}(x-a)$. 设辅助函数 $F(x)$ 是 $f(x)$ 与 L 上点的纵坐标之差:

$$F(x)=f(x)-\left[f(a)+\frac{f(b)-f(a)}{b-a}(x-a)\right], \text{ 其图像见图 3.2.3 (虚线).}$$

由已知条件, $F(x)$ 在闭区间 $[a,b]$ 上连续, 在开区间 (a,b) 内可导, 而且 $F(a)=F(b)=0$. 根据罗尔定理, $\exists\, \xi \in (a,b)$, 使得

$$F'(\xi)=0,$$

① 拉格朗日 (J. L. Lagrange) 在数学、力学和天文学三个学科领域中都有历史性的贡献，其中尤以数学方面的成就最为突出.

即

$$f'(\xi) - \frac{f(b)-f(a)}{b-a} = 0,$$

此为所要证的结果. □

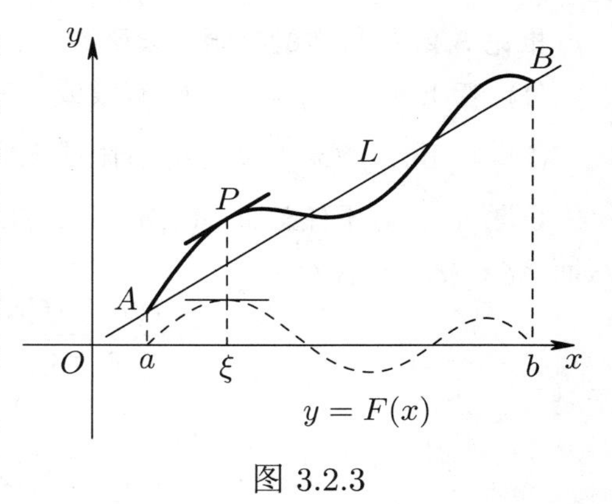

图 3.2.3

拉格朗日定理的几何意义 若一段曲线 C 除端点外每一点都有不垂直于 x 轴的切线, 则该曲线上至少有异于端点的一点 $P(\xi, f(\xi))$, 使得曲线在点 P 的切线 T 的斜率 $f'(\xi)$ 等于连接它的两个端点 $A(a, f(a))$ 和 $B(b, f(b))$ 的弦 AB 的斜率 $\dfrac{f(b)-f(a)}{b-a}$, 即 T 平行于 AB (见图 3.2.3).

拉格朗日公式可以写成如下两种形式:

(1) $f(b)-f(a) = f'(\xi)(b-a),\ a<\xi<b$;

(2) $f(b)-f(a) = f'(a+\theta(b-a))(b-a),\ 0<\theta<1$[①].

注 拉格朗日定理的条件是充分的, 但不是必要的; 定理 3.2.3 中, 若 $f(a) = f(b)$, 则 $f'(\xi)=0$, 即罗尔定理, 可见, 拉格朗日定理是罗尔定理的推广.

例 3.2.2 证明对于任意实数 x 与 y, 有 $|\arctan y - \arctan x| \leqslant |y-x|$.

证明 若 $x=y$, 显然不等式成立. 若 $x \neq y$, 不妨设 $x<y$. 因为 $\arctan u$ 在闭区间 $[x,y]$ 上连续, 在开区间 (x,y) 内可导, 由拉格朗日定理, $\exists\, \xi \in (x,y)$ 使得

$$\arctan y - \arctan x = \frac{1}{1+\xi^2}(y-x),$$

因为 $\dfrac{1}{1+\xi^2} \leqslant 1$, 所以

$$|\arctan y - \arctan x| = \frac{1}{1+\xi^2}|y-x| \leqslant |y-x|.$$

推论 3.2.1 (函数为常数判别法) 设函数 $f(x)$ 在区间 I 上连续. 若对于 I 中任意非端点的 x, $f'(x)=0$, 则 $f(x)$ 在 I 上是常函数.

① 若 $a<\xi<b$, 令 $\theta = \dfrac{\xi-a}{b-a}$, 则 $0<\theta<1$. 拉格朗日公式还可以写成

$$f(a+h)-f(a) = f'(a+\theta h)h,\ 0<\theta<1,$$

其中 h 可正可负(不论 $h>0$ 还是 $h<0$, 对于 a 与 $a+h$ 之间的 ξ, 令 $\theta = \dfrac{\xi-a}{h}$, 则 $0<\theta<1$).

证明 在 I 上任取两点 x_1 和 x_2, 不妨设 $x_1 < x_2$, 则 $f(x)$ 在闭区间 $[x_1, x_2]$ 上满足拉格朗日定理的条件, 从而 $\exists\, \xi \in (x_1, x_2)$ 使得 $f(x_2) - f(x_1) = f'(\xi)(x_2 - x_1)$, 因 $f'(\xi) = 0$, 故 $f(x_2) = f(x_1)$. 由 x_1 和 x_2 的任意性知 $f(x)$ 在 I 上恒为常数. □

推论 3.2.2 (导数的极限) 设函数 $f(x)$ 在点 a 连续, 在 $U_\delta^\circ(a)$ 内可导, 那么

(1) 若 $\lim\limits_{x \to a+} f'(x) = K$ (K 有限或无穷大), 则 $f'_+(a) = K$;

(2) 若 $\lim\limits_{x \to a-} f'(x) = K$ (K 有限或无穷大), 则 $f'_-(a) = K$.

证明 (1) 对于任意 $x \in (a, a+\delta)$, $f(x)$ 在 $[a, x]$ 上满足拉格朗日定理的条件, 从而 $\exists\, \xi \in (a, x)$, 使得

$$\frac{f(x) - f(a)}{x - a} = f'(\xi),$$

于是

$$f'_+(a) = \lim_{x \to a+} \frac{f(x) - f(a)}{x - a} = \lim_{x \to a+} f'(\xi) = \lim_{\xi \to a+} f'(\xi) = K.$$

(2) 的证明与 (1) 类似. □

若分段函数 $f(x)$ 在"接头点" x_0 连续, 判断 $f(x_0)$ 在点 x_0 是否存在 (左、右) 导数除了用 (左、右) 导数定义外, 有时可以利用推论 3.2.2, 通过求 x_0 两侧的导函数的极限来判断.

例 3.1.6 中的函数 $f(x) = x|x|$ 在点 0 连续, 由推论 3.2.2 得

$$f'_-(0) = \lim_{x \to 0-} (-2x) = 0, \quad f'_+(0) = \lim_{x \to 0+} (2x) = 0,$$

所以 $f'(0) = 0$.

函数 $f(x) = -\sqrt[3]{x^2}$ 在点 0 连续, 由推论 3.2.2,

$$f'_-(0) = \lim_{x \to 0-} \frac{-2}{3\sqrt[3]{x}} = +\infty,$$

$$f'_+(0) = \lim_{x \to 0+} \frac{-2}{3\sqrt[3]{x}} = -\infty,$$

它在点 0 的左、右导数都不存在 (见图 3.2.4).

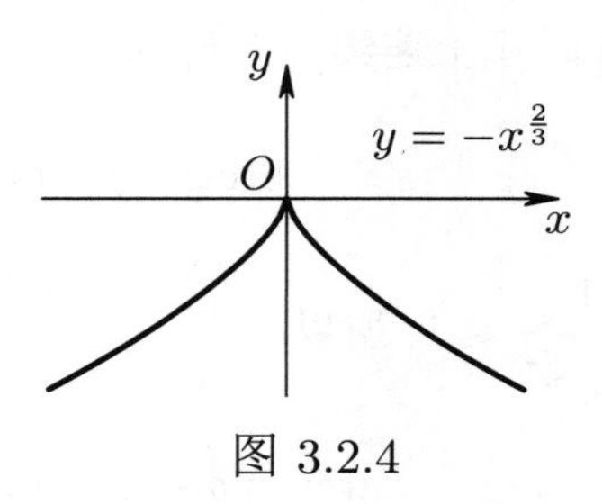

图 3.2.4

例 3.2.3 设函数

$$f(x) = \begin{cases} x^2, & x \leqslant 0, \\ \ln(1+x), & x > 0, \end{cases}$$

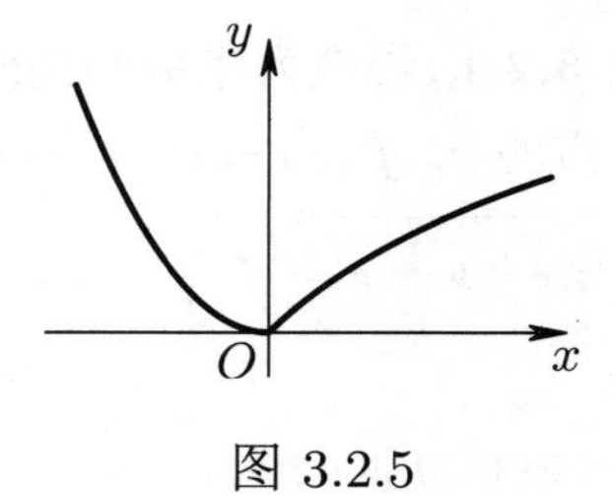

图 3.2.5

证明 $f(x)$ 在点 0 不可导.

证明 $f(x)$ 在点 0 连续, 由推论 3.2.2,

$$f'_-(0) = \lim_{x\to 0-} 2x = 0, \quad f'_+(0) = \lim_{x\to 0+} \frac{1}{1+x} = 1,$$

因为 $f'_+(0) \neq f'_-(0)$, 所以 $f(x)$ 在点 0 的导数不存在 (见图 3.2.5). □

注意观察图 3.2.4 和图 3.2.5 中函数的在不可导点 0 对应的图像上的“突兀”点 $(0,0)$[①].

注 (1) 有时函数 $f(x)$ 在点 a 的邻域内可导, 但其导函数 $f'(x)$ 在点 a 的左、右极限不存在, 因而不能用推论 3.2.2 来求点 a 的左、右导数. 例如, 对于例 3.1.3 (2) 中的函数

$$f(x) = \begin{cases} x^2 \sin\dfrac{1}{x}, & x \neq 0, \\ 0, & x = 0, \end{cases}$$

用导数定义求得 $f'(0) = 0$, 但是, 当 $x \neq 0$ 时,

$$f'(x) = 2x\sin\frac{1}{x} - \cos\frac{1}{x},$$

当 $x \to 0-$ 时, 上式右端第一项的极限为 0, 第二项的极限不存在, 所以导函数 $f'(x)$ 在点 0 的左极限不存在, 同理 $f'(x)$ 在点 0 的右极限也不存在.

(2) 在推论 3.2.2 中, “$f(x)$ 在点 a 连续”这一条件是不可少的 [见习题 3.2 第 5 题 (2)].

定理 3.2.4 (**柯西**[②]**定理**) 若函数 $f(x)$ 和 $g(x)$ 满足如下条件:

(1) 在闭区间 $[a,b]$ 上连续;

(2) 在开区间 (a,b) 内可导;

(3) 在开区间 (a,b) 内 $g'(x)$ 处处不为零,

则存在 $\xi \in (a,b)$, 使得

$$\boxed{\frac{f(b)-f(a)}{g(b)-g(a)} = \frac{f'(\xi)}{g'(\xi)}.}$$

证明 由条件 (3) 及罗尔定理知, $g(b)-g(a) \neq 0$. 作辅助函数

$$F(x) = f(x) - \frac{f(b)-f(a)}{g(b)-g(a)} g(x),$$

① 又如, 对于任意实数 c 和满足不等式 $0 < \alpha < 1$ 的 α, 函数 $f(x) = (x-c)^\alpha$ 在点 c 右连续, 由推论 3.2.2, $f'_+(c) = \lim\limits_{x\to c+} \alpha(x-c)^{\alpha-1} = +\infty$, 特别地, x^α 在点 0 的右导数为 $+\infty$ (见图 1.5.1).

② 数学中的许多定理和公式都以柯西 (A. L. Cauchy) 的名字命名, 如柯西不等式、柯西积分公式、柯西极限存在准则、柯西序列等.

则

$$F(a)=\frac{f(a)g(b)-f(b)g(a)}{g(b)-g(a)}=F(b),$$

这样 $F(x)$ 在闭区间 $[a,b]$ 上满足罗尔定理的三个条件, 因而 $\exists\,\xi\in(a,b)$ 使得

$$F'(\xi)=f'(\xi)-\frac{f(b)-f(a)}{g(b)-g(a)}g'(\xi)=0,$$

即

$$\frac{f'(\xi)}{g'(\xi)}=\frac{f(b)-f(a)}{g(b)-g(a)}.$$ □

若在柯西定理中, 取 $g(x)=x$, 则 $g(b)-g(a)=b-a$, $g'(\xi)=1$, 于是

$$f'(\xi)=\frac{f(b)-f(a)}{b-a},$$

此为拉格朗日定理, 可见拉格朗日定理是柯西定理的特例.

例 3.2.4 设 $f(x)$ 在闭区间 $[2,5]$ 上连续, 在开区间 $(2,5)$ 内可导, $g(x)=\ln x$. 证明: 存在 $\xi\in(2,5)$, 使得

$$f(5)-f(2)=\xi\ln\left(\frac{5}{2}\right)f'(\xi).$$

证明 根据柯西定理, 存在 $\xi\in(2,5)$, 使得

$$\frac{f(5)-f(2)}{\ln 5-\ln 2}=\frac{f'(\xi)}{\frac{1}{\xi}},$$

整理即得所要证的等式.

3.2.2 洛必达法则

在进行无穷小阶的比较时, 我们已经看到两个无穷小 $f(x)$ 与 $g(x)$ 比的极限可能存在, 也可能不存在. 如果存在, 其极限值也不尽相同. 我们把两个无穷小的比称为 $\boldsymbol{\frac{0}{0}}$ **型不定式**, 实际上, 求导数就是求 $\frac{0}{0}$ 型不定式的极限. 类似地, 两个无穷大的比称为 $\frac{\infty}{\infty}$ **型不定式**. 例如,

(1) 当 $x\to 1$ 时, $\frac{x^5-4x+3}{x^3-2x+1}$ 是 $\frac{0}{0}$ 型不定式;

(2) 当 $x\to+\infty$ 时, $\frac{x}{e^x}$ 是 $\frac{\infty}{\infty}$ 型不定式;

(3) 当 $x\to 0+$ 时, $\frac{\ln x}{x^{-1}}$ 是 $\frac{\infty}{\infty}$ 型不定式.

以上这两类不定式的极限不能用"商的极限等于极限的商"这一运算法则来求. 下面我们以导数为工具研究这两类不定式的极限, 给出求这两类极限的简便有效的一般方法 —— **洛必达法则**[1], 并给出求其他类型不定式的极限 (可以经过适当的变换转化为以上两种类型) 的一些例子.

一、$\dfrac{0}{0}$ 型不定式

定理 3.2.5 设函数 $f(x)$ 和 $g(x)$ 满足下列条件:

(1) $\lim\limits_{x\to a} f(x) = \lim\limits_{x\to a} g(x) = 0$;

(2) 在 a 的某空心邻域 $U_r^\circ(a)$ 内 $f'(x)$ 和 $g'(x)$ 都存在, 而且 $g'(x) \neq 0$;

(3) $\lim\limits_{x\to a} \dfrac{f'(x)}{g'(x)} = A$ (A 为实数, $+\infty$, $-\infty$ 或 ∞),

则

$$\boxed{\lim_{x\to a}\frac{f(x)}{g(x)} \overset{\left(\frac{0}{0}\right)}{=\!=} \lim_{x\to a}\frac{f'(x)}{g'(x)} = A.}$$

以上定理 3.2.5 的证明见附录 A.

例 3.2.5 求 $\lim\limits_{x\to 1}\dfrac{x^6-4x+3}{x^4-2x+1}$.

解 这是 $\dfrac{0}{0}$ 型不定式, 由定理 3.2.5 得

$$\lim_{x\to 1}\frac{x^6-4x+3}{x^4-2x+1} \overset{\left(\frac{0}{0}\right)}{=\!=} \lim_{x\to 1}\frac{6x^5-4}{4x^3-2} = \frac{6-4}{4-2} = 1.$$

例 3.2.6 求 $\lim\limits_{x\to 0}\dfrac{\sqrt[3]{x^2+1}-1}{\sin^2 x}$.

解 当 $x\to 0$ 时, $\sin x \sim x$, 于是

$$\lim_{x\to 0}\frac{\sqrt[3]{x^2+1}-1}{\sin^2 x} = \lim_{x\to 0}\frac{\sqrt[3]{x^2+1}-1}{x^2} \overset{\left(\frac{0}{0}\right)}{=\!=} \lim_{x\to 0}\frac{\frac{1}{3}(x^2+1)^{-\frac{2}{3}}\cdot 2x}{2x}$$

$$= \lim_{x\to 0}\frac{1}{3}(x^2+1)^{-\frac{2}{3}} = \frac{1}{3}.$$

定理 3.2.5 中的 $x\to a$ 可换成 $x\to a+$, $x\to a-$, $x\to +\infty$, $x\to -\infty$ 或 $x\to\infty$, 但要注意, 条件 (2) 需作相应的调整. 例如, 将 $x\to a$ 换成 $x\to\infty$ 就是下面的定理, 其证明见附录 A.

[1] 洛必达 (G. L'Hospital) 最大的功绩是撰写了世界上第一本系统的微积分教程 ——《无穷小分析》, 其第九章中有求分子分母同趋于零的分式的极限的法则, 即所谓的洛必达法则, 这个法则是瑞士数学家伯努利 (J. Bernoulli, 1667 ~ 1748) 在 1694 年告诉他的. 现在一般微积分教材上用来求其他不定式极限的法则是后人对洛必达法则的推广, 但都笼统地称为"洛必达法则".

定理 3.2.5′ 设函数 $f(x)$ 和 $g(x)$ 满足下列条件:

(1) $\lim\limits_{x\to\infty} f(x) = \lim\limits_{x\to\infty} g(x) = 0$;

(2) 当 x 满足 $|x| > L\ (L > 0)$ 时, $f'(x)$ 和 $g'(x)$ 都存在, 而且 $g'(x) \neq 0$;

(3) $\lim\limits_{x\to\infty} \dfrac{f'(x)}{g'(x)} = A$ (A 为实数, $+\infty$, $-\infty$ 或 ∞),

则

$$\boxed{\lim_{x\to\infty} \frac{f(x)}{g(x)} \overset{(\frac{0}{0})}{=\!=} \lim_{x\to\infty} \frac{f'(x)}{g'(x)} = A.}$$

例 3.2.7 (1) 求 $\lim\limits_{x\to+\infty} \dfrac{\ln\left(1+\dfrac{1}{x}\right)}{\operatorname{arccot} x}$; (2) 求 $\lim\limits_{x\to1+} \dfrac{\sqrt{x^2-1}}{x\ln x}$.

解 (1) $$\lim_{x\to+\infty} \frac{\ln\left(1+\dfrac{1}{x}\right)}{\operatorname{arccot} x} \overset{(\frac{0}{0})}{=\!=} \lim_{x\to+\infty} \frac{\dfrac{1}{1+\dfrac{1}{x}}\left(-\dfrac{1}{x^2}\right)}{-\dfrac{1}{1+x^2}} = \lim_{x\to+\infty} \frac{x^2+1}{x^2+x} = 1;$$

(2) $$\lim_{x\to1+} \frac{\sqrt{x^2-1}}{x\ln x} \overset{(\frac{0}{0})}{=\!=} \lim_{x\to1+} \frac{x}{\sqrt{x^2-1}(\ln x+1)} = +\infty.$$

当 $x\to a$ 时, 若 $\dfrac{f'(x)}{g'(x)}$ 仍是 $\dfrac{0}{0}$ 不定式, 且 $f'(x)$ 与 $g'(x)$ 满足定理 3.2.5 中的相应的条件, 则可再次使用洛必达法则确定 $\lim\limits_{x\to a} \dfrac{f'(x)}{g'(x)} = \lim\limits_{x\to a} \dfrac{f''(x)}{g''(x)}$, 从而

$$\lim_{x\to a} \frac{f(x)}{g(x)} = \lim_{x\to a} \frac{f'(x)}{g'(x)} = \lim_{x\to a} \frac{f''(x)}{g''(x)}.$$

依次类推, 可接连有限次使用洛必达法则.

例 3.2.8 求 $\lim\limits_{x\to0} \dfrac{e^x-e^{-x}-2x}{x-\sin x}$.

解 $$\lim_{x\to0} \frac{e^x-e^{-x}-2x}{x-\sin x} \overset{(\frac{0}{0})}{=\!=} \lim_{x\to0} \frac{e^x+e^{-x}-2}{1-\cos x}$$

$$\overset{(\frac{0}{0})}{=\!=} \lim_{x\to0} \frac{e^x-e^{-x}}{\sin x} \overset{(\frac{0}{0})}{=\!=} \lim_{x\to0} \frac{e^x+e^{-x}}{\cos x} = 2.$$

二、$\dfrac{\infty}{\infty}$ 型不定式

定理 3.2.6 设函数 $f(x)$ 和 $g(x)$ 满足下列条件:

(1) 当 $x \to a$ 时, $f(x)$ 和 $g(x)$ 均为无穷大;

(2) 在 a 的某空心邻域 $U_r^\circ(a)$ 内 $f'(x)$ 和 $g'(x)$ 都存在, 而且 $g'(x) \neq 0$;

(3) $\lim\limits_{x\to a} \dfrac{f'(x)}{g'(x)} = A$ (A 为实数, $+\infty, -\infty$ 或 ∞),

则

$$\boxed{\lim_{x\to a} \frac{f(x)}{g(x)} \overset{(\frac{\infty}{\infty})}{=\!=} \lim_{x\to a} \frac{f'(x)}{g'(x)} = A.}$$

定理 3.2.6 的证明比较复杂, 此处略去.

例 3.2.9 求 $\lim\limits_{x\to 0+} x \ln\left(1+\dfrac{1}{x}\right)$.

解 $$\lim_{x\to 0+} x\ln\left(1+\frac{1}{x}\right) = \lim_{x\to 0+} \frac{\ln\left(1+\dfrac{1}{x}\right)}{\dfrac{1}{x}}$$

$$\overset{(\frac{\infty}{\infty})}{=\!=} \lim_{x\to 0+} \frac{\dfrac{1}{1+\dfrac{1}{x}}\left(-\dfrac{1}{x^2}\right)}{-\dfrac{1}{x^2}} = \lim_{x\to 0+} \frac{1}{1+\dfrac{1}{x}} = 0.$$

在定理 3.2.6 中, 相应地调整条件 (2), 将极限过程 $x \to a$ 换成 $x \to a+$, $x \to a-$, $x \to +\infty$, $x \to -\infty$ 或 $x \to \infty$ 也可得到同样的结论. 例如, 将 $x \to a$ 换成 $x \to \infty$, 就是下面的定理.

定理 3.2.6′ 设函数 $f(x)$ 和 $g(x)$ 满足下列条件:

(1) 当 $x \to \infty$ 时, $f(x)$ 和 $g(x)$ 均为无穷大;

(2) 当 x 满足 $|x| > L$ $(L > 0)$ 时, $f'(x)$ 和 $g'(x)$ 都存在, 而且 $g'(x) \neq 0$;

(3) $\lim\limits_{x\to\infty} \dfrac{f'(x)}{g'(x)} = A$ (A 为实数, $+\infty$, $-\infty$ 或 ∞),

则

$$\boxed{\lim_{x\to\infty} \frac{f(x)}{g(x)} \overset{(\frac{\infty}{\infty})}{=\!=} \lim_{x\to\infty} \frac{f'(x)}{g'(x)} = A.}$$

例 3.2.10 (1) 求 $\lim\limits_{x\to+\infty} \dfrac{\ln x}{x^\alpha}$ $(\alpha > 0)$; (2) 求 $\lim\limits_{x\to+\infty} \dfrac{x^3}{e^x}$.

解 (1) $\lim\limits_{x\to+\infty}\dfrac{\ln x}{x^\alpha}\overset{(\frac{\infty}{\infty})}{=\!=}\lim\limits_{x\to+\infty}\dfrac{\frac{1}{x}}{\alpha x^{\alpha-1}}=\lim\limits_{x\to+\infty}\dfrac{1}{\alpha x^\alpha}=0.$

(2) $\lim\limits_{x\to+\infty}\dfrac{x^3}{e^x}\overset{(\frac{\infty}{\infty})}{=\!=}\lim\limits_{x\to+\infty}\dfrac{3x^2}{e^x}\overset{(\frac{\infty}{\infty})}{=\!=}\lim\limits_{x\to+\infty}\dfrac{6x}{e^x}\overset{(\frac{\infty}{\infty})}{=\!=}\lim\limits_{x\to+\infty}\dfrac{6}{e^x}=0.$

类似地, 对任意实数 $\alpha>0$,

$$\lim_{x\to+\infty}\frac{x^\alpha}{e^x}=0.$$

由上面的结果与例 3.2.10, 我们看到, 当 $x\to+\infty$ 时, 三个无穷大 e^x, $x^\alpha(\alpha>0)$ 和 $\ln x$ 趋于无穷的“速度”: e^x 较 x^α 快, x^α 较 $\ln x$ 快 ($\alpha=\dfrac{3}{2}$ 和 $\dfrac{2}{3}$ 的情况见图 3.2.6).

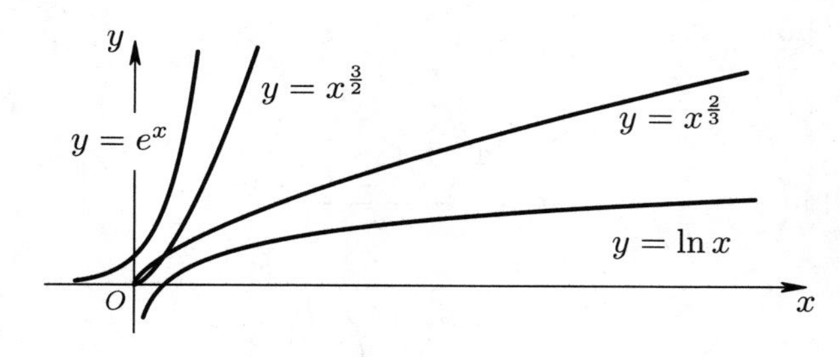

图 3.2.6

三、其他类型的不定式 $(0\cdot\infty,\ 0^0,\ 1^\infty,\ \infty^0,\ \infty-\infty)$

若乘积 $f(x)\cdot g(x)$ 为 $0\cdot\infty$ 型不定式, 即 $f(x)$ 是无穷小, $g(x)$ 是无穷大, 由于

$$f(x)\cdot g(x)=\frac{f(x)}{\dfrac{1}{g(x)}}=\frac{g(x)}{\dfrac{1}{f(x)}},$$

可将其转化为 $\dfrac{0}{0}$ 型或 $\dfrac{\infty}{\infty}$ 型不定式, 再使用洛必达法则.

例 3.2.11 求 $\lim\limits_{x\to+\infty}(\pi-2\arctan x)x$.

解 这是一个 $0\cdot\infty$ 型不定式, 将其化成 $\dfrac{0}{0}$ 型不定式来计算:

$$\lim_{x\to+\infty}(\pi-2\arctan x)x=\lim_{x\to+\infty}\frac{\pi-2\arctan x}{\dfrac{1}{x}}\overset{(\frac{0}{0})}{=\!=}\lim_{x\to+\infty}\frac{-\dfrac{2}{1+x^2}}{-\dfrac{1}{x^2}}$$

$$=\lim_{x\to+\infty}\frac{2x^2}{1+x^2}=2.$$

若幂指函数 $f(x)^{g(x)}$ 为 0^0, ∞^0 或 1^∞ 型不定式, 令

$$y = f(x)^{g(x)},$$

则 $\ln y = g(x)\ln f(x)$, 这样就把它们化成了 $0\cdot\infty$ 型不定式. 若其极限已经求得为

$$\lim \ln y = A\ ,\ +\infty \text{ 或 } -\infty,$$

则

$$\lim f(x)^{g(x)} = \lim y = \lim e^{\ln y} = e^{\lim \ln y} = e^A\ ,\ +\infty \text{ 或 } 0.$$

例 3.2.12 求极限: (1) $\lim\limits_{x\to 0+} x^\alpha \ln x\ (\alpha > 0)$; (2) $\lim\limits_{x\to 0+} x^x$.

解 (1) 这是 $0\cdot\infty$ 型不定式.

$$\lim_{x\to 0^+} x^\alpha \ln x = \lim_{x\to 0+} \frac{\ln x}{x^{-\alpha}} \overset{(\frac{\infty}{\infty})}{=\!=} \lim_{x\to 0+} \frac{x^{-1}}{-\alpha x^{-\alpha-1}} = \lim_{x\to 0+} -\frac{x^\alpha}{\alpha} = 0.$$

(2) 这是 0^0 型不定式. 设 $y = x^x$, 两边取对数得 $\ln y = x\ln x$, 于是 $y = e^{\ln y}$, 利用 (1) (当 $\alpha = 1$ 时) 的结果, 得

$$\lim_{x\to 0+} x^x = \lim_{x\to 0+} y = \lim_{x\to 0+} e^{\ln y} = e^{\lim\limits_{x\to 0+} \ln y} = e^{\lim\limits_{x\to 0^+} x\ln x} = e^0 = 1.$$

例 3.2.13 求 $\lim\limits_{x\to\infty}\left(\cos\dfrac{1}{x}\right)^x$.

解 这是 1^∞ 型不定式. 由于

$$\lim_{x\to\infty} x\ln\cos\frac{1}{x} = \lim_{x\to\infty}\frac{\ln\cos\dfrac{1}{x}}{\dfrac{1}{x}}$$

$$\overset{(\frac{0}{0})}{=\!=} \lim_{x\to\infty}\frac{-\left(-\dfrac{1}{x^2}\right)\sin\dfrac{1}{x}}{\cos\dfrac{1}{x}\left(-\dfrac{1}{x^2}\right)} = \lim_{x\to\infty}\left(-\tan\frac{1}{x}\right) = 0,$$

从而

$$\lim_{x\to\infty}\left(\cos\frac{1}{x}\right)^x = \lim_{x\to\infty} e^{x\ln\cos\frac{1}{x}} = e^{\lim\limits_{x\to\infty} x\ln\cos\frac{1}{x}} = e^0 = 1.$$

例 3.2.14 求 $\lim\limits_{x\to 0+}\left(1+\dfrac{1}{x}\right)^x$.

解 这是 ∞^0 型不定式. 由例 3.2.9,

$$\lim_{x\to 0+} x\ln\left(1+\frac{1}{x}\right) = 0,$$

于是

$$\lim_{x\to 0+}\left(1+\frac{1}{x}\right)^x=\lim_{x\to 0+}e^{x\ln\left(1+\frac{1}{x}\right)}=e^{\lim\limits_{x\to 0+}x\ln\left(1+\frac{1}{x}\right)}=e^0=1\ (\text{见图 } 2.2.17).$$

若差 $f(x)-g(x)$ 为 $\infty-\infty$ 型不定式, 则通过

$$f(x)-g(x)=\frac{\dfrac{1}{g(x)}-\dfrac{1}{f(x)}}{\dfrac{1}{g(x)}\dfrac{1}{f(x)}}$$

可把它转化为 $\dfrac{0}{0}$ 型不定式 (具体题目中往往会有较简单的转化方法), 然后使用洛必达法则.

例 3.2.15 求 $\lim\limits_{x\to 0}\left(\dfrac{1}{2x}-\dfrac{1}{e^{2x}-1}\right)$.

解 这是 $\infty-\infty$ 型不定式, 通分后化成 $\dfrac{0}{0}$ 型不定式来计算, 注意到 $(e^{2x}-1)\sim 2x\ (x\to 0)$, 有

$$\lim_{x\to 0}\left(\frac{1}{2x}-\frac{1}{e^{2x}-1}\right)=\lim_{x\to 0}\frac{e^{2x}-1-2x}{2x(e^{2x}-1)}=\lim_{x\to 0}\frac{e^{2x}-1-2x}{2x(2x)}$$

$$\overset{\left(\frac{0}{0}\right)}{=\!=}\lim_{x\to 0}\frac{2(e^{2x}-1)}{4\cdot 2x}=\frac{1}{2}.$$

例 3.2.16 求 $\lim\limits_{n\to\infty}\left(\dfrac{1+\sqrt[n]{e}}{2}\right)^{2n}$.

解 我们先利用洛必达法则求

$$\lim_{x\to+\infty}\left(\frac{1+e^{\frac{1}{x}}}{2}\right)^{2x}.$$

这是 1^∞ 型不定式, 令 $t=\dfrac{1}{x}$, 则当 $x\to+\infty$ 时, $t\to 0+$, 于是

$$\lim_{x\to+\infty}\left(\frac{1+e^{\frac{1}{x}}}{2}\right)^{2x}=\lim_{t\to 0+}\left(\frac{1+e^t}{2}\right)^{\frac{2}{t}}=e^{\lim\limits_{t\to 0+}\frac{2}{t}[\ln(1+e^t)-\ln 2]}$$

$$=e^{2\lim\limits_{t\to 0+}\frac{\ln(1+e^t)-\ln 2}{t}\left(\frac{0}{0}\right)}=e^{2\lim\limits_{t\to 0+}\frac{\frac{e^t}{1+e^t}}{1}}=e.$$

由于数列 $\{n\}$ 趋于 $+\infty$, 根据海涅定理, 有

$$\lim_{n\to\infty}\left(\frac{1+\sqrt[n]{e}}{2}\right)^{2n}=e.$$

注 洛必达法则的条件是充分的, 但不是必要的, 因而不能由 "$\frac{f'(x)}{g'(x)}$ 的极限不存在 (即使无穷极限也没有)", 来断定 $\frac{f(x)}{g(x)}$ 也没有极限. 例如, 对于函数 $\frac{x+\cos x}{x}$, 当 $x \to +\infty$ 时, 它是 $\frac{\infty}{\infty}$ 型不定式, 虽然

$$\frac{(x+\cos x)'}{x'} = 1 - \sin x$$

当 $x \to +\infty$ 时极限不存在, 但是

$$\lim_{x\to+\infty}\frac{x+\cos x}{x} = \lim_{x\to+\infty}\left(1+\frac{\cos x}{x}\right) = 1.$$

再比如下列极限, 连续使用洛必达法则不能求出其极限:

$$\lim_{x\to+\infty}\frac{e^x - e^{-x}}{e^x + e^{-x}} \overset{(\frac{\infty}{\infty})}{=\!=} \lim_{x\to+\infty}\frac{e^x + e^{-x}}{e^x - e^{-x}} \overset{(\frac{\infty}{\infty})}{=\!=} \lim_{x\to+\infty}\frac{e^x - e^{-x}}{e^x + e^{-x}}.$$

但是将分子分母同除以 e^x, 得

$$\lim_{x\to+\infty}\frac{e^x - e^{-x}}{e^x + e^{-x}} = \lim_{x\to+\infty}\frac{1-e^{-2x}}{1+e^{-2x}} = 1.$$

3.2.3 泰勒定理

多项式函数

$$P_n(x) = a_n x^n + a_{n-1}x^{n-1} + \cdots + a_1 x + a_0$$

是我们最熟悉的初等函数, 它结构简单, 计算它的值只需用加法、减法和乘法这三种运算，这是许多其他函数不具有的特点. 一个给定的函数, 往往计算它在某点的函数值会很困难, 即使计算机也只能进行有限的四则运算. 如果能用多项式近似表示给定的函数, 则通过计算多项式的值, 就可以计算出给定函数的近似值, 因而多项式函数在数值计算和理论分析方面都占有重要地位.

前面, 我们证明了微分近似公式 (3.13):

$$f(x_0+\Delta x) - f(x_0) \approx f'(x_0)\Delta x,$$

即

$$f(x_0+\Delta x) \approx f(x_0) + f'(x_0)\Delta x,$$

由于 $x = x_0 + \Delta x$, 上式即

$$f(x) \approx f(x_0) + f'(x_0)(x-x_0),$$

这样, $f(x)$ 近似地用 $x-x_0$ 的一次多项式表示出来了, 而且其误差当 $x\to x_0$ 时较 $x-x_0$ 是高阶无穷小:

$$f(x)-[f(x_0)+f'(x_0)(x-x_0)]=o(x-x_0).$$

可是在实际应用中, 希望能找到 n 次的多项式, 还需要要求其误差当 $x\to x_0$ 时较 $(x-x_0)^n$ 是高阶无穷小, 并且希望给出明确的误差表达式. 这样的 n 次多项式能找到吗?

如果 $f(x)$ 本身就是 x 的 n 次多项式, 设它表示为 $x-x_0$ 的 n 次多项式

$$f(x)=a_0+a_1(x-x_0)+a_2(x-x_0)^2+\cdots+a_n(x-x_0)^n, \tag{3.15}$$

我们来求这些 a_i $(i=0,\ 1,\ 2,\ \cdots,\ n)$.

逐次求 (3.15) 式两边函数的各阶导数:

$$\begin{aligned}
&f'(x)=a_1+2a_2(x-x_0)+\cdots+a_nn(x-x_0)^{n-1},\\
&f''(x)=2a_2+3\cdot 2a_3(x-x_0)+\cdots+a_nn(n-1)(x-x_0)^{n-2},\\
&\cdots\cdots\\
&f^{(n)}(x)=n(n-1)(n-2)(n-3)\cdots 3\cdot 2\cdots 1a_n=n!a_n.
\end{aligned}$$

将 $x=x_0$ 代入以上各式得

$$a_0=f(x_0),\quad a_1=f'(x_0),\quad 2a_2=f''(x_0),\ \cdots,\ n!a_n=f^{(n)}(x_0),$$

即

$$a_0=f(x_0),\quad a_1=f'(x_0),\quad a_2=\frac{f''(x_0)}{2!},\ \cdots,\ a_n=\frac{f^{(n)}(x_0)}{n!}.$$

因而 (3.15) 式可以写成:

$$f(x)=f(x_0)+f'(x_0)(x-x_0)+\frac{f''(x_0)}{2!}(x-x_0)^2+\cdots+\frac{f^{(n)}(x_0)}{n!}(x-x_0)^n. \tag{3.15$'$}$$

由此可见, 多项式 $f(x)$ 的各项的系数由其各阶导数在 x_0 处的值唯一确定.

对一般函数 $f(x)$ 来讲, 若存在直到 n 阶的导数, 则也能相应地写出一个像 (3.15′) 式的右端那样的关于 $x-x_0$ 的 n 次多项式. 我们把

$$\boxed{\begin{aligned}T_n(x)=&f(x_0)+f'(x_0)(x-x_0)+\frac{f''(x_0)}{2!}(x-x_0)^2\\&+\cdots+\frac{f^{(n)}(x_0)}{n!}(x-x_0)^n\end{aligned}} \tag{3.16}$$

称为 $f(x)$ 在点 x_0 的**泰勒多项式** [若规定 $0! = 1$, $f^{(0)}(x) = f(x)$, 则 $T_0(x) = f(x_0)$]. $T_n(x)$ 与 $f(x)$ 之间有什么关系呢? 下面的泰勒定理回答了这个问题, 其证明见附录 A.

定理 3.2.7 (**泰勒**[①]**定理**) 设函数 $f(x)$ 在含有 x_0 的开区间 (a,b) 内具有 $n+1$ 阶导数, 则对任何 $x \in (a,b)$, 在 x_0 与 x 之间存在 ξ, 使得 $f(x) = T_n(x) + R_n(x)$, 即

$$\boxed{\begin{aligned} f(x) = & f(x_0) + f'(x_0)(x-x_0) + \frac{f''(x_0)}{2!}(x-x_0)^2 \\ & + \cdots + \frac{f^{(n)}(x_0)}{n!}(x-x_0)^n + R_n(x), \end{aligned}} \tag{3.17}$$

其中

$$\boxed{R_n(x) = \frac{f^{(n+1)}(\xi)}{(n+1)!}(x-x_0)^{n+1}.} \tag{3.18}$$

(3.17) 式称为 $f(x)$ 按 $x - x_0$ 的幂展开到 n 阶的**泰勒公式**, 或称为 $f(x)$ 在点 x_0 的 n 阶**泰勒展开式**, 也称为**泰勒中值公式**, 其中 $R_n(x)$ 称为它的**余项**, 用 (3.18) 式表示时, 称为**拉格朗日型余项**. 由于 ξ 在 x_0 与 x 之间, 从而存在 $\theta \in (0,1)$ 使得 $\xi = x_0 + \theta(x - x_0)$, 于是 (3.18) 式还可以写成

$$R_n(x) = \frac{f^{(n+1)}(x_0 + \theta(x-x_0))}{(n+1)!}(x-x_0)^{n+1} \quad (0 < \theta < 1).$$

由泰勒公式知, 若 $f(x)$ 的 $n+1$ 阶导数在点 x_0 连续, 则用泰勒多项式 $T_n(x)$ ($x - x_0$ 的 n 次多项式) 近似地表示 $f(x)$: $f(x) \approx T_n(x)$, 其误差 $R_n(x)$ 用 (3.18) 式表示, 而且当 $x \to x_0$ 时是 $(x-x_0)^n$ 的高阶无穷小, 这样就解决了我们开头提到的问题.

由定理 3.2.7 知, 若 $n = 0$, 则得拉格朗日公式

$$f(x) = f(x_0) + f'(\xi)(x - x_0),$$

若 $n = 1$, 则

$$f(x) = f(x_0) + f'(x_0)(x-x_0) + \frac{f''(\xi)}{2}(x-x_0)^2. \tag{3.19}$$

① 泰勒 (B. Taylor, 1685 ~ 1731) 是英国数学家, 主要以泰勒定理和泰勒级数出名.

若 $x_0=0$, 则 (3.17) 式可以写成

$$\boxed{\begin{aligned}f(x)=&f(0)+f'(0)x+\frac{f''(0)}{2!}x^2\\&+\cdots+\frac{f^{(n)}(0)}{n!}x^n+\frac{f^{(n+1)}(\xi)}{(n+1)!}x^{n+1},\ \xi \text{ 在 } 0 \text{ 与 } x \text{ 之间},\end{aligned}}$$

或者

$$\boxed{\begin{aligned}f(x)=&f(0)+f'(0)x+\frac{f''(0)}{2!}x^2\\&+\cdots+\frac{f^{(n)}(0)}{n!}x^n+\frac{f^{(n+1)}(\theta x)}{(n+1)!}x^{n+1}\quad(0<\theta<1).\end{aligned}}$$

以上两公式称为**麦克劳林**①公式, 而且 $f(x)\approx T_n(x)$, 即

$$f(x)\approx f(0)+f'(0)x+\frac{f''(0)}{2!}x^2+\cdots+\frac{f^{(n)}(0)}{n!}x^n.$$

以下是某些初等函数的麦克劳林公式:

(1) $e^x=1+x+\dfrac{x^2}{2!}+\cdots+\dfrac{x^n}{n!}+\dfrac{e^{\xi}x^{n+1}}{(n+1)!}$ (ξ 在 0 与 x 之间).

(2) $\sin x=x-\dfrac{x^3}{3!}+\dfrac{x^5}{5!}-\cdots+(-1)^{m-1}\dfrac{x^{2m-1}}{(2m-1)!}+(-1)^m(\cos\xi)\dfrac{x^{2m+1}}{(2m+1)!}$
(ξ 在 0 与 x 之间).

(3) $\cos x=1-\dfrac{x^2}{2!}+\dfrac{x^4}{4!}-\cdots+(-1)^m\dfrac{x^{2m}}{(2m)!}+(-1)^{m+1}(\cos\xi)\dfrac{x^{2m+2}}{(2m+2)!}$
(ξ 在 0 与 x 之间).

(4) $\ln(1+x)=x-\dfrac{x^2}{2}+\dfrac{x^3}{3}-\cdots+(-1)^{n-1}\dfrac{x^n}{n}+(-1)^n\dfrac{x^{n+1}}{(n+1)(1+\xi)^{n+1}}$
(ξ 在 0 与 x 之间).

以下 5 幅图分别显示函数 $y=\sin x$ 的图像与它在点 0 的泰勒多项式

$$T_1(x)=x,\quad T_2(x)=x-\frac{x^3}{3!},\quad T_9(x)=x-\frac{x^3}{3!}+\frac{x^5}{5!}-\frac{x^7}{7!}+\frac{x^9}{9!},$$

$$T_{19}(x)=x-\frac{x^3}{3!}+\frac{x^5}{5!}-\cdots-\frac{x^{19}}{19!}\quad\text{以及}\quad T_{21}(x)=x-\frac{x^3}{3!}+\frac{x^5}{5!}-\cdots+\frac{x^{21}}{21!}$$

的图像的拟合情况, 随 n 的增大其拟合程度越来越好.

① 麦克劳林 (C. Maclaurin, 1698 ~ 1746) 是英国数学家.

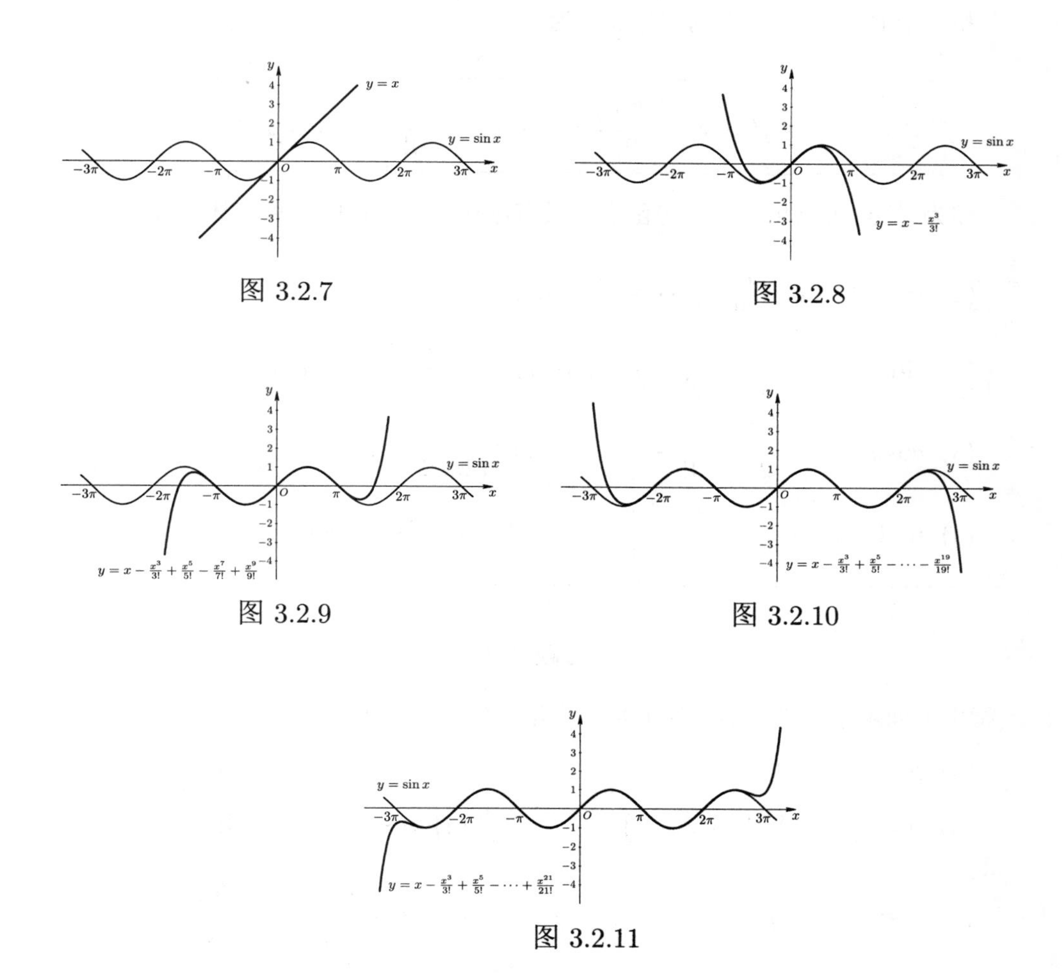

图 3.2.7

图 3.2.8

图 3.2.9

图 3.2.10

图 3.2.11

在较之定理 3.2.7 弱的条件下, 下列定理成立, 其证明见附录 A.

定理 3.2.7′ 设函数 $f(x)$ 在点 x_0 的 n 阶导数 $f^{(n)}(x_0)$ 存在, 则对任何 $x \in U_r(x_0)$, 有

$$\boxed{\begin{aligned} f(x) = & f(x_0) + f'(x_0)(x-x_0) + \frac{f''(x_0)}{2!}(x-x_0)^2 \\ & + \cdots + \frac{f^{(n)}(x_0)}{n!}(x-x_0)^n + o\big((x-x_0)^n\big), \end{aligned}} \tag{3.17′}$$

我们称 $R_n(x) = o\big((x-x_0)^n\big)$ 为泰勒公式的**佩亚诺**[①]**型余项**.

① 佩亚诺 (G. Peano, 1858 ~ 1932) 是意大利数学家.

相应于 (3.17′) 式的麦克劳林公式为

$$f(x)=f(0)+f'(0)x+\frac{f''(0)}{2!}x^2+\cdots+\frac{f^{(n)}(0)}{n!}x^n+o(x^n). \tag{3.18′}$$

作为对照, 现列出以下初等函数的具有佩亚诺型余项的麦克劳林公式:

(1) $e^x=1+x+\dfrac{x^2}{2!}+\cdots+\dfrac{x^n}{n!}+o(x^n)$;

(2) $\sin x=x-\dfrac{x^3}{3!}+\dfrac{x^5}{5!}-\cdots+(-1)^{m-1}\dfrac{x^{2m-1}}{(2m-1)!}+o(x^{2m})$;

(3) $\cos x=1-\dfrac{x^2}{2!}+\dfrac{x^4}{4!}-\cdots+(-1)^m\dfrac{x^{2m}}{(2m)!}+o(x^{2m+1})$;

(4) $\ln(1+x)=x-\dfrac{x^2}{2}+\dfrac{x^3}{3}-\cdots+(-1)^{n-1}\dfrac{x^n}{n}+o(x^n)$.

习题 3.2

1. 指出下列函数在给定的区间上是否满足罗尔定理的条件:

(1) $y=x^4,\ [-1,1]$;

(2) $y=e^{-x^2},\ [-1,1]$;

(3) $y=3x-x^3,\ [-\sqrt{3},\sqrt{3}]$;

(4) $y=|x|,\ [-1,1]$;

(5) $y=x,\ [0,1]$;

(6) $y=\begin{cases}\dfrac{1}{x}, & x\in(0,1],\\ 1, & x=0;\end{cases}$

(7) $y=\sin x,\ \left[0,\dfrac{9\pi}{2}\right]$;

(8) $y=|\sin x|,\ [-\pi,\pi]$;

(9) $y=\begin{cases}x^2, & x\in\left[-1,\dfrac{1}{2}\right),\\ 1, & x=\dfrac{1}{2}.\end{cases}$

2. (a) 验证下列函数满足罗尔定理条件, 并在相应的开区间内求出使得 $f'(\xi)=0$ 的点 ξ:

(1) $f(x)=|x^2-1|$ 在闭区间 $[-1,1]$ 上;

(2) $f(x)=x^2-2x+2$ 在闭区间 $[0,2]$ 上;

(3) $f(x)=\sqrt{2-x^2}$ 在闭区间 $[-\sqrt{2},\sqrt{2}]$ 上.

(b) 对于下列函数, 验证拉格朗日定理:

(1) $f(x) = x^2 - x + 1$ 在闭区间 $[0,2]$ 上;

(2) $f(x) = x|x|$ 在闭区间 $[-2,2]$ 上.

3. 应用拉格朗日定理证明下列各不等式:

(1) $\dfrac{h}{1+h^2} < \arctan h < h, \quad h > 0$;

(2) $1 - \dfrac{a}{b} < \ln \dfrac{b}{a} < \dfrac{b}{a} - 1,\ 0 < a < b$.

4. 证明: (1) 在 $[-1,1]$ 上恒有 $\arcsin x + \arccos x = \dfrac{\pi}{2}$;

(2) 在 $\mathbf{R}$ 上恒有 $\arctan x + \operatorname{arccot} x = \dfrac{\pi}{2}$.

5. 求下列函数的导数 $f'(x)$:

(1) $f(x) = \begin{cases} e^{-x}, & x \geqslant 0, \\ 1 - \sin x, & x < 0; \end{cases}$ (2) $f(x) = \begin{cases} e^{x}, & x \geqslant 0, \\ x, & x < 0. \end{cases}$

6. 指出下列 (1) 和 (2) 中的错误, 给出正确答案:

(1) $\lim\limits_{x\to 0} \dfrac{2x + \sin x}{x+1} = \lim\limits_{x\to 0} \dfrac{2 + \cos x}{1} = 3$;

(2) $\lim\limits_{x\to 1} \dfrac{x^3 - x^2 + x - 1}{x^3 - x^2} = \lim\limits_{x\to 1} \dfrac{3x^2 - 2x + 1}{3x^2 - 2x} = \lim\limits_{x\to 1} \dfrac{6x-2}{6x-2} = 1$;

(3) 设 $f(x) = \begin{cases} 1 + x, & x < 0, \\ x, & x \geqslant 0, \end{cases}$ 由于 $\lim\limits_{x\to 0+} f'(x) = 1 = \lim\limits_{x\to 0-} f'(x)$, 根据推论 3.2.2, $f'(0) = 1$.

7. 用洛必达法则求下列极限:

(a)

(1) $\lim\limits_{x\to 2} \dfrac{x^6 - 2^6}{x - 2}$; (2) $\lim\limits_{x\to 1} \dfrac{x^{\frac{3}{2}} - x^{\frac{1}{2}} - x - 1}{(x-1)^2}$;

(3) $\lim\limits_{x\to 1} \left(\dfrac{\sqrt{1+x}}{x-1} - \dfrac{\sqrt{3-x}}{x-1} \right)$; (4) $\lim\limits_{x\to -1} \left(\dfrac{1}{x+1} + \dfrac{2}{x^2-1} \right)$;

(5) $\lim\limits_{x\to 0}\left(\dfrac{1+x-\dfrac{1}{1+x}}{1+x-\dfrac{1}{1+x^2}}\right)$;

(6) $\lim\limits_{x\to 1}\dfrac{3x+2\sqrt{x}-5}{3x+4\sqrt{x}-7}$;

(7) $\lim\limits_{x\to 0}\dfrac{e^x-e^x\cos ax}{1-\cos bx}$ $(b\neq 0)$;

(8) $\lim\limits_{x\to\frac{\pi}{3}}(\pi^2-9x^2)\tan\dfrac{3x}{2}$;

(9) $\lim\limits_{x\to 0+}\dfrac{1-\ln x}{e^{\frac{1}{x}}}$;

(10) $\lim\limits_{x\to+\infty}\dfrac{e^{5x}}{x^2}$;

(11) $\lim\limits_{x\to+\infty}\dfrac{e^{\sqrt{x}}}{x^3}$;

(12) $\lim\limits_{x\to 0+}(\arctan x)\ln x$;

(13) $\lim\limits_{x\to+\infty}\dfrac{x\ln x}{x+\ln x}$;

(14) $\lim\limits_{x\to 0}\left(\dfrac{1}{1-\cos x}-\dfrac{2}{\sin^2 x}\right)$.

(b)

(1) $\lim\limits_{x\to 0}\dfrac{x-x\cos x}{x-\sin x}$;

(2) $\lim\limits_{x\to\frac{\pi}{2}-}(\sec x-\tan x)$;

(3) $\lim\limits_{x\to 0+}x^{\sin x}$;

(4) $\lim\limits_{x\to 1}\dfrac{\ln x}{(x-1)^2}$;

(5) $\lim\limits_{x\to 0}\dfrac{x-\sin x}{x^3}$;

(6) $\lim\limits_{x\to 2}(x-1)^{\frac{3}{2-x}}$;

(7) $\lim\limits_{x\to 0}(1+\sin x)^{\frac{1}{x}}$;

(8) $\lim\limits_{x\to 0}\dfrac{a^x-b^x}{\sin x}$ $(a>0,\ b>0)$;

(9) $\lim\limits_{x\to 0+}\dfrac{e^x\sin x+x^2e^x+xe^x}{e^{2x}-1}$;

(10) $\lim\limits_{x\to\infty}x\ln\dfrac{x+1}{x-1}$;

(11) $\lim\limits_{x\to -1}\left(\dfrac{1}{x+1}-\dfrac{3}{x^3+1}\right)$;

(12) $\lim\limits_{x\to+\infty}x^{\frac{1}{x}}$;

(13) $\lim\limits_{x\to 1}\left(\dfrac{1}{\ln x}-\dfrac{1}{x-1}\right)$;

(14) $\lim\limits_{x\to 1+}\dfrac{\sqrt{x-1}}{1-e^{\sqrt{x-1}}}$;

(15) $\lim\limits_{x\to 0}(\cos x)^{\frac{1}{x^2}}$;

(16) $\lim\limits_{x\to a}\dfrac{a^x-x^a}{x-a}$ $(a>0)$;

(17) $\lim\limits_{x\to+\infty}\dfrac{\ln\left(1+\dfrac{1}{x}\right)}{e^{-x}}$;

(18) $\lim\limits_{x\to\infty}(x^2+1)^{\frac{1}{x^2}}$;

(19) $\lim\limits_{x\to 0+}x^{\frac{1}{\ln(e^x-1)}}$;

(20) $\lim\limits_{x\to+\infty}\dfrac{x^{-\frac{4}{3}}}{\sin\dfrac{1}{x}}$;

(21) $\lim\limits_{x\to 0-}\dfrac{\tan x}{x^2}$;

(22) $\lim\limits_{x\to +\infty}\left[(x+2)e^{\frac{1}{x}}-x\right]$;

(23) $\lim\limits_{x\to +\infty}(1+x)^{\frac{1}{x}}$;

(24) $\lim\limits_{x\to -\infty}(1-x)^{\frac{1}{x}}$;

(25) $\lim\limits_{x\to -\infty}\left[(x+2)e^{\frac{1}{x}}-x\right]$;

(26) $\lim\limits_{x\to 0}\dfrac{(1+x)^{\frac{1}{x}}-e}{x}$;

(27) $\lim\limits_{n\to \infty}(n+\sqrt{1+n^2})^{\frac{1}{\ln n}}$;

(28) $\lim\limits_{n\to \infty}\left(\sin\dfrac{1}{n}+\cos\dfrac{1}{n}\right)^{2n}$.

8. 下面证明柯西定理的方法是否正确, 为什么?

证明: 由于函数 $f(x)$ 和 $g(x)$ 均满足拉格朗日定理的条件, 所以下列两式成立

$$f(b)-f(a)=f'(\xi)(b-a),\ \xi\in(a,b),$$

$$g(b)-g(a)=g'(\xi)(b-a),\ \xi\in(a,b).$$

又 $g'(\xi)\neq 0$, 上面第一式除以第二式得

$$\frac{f'(\xi)}{g'(\xi)}=\frac{f(b)-f(a)}{g(b)-g(a)}.$$

9. 应用推论 3.2.2 证明: $\arcsin x$ 与 $\arccos x$ 在点 -1 不存在右导数, 在点 1 不存在左导数.

3.3 导数的应用

3.3.1 函数的单调性与极值

一、 函数单调性的判别法

有了微分中值定理后, 我们可以通过对导数的研究来了解函数本身的一些重要性质. 下面的两个定理利用拉格朗日定理给出函数单调性的判别法.

定理 3.3.1 (函数单调的充要条件) 设函数 $f(x)$ 在闭区间 $[a,b]$ 上连续, 在开区间 (a,b) 内可导, 则

(1) $f(x)$ 在 $[a,b]$ 上单调递增的充要条件是: 在开区间 (a,b) 内 $f'(x)\geqslant 0$;

(2) $f(x)$ 在 $[a,b]$ 上单调递减的充要条件是: 在开区间 (a,b) 内 $f'(x)\leqslant 0$.

证明 (1) **必要性** 任取 $x_0 \in (a,b)$, 当 $x > x_0$ 时, 由 $\dfrac{f(x)-f(x_0)}{x-x_0} \geqslant 0$ 知,

$$f'_+(x_0) = \lim_{x \to x_0+} \frac{f(x)-f(x_0)}{x-x_0} \geqslant 0,$$

因 $f(x)$ 在点 x_0 可导, 故 $f'(x_0) = f'_+(x_0) \geqslant 0$.

充分性 任取两点 $x_1, x_2 \in [a,b]$, 设 $x_1 < x_2$. 根据拉格朗日定理, $\exists\, \xi \in (x_1, x_2)$, 使得

$$f(x_2) - f(x_1) = f'(\xi)(x_2 - x_1).$$

因 $f'(\xi) \geqslant 0$, 故 $f(x_2) - f(x_1) \geqslant 0$, 从而 $f(x_2) \geqslant f(x_1)$, 这说明 $f(x)$ 在 $[a,b]$ 上单调递增.

(2) 的证明与 (1) 相似. □

定理 3.3.2 (**函数严格单调判别法**) 设函数 $f(x)$ 在闭区间 $[a,b]$ 上连续, 那么

(1) 若在开区间 (a,b) 内 $f'(x) > 0$, 则 $f(x)$ 在 $[a,b]$ 上严格单调递增;

(2) 若在开区间 (a,b) 内 $f'(x) < 0$, 则 $f(x)$ 在 $[a,b]$ 上严格单调递减.

证明 (1) 任取两点 $x_1, x_2 \in [a,b]$, 设 $x_1 < x_2$. 根据拉格朗日定理, $\exists\, \xi \in (x_1, x_2)$, 使得

$$f(x_2) - f(x_1) = f'(\xi)(x_2 - x_1) > 0, \text{ 于是 } f(x_1) < f(x_2),$$

所以 $f(x)$ 在闭区间 $[a,b]$ 上严格单调递增.

(2) 的证明与 (1) 相似. □

在 $\mathbf{R}$ 内, $(\arctan x)' = \dfrac{1}{x^2+1} > 0$, $(\operatorname{arccot} x)' < 0$, 由定理 3.3.2, 函数 $\arctan x$ 严格单调递增 (见图 1.4.6); $\operatorname{arccot} x$ 严格单调递减 (见图 1.4.7).

注 定理 3.3.1 和定理 3.3.2 中的闭区间 $[a,b]$ 替换为 $[a,b)$, $(a,b]$, $[a,+\infty)$, $(-\infty,b]$ 或 $(-\infty,+\infty)$ 时, 相应的结论仍成立; 定理 3.3.2 不可逆: $y = x^3$ 在其定义域 $\mathbf{R}$ 内严格单调递增, 但在点 0, 有 $f'(0) = 0$.

例 3.3.1 证明 $y = \dfrac{x}{\sqrt{x^2+1}}$ 严格单调递增.

证明 定义域为 $\mathbf{R}$, 而且

$$y' = \frac{1}{(x^2+1)^{\frac{3}{2}}} > 0,$$

因而函数严格单调递增 (见图 3.3.1).

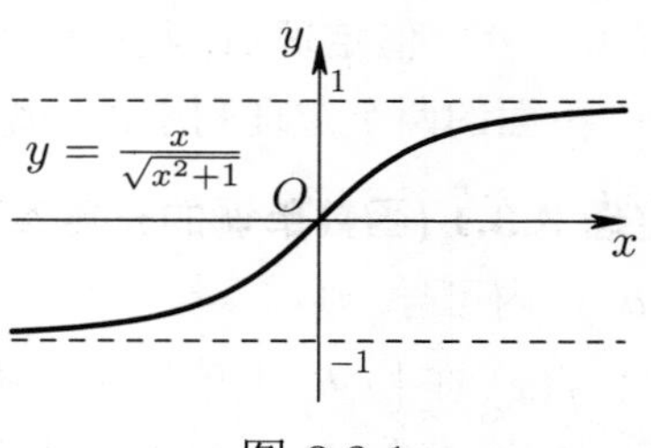

图 3.3.1

例 3.3.2 证明: 当 $x \neq 0$ 时, 有 $e^x > 1 + x$.

证明 令 $f(x)=e^x-1-x$, 则 $f(x)$ 在 $\mathbf{R}$ 上连续, 而且 $f(0)=0$, $f'(x)=e^x-1$.

当 $x>0$ 时, $f'(x)>0$, 故 $f(x)$ 在 $[0,+\infty)$ 上严格单调递增, 从而当 $x>0$ 时, 有 $f(x)>f(0)$, 即 $e^x>1+x$.

当 $x<0$ 时, $e^x<1$, 故 $f'(x)<0$, 从而 $f(x)$ 在 $(-\infty,0]$ 上严格单调递减, 于是对于 $x<0$, 有 $f(x)>f(0)$, 即 $e^x>1+x$ 也成立. 见图 3.1.13 (左).

二、 函数的极值的求法

根据费马定理, 若函数 $f(x)$ 在其极值点 x_0 可导, 则 $f'(x_0)=0$, 即极值点 x_0 必是驻点. 可是驻点未必是极值点. 我们希望得到函数取极值的充分条件.

定理 3.3.3 (**函数极值的判别法**) 设函数 $f(x)$ 在点 x_0 连续, 在点 x_0 的空心邻域 $U_r^\circ(x_0)$ 内可导, 那么

(1) 当 $x<x_0$ 时, $f'(x)>0$, 而当 $x>x_0$ 时, $f'(x)<0$, 则 $f(x_0)$ 是**极大值**;

(2) 当 $x<x_0$ 时, $f'(x)<0$, 而当 $x>x_0$ 时, $f'(x)>0$, 则 $f(x_0)$ 是**极小值**;

(3) 若 $f'(x)$ 在 x_0 两侧符号相同, 则 $f(x_0)$ 不是极值.

证明 (1) 由已知条件及定理 3.3.2, $f(x)$ 在 $(x_0-r,x_0]$ 上严格单调递增, 在 $[x_0,x_0+r)$ 上严格递减, 所以 $f(x_0)$ 是极大值.

(2) 由已知条件及定理 3.3.2, $f(x)$ 在 $(x_0-r,x_0]$ 上严格单调递减, 在 $[x_0,x_0+r)$ 上严格单调递增, 所以 $f(x_0)$ 是极小值.

(3) 若 $f'(x)$ 在 x_0 两侧均为正 (负), 则 $f(x)$ 在 $U_r(x_0)$ 内严格单调递增 (减), 所以 $f(x_0)$ 不是极值. □

注 定理 3.3.3 的条件中, 并没要求 $f(x)$ 在点 x_0 可导, 因为函数在不可导的点也可能取得极值, 见下例.

例 3.3.3 求 $f(x)=|x-1|$ 的极值.

解 $f(x)=|x-1|=\begin{cases}x-1, & x\geqslant 1,\\ 1-x, & x<1\end{cases}$ 在 $\mathbf{R}$ 上连续, 在点 1 不可导.

当 $x<1$ 时, $f'(x)=-1<0$.

当 $x>1$ 时, $f'(x)=1>0$.

由定理 3.3.3, $f(1)=0$ 是极小值 (见图 3.3.2). □

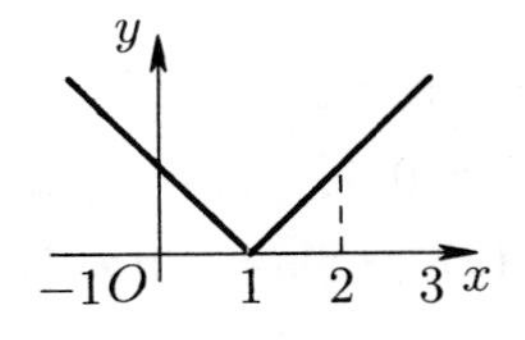

图 3.3.2

定理 3.3.4 (**二阶导数判定极值定理**) 设函数 $f(x)$ 在驻点 x_0 的二阶导数存在, 那么

(1) 若 $f''(x_0)<0$, 则 $f(x_0)$ 是极大值;

(2) 若 $f''(x_0)>0$, 则 $f(x_0)$ 是极小值.

证明 (1) 注意到 $f'(x_0)=0$ 得

$$f''(x_0)=\lim_{x\to x_0}\frac{f'(x)-f'(x_0)}{x-x_0}=\lim_{x\to x_0}\frac{f'(x)}{x-x_0}<0,$$

由函数极限的保号性 I, $\exists\, x_0$ 的空心邻域 $U_\delta^\circ(x_0)$, 使得当 $x\in U_\delta^\circ(x_0)$, 有

$$\frac{f'(x)}{x-x_0}<0,$$

这样, 当 $x<x_0$ 时, $f'(x)>0$; 当 $x>x_0$ 时, $f'(x)<0$, 根据定理 3.3.3, $f(x_0)$ 是极大值.

(2) 可类似地证明. □

注 当 $f''(x_0)=0$ 时, $f(x_0)$ 可能是极值, 也可能不是极值. 例如, $f(x)=x^4$ 与 $g(x)=x^3$ 在点 0 的二阶导数都是 0, 可是 $f(0)=0$ 是极小值, $g(0)=0$ 不是极值.

例 3.3.4 求下列函数的极值:

(1) $f(x)=2x^3-3x^2+5$;　　(2) $f(x)=x\ln x$.

解 (1) $f(x)$ 在 $\mathbf{R}$ 上的每一点可导, 而且

$$f'(x)=6x^2-6x=6x(x-1).$$

令 $f'(x)=0$ 得驻点 $x=0$, $x=1$. 利用定理 3.3.3 来判定极值:

当 $x<0$ 时, $f'(x)>0$, 而当 $0<x<1$ 时, $f'(x)<0$, 故 $f(0)=5$ 是极大值.

当 $0<x<1$ 时, $f'(x)<0$, 而当 $x>1$ 时, $f'(x)>0$, 故 $f(1)=4$ 是极小值 (见图 3.3.4).

(2) $f(x)=x\ln x$ 的定义域为 $(0,+\infty)$.

$$f'(x)=1+\ln x,$$

令 $f'(x)=0$ 得驻点 $x=e^{-1}$. 又

$$f''(x)=\frac{1}{x},\quad f''(e^{-1})=e>0,$$

根据定理 3.3.4, $x=e^{-1}$ 是极小值点, 极小值 $f(e^{-1})=-e^{-1}$ (见图 3.3.3).

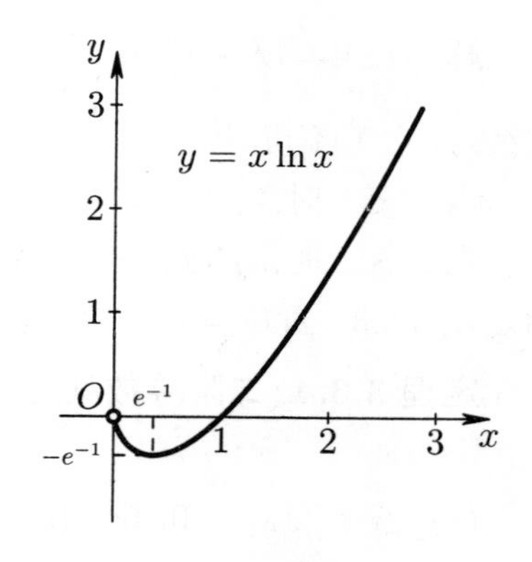

图 3.3.3

三、 函数的最大值与最小值的求法

由定义 2.3.4 知, 若函数 $y = f(x)$ 在 D 上有定义, $x_0 \in D$, 则 $f(x_0)$ 是 $f(x)$ 在 D 上的最大 (小) 值是指对于任意 $x \in D$, 有

$$f(x) \leqslant f(x_0) \quad [f(x) \geqslant f(x_0)],$$

可见, 最大值与最小值是函数 (在整个 D 上) 的"整体"性质.

我们知道, 如果函数 $f(x)$ 在闭区间 $[a,b]$ 上连续, 则存在 x_1, $x_2 \in [a,b]$ 使得 $M = f(x_2)$ 是最大值, $m = f(x_1)$ 是最小值, 即对于任意 $x \in [a,b]$, 必有 $m \leqslant f(x) \leqslant M$. 要求 M 与 m, 通常是先求出 $f(x)$ 在开区间 (a,b) 内的极值点, 其必在驻点及不可导的点之中, 计算出这些点的函数值, 再与两个端点的函数值 $f(a)$ 与 $f(b)$ 进行比较, 最大者即为 M, 最小者即为 m.

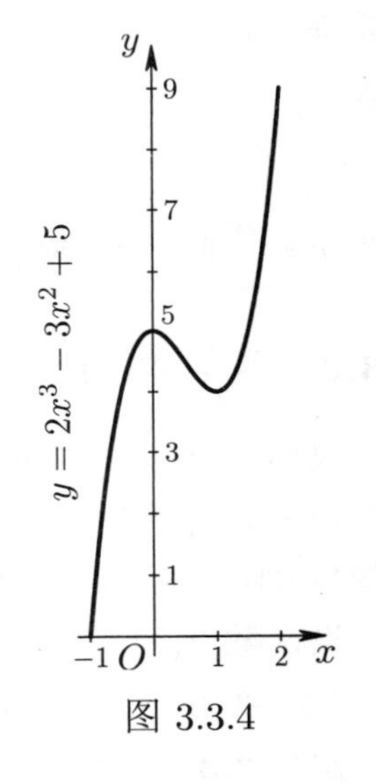

图 3.3.4

例 3.3.5 (1) 求函数 $f(x) = |x-1|$ 在 $[0,2]$ 上的最大值和最小值;

(2) 求函数 $f(x) = 2x^3 - 3x^2 + 5$ 在 $[-1,2]$ 上的最大值和最小值.

解 (1) $f(x)$ 在闭区间 $[0,2]$ 上连续, 因而有最大值和最小值. 由例 3.3.3, 在 $(0,2)$ 内函数只有一个极小值点 1. 比较 $f(0) = 1$, $f(1) = 0$ 及 $f(2) = 1$ 知, 最大值为 $f(2) = f(0) = 1$, 最小值为 $f(1) = 0$ (见图 3.3.2).

(2) $f(x)$ 在 $[-1,2]$ 上连续, 因而有最大值和最小值. 又 $f(x)$ 在 $(-1,2)$ 内可导, 极值点必是驻点.

由例 3.3.4 (1), 它有极大值 $f(0) = 5$ 及极小值 $f(1) = 4$. 在端点的函数值为 $f(-1) = 0$, $f(2) = 9$. 比较知, $f(x)$ 在 $[-1,2]$ 上的最大值为 $f(2) = 9$, 最小值为 $f(-1) = 0$ (见图 3.3.4).

例 3.3.6 将边长为 a 的正方形铁皮于各角截去相等的小正方形, 然后折起各边做成无盖盒子. 问要截去多大的小正方形才能使无盖盒子的体积最大?

解 设小正方形之边长为 x, 则正方形盒子底之边长为 $a - 2x$ (见图 3.3.5), 无盖盒子的体积为

$$V(x) = (a-2x)^2 x, \quad x \in \left[0, \frac{a}{2}\right],$$

于是问题归结为求连续函数 $V(x)$ 在 $\left[0, \frac{a}{2}\right]$ 上的最大值.

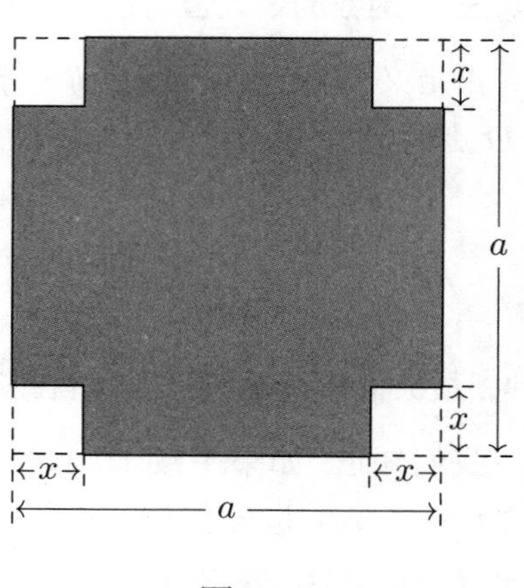

图 3.3.5

$$
\begin{aligned}
V'(x) &= (a-2x)^2 + 2x(a-2x)(-2) \\
&= a^2 - 8ax + 12x^2 \\
&= (a-2x)(a-6x),
\end{aligned}
$$

可见, $V(x)$ 在 $\left(0, \frac{a}{2}\right)$ 内有唯一驻点 $x = \frac{a}{6}$. 由于

$$V''(x) = 24x - 8a, \quad V''\left(\frac{a}{6}\right) = -4a < 0,$$

由定理 3.3.3, $V(x)$ 在 $\frac{a}{6}$ 取极大值, 而

$$V(0) = V\left(\frac{a}{2}\right) = 0,$$

故当 $x = \frac{a}{6}$ 时, 无盖盒子的体积最大: $V\left(\frac{a}{6}\right) = \frac{2}{27}a^3$.

3.3.2　函数的凹凸性与拐点

我们已经看到, 虽然函数 x^3 (见图 1.3.2) 在开区间 $(-\infty, 0)$ 及 $(0, +\infty)$ 内都是严格单调递增的, 但是曲线 $y = x^3$ 的弯曲情况却不同. 现在我们利用函数的二阶导数来研究曲线的弯曲情况.

设函数 $f(x)$ 在开区间 (a,b) 内可导, 对于任意 $u \in (a,b)$, T_u 表示曲线 $y = f(x)$ 在点 $(u, f(u))$ 的切线, $(x, u(x))$ 表示切线 T_u 上 (横坐标是 x) 的点.

定义 3.3.1　设 $f(x)$ 在开区间 (a,b) 内可导. 若任意取定 $u \in (a,b)$, 对一切 $x \in (a,b)$, 当 $x \neq u$ 时, 有 $u(x) < f(x)$ $[u(x) > f(x)]$, 则称曲线 $y = f(x)$ 在 (a,b) 内是**凹 (凸) 的**[①], 或称 $f(x)$ 在 (a,b) 内是**凹 (凸) 的**.

可见, 曲线在 (a,b) 内是凹 (凸) 的是指曲线 $y = f(x)$ 位于其上每一点处切线的上 (下) 方. 图 3.3.6 中的曲线是凹的, 图 3.3.7 中的曲线是凸的.

直观上看: 若在 (a,b) 内 $f''(x) > 0$, 则 $f(x)$ 的导函数 $f'(x)$ 在 (a,b) 内严格单调递增, 所以只要 $x_1 < x_2$, 就有 $f'(x_1) < f'(x_2)$, 即曲线 $y = f(x)$ 在点 $(x_1, f(x_1))$ 处的切线的斜率小于在点 $(x_2, f(x_2))$ 处的切线的斜率, 这样可看出曲线 $y = f(x)$ 在 (a,b) 内是凹的.

① 曲线是凹的也说成是向上凹的, 曲线是凸的也说成是向下凹的.

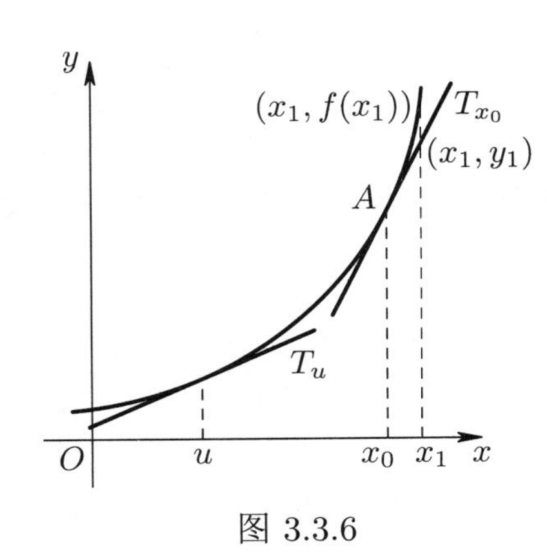

图 3.3.6

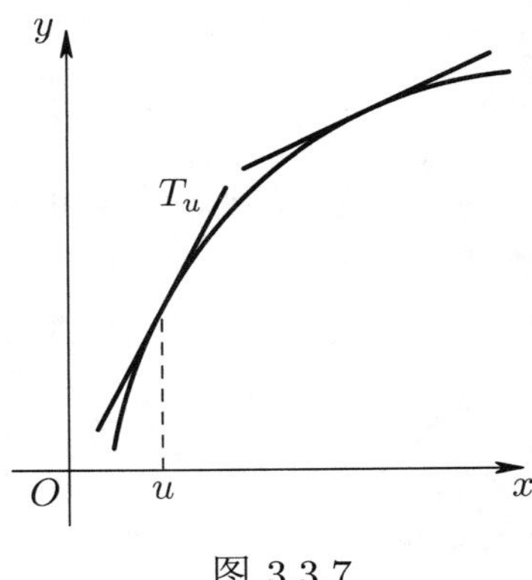

图 3.3.7

类似地, 若在 (a,b) 内 $f''(x)<0$, 则 $f(x)$ 的导函数 $f'(x)$ 在 (a,b) 内严格单调递减, 所以只要 $x_1<x_2$, 就有 $f'(x_1)>f'(x_2)$, 即曲线 $y=f(x)$ 在点 $(x_1,f(x_1))$ 处的切线的斜率大于在点 $(x_2,f(x_2))$ 处的切线的斜率, 由此可见曲线 $y=f(x)$ 在 (a,b) 内是凸的.

现在我们有如下定理, 其证明见附录 A.

定理 3.3.5 设 $f(x)$ 在开区间 (a,b) 内有二阶导数. 那么

(1) 若 $f''(x)>0$, 则曲线 $y=f(x)$ 在 (a,b) 内是凹的;

(2) 若 $f''(x)<0$, 则曲线 $y=f(x)$ 在 (a,b) 内是凸的.

注 定义 3.3.1 和定理 3.3.5 中的开区间 (a,b) 可用 $(a,+\infty),(-\infty,b)$ 或 $(-\infty,+\infty)$ 代替.

例 3.3.7 证明: (1) 曲线 $y=x\ln x$ 在 $(0,+\infty)$ 内是凹的;

(2) 曲线 $y=x^3$ 在 $(-\infty,0)$ 内是凸的, 在 $(0,+\infty)$ 内是凹的.

证明 (1) 因为 $f'(x)=1+\ln x$, $f''(x)=\dfrac{1}{x}>0$, $x\in(0,+\infty)$, 所以曲线 $y=x\ln x$ 在 $(0,+\infty)$ 内是凹的 (见图 3.3.3).

(2) $y=x^3$ 的定义域为 $\mathbf{R}$, $f''(x)=6x$. 在 $(-\infty,0)$ 内, $f''(x)<0$, 曲线是凸的; 在 $(0,+\infty)$ 内, $f''(x)>0$, 曲线是凹的 (见图 1.3.2). □

定义 3.3.2 (拐点) 设函数 $f(x)$ 在含 x_0 的开区间 (a,b) 内除 x_0 外每一点可导, 在 x_0 连续. 若曲线 $y=f(x)$ 在点 $G(x_0,f(x_0))$ 的一侧是凹的, 另一侧是凸的, 则称 G 为曲线 $y=f(x)$ 的**拐点**, 或称 x_0 是 $f(x)$ 的**拐点**.

由例 3.3.7, 曲线 $y=x\ln x$ 无拐点, $(0,0)$ 是曲线 $y=x^3$ 的拐点.

例 3.3.8 求下列曲线的凹凸区间及拐点:

(1) $y=x^{\frac{1}{3}}$; (2) $y=\dfrac{x}{\sqrt{x^2+1}}$; (3) $y=x\arctan\dfrac{1}{x}$.

解 (1) 定义域为 $\mathbf{R}$. 在 $x=0$ 连续但不可导. 当 $x \neq 0$ 时,

$$y' = \frac{1}{3}x^{-\frac{2}{3}}, \quad y'' = -\frac{2}{9}x^{-\frac{5}{3}}.$$

当 $x<0$ 时, $y''>0$, 曲线是凹的; 当 $x>0$ 时, $y''<0$, 曲线是凸的, 所以 $(0,0)$ 是曲线的拐点 [见图 3.1.6 (左)].

(2) 定义域为 $\mathbf{R}$, 而且由例 3.3.1,

$$y' = \frac{1}{(x^2+1)^{\frac{3}{2}}}, \text{ 又 } y'' = -\frac{3x}{(x^2+1)^{\frac{5}{2}}}, \text{ 令 } y''=0 \text{ 得 } x=0.$$

当 $x<0$ 时, $y''>0$, 曲线是凹的; 当 $x>0$ 时, $y''<0$, 曲线是凸的, 所以 $(0,0)$ 是曲线的拐点 (见图 3.3.1).

(3) $y=f(x)$ 的定义域为 $(-\infty,0) \cup (0,+\infty)$.

$$f'(x) = \arctan\frac{1}{x} - \frac{x}{1+x^2},$$

$$f''(x) = -\frac{1}{1+x^2} - \frac{1-x^2}{(1+x^2)^2} = -\frac{2}{(1+x^2)^2}.$$

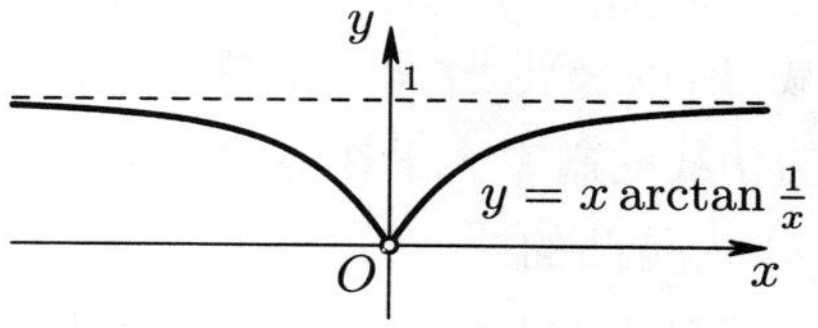

图 3.3.8

因在 $(-\infty,0)$ 及 $(0,+\infty)$ 内, $f''(x)<0$, 故曲线在 $(-\infty,0)$ 及 $(0,+\infty)$ 内都是凸的 (见图 3.3.8[①]), 无拐点.

3.3.3　曲线的渐近线

在平面解析几何中, 我们知道, 双曲线 $\dfrac{x^2}{a^2} - \dfrac{y^2}{b^2} = 1$ 有两条渐近线:

$$y = \frac{b}{a}x \quad \text{和} \quad y = -\frac{b}{a}x.$$

通过渐近线, 可以更好地了解双曲线在无限伸展时的走向及趋势. 对于一般曲线, 我们有如下定义:

定义 3.3.3 (渐近线) 若曲线 C : $y=f(x)$ 上的动点 P 沿着曲线无限远离原点时, P 与定直线 L 的距离趋近于零, 则称直线 L 为曲线 C [或 $f(x)$] 的**渐近线** (见图 3.3.9).

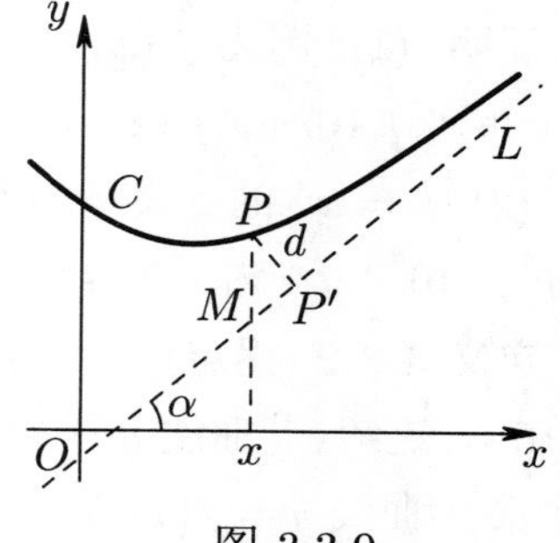

图 3.3.9

① 因为 $f''(x)<0$, 所以 $f'(x)$ 在 $(0,+\infty)$ 及 $(-\infty,0)$ 内均严格单调递减. 由于 $\lim\limits_{x\to+\infty} f'(x)=0$, 因而当 $x>0$ 时, $f'(x)>0$, $f(x)$ 严格单调递增; 又由于 $\lim\limits_{x\to-\infty} f'(x)=0$, 因而当 $x<0$ 时, $f'(x)<0$, $f(x)$ 严格单调递减.

有些曲线虽然是无限伸展的, 但却没有渐近线. 例如,

$$y = x^n\ (n \in \mathbf{N}^+),\quad y = x^{\frac{1}{n}}\ (n \in \mathbf{N}^+),\quad y = \sin x \quad 及 \quad y = \cos x$$

都没有渐近线.

下面我们讨论不同情形的渐近线及其求法.

1. 若 $\lim\limits_{x \to a+} f(x) = +\infty, -\infty$ 或 $\lim\limits_{x \to a-} f(x) = +\infty, -\infty$, 则直线 $L: x = a$ 是曲线 $C: y = f(x)$ 的渐近线, 称其为曲线 C 的**垂直渐近线** (它垂直于 x 轴, 见图 3.3.10).

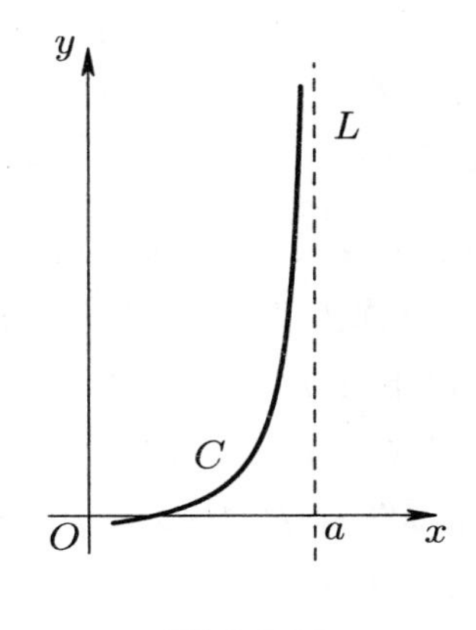

图 3.3.10

例 3.3.9 求曲线 $y = \dfrac{1}{x^2 - 3x + 2}$ 的渐近线.

解 因 $y = f(x) = \dfrac{1}{(x-1)(x-2)}$, 有

$$\lim_{x \to 1+} f(x) = -\infty, \quad \lim_{x \to 1-} f(x) = +\infty,$$

可见, 曲线 $y = f(x)$ 有垂直渐近线 $x = 1$. 又

$$\lim_{x \to 2+} f(x) = +\infty, \quad \lim_{x \to 2-} f(x) = -\infty,$$

$x = 2$ 也是曲线的垂直渐近线.

2. 若 $\lim\limits_{x \to +\infty} f(x) = b$ 或 $\lim\limits_{x \to -\infty} f(x) = b$, 则直线 $L: y = b$ 为曲线 $C: y = f(x)$ 的渐近线, 称其为曲线 C 的**水平渐近线** (它平行于 x 轴, 见图 3.3.11).

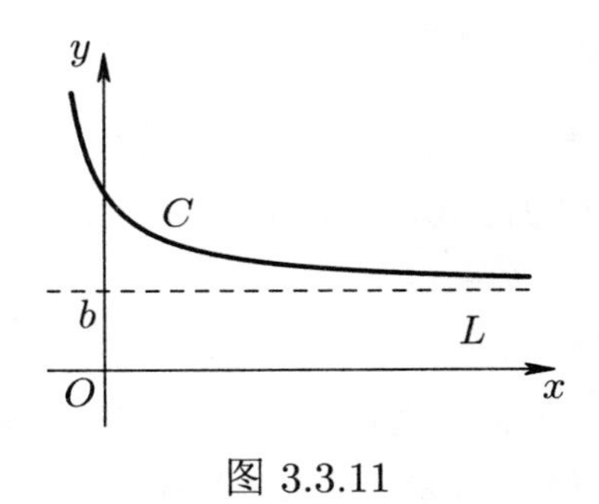

图 3.3.11

曲线 $y = \arctan x$ 有水平渐近线 $y = \dfrac{\pi}{2}$ 和 $y = -\dfrac{\pi}{2}$, 这是因为

$$\lim_{x \to +\infty} \arctan x = \frac{\pi}{2},$$

$$\lim_{x \to -\infty} \arctan x = -\frac{\pi}{2}.$$

类似地,可知曲线 $y = \operatorname{arccot} x$ 有水平渐近线 $y = 0$ 与 $y = \pi$.

例 3.3.10 求曲线的渐近线: (1) $y = \dfrac{x}{\sqrt{x^2 + 1}}$; (2) $y = x \arctan \dfrac{1}{x}$.

解 (1) 由

$$\lim_{x \to +\infty} \frac{x}{\sqrt{x^2 + 1}} = 1, \quad \lim_{x \to -\infty} \frac{x}{\sqrt{x^2 + 1}} = -1$$

知, 曲线 $y=\dfrac{x}{\sqrt{x^2+1}}$ 有水平渐近线 $y=1$ 及 $y=-1$ (见图 3.3.1).

(2) 由于

$$\lim_{x\to\infty} x\arctan\frac{1}{x}=\lim_{x\to\infty}\frac{\arctan\dfrac{1}{x}}{\dfrac{1}{x}}=1,$$

曲线 $y=x\arctan\dfrac{1}{x}$ 有水平渐近线 $y=1$ (见图 3.3.8).

3. 若

$$\lim\frac{f(x)}{x}=a\neq 0,\quad \lim(f(x)-ax)=b,$$

其中 lim 表示 $\lim\limits_{x\to+\infty}$ 或 $\lim\limits_{x\to-\infty}$, 则直线 $L: y=ax+b$ 为曲线 $C: y=f(x)$ 的渐近线, 此时称 L 为曲线 C 的**斜渐近线** (见图 3.3.9).

以下就 $x\to+\infty$ 的情形说明 (类似地可考虑 $x\to-\infty$ 时的情形). 事实上, 过曲线 $C: y=f(x)$ 上的点 P 作 x 轴的垂线交 L 于 M, PP' 垂直于 L. 则 $d=|PP'|=|PM|\cos\alpha$. 由于 $\cos\alpha\neq 0$ 为常数, 故 $d\to 0$ 与 $|PM|\to 0$ 等价. 而 $|PM|\to 0$ 表示 P 与 M 的纵坐标之差趋于零:

$$\lim_{x\to+\infty}[f(x)-(ax+b)]=0, \tag{3.20}$$

从而

$$\lim_{x\to+\infty}\frac{f(x)-ax-b}{x}=0,$$

所以

$$\lim_{x\to+\infty}\frac{f(x)}{x}=\lim_{x\to+\infty}\frac{ax+b}{x}=a. \tag{3.21}$$

由 (3.21) 式得到 a 后, 再由 (3.20) 式得

$$\lim_{x\to+\infty}[f(x)-ax]=b. \tag{3.22}$$

可见, 若斜渐近线 L 存在: $y=ax+b\,(a\neq 0)$, 则 a 与 b 由 (3.21) 和 (3.22) 两式确定. 反之, 若 $a\neq 0$ 与 b 由 (3.21) 和 (3.22) 两式确定, 则 (3.20) 式成立, 所以 $y=ax+b$ 为曲线 C 的斜渐近线.

例 3.3.11 求曲线 $y=xe^{\frac{1}{x^2}}$ 的渐近线.

解 由洛必达法则,

(1) $$\lim_{x\to 0+} xe^{\frac{1}{x^2}}=\lim_{x\to 0+}\frac{e^{\frac{1}{x^2}}}{\dfrac{1}{x}}\overset{\left(\frac{\infty}{\infty}\right)}{=\!=}\lim_{x\to 0+}\frac{e^{\frac{1}{x^2}}\left(-\dfrac{2}{x^3}\right)}{-\dfrac{1}{x^2}}=\lim_{x\to 0+}\frac{2}{x}e^{\frac{1}{x^2}}=+\infty.$$

(2) $\lim\limits_{x\to 0-} xe^{\frac{1}{x^2}} = -\infty$.

由 (1) 或 (2) 知, $x=0$ 是 $y=xe^{\frac{1}{x^2}}$ 的垂直渐近线. 又

$$\lim_{x\to\infty}\frac{xe^{\frac{1}{x^2}}}{x}=\lim_{x\to\infty}e^{\frac{1}{x^2}}=1,$$

注意到 $\left(e^{\frac{1}{x^2}}-1\right)\sim\dfrac{1}{x^2}\quad(x\to\infty)$, 由等价无穷小替换定理(即定理 2.2.15), 有

$$\lim_{x\to\infty}\left(xe^{\frac{1}{x^2}}-x\right)=\lim_{x\to\infty}x\left(e^{\frac{1}{x^2}}-1\right)=\lim_{x\to\infty}x\left(\frac{1}{x^2}\right)=\lim_{x\to\infty}\frac{1}{x}=0,$$

可见, 曲线有斜渐近线 $y=x$ (当 $x\to+\infty$ 和 $x\to-\infty$ 时都以 $y=x$ 为渐近线).

3.3.4 函数的作图

在中学里, 虽然我们用描点法描绘一些简单函数的图像, 但是, 描点法有缺陷, 例如, 极值点、拐点等一些关键的点可能漏掉, 而且也不能把握曲线的单调性、凹凸性等一些重要性态. 因此, 用描点法所描绘的函数的图像常常不够准确. 现在, 我们已经用导数研究了函数的单调性、极值及曲线的凹凸性和拐点等, 因此, 我们可以根据这些性质来比较准确地描绘函数的图像. 先将一般步骤归纳如下:

1. 求函数 $f(x)$ 的定义域 (确定图像的范围), 讨论函数的周期性、对称性 (缩小描绘函数图像的范围, 以便从部分图像了解整体图像).

2. 求函数的不连续点, 并讨论函数在其左、右的变化情况. 可能存在极限, 也可能趋向无穷 (此时曲线有垂直渐近线).

3. 求导数 $f'(x)$, 令其等于零求驻点, 并找出不可导的点. 然后讨论单调性, 求极值点、极值.

4. 求二阶导数, 求 $f''(x)=0$ 的解以及二阶导数不存在的点. 讨论凹凸性, 求拐点.

5. 将以上结果按自变量从小到大的顺序, 列在一个表内.

6. 若定义域为无限区间, 讨论当 $|x|$ 无限增大时函数 $f(x)$ 的变化趋势, 若存在极限, 则有水平渐近线; 若趋向无穷, 考察是否有斜渐近线.

7. 再根据需要求出某些特殊点 (例如, 与坐标轴的交点) 的坐标.

8. 在直角坐标系中, 标明一些关键点的坐标, 按 5 中列出的表格, 并结合 2 和 6 的内容, 画出渐近线, 逐段作出函数的图像.

例 3.3.12 作函数 $f(x)=1+e^{-x^2}$ 的图像.

解 函数在 $\mathbf{R}$ 上连续, 并且是偶函数. 没有周期性.

$f'(x) = -2xe^{-x^2}$. 令 $f'(x) = 0$ 得驻点 $x = 0$.

当 $x \in (-\infty, 0)$ 时, $f'(x) > 0$, 因而 $f(x)$ 在 $(-\infty, 0]$ 上严格单调递增.

当 $x \in (0, +\infty)$ 时, $f'(x) < 0$, 因而 $f(x)$ 在 $[0, +\infty)$ 上严格单调递减.

可见, $f(x)$ 在点 0 取得极大值 $f(0) = 2$.

求二阶导数:

$$f''(x) = -2e^{-x^2} + 4x^2e^{-x^2} = 2e^{-x^2}(2x^2 - 1).$$

令 $f''(x) = 0$ 得, $x_1 = \dfrac{1}{\sqrt{2}}$, $x_2 = -\dfrac{1}{\sqrt{2}}$.

在开区间 $\left(-\infty, -\dfrac{1}{\sqrt{2}}\right)$ 及 $\left(\dfrac{1}{\sqrt{2}}, +\infty\right)$ 内 $f''(x) > 0$, 曲线是凹的.

在开区间 $\left(-\dfrac{1}{\sqrt{2}}, \dfrac{1}{\sqrt{2}}\right)$ 内 $f''(x) < 0$, 曲线是凸的, 可见, 曲线的拐点为 $\left(-\dfrac{1}{\sqrt{2}}, 1 + \dfrac{1}{\sqrt{e}}\right)$ 与 $\left(\dfrac{1}{\sqrt{2}}, 1 + \dfrac{1}{\sqrt{e}}\right)$.

由于

$$\lim_{x\to\infty}(1 + e^{-x^2}) = 1,$$

曲线有水平渐近线 $y = 1$.

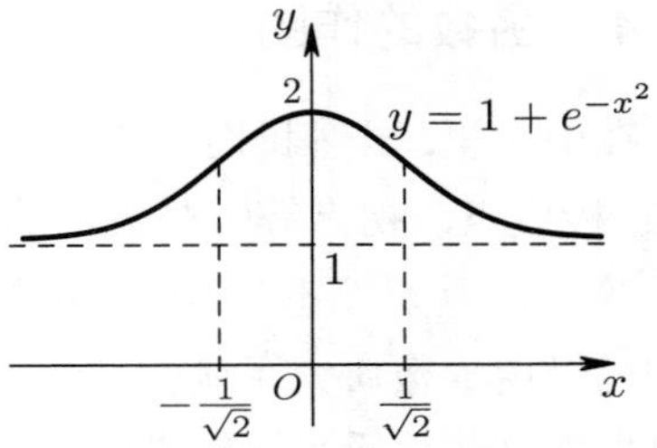

图 3.3.12

根据以上讨论的情况列表如下:

x	$\left(-\infty, \frac{-1}{\sqrt{2}}\right)$	$\frac{-1}{\sqrt{2}}$	$\left(\frac{-1}{\sqrt{2}}, 0\right)$	0	$\left(0, \frac{1}{\sqrt{2}}\right)$	$\frac{1}{\sqrt{2}}$	$\left(\frac{1}{\sqrt{2}}, +\infty\right)$
y'	+	+	+	0	−	−	−
y''	+	0	−	−	−	0	+
y	凹 ↗	拐点 $\left(\frac{-1}{\sqrt{2}}, 1 + \frac{1}{\sqrt{e}}\right)$	凸 ↗	极大值 2	凸 ↘	拐点 $\left(\frac{1}{\sqrt{2}}, 1 + \frac{1}{\sqrt{e}}\right)$	凹 ↘

函数的图像见图 3.3.12.

例 3.3.13 作函数 $f(x) = xe^{\frac{1}{x^2}}$ 的图像.

解 函数的定义域为 $(-\infty, 0) \cup (0, +\infty)$, 没有周期性, 是奇函数. 求导数:

$$f'(x) = e^{\frac{1}{x^2}} + xe^{\frac{1}{x^2}}\left(-\frac{2}{x^3}\right) = \frac{1}{x^2}(x^2 - 2)e^{\frac{1}{x^2}}.$$

令 $f'(x) = 0$ 得驻点 $x_1 = -\sqrt{2}$ 和 $x_2 = \sqrt{2}$. 在 $(-\infty, -\sqrt{2})$ 和 $(\sqrt{2}, +\infty)$ 内, $f'(x) > 0$, 函数在区间 $(-\infty, -\sqrt{2}]$ 和 $[\sqrt{2}, +\infty)$ 上严格单调递增.

在 $(-\sqrt{2}, 0)$ 和 $(0, \sqrt{2})$ 内, $f'(x) < 0$, 函数在区间 $[-\sqrt{2}, 0)$ 和 $(0, \sqrt{2}]$ 上严格单调递减.

可见, 在 $x_1=-\sqrt{2}$ 函数取极大值 $f(-\sqrt{2})=-\sqrt{2e}$; 在 $x_2=\sqrt{2}$ 函数取极小值 $f(\sqrt{2})=\sqrt{2e}$. 求二阶导数:

$$f''(x)=-\frac{2}{x^3}(x^2-2)e^{\frac{1}{x^2}}+\frac{1}{x^2}(2x)e^{\frac{1}{x^2}}+\frac{1}{x^2}(x^2-2)e^{\frac{1}{x^2}}\left(-\frac{2}{x^3}\right)$$

$$=\frac{2}{x^5}(x^2+2)e^{\frac{1}{x^2}}.$$

在 $(-\infty,0)$ 内, $f''(x)<0$, 曲线是凸的, 在 $(0,+\infty)$ 内, $f''(x)>0$, 曲线是凹的.

由于 $f''(x)\neq 0$, 曲线无拐点.

由例 3.3.11 知, 曲线 $y=xe^{\frac{1}{x^2}}$ 有垂直渐近线

$$x=0,$$

斜渐近线

$$y=x.$$

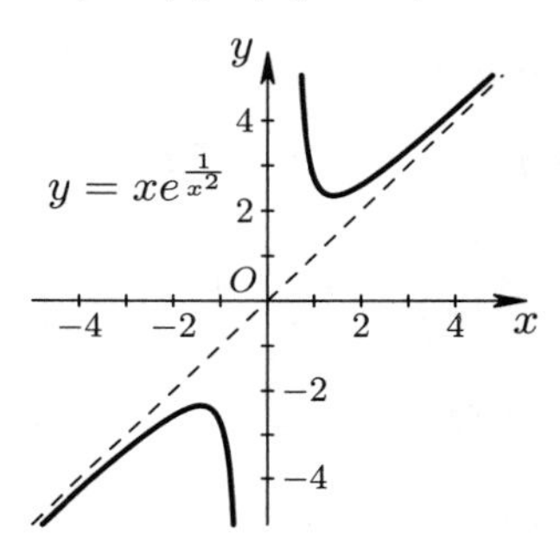

图 3.3.13

根据以上讨论的情况列表如下:

x	$(-\infty,-\sqrt{2})$	$-\sqrt{2}$	$(-\sqrt{2},0)$	0	$(0,\sqrt{2})$	$\sqrt{2}$	$(\sqrt{2},+\infty)$
y'	+	0	−		−	0	+
y''	−	−	−		+	+	+
y	凸 ↗	极大值 $-\sqrt{2e}$	凸 ↘		凹 ↘	极小值 $\sqrt{2e}$	凹 ↗

函数的图像见图 3.3.13.

习题 3.3

1. 建造一容量为 50 立方米的长方体形状的蓄水池, 已知底面每平方米的造价是侧面的 80%. 设蓄水池的长与宽相等, 试问长与深各为多少时造价最省?

2. 证明: 当 $x>0$ 时, $x-\frac{1}{2}x^2<\ln(1+x)<x$.

3. 求下列函数的单调区间与极值:

(1) $y=\frac{x}{1+x^2}$; (2) $y=x+\frac{1}{x}$;

(3) $y=\sin^2 x$; (4) $y=3x-x^2+1$;

(5) $y=\sin x+\cos x$;　　(6) $y=\dfrac{10}{x}\ln x$;

(7) $y=\dfrac{\ln^2 x}{x}$;　　(8) $y=3x-x^3$;

(9) $y=(x+1)^2e^{-x}$;　　(10) $y=\dfrac{x^2}{2}-\ln x$.

4. 求下列函数在指定区间上的最小值与最大值:

(1) $y=|x-2|,\ x\in[0,4]$;　　(2) $y=3+2^x,\ x\in[-1,5]$;

(3) $y=xe^{-x^2},\ x\in(0,+\infty)$;　　(4) $y=\sqrt{x}\ln x, x\in(0,+\infty)$;

(5) $y=x^5-5x^4+5x^3+2,\ x\in[-1,2]$.

5. (a) 证明:

(1) 函数 $y=\dfrac{e^x-1}{x}$ 在 $(-\infty,0)$ 及 $(0,+\infty)$ 内均严格单调递增;

(2) 函数 $y=\dfrac{\ln(x+1)}{x}$ 在 $(-1,0)$ 及 $(0,+\infty)$ 内均严格单调递减.

(b) 验证下列各结论:

(1) 曲线 $y=\ln x$ 在 $(0,+\infty)$ 内是凸的;

(2) 曲线 $y=e^x$ 及 $y=e^{-x}$ 在 $(-\infty,+\infty)$ 内是凹的;

(3) 曲线 $y=\arctan x$ 在 $(-\infty,0)$ 内是凹的; 在 $(0,+\infty)$ 内是凸的, $(0,0)$ 是拐点;

(4) 曲线 $y=\operatorname{arccot} x$ 在 $(-\infty,0)$ 内是凸的; 在 $(0,+\infty)$ 内是凹的, $\left(0,\dfrac{\pi}{2}\right)$ 是拐点;

(5) 曲线 $y=\arcsin x$ 在 $(-1,0)$ 内是凸的; 在 $(0,1)$ 内是凹的, $(0,0)$ 是拐点;

(6) 曲线 $y=\arccos x$ 在 $(-1,0)$ 内是凹的; 在 $(0,1)$ 内是凸的, $\left(0,\dfrac{\pi}{2}\right)$ 是拐点;

(7) 若 $0<\alpha<1$, 则 x^α 在 $(0,+\infty)$ 内是凸的; 若 $\alpha>1$ 或 $\alpha<0$, 则 x^α 在 $(0,+\infty)$ 内是凹的;

(8) $\sin x$ 在 $((2k-1)\pi,2k\pi)$ 是凹的, 在 $(2k\pi,(2k+1)\pi)$ 内是凸的, $(k\pi,0)$ 是拐点, 其中 k 为整数.

(c) 给出满足下列条件之一的函数：(1) 在拐点不可导; (2) 在拐点可导, 但不存在二阶导数.

6. 求曲线的凹凸区间及拐点:

(1) $y=(x-1)e^x$;　　(2) $y=\ln^2 x$;

(3) $y = x + \sin x$;

(4) $y = x - \dfrac{1}{x}$;

(5) $y = \dfrac{2x-1}{x-1}$;

(6) $y = \cos x$.

7. 求曲线的渐近线:

(1) $y = \tan x$;

(2) $y = \dfrac{x^2}{x^2+1}$;

(3) $y = \dfrac{1}{x^2-4x-5}$;

(4) $y = \dfrac{x^2}{x+1}$;

(5) $y = \ln\dfrac{1+x}{1-x}$;

(6) $y = \dfrac{x^3}{3-x^2}$;

(7) $y = (x+2)e^{\frac{1}{x}}$;

(8) $y = \dfrac{x^3}{x^2+2x-3}$.

8. 讨论函数的定义域、单调区间、极值、凹凸区间、拐点及渐近线, 并作函数的图像:

(1) $y = \dfrac{(x-3)^2}{4(x-1)}$;

(2) $y = xe^{\frac{1}{x}}$;

(3) $y = \dfrac{1}{1+x^2}$;

(4) $y = \dfrac{1}{x} + \arctan x$;

(5) $y = \dfrac{1}{2}x^3 + \dfrac{3}{2}x^2$;

(6) $y = x\arctan x$;

(7) $y = \dfrac{(x+1)^3}{(x-1)^2}$;

(8) $y = \dfrac{4(x+1)}{x^2}$;

(9) $y = (x-1)\sqrt[3]{x^2}$;

(10) $y = \arcsin\dfrac{x}{2} - \sqrt{4-x^2}$;

第四章　一元函数积分学

4.1　不定积分与原函数

数学中很多运算都存在逆运算. 例如, 加法有逆运算减法, 乘法有逆运算除法, 乘方有逆运算开方等. 在实际问题中, 也会遇到求导数的逆运算问题.

1. 已知变速直线运动的速度 $v = s'(t)$ (路程对时间的导数), 要求路程函数 $s = s(t)$.

2. 已知平面曲线上每一点 (x, y) 处的切线的斜率 $k = y'(x)$ (纵坐标对横坐标的导数), 要求函数 $y(x)$.

它们虽然具体意义不同, 但在数学上都归为同一问题, 即已知函数的导数, 求函数本身. 这就引出了原函数的概念.

定义 4.1.1 (原函数) 设函数 $f(x)$ 在区间 I 上有定义. 若存在函数 $F(x)$, 使得

$$F'(x) = f(x),\ x \in I,$$

则称 $F(x)$ 是 $f(x)$ (在区间 I 上) 的一个**原函数**.

例如, 在 $\mathbf{R}$ 上, $(\sin x)' = \cos x$, 所以 $\sin x$ 是 $\cos x$ 的原函数; 在 $(0, +\infty)$ 上, $(\sqrt{x})' = \dfrac{1}{2\sqrt{x}}$, 所以 $\sqrt{x}$ 是 $\dfrac{1}{2\sqrt{x}}$ 的原函数.

由原函数的定义知, 如果 $F(x)$ 是 $f(x)$ 的原函数, 那么函数族 $\{F(x) + C : C \in \mathbf{R}\}$ 中任意一个函数 $F(x) + C$ 都是 $f(x)$ 的原函数. 可见, 若一个函数存在原函数, 它的原函数必有无穷多个. $f(x)$ 的无穷多个原函数是否都是 $F(x) + C$ (C 为常数) 的形式呢? 也就是说, 除了具有 $F(x) + C$ 形式之外还有其他形式的函数也是 $f(x)$ 的原函数吗? 下面的定理回答了这个问题.

定理 4.1.1 若 $F(x)$ 是函数 $f(x)$ 在区间 I 上的原函数, 则 $f(x)$ 的无限多个原函数仅限于 $F(x) + C$ (C 为任意常数) 这种形式.

证明 由于 $F(x)$ 是 $f(x)$ 的原函数,

$$F'(x) = f(x).$$

设 $H(x)$ 是 $f(x)$ 的任意一个原函数, 即

$$H'(x) = f(x),$$

则

$$[H(x)-F(x)]'=H'(x)-F'(x)=f(x)-f(x)=0.$$

根据推论 3.2.1, $H(x)-F(x)=C$ (C 是某个常数), 这样 $f(x)$ 的任意一个原函数 $H(x)$ 都是 $F(x)+C$ 的形式. □

定义 4.1.2 (**不定积分**) 函数 $f(x)$ 在区间 I 上的原函数的全体称为函数 $f(x)$ (在区间 I 上) 的**不定积分**, 记作

$$\int f(x)dx,$$

称上述记号中的 $f(x)$ 为**被积函数**, x 为**积分变量**, $\int$ 为**积分号**, $f(x)dx$ 为**被积表达式**①.

注 一个函数的不定积分既不是一个数, 也不是一个函数, 而是一个函数族. 根据定理 4.1.1, 欲求函数 $f(x)$ 的不定积分, 只需求出 $f(x)$ 的一个原函数 $F(x)$, 再加上任意常数 C 就得到了 $f(x)$ 的所有原函数. 因此, $\int f(x)dx=\{F(x)+C \mid C\in\mathbf{R}\}$, 我们将上式简写为

$$\int f(x)dx=F(x)+C,$$

称其中的任意常数 C 为**积分常数**.

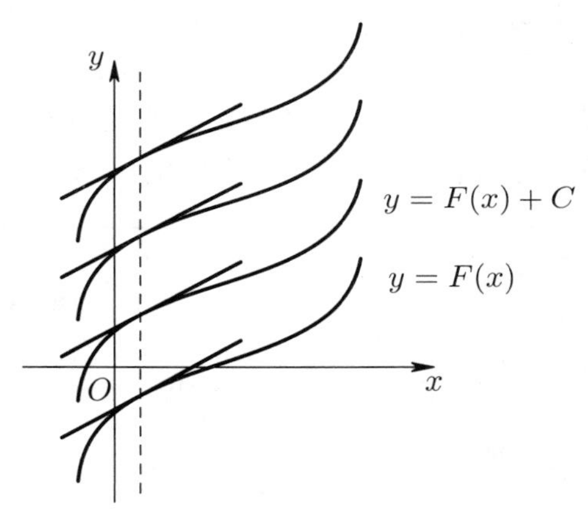

图 4.1.1

可见, 在区间 I 上存在不定积分与存在原函数的说法是等价的. 求已知函数的原函数的方法称为**不定积分法**, 简称**积分法**.

不定积分的几何解释: 只要函数 $F(x)$ 是函数 $f(x)$ 的原函数, 则称曲线 $y=F(x)$ 为 $f(x)$ 的**积分曲线**, 其上过任意一点 $(x,F(x))$ 的切线的斜率等于已知的 $f(x)$. 将此积分曲线 $y=F(x)$ 沿 y 轴平行移动一段长度 C, 就得到另一条积分曲线 $y=F(x)+C$. 函数 $f(x)$ 的每一条积分曲线都可由此法获得, 所以在积分曲线的横坐标相同的点处作切线, 这些切线是彼此平行的 (见图 4.1.1).

① 符号“d”与“$\int$”是莱布尼茨引进的记号, d 来自拉丁文 differentia 的第一个字母, $\int$ 来自拉丁文 summa, 是其第一个字母 s 的拉长. 微分、积分等名词由我国晚清杰出数学家李善兰 (1811 ~ 1882) 首译, 很恰当, 这些译法也传至日本.

要从全部积分曲线中确定具有已知性质的一条，就要根据这条积分曲线对应的原函数所具有的性质来确定任意常数 C，从而得到所要求的积分曲线.

例 4.1.1 求通过点 $(2,5)$ 的一条积分曲线 $y=F(x)$，使得曲线在点 $(x,F(x))$ 处的切线斜率为 $2x$.

解 因为 $F'(x)=2x$，而 x^2 是 $2x$ 的一个原函数，所以

$$\int 2xdx = x^2 + C.$$

现在要确定常数 C 使得 $F(x)=x^2+C$. 因为曲线 $y=F(x)$ 通过点 $(2,5)$，所以 $F(2)=2^2+C=5$，从而 $C=1$. 因此，所求的积分曲线为 $y=x^2+1$.

研究原函数，我们自然要问，在什么条件下，一个函数的原函数存在？在这章以后的部分里我们将证明如下定理.

定理 4.1.2 若函数 $f(x)$ 在区间 I 上连续，则 $f(x)$ 在 I 上存在原函数.

虽然初等函数在其有定义的区间上未必可导 (例如，$y=x^{\frac{1}{3}}$ 在 $x=0$ 不可导)，可是，由于初等函数在其有定义的区间上都是连续的，因此，初等函数在其有定义的区间上存在原函数，即存在不定积分.

习题 4.1

1. 求满足下列条件的函数 $F(x)$:

(1) $F'(x)=4,\quad F\left(\dfrac{1}{2}\right)=2$;　　(2) $F'(x)=2\cos 2x,\quad F\left(\dfrac{\pi}{4}\right)=1$;

(3) $F'(x)=3x,\quad F(0)=2$;　　(4) $F'(x)=\dfrac{2}{x}\ln x,\quad F(1)=5$.

2. 设平面曲线通过点 $P(1,0)$，并且曲线上每一点 $M(x,y)$ 的切线斜率是 $2x-2$，$x\in\mathbf{R}$，求该曲线的方程.

3. 设曲线 $y=f(x)$ 上点 (x,y) 的切线斜率与 x^3 成正比例，并且曲线通过点 $A(1,6)$ 及 $B(2,-9)$，求该曲线的方程.

4.2 不定积分的性质与基本积分表

不定积分有如下性质 [以下设 $f(x)$ 和 $g(x)$ 在区间 I 上存在不定积分]:

性质1

(1) $\left[\int f(x)dx\right]' = f(x)$ 或 $d\left[\int f(x)dx\right] = f(x)dx.$

(2) $\int f'(x)dx = f(x) + C$ 或 $\int df(x) = f(x) + C.$

性质2

$$\int [f(x) \pm g(x)]dx = \int f(x)dx \pm \int g(x)dx.$$

性质3

$$\int cf(x)dx = c\int f(x)dx \quad (c \text{ 是常数, 且 } c \neq 0).$$

由性质 2 和性质 3 知, 对于函数 $f_1(x)$, $f_2(x)$, $\cdots$, $f_k(x)$ 及不全为零的实数 c_1, c_2, $\cdots$, c_k, 有

$$\begin{aligned}&\int [c_1f_1(x) + c_2f_2(x) + \cdots + c_kf_k(x)]dx\\ = &c_1\int f_1(x)dx + c_2\int f_2(x)dx + \cdots + c_k\int f_k(x)dx.\end{aligned}$$

如果把积分法看成是一种运算, 那么可以说, 积分法是微分法的逆运算, 有一个微分公式, 相应地就有一个积分公式, 因此, 由第三章中的微分基本公式表, 就可以得到下面的基本积分公式表.

基本积分公式表

1. $\int 0dx = C.$

2. $\int a^x dx = \dfrac{a^x}{\ln a} + C \quad (a > 0,\ a \neq 1).$

   $\int e^x dx = e^x + C.$

3. $\int \dfrac{dx}{x} = \ln|x| + C.$

4. $\int x^{\alpha}dx = \frac{x^{\alpha+1}}{\alpha+1} + C$ (α 为任意实数, $\alpha \neq -1$).

5. $\int \sin x dx = -\cos x + C$.

6. $\int \cos x dx = \sin x + C$.

7. $\int \sec^2 x dx = \int \frac{dx}{\cos^2 x} = \tan x + C$.

8. $\int \csc^2 x dx = \int \frac{dx}{\sin^2 x} = -\cot x + C$.

9. $\int \frac{dx}{\sqrt{1-x^2}} = \arcsin x + C = -\arccos x + C$.

10. $\int \frac{dx}{1+x^2} = \arctan x + C = -\text{arccot}\, x + C$.

如果函数的导数存在, 我们根据导数运算法则、公式和导数的定义, 总能求出其导数. 但是求函数的不定积分则不然. 一般地, 求不定积分比求导数更困难, 而且具有更大的灵活性. 因此, 牢记积分基本公式, 熟练应用基本积分法, 对计算不定积分非常重要. 下面我们先来利用不定积分的性质和基本积分表求一些简单函数的不定积分.

例 4.2.1
$$\begin{aligned}
&\int \left(2x^4 + \frac{1}{\sqrt{x}} - \frac{2}{x^2} + \sqrt[3]{x^2}\right) dx \\
&= 2\int x^4 dx + \int x^{-\frac{1}{2}} dx - 2\int x^{-2} dx + \int x^{\frac{2}{3}} dx \\
&= \frac{2}{4+1} x^{4+1} + \frac{1}{-\frac{1}{2}+1} x^{-\frac{1}{2}+1} - \frac{2}{-2+1} x^{-2+1} + \frac{1}{1+\frac{2}{3}} x^{\frac{2}{3}+1} + C \\
&= \frac{2}{5} x^5 + 2\sqrt{x} + \frac{2}{x} + \frac{3}{5}\sqrt[3]{x^5} + C.
\end{aligned}$$

例 4.2.2
$$\begin{aligned}
\int \left(\tan^2 x + \cos^2 \frac{x}{2}\right) dx &= \int \left(\sec^2 x - 1 + \frac{1+\cos x}{2}\right) dx \\
&= \tan x - \frac{1}{2}\int dx + \frac{1}{2}\int \cos x dx \\
&= \tan x - \frac{x}{2} + \frac{1}{2}\sin x + C.
\end{aligned}$$

例 4.2.3 $$\int \frac{x^2}{x^2+1}dx = \int \frac{(x^2+1)-1}{x^2+1}dx$$
$$= \int dx - \int \frac{dx}{1+x^2} = x - \arctan x + C.$$

例 4.2.4 $$\int \frac{\cos 2x}{\cos x + \sin x}dx = \int \frac{\cos^2 x - \sin^2 x}{\cos x + \sin x}dx$$
$$= \int (\cos x - \sin x)dx = \sin x + \cos x + C.$$

例 4.2.5 $$\int (3^x + 3^{-x})^2 dx = \int (3^{2x} + 2 + 3^{-2x})dx$$
$$= \int [(3^2)^x + 2 + (3^{-2})^x]dx$$
$$= \frac{(3^2)^x}{2\ln 3} + 2x - \frac{(3^{-2})^x}{2\ln 3} + C$$
$$= \frac{1}{2\ln 3}(9^x - 9^{-x}) + 2x + C.$$

习题 4.2

1. 求不定积分:

(1) $\int (\sqrt{x} + x)^2 dx$;　(2) $\int e^x(2 + e^{-x})dx$;

(3) $\int \cot^2 x dx$;　(4) $\int 2\sin^2 \frac{x}{2} dx$;

(5) $\int \frac{x^4}{1+x^2}dx$;　(6) $\int 2^x e^x dx$;

(7) $\int 2^x \left(3 + \frac{2^{-x}}{\sqrt{1-x^2}}\right) dx$;　(8) $\int \frac{\sqrt[3]{x^2} - \sqrt[4]{x}}{\sqrt{x}}dx$;

(9) $\int \frac{1+3x+x^2}{x(1+x^2)}dx$;　(10) $\int \left[(2^x + 3^x)^2 + \frac{1}{x^2}\right] dx$;

(11) $\int \left(\frac{2}{\sqrt{x}} - 5\sin x + 3^x\right) dx$;　(12) $\int \left(\frac{5}{x} + 2\cos x - \frac{3}{\sqrt{1-x^2}}\right) dx$.

4.3 基本积分法

4.3.1 第一换元积分法

利用不定积分的性质和基本积分表所能求解的不定积分是有限的. 我们还可以用两种基本的换元积分法来计算不定积分.

定理 4.3.1 (**第一换元法**) 设 $f(u)$ 连续, $u=\varphi(x)$ 可导, 则下列换元公式成立:

$$\boxed{\int f(\varphi(x))\varphi'(x)dx=\int f(u)du\Big|_{u=\varphi(x)}.}$$

证明 因为 $f(u)$ 连续, 所以它有原函数 $F(u)$, 从而

$$\int f(u)du=F(u)+C.$$

因 $F(\varphi(x))$ 是 $f(\varphi(x))\varphi'(x)$ 的原函数, 即

$$[F(\varphi(x))]'=F'(u)\Big|_{u=\varphi(x)}\varphi'(x)=f(u)\Big|_{u=\varphi(x)}\varphi'(x)=f(\varphi(x))\varphi'(x),$$

故

$$\int f(\varphi(x))\varphi'(x)dx=F(\varphi(x))+C=F(u)\Big|_{u=\varphi(x)}+C,$$

即所要证明的公式成立. □

定理 4.3.1 中的公式将左端的被积表达式的一部分 $\varphi'(x)dx$ 写成 $d\varphi(x)$, 使被积表达式写成 $f(\varphi(x))d\varphi(x)$, 即 $f(u)du$ $[u=\varphi(x)]$, 从而找到 $f(u)$ 的原函数 $F(u)$ 得到所求的不定积分, 所以第一换元法也称之为**凑微分法**, 其使用步骤如下:

(1) 选择 $u=\varphi(x)$ (可导);

(2) 计算 $du=\varphi'(x)dx$;

(3) 将整个积分用变量 u 表示 (不要再保留 x) 然后计算出该积分;

(4) 用 $\varphi(x)$ 替换所得计算结果中的 u, 使得最后结果用 x 来表示.

例 4.3.1 求 $\int(2x+3)^6dx$.

解 设 $u=2x+3$, 则 $du=(2x+3)'dx=2dx$, 于是

$$\int(2x+3)^6dx=\frac{1}{2}\int(2x+3)^6d(2x+3)=\frac{1}{2}\int u^6du$$

$$=\frac{1}{2}\cdot\frac{1}{7}u^7+C=\frac{1}{14}(2x+3)^7+C.$$

例 4.3.2 求 $\int \frac{x}{(1+x^2)^2}dx$.

解 设 $u=1+x^2$, 则 $du=(1+x^2)'dx=2xdx$. 于是

$$\int \frac{x}{(1+x^2)^2}dx=\frac{1}{2}\int \frac{2x}{(1+x^2)^2}dx=\frac{1}{2}\int \frac{du}{u^2}$$

$$=-\frac{1}{2u}+C=-\frac{1}{2(1+x^2)}+C.$$

例 4.3.3 求 $\int \frac{1}{x^2}e^{\frac{1}{x}}dx$.

解 设 $u=\frac{1}{x}$, 则 $du=\left(\frac{1}{x}\right)'dx=-\frac{1}{x^2}dx$. 于是

$$\int \frac{1}{x^2}e^{\frac{1}{x}}dx=-\int e^{\frac{1}{x}}\left(-\frac{1}{x^2}\right)dx=-\int e^u du$$

$$=-e^u+C=-e^{\frac{1}{x}}+C.$$

例 4.3.4 求 $\int \tan xdx$ 与 $\int \cot xdx$.

解 设 $u=\cos x$, 则 $du=-\sin xdx$,

$$\int \tan xdx=-\int \frac{-\sin x}{\cos x}dx=-\int \frac{du}{u}=-\ln|u|+C=-\ln|\cos x|+C.$$

设 $t=\sin x$, 则 $dt=\cos xdx$,

$$\int \cot xdx=\int \frac{\cos x}{\sin x}dx=\int \frac{dt}{t}=\ln|t|+C=\ln|\sin x|+C.$$

例 4.3.5 求 $\int x^2\sqrt{5-4x^3}dx$.

解 设 $u=5-4x^3$, 则 $du=(5-4x^3)'dx=-12x^2dx$,

$$\int x^2\sqrt{5-4x^3}dx=-\frac{1}{12}\int (5-4x^3)^{\frac{1}{2}}d(5-4x^3)$$

$$=-\frac{1}{12}\int u^{\frac{1}{2}}du=-\frac{1}{18}u^{\frac{3}{2}}+C=-\frac{1}{18}(5-4x^3)^{\frac{3}{2}}+C.$$

例 4.3.6 求 $\int \frac{dx}{a^2+x^2}$ $(a\neq 0)$.

解 设 $u=\dfrac{x}{a}$, 则 $du=\dfrac{1}{a}dx$,

$$\int\frac{dx}{a^2+x^2}=\frac{1}{a}\int\frac{d\left(\frac{x}{a}\right)}{1+\left(\frac{x}{a}\right)^2}=\frac{1}{a}\int\frac{du}{1+u^2}$$

$$=\frac{1}{a}\arctan u+C=\frac{1}{a}\arctan\frac{x}{a}+C.$$

例 4.3.7 求 $\displaystyle\int\frac{\sin\sqrt{x}}{\sqrt{x}}dx$.

解 设 $u=\sqrt{x}$, 则 $du=\dfrac{1}{2\sqrt{x}}dx$,

$$\int\frac{\sin\sqrt{x}}{\sqrt{x}}dx=2\int\sin\sqrt{x}\,\frac{dx}{2\sqrt{x}}=2\int\sin\sqrt{x}d\sqrt{x}$$

$$=2\int\sin udu=-2\cos u+C=-2\cos\sqrt{x}+C.$$

凑微分法熟练后, 可省略“设”的步骤, 使书写简化.

例 4.3.8 求 $\displaystyle\int\frac{dx}{\sqrt{a^2-x^2}}\quad(a>0)$.

解 将 $\dfrac{x}{a}$ 当做一个变量, 得

$$\int\frac{dx}{\sqrt{a^2-x^2}}=\frac{1}{a}\int\frac{dx}{\sqrt{1-\left(\frac{x}{a}\right)^2}}=\int\frac{d\left(\frac{x}{a}\right)}{\sqrt{1-\left(\frac{x}{a}\right)^2}}=\arcsin\frac{x}{a}+C.$$

例 4.3.9 求 $\displaystyle\int\frac{dx}{x^2+2x+3}$.

解 将 $x+1$ 当做一个变量, 利用例 4.3.6 的结果, 得

$$\int\frac{dx}{x^2+2x+3}=\int\frac{d(x+1)}{(x+1)^2+\sqrt{2}^2}=\frac{1}{\sqrt{2}}\arctan\frac{x+1}{\sqrt{2}}+C.$$

例 4.3.10 求 $\displaystyle\int\frac{x}{x^2+2x+3}dx$.

解 注意到 $d(x^2+2x+3)=(2x+2)dx$, 利用例 4.3.9 的结果, 得

$$\begin{aligned}\int \frac{x}{x^2+2x+3}dx &= \int \frac{\frac{1}{2}(2x+2)-1}{x^2+2x+3}dx\\ &= \frac{1}{2}\int \frac{d(x^2+2x+3)}{x^2+2x+3} - \int \frac{dx}{x^2+2x+3}\\ &= \frac{1}{2}\ln|x^2+2x+3| - \frac{1}{\sqrt{2}}\arctan\frac{x+1}{\sqrt{2}}+C.\end{aligned}$$

例 4.3.11 求 $\displaystyle\int \frac{dx}{x^2-a^2}\quad (a\neq 0)$.

解 由于 $\dfrac{1}{x^2-a^2}=\dfrac{1}{2a}\left(\dfrac{1}{x-a}-\dfrac{1}{x+a}\right)$, 于是

$$\begin{aligned}\int \frac{dx}{x^2-a^2} &= \frac{1}{2a}\int\left(\frac{1}{x-a}-\frac{1}{x+a}\right)dx = \frac{1}{2a}\left[\int \frac{d(x-a)}{x-a} - \int \frac{d(x+a)}{x+a}\right]\\ &= \frac{1}{2a}(\ln|x-a|-\ln|x+a|)+C = \frac{1}{2a}\ln\left|\frac{x-a}{x+a}\right|+C.\end{aligned}$$

例 4.3.12 求 $\displaystyle\int \sin x\cos x dx$.

解法 1 $\displaystyle\int \sin x\cos x dx = \int \sin x d\sin x = \frac{1}{2}\sin^2 x + C.$

解法 2 $\displaystyle\int \sin x\cos x dx = \frac{1}{4}\int \sin 2x d(2x) = -\frac{1}{4}\cos 2x + C.$

解法 3 $\displaystyle\int \sin x\cos x dx = -\int \cos x d\cos x = -\frac{1}{2}\cos^2 x + C.$

注 计算某些函数的不定积分, 其结果在形式上可能不相同, 例如, 例 4.3.12 中的不定积分 $\displaystyle\int \sin x\cos x dx$ 与基本积分表 9 式和 10 式中的不定积分. 一般地, 要验证计算是否正确, 就将所得的结果求导数, 看其是否与被积函数相等.

例 4.3.13 求 $\displaystyle\int \frac{dx}{\sin x}$ 与 $\displaystyle\int \frac{dx}{\cos x}$.

解

$$\begin{aligned}\int \frac{dx}{\sin x} &= \int \frac{dx}{2\sin\frac{x}{2}\cos\frac{x}{2}} = \int \frac{d\left(\frac{x}{2}\right)}{\tan\frac{x}{2}\cos^2\frac{x}{2}}\\ &= \int \frac{d\tan\frac{x}{2}}{\tan\frac{x}{2}} = \ln\left|\tan\frac{x}{2}\right| + C = \ln|\csc x - \cot x| + C.\end{aligned}$$

上式最后一个等号成立是由于

$$\tan\frac{x}{2}=\frac{\sin\frac{x}{2}}{\cos\frac{x}{2}}=\frac{2\sin^2\frac{x}{2}}{2\sin\frac{x}{2}\cos\frac{x}{2}}=\frac{1-\cos x}{\sin x}=\csc x-\cot x.$$

$$\int\frac{dx}{\cos x}=\int\frac{d\left(x+\frac{\pi}{2}\right)}{\sin\left(x+\frac{\pi}{2}\right)}=\ln\left|\csc\left(x+\frac{\pi}{2}\right)-\cot\left(x+\frac{\pi}{2}\right)\right|+C$$

$$=\ln|\sec x+\tan x|+C.$$

4.3.2　第二换元积分法

与凑微分法相反, 有时, 我们不知如何计算 $\int f(x)dx$, 因而选择适当的变换 $x=\varphi(t)$, 使得 $\int f(\varphi(t))\varphi'(t)dt$ 更容易计算, 见如下第二换元法.

定理 4.3.2 (第二换元法) 设 $f(x)$ 连续, $x=\varphi(t)$ 有连续的导数, 且存在反函数 $t=\varphi^{-1}(x)$, 则下列换元公式成立:

$$\boxed{\int f(x)dx=\int f(\varphi(t))\varphi'(t)dt\Big|_{t=\varphi^{-1}(x)}.}$$

证明 由于 $f(\varphi(t))\varphi'(t)$ 连续, 因而它有原函数 $\varPhi(t)$, 即

$$\int f(\varphi(t))\varphi'(t)dt=\varPhi(t)+C.$$

根据反函数求导法则,

$$\frac{dt}{dx}=\frac{1}{\varphi'(t)},$$

于是

$$[\varPhi(\varphi^{-1}(x))]'=\varPhi'(t)\frac{1}{\varphi'(t)}=f(\varphi(t))\varphi'(t)\frac{1}{\varphi'(t)}=f(\varphi(t))=f(x),$$

从而

$$\int f(x)dx=\varPhi\big(\varphi^{-1}(x)\big)+C=\varPhi(t)\Big|_{t=\varphi^{-1}(x)}+C.\qquad\square$$

使用第二换元法的步骤如下:

(1) 选择 $x=\varphi(t)$ (具有连续导数并存在反函数);

(2) 计算 $dx=\varphi'(t)dt$;

(3) 将整个积分用变量 t 表示 (不要再保留 x) 然后计算出该积分;

(4) 用 $t=\varphi^{-1}(x)$ 替换所得计算结果中的 t, 使得最后结果用 x 来表示.

例 4.3.14 求 $\int\sqrt{a^2-x^2}dx\ \ (a>0)$.

解 设 $x=a\sin t,\ -\dfrac{\pi}{2}\leqslant t\leqslant\dfrac{\pi}{2}$, 则 $dx=a\cos tdt$, 而且 $t=\arcsin\dfrac{x}{a}$. 根据第二换元法公式,

$$
\begin{aligned}
\int\sqrt{a^2-x^2}dx&=\int\sqrt{a^2-a^2\sin^2 t}\,a\cos tdt=a^2\int|\cos t|\cos tdt\\
&=a^2\int\cos^2 tdt=\frac{a^2}{2}\int(1+\cos 2t)dt=\frac{a^2}{2}\left(\int dt+\int\cos 2tdt\right)\\
&=\frac{a^2}{2}\left(t+\frac{1}{2}\sin 2t\right)+C=\frac{a^2}{2}t+\frac{a^2}{4}\sin 2t+C\\
&=\frac{1}{2}\left(a^2\arcsin\frac{x}{a}+x\sqrt{a^2-x^2}\right)+C.
\end{aligned}
$$

上边最后一个等号右边用到下列等式:

$$
\begin{aligned}
\frac{a^2}{2}\sin 2t&=(a\sin t)(a\cos t)=(a\sin t)\sqrt{a^2-a^2\sin^2 t}\\
&=x\sqrt{a^2-x^2}\ \left(-\frac{\pi}{2}\leqslant t\leqslant\frac{\pi}{2}\right).
\end{aligned}
$$

见图 4.3.1 和图 4.3.2.

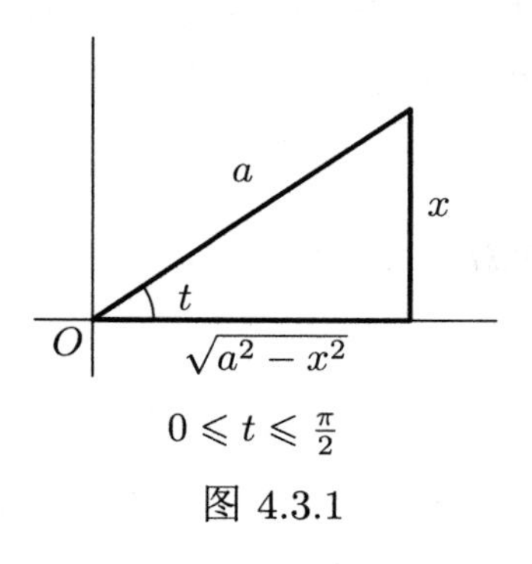

图 4.3.1

$\sqrt{a^2-x^2}$

O t

$x\ (x<0)$

a

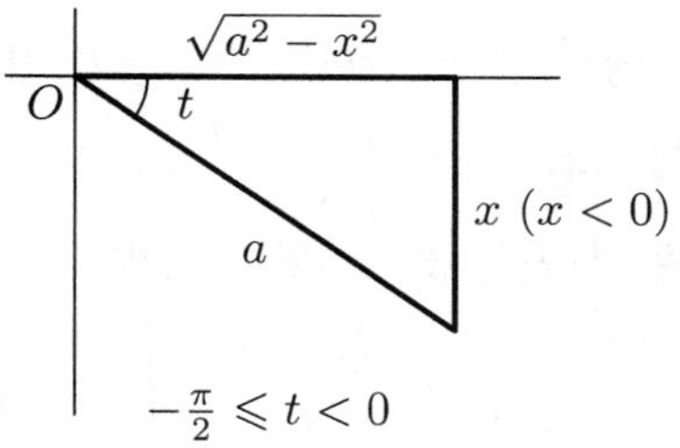

$-\frac{\pi}{2}\leqslant t<0$

图 4.3.2

例 4.3.15 求 $\int\dfrac{dx}{\sqrt{x^2+a^2}}\ (a>0)$.

解 设 $x=a\tan t,\ -\dfrac{\pi}{2}<t<\dfrac{\pi}{2}$, 则 $dx=a\sec^2 tdt$, $|\sec t|=\sec t$.

由第二换元法公式及例 4.3.13 得

$$\int \frac{dx}{\sqrt{x^2+a^2}} = \int \frac{a\sec^2 t}{a\sqrt{\tan^2 t+1}}dt = \int \sec t dt$$

$$= \int \frac{dt}{\cos t} = \ln|\tan t + \sec t| + C' = \ln\left|\frac{x}{a} + \frac{\sqrt{x^2+a^2}}{a}\right| + C'$$

$$= \ln|x+\sqrt{x^2+a^2}| + C \quad (C = C' - \ln a).$$

上式右端用到下列等式 (见图 4.3.3 和图 4.3.4):

$$\sec t = \frac{1}{\cos t} = \sqrt{1+\tan^2 t} = \frac{\sqrt{a^2+x^2}}{a}, \quad \tan t = \frac{x}{a}.$$

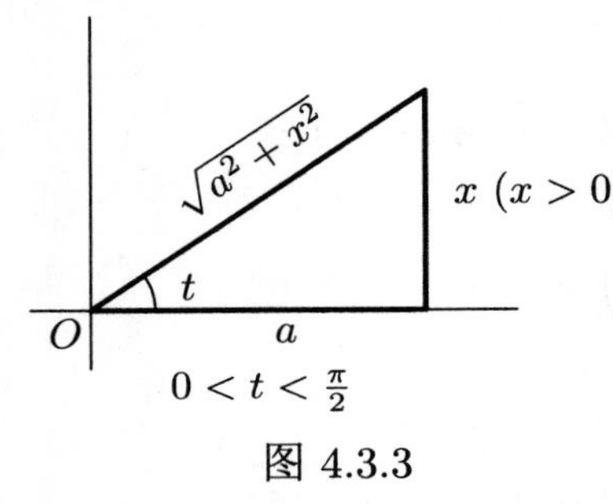

图 4.3.3

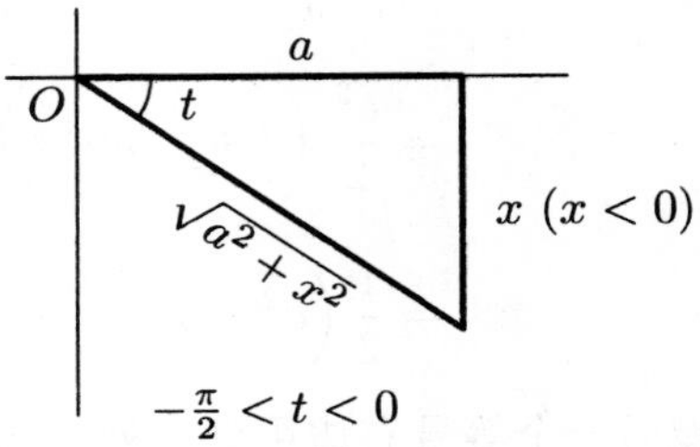

图 4.3.4

例 4.3.16 求证 $\int \frac{dx}{\sqrt{x^2-a^2}} = \ln|x+\sqrt{x^2-a^2}| + C\ (a>0)$.

设 $x = a\sec t$ 即可求出例 4.3.16 中的不定积分 (见附录 A).

例 4.3.14、例 4.3.15 与例 4.3.16 中所使用的方法称为**三角函数代换法**. 当函数含有根式 $\sqrt{a^2-x^2}$, $\sqrt{x^2-a^2}$ 或 $\sqrt{x^2+a^2}$ 时, 分别作变量替换 $x = a\sin t$ (或 $x = a\cos t$), $x = a\sec t$ 和 $x = a\tan t$ 就可以将根号去掉.

例 4.3.17 求 $\int \frac{dx}{\sqrt{x}+\sqrt[3]{x}}$.

解 为去掉被积函数中的根式, 令 $x = t^6$, 则 $dx = 6t^5 dt$,

$$\int \frac{dx}{\sqrt{x}+\sqrt[3]{x}} = \int \frac{6t^5}{t^3+t^2}dt = \int \frac{6t^3}{t+1}dt$$

$$= 6\int \left(t^2 - t + 1 - \frac{1}{t+1}\right)dt$$

$$= 6\left(\frac{t^3}{3} - \frac{t^2}{2} + t - \ln|1+t|\right) + C$$

$$= 2\sqrt{x} - 3\sqrt[3]{x} + 6\sqrt[6]{x} - 6\ln(1+\sqrt[6]{x}) + C.$$

以上例题中, 有些不定积分会经常遇到, 为免去一些计算量, 我们把它们单列出来, 可作为积分公式使用.

11. $\displaystyle\int \tan x dx = -\ln|\cos x| + C.$

12. $\displaystyle\int \cot x dx = \ln|\sin x| + C.$

13. $\displaystyle\int \frac{dx}{x^2 + a^2} = \frac{1}{a}\arctan\frac{x}{a} + C\ (a \neq 0).$

14. $\displaystyle\int \frac{dx}{x^2 - a^2} = \frac{1}{2a}\ln\left|\frac{x-a}{x+a}\right| + C\ (a \neq 0).$

15. $\displaystyle\int \frac{dx}{\cos x} = \int \sec x dx = \ln|\sec x + \tan x| + C.$

16. $\displaystyle\int \frac{dx}{\sin x} = \int \csc x dx = \ln|\csc x - \cot x| + C.$

下列各式中, 均设 $a > 0$:

17. $\displaystyle\int \frac{dx}{\sqrt{a^2 - x^2}} = \arcsin\frac{x}{a} + C.$

18. $\displaystyle\int \frac{dx}{\sqrt{x^2 - a^2}} = \ln|x + \sqrt{x^2 - a^2}| + C.$

19. $\displaystyle\int \frac{dx}{\sqrt{x^2 + a^2}} = \ln|x + \sqrt{x^2 + a^2}| + C.$

20. $\displaystyle\int \sqrt{a^2 - x^2}dx = \frac{a^2}{2}\arcsin\frac{x}{a} + \frac{x}{2}\sqrt{a^2 - x^2} + C.$

4.3.3 分部积分法

换元积分法和下面要讲的分部积分法是不定积分最基本最常用的方法, 它们都是将不定积分的被积函数化成为基本积分表中的被积函数, 从而计算出不定积分.

定理 4.3.3 (分部积分法) 设 $u(x)$ 与 $v(x)$ 可导, 且不定积分 $\int u'(x)v(x)dx$ 存在, 则 $\int u(x)v'(x)dx$ 也存在, 并有

$$\int u(x)v'(x)dx = u(x)v(x) - \int u'(x)v(x)dx.$$

上式称为**分部积分公式**, 也简写做

$$\boxed{\int u dv = uv - \int v du.}$$

证明 由于

$$[u(x)v(x)]' = u'(x)v(x) + u(x)v'(x),$$

即

$$u(x)v'(x) = [u(x)v(x)]' - u'(x)v(x),$$

上式两边求不定积分就得到所求的公式. □

为方便记忆, 可利用“分部积分图示法” (见右侧简表):

第 1 行元素积的不定积分等于对角线上元素的积减去第 2 行元素积的不定积分.

u — dv

du — v

例 4.3.18 求 $\int xe^x dx$.

解 设 $u = x$, $dv = e^x dx$, 则 $du = dx$, $v = e^x$, $udv = xe^x dx$, $vdu = e^x dx$. 由分部积分公式得

x — $e^x dx$

dx — e^x

$$\int xe^x dx = xe^x - \int e^x dx = xe^x - e^x + C.$$

例 4.3.19 求 $\int \ln x dx$.

解 设 $u = \ln x$, $dv = dx$, 则 $du = \frac{1}{x}dx$, $v = x$. 由分部积分公式得

$\ln x$ — dx

$\frac{1}{x}dx$ — x

$$\int \ln x dx = x\ln x - \int x \cdot \frac{dx}{x} = x\ln x - x + C.$$

例 4.3.20 求 $\int x\cos x dx$.

解 设 $u = x$, $dv = \cos x dx$, 则 $du = dx$, $v = \sin x$. 由分部积分公式得

x — $\cos x dx$

dx — $\sin x$

$$\int x\cos x dx = x\sin x - \int \sin x dx = x\sin x + \cos x + C.$$

可见, 使用分部积分的关键是在被积函数中, 适当选定 u 和 dv, 使得分部积分公式右端的积分 $\int v du$ 容易求出. 如果选择不当, 就不能达到化繁为简的目的. 例

如, 若在例 4.3.20 中, 选取 $u=\cos x$, $dv=xdx$, 则 $du=-\sin xdx$, $v=\dfrac{1}{2}x^2$. 由分部积分公式得

$$\int x\cos xdx=\int \cos xd\left(\frac{x^2}{2}\right)=\frac{1}{2}x^2\cos x+\int\frac{1}{2}x^2\sin xdx.$$

这样, 它将 $x\cos x$ 的不定积分化为更为复杂的函数 $\dfrac{1}{2}x^2\sin x$ 的不定积分, 所以这种选取 u 和 dv 的方法不合适.

待使用分部积分法熟练后, 可省略"设"的步骤, 使书写简化.

例 4.3.21 求 $\displaystyle\int\frac{\ln x}{x^2}dx$.

解 $$\int\frac{\ln x}{x^2}dx=\int\ln xd\left(-\frac{1}{x}\right)=\ln x\left(-\frac{1}{x}\right)-\int-\frac{1}{x}d\ln x=-\frac{\ln x}{x}+\int\frac{dx}{x^2}$$
$$=-\frac{\ln x}{x}-\frac{1}{x}+C=-\frac{1}{x}(\ln x+1)+C.$$

例 4.3.22 求 $\displaystyle\int x\arctan xdx$.

解 $$\begin{aligned}\int x\arctan xdx&=\int\arctan xd\left(\frac{1}{2}x^2\right)\\&=\frac{1}{2}x^2\arctan x-\int\frac{1}{2}x^2d\arctan x\\&=\frac{1}{2}x^2\arctan x-\frac{1}{2}\int\frac{x^2}{1+x^2}dx\\&=\frac{1}{2}(x^2\arctan x+\arctan x-x)+C.\end{aligned}$$

有些不定积分需要连续应用几次分部积分公式才能完成.

例 4.3.23 求 $\displaystyle\int x^2e^xdx$.

解 由例 4.3.18 知, $\displaystyle\int xe^xdx=xe^x-e^x+C_1$, 于是

$$\int x^2e^xdx=\int x^2de^x=x^2e^x-\int e^xdx^2=x^2e^x-2\int xe^xdx$$
$$=x^2e^x-2(xe^x-e^x+C_1)=e^x(x^2-2x+2)+C\quad(C=-2C_1).$$

有些不定积分连续应用几次分部积分公式后, 出现了与原来不定积分相同类型的项, 得到以所求不定积分为未知量的函数方程, 解此方程, 便得所求的不定积分.

例 4.3.24 求 $J = \int \sqrt{x^2 - a^2}dx$ 和 $K = \int \sqrt{x^2 + a^2}dx$, 其中 $a > 0$.

解 应用分部积分法, 有

$$J = x\sqrt{x^2 - a^2} - \int xd\sqrt{x^2 - a^2} = x\sqrt{x^2 - a^2} - \int \frac{x^2}{\sqrt{x^2 - a^2}}dx$$

$$= x\sqrt{x^2 - a^2} - \int \frac{x^2 - a^2 + a^2}{\sqrt{x^2 - a^2}}dx$$

$$= x\sqrt{x^2 - a^2} - \int \sqrt{x^2 - a^2}dx - \int \frac{a^2}{\sqrt{x^2 - a^2}}dx$$

$$= x\sqrt{x^2 - a^2} - J - a^2 \int \frac{dx}{\sqrt{x^2 - a^2}},$$

移项整理, 由例 4.3.16 得

$$J = \frac{x}{2}\sqrt{x^2 - a^2} - \frac{a^2}{2}\ln|x + \sqrt{x^2 - a^2}| + C.$$

类似地, 利用例 4.3.15 的结果, 可以计算出

$$K = \frac{x}{2}\sqrt{x^2 + a^2} + \frac{a^2}{2}\ln|x + \sqrt{x^2 + a^2}| + C.$$

例 4.3.25 求 $H = \int e^x \cos x dx$ 和 $I = \int e^x \sin x dx$.

解 应用分部积分法, 有

$$H = \int \cos x de^x = e^x \cos x - \int e^x d\cos x = e^x \cos x + \int \sin x de^x$$

$$= e^x \cos x + e^x \sin x - \int e^x \cos x dx = e^x \cos x + e^x \sin x - H.$$

移项整理后得

$$H = \frac{1}{2}(\cos x + \sin x)e^x + C.$$

类似地, 可以计算出

$$I = \frac{1}{2}(\sin x - \cos x)e^x + C.$$

一般地, 只要 $a \neq 0$, 可算得

$$\int e^{ax}\cos bx dx = \frac{a\cos bx + b\sin bx}{a^2+b^2}e^{ax} + C,$$

$$\int e^{ax}\sin bx dx = \frac{a\sin bx - b\cos bx}{a^2+b^2}e^{ax} + C.$$

注 虽然对于给定的初等函数, 我们总能求出其导数, 可是有些初等函数, 原函数存在, 但我们却不能用初等函数表示其不定积分, 例如,

$$\int \frac{dx}{\sqrt{1+x^3}}, \quad \int e^{-x^2}dx, \quad \int \frac{\sin x}{x}dx, \quad \int \frac{dx}{\ln x}, \quad \int \sin x^2 dx$$

以及下面的椭圆积分:

$$\int \frac{dx}{\sqrt{(1-x^2)(1-k^2x^2)}}, \quad \int \frac{x^2dx}{\sqrt{(1-x^2)(1-k^2x^2)}},$$

$$\int \frac{dx}{(1+hx^2)\sqrt{(1-x^2)(1-k^2x^2)}}, \quad \text{其中 } 0<k<1,\ h \text{ 为参数}.$$

习题 4.3

1. 求下列不定积分:

(1) $\int \frac{x}{\sqrt{1+x^2}}dx$; (2) $\int \sqrt[3]{x+5}dx$;

(3) $\int \sin(3x+1)dx$; (4) $\int \cos^3 x dx$;

(5) $\int \sec^6 x \sin x dx$; (6) $\int \cos 3x \cos 2x dx$;

(7) $\int \frac{e^{\sqrt{x}}}{\sqrt{x}}dx$; (8) $\int \frac{1+\ln x}{x}dx$;

(9) $\int \sin^3 x \cos x dx$; (10) $\int \sin^3 x dx$.

2. 求下列不定积分:

(1) $\int \cos(3x+4)dx$; (2) $\int e^{2x}dx$;

(3) $\int \frac{x}{x^4+1}dx$; (4) $\int \frac{\cos 2x}{1+\sin x\cos x}dx$;

(5) $\int \sin(5x+1)dx$; (6) $\int \frac{dx}{2-x^2}$;

(7) $\int \frac{\ln x}{x}dx$;

(8) $\int \frac{dx}{\sin^2 4x}$;

(9) $\int \frac{dx}{1-x}$;

(10) $\int \tan 2x dx$;

(11) $\int \sin^2 x \cos x dx$;

(12) $\int \cos^3 x \sin x dx$;

(13) $\int x\sqrt{x^2+1}dx$;

(14) $\int \frac{x}{\sqrt{2x^2+3}}dx$;

(15) $\int \frac{x^2}{\sqrt{x^3+1}}dx$;

(16) $\int \frac{\cos x}{\sin^2 x}dx$;

(17) $\int \frac{\sin x}{\cos^3 x}dx$;

(18) $\int \frac{dx}{\cos^2 x\sqrt{\tan x - 1}}$;

(19) $\int \frac{\cos x}{\sqrt{2\sin x + 1}}dx$;

(20) $\int \frac{\sin 2x}{\sqrt{1+2\sin^2 x}}dx$;

(21) $\int \frac{\sin x}{1+\sin x}dx$;

(22) $\int \frac{\arcsin x}{\sqrt{1-x^2}}dx$;

(23) $\int \frac{dx}{x\ln^3 x}$;

(24) $\int 2x(x^2+1)^4 dx$;

(25) $\int e^{\sin x}\cos x dx$;

(26) $\int x2^{x^2}dx$;

(27) $\int \frac{e^x}{3+4e^x}dx$;

(28) $\int \frac{dx}{1+2x^2}$;

(29) $\int \frac{dx}{\sqrt{1-3x^2}}$;

(30) $\int \frac{x}{\sqrt{1-x^4}}dx$;

(31) $\int \frac{dx}{x\sqrt{1-\ln^2 x}}$;

(32) $\int \frac{\sqrt{1+\ln x}}{x}dx$;

(33) $\int \sqrt{1+3\cos^2 x}\sin 2x dx$;

(34) $\int (1+2x)^n dx\ (n \neq -1)$;

(35) $\int \left(\frac{1}{\sqrt{3-x^2}} + \frac{1}{\sqrt{1-3x^2}}\right)dx$;

(36) $\int \sqrt{8-3x}dx$;

(37) $\int \frac{dx}{x\ln x}$;

(38) $\int \frac{x^4}{(1-x^5)^3}dx$;

(39) $\int \frac{dx}{x(1+x)}$;

(40) $\int \frac{dx}{x\ln x\ln\ln x}$;

(41) $\int \frac{dx}{\sin x\cos x}$;

(42) $\int \sin 2x\sin 3x dx$;

(43) $\int \frac{2x-3}{x^2-3x+8}dx$;

(44) $\int \frac{1}{1-x^2}\ln\frac{1+x}{1-x}dx$;

(45) $\int \frac{2x+4}{x^2+2x+6}dx$;

(46) $\int \frac{\sin x\cos x}{\sin^4 x-\cos^4 x}dx$.

3. 求下列不定积分:

(1) $\int \frac{dx}{x\sqrt{x^2-1}}$;

(2) $\int \frac{dx}{\sqrt{x(1-x)}}$;

(3) $\int \frac{dx}{1+\sqrt[3]{x}}$;

(4) $\int \frac{\sqrt{x}}{\sqrt[3]{x^2}-\sqrt[4]{x}}dx$;

(5) $\int \frac{dx}{e^x+e^{-x}}$;

(6) $\int \frac{\arctan\sqrt{x}}{(1+x)\sqrt{x}}dx$.

4. 用分部积分法求下列不定积分:

(1) $\int x\sin x dx$;

(2) $\int x\ln x dx$;

(3) $\int x^2\cos x dx$;

(4) $\int x^3e^x dx$;

(5) $\int x^3\ln x dx$;

(6) $\int \ln^2 x dx$;

(7) $\int \ln(1-x)dx$;

(8) $\int \arcsin x dx$;

(9) $\int x^2e^{-2x}dx$;

(10) $\int \frac{\arcsin\sqrt{x}}{\sqrt{x}}dx$;

(11) $\int \sqrt{x}\ln^2 x dx$;

(12) $\int \ln(x+\sqrt{1+x^2})dx$;

(13) $\int x\ln\frac{1+x}{1-x}dx$;

(14) $\int \cos\ln x dx$;

(15) $\int \arctan\sqrt{x}dx$;

(16) $\int x\operatorname{arccot}\sqrt{x^2-1}dx$.

5. 求下列不定积分:

(1) $\int \frac{e^x+\sin x}{(e^x-\cos x)^2}dx$;

(2) $\int \frac{\cos x}{\sqrt{2+\cos 2x}}dx$;

(3) $\int \frac{dx}{x\sqrt{1+x^2}}$;

(4) $\int \frac{2^x}{\sqrt{1-4^x}}dx$;

(5) $\int \sin\sqrt{x}dx$;

(6) $\int \frac{dx}{\sqrt{1+e^{2x}}}$.

4.4　定积分的概念

不定积分是微分法的逆运算的一个侧面, 而定积分是它的另一个侧面. 定积分的概念也是在分析和解决实际问题的过程中逐步发展起来的. 定积分与不定积分是两个完全不同的概念, 但它们之间又有密切的联系. 定积分的生动的几何直观是平面图形的面积. 下面我们以计算曲边梯形的面积以及细线段的质量为例来引出定积分的概念.

例 4.4.1 求曲边梯形的面积. 设 $y = f(x)$ 是区间 $[a, b]$ $(a < b)$ 上的非负连续函数. 曲线 $y = f(x)$ 与直线 $y = 0$, $x = a$ 以及 $x = b$ 围成一平面图形 D, 我们称 D 为以曲线 $y = f(x)$ 为曲边的**曲边梯形** (见图 4.4.1), 现求其面积 S.

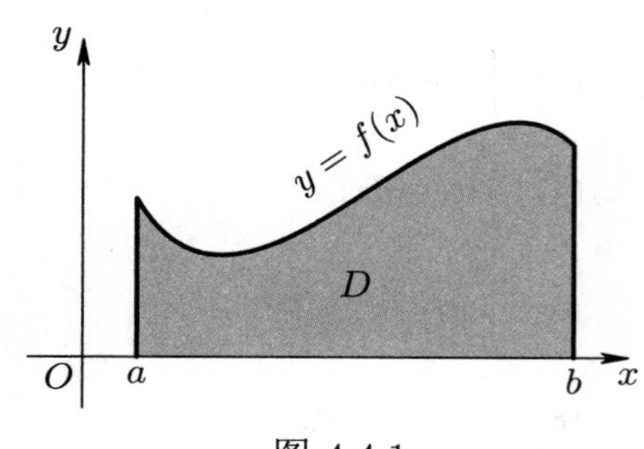

图 4.4.1

若 $f(x) \equiv c > 0$, 则 D 是一矩形, $S = c(b - a)$.

若 $f(x)$ 在 $[a, b]$ 上不为常数, 则由于 $f(x)$ 连续, 可将其在 $[a, b]$ 的充分小的子区间上近似地看成常数, 从而, 可用一系列小矩形的面积之和来逼近 D 的面积 S. 具体做法如下:

1. 分割: 用 $n + 1$ 个分点 x_i $(0 \leqslant i \leqslant n)$ 分割 $[a, b]$, 使得

$$a = x_0 < x_1 < \cdots < x_n = b,$$

这样, 直线 $x = x_i$ $(0 \leqslant i \leqslant n)$ 将 D 分成 n 个小曲边梯形 (见图 4.4.2)

$$D_1, D_2, \cdots, D_n.$$

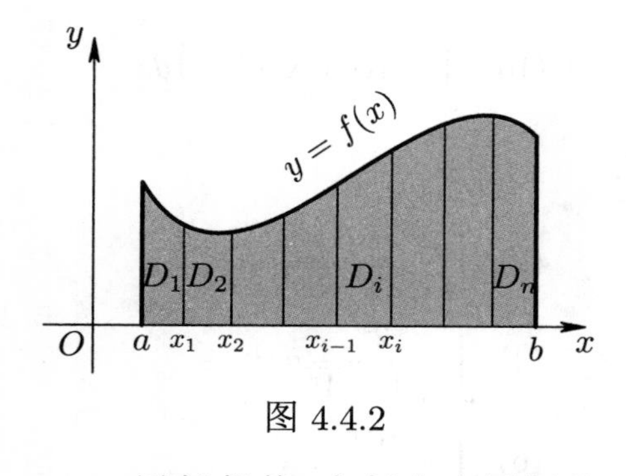

图 4.4.2

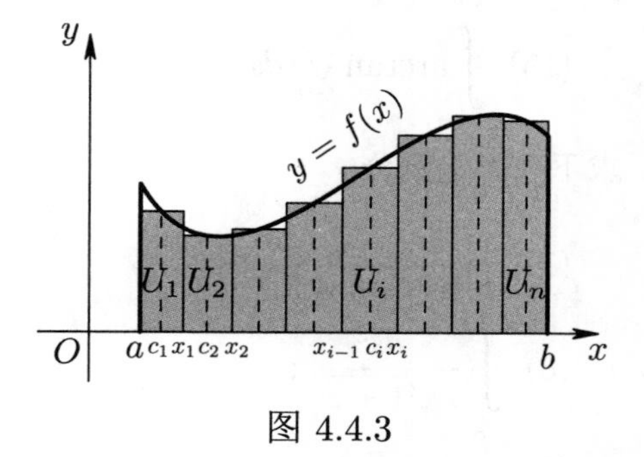

图 4.4.3

2. 近似代替: 在每个小区间 $[x_{i-1}, x_i]$ 上任取一点 c_i ($1 \leqslant i \leqslant n$). 设 $\Delta x_i = x_i - x_{i-1}$. 因 $f(x)$ 在 $[a, b]$ 上连续, 当分点较多, 且分割较细时, 在每个小

区间上 $f(x)$ 的值变化不大, 故小曲边梯形 D_i 的面积 S_i 可以用小矩形 U_i 的面积 $f(c_i)\Delta x_i$ 来近似地代替 (见图 4.4.3):

$$S_i \approx f(c_i)\Delta x_i.$$

3. 求和①:

$$S = \sum_{i=1}^{n} S_i \approx \sum_{i=1}^{n} f(c_i)\Delta x_i.$$

4. 取极限: 令 $\lambda = \max\limits_{1\leqslant i\leqslant n} \Delta x_i$②. 由于 $f(x)$ 连续, λ 越小, 小矩形 U_i 的面积就越接近小曲边梯形 D_i 的面积. 当 $\lambda \to 0$, 所有小区间的长度都无限减小, 所以

$$S = \lim_{\lambda\to 0} \sum_{i=1}^{n} f(c_i)\Delta x_i.$$

例 4.4.2 求细线段的质量.

设 $[a,b]$ 是分布有质量的细线段, $f(x)$ 是质量分布的线密度 (单位长度上的质量) 函数, 求线段 $[a,b]$ 的质量 m.

1. 分割: 将 $[a,b]$ 任意分割为小区间 $(a = x_0,\ b = x_n)$

$$[a,x_1],\ [x_1,x_2],\ \cdots,\ [x_{n-1},b],$$

$[x_{i-1},x_i]$ 的长度记为 $\Delta x_i\ (i = 1,\ 2,\ \cdots,\ n)$.

2. 近似代替: 在 $[x_{i-1},x_i]$ 上任取 c_i, 将 $[x_{i-1},x_i]$ 上的分布密度看做常数 $f(c_i)$, 则 $[x_{i-1},x_i]$ 的质量 m_i 近似地等于 $f(c_i)\Delta x_i$.

3. 求和:

$$m = \sum_{i=1}^{n} m_i \approx \sum_{i=1}^{n} f(c_i)\Delta x_i.$$

4. 取极限: 令 $\lambda = \max\limits_{1\leqslant i\leqslant n} \Delta x_i$. 细线段 $[a,b]$ 的质量

$$m = \lim_{\lambda\to 0} \sum_{i=1}^{n} f(c_i)\Delta x_i.$$

在科学技术中还有许多问题也都归结为像以上这样对函数 $f(x)$ 求一种特殊和 $\sum\limits_{i=1}^{n} f(c_i)\Delta x_i$ 的极限, 并且这个极限与区间的分割方法和中间点的取法无关. 这样就产生了定积分的概念.

---

① $\sum\limits_{i=1}^{n} S_i = S_1 + S_2 + \cdots + S_n$, $\sum\limits_{i=1}^{n} f(c_i)\Delta x_i = f(c_1)\Delta x_1 + f(c_2)\Delta x_2 + \cdots + f(c_n)\Delta x_n$.

② $\max\limits_{1\leqslant i\leqslant n} \Delta x_i$ 表示 Δx_1, Δx_2, $\cdots$, Δx_n 中的最大者.

定义 4.4.1 (定积分) 设函数 $f(x)$ 在闭区间 $[a,b]$ 上有定义. 用分点 $a=x_0<x_1<x_2<\cdots<x_n=b$ 将 $[a,b]$ 分割成 n 个小区间:

$$[a,x_1],\ [x_1,x_2],\ \cdots,\ [x_{i-1},x_i],\ \cdots,\ [x_{n-1},b].$$

任取 $c_i\in[x_{i-1},x_i]$, 记 $\Delta x_i=x_i-x_{i-1}\ (1\leqslant i\leqslant n)$, 作和数

$$\sigma=\sum_{i=1}^{n}f(c_i)\Delta x_i$$

令 $\lambda=\max\limits_{1\leqslant i\leqslant n}\Delta x_i$. 若不论如何分割 $[a,b]$, 不论如何取 $c_i\in[x_{i-1},x_i]\ \ (1\leqslant i\leqslant n)$, 当 $\lambda\to 0$ (必有 $n\to\infty$) 时, 和数 σ 的极限都存在, 则称 $f(x)$ 在 $[a,b]$ 上**可积**, 并称此极限为 $f(x)$ 在 $[a,b]$ 上的**定积分**①, 记为

$$\boxed{\int_a^b f(x)dx=\lim_{\lambda\to 0}\sum_{i=1}^{n}f(c_i)\Delta x_i,}$$

我们称 $f(x)$ 为**被积函数**, x 为**积分变量**, $f(x)dx$ 为**被积表达式**, $\int$ 为**积分号**, $[a,b]$ 为**积分区间**, a 为**积分下限**, b 为**积分上限**, σ 为**积分和**.

显然,

$$\int_a^b 0dx=0.$$

按定积分的定义, 例 4.4.1 中以非负函数 $y=f(x)$ 为曲边的曲边梯形 D 的面积 S 为 $f(x)$ 在 $[a,b]$ 上的定积分, 即

$$\boxed{\text{当 } f(x)\geqslant 0 \text{ 时, } S=\int_a^b f(x)dx,}$$

也就是说, 若在 $[a,b]$ 上 $f(x)\geqslant 0$, 定积分 $\int_a^b f(x)dx$ 的几何意义就是以曲线 $y=f(x)$, 直线 $x=a$, $x=b$ 以及 x 轴为边的曲边梯形的面积.

例 4.4.2 中细线段 $[a,b]$ 的质量 m 是密度函数 $f(x)$ 在 $[a,b]$ 上的定积分:

$$m=\int_a^b f(x)dx.$$

---

① 术语“积分”一词来自拉丁文 integer, 意思是“整的”, 是莱布尼茨的学生与同事伯努利 (J. Bernoulli) 所提出的, 莱布尼茨最初称之为“和”. 黎曼 (B. Riemann) 首创性地对定积分的概念做出了严格的表述, 因此, 通常称和数 $\sum\limits_{i=1}^{n}f(c_i)\Delta x_i$ 为**黎曼和**, 定积分为**黎曼积分**.

注 (1) 在定义 4.4.1 中, 分点 x_i 与 c_i 的任意性是重要的, 和数 $\sum\limits_{i=1}^{n} f(c_i)\Delta x_i$ 的极限的存在与分点 x_i 以及 c_i 的取法无关.

(2) 当定积分 $\int_a^b f(x)dx$ 存在时, 为了便于计算它, 通常取特殊的分点 x_i 和特殊的 c_i, 例如, 等分 $[a,b]$, 将分点 x_i 取作等分点, 将 c_i 取作小区间的端点 (参看例 4.4.3) 等.

(3) $f(x)$ 在 $[a,b]$ 上的定积分 $\int_a^b f(x)dx$ 是一个数, 它由被积函数 $f(x)$ 与积分区间 $[a,b]$ 所确定, 而与积分变量采用什么字母表示无关, 所以

$$\boxed{\int_a^b f(x)dx = \int_a^b f(t)dt.}$$

定积分定义中的积分下限 a 是小于积分上限 b 的. 为方便起见, 我们规定

$$\boxed{\begin{aligned} &\text{当 } a=b \text{ 时}, \int_a^a f(x)dx = 0; \\ &\text{当 } a>b \text{ 时}, \int_a^b f(x)dx = -\int_b^a f(x)dx. \end{aligned}}$$

若 $f(x) \leqslant 0$, 设以 $y=f(x)$ 为曲边的曲边梯形的面积为 S_1 (见图 4.4.4), 由于 $-f(x) \geqslant 0$, 点 $(x, f(x))$ 与点 $(x, -f(x))$ 关于 x 轴对称, 故

$$\begin{aligned} S_1 &= \int_a^b -f(x)dx = \lim_{\lambda\to 0}\sum_{i=1}^{n} -f(c_i)\Delta x_i \\ &= -\lim_{\lambda\to 0}\sum_{i=1}^{n} f(c_i)\Delta x_i = -\int_a^b f(x)dx. \end{aligned}$$

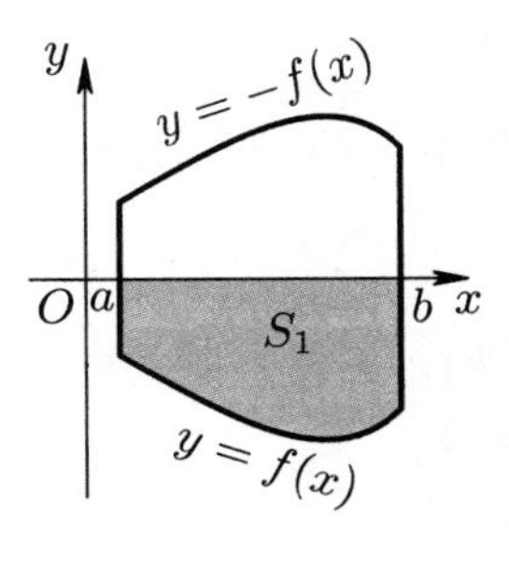

图 4.4.4

即

$$\boxed{\text{当 } f(x) \leqslant 0 \text{ 时}, \int_a^b f(x)dx = -S_1.}$$

上式说明, 当 $f(x) \leqslant 0$ 时, 定积分 $\int_a^b f(x)dx$ 是以 $y=-f(x)$ 为曲边的曲边梯形的面积 S_1 的负值.

由定积分的定义, 若在 $[a,b]$ 上 $f(x)\equiv 1$, 则 $\int_a^b 1dx=\lim\limits_{\lambda\to 0}\sum\limits_{i=1}^{n}1\cdot\Delta x_i=b-a$, 即

$$\boxed{\int_a^b 1dx=\int_a^b dx=b-a.}$$

关于定积分, 有如下两个定理, 其证明超出了本课程的范围, 在此略去.

定理 4.4.1 若函数 $f(x)$ 在区间 $[a,b]$ 上可积, 则 $f(x)$ 在区间 $[a,b]$ 上有界.

定理 4.4.1 是不可逆的, 也就是说在 $[a,b]$ 上有界的函数未必在 $[a,b]$ 可积 (见习题 4.4 第 3 题). 那么什么样的有界函数可积呢? 见下面的定理:

定理 4.4.2 若函数 $f(x)$ 在区间 $[a,b]$ 上连续或只有有限个第一类间断点, 则 $f(x)$ 在 $[a,b]$ 上可积①.

例 4.4.3 计算 $\int_0^1 x^2dx$.

解 因为 $f(x)=x^2$ 在 $[0,1]$ 上连续, 从而可积. 将 $[0,1]$ n 等分, 分点为 $\frac{i}{n}$ $(0\leqslant i\leqslant n)$. 于是得 n 个小区间

$$\left[0,\frac{1}{n}\right],\ \left[\frac{1}{n},\frac{2}{n}\right],\cdots,\left[\frac{i-1}{n},\frac{i}{n}\right],\cdots,\left[\frac{n-1}{n},1\right].$$

每个小区间的长度为 $\lambda=\frac{1}{n}$. 设 c_i 为第 i 个小区间的右端点, 即 $c_i=\frac{i}{n}$ (见图 4.4.5).

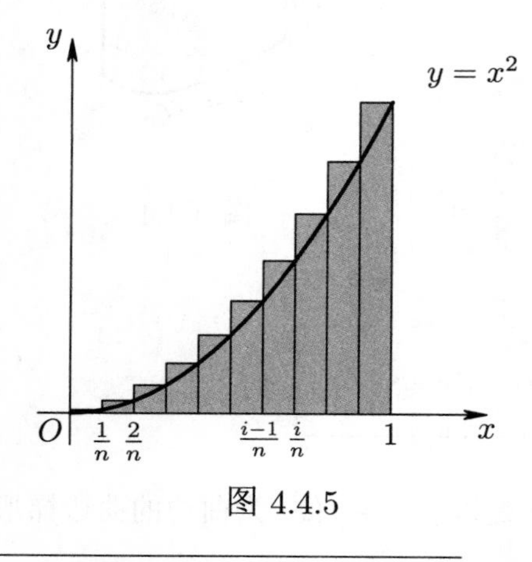

图 4.4.5

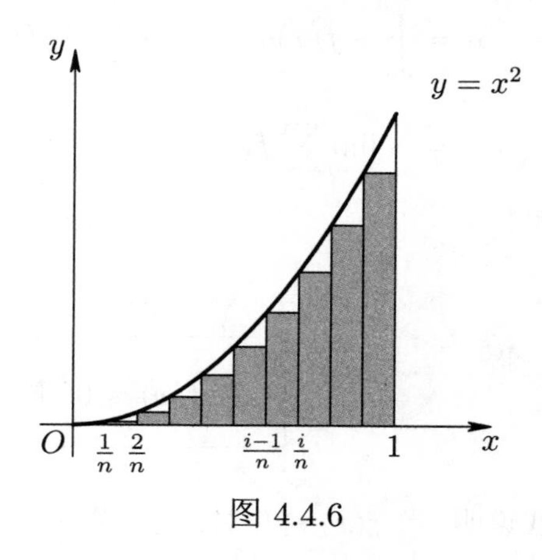

图 4.4.6

① 黎曼函数 $R(x)$ 在 $[0,1]$ 上可积, 但在 x 取有理数 m/n 时不连续, 可见连续函数与可积函数不是一回事.

作积分和

$$\sum_{i=1}^{n} f(c_i)\Delta x_i = \sum_{i=1}^{n} \left(\frac{i}{n}\right)^2 \frac{1}{n}.$$

当 $\lambda \to 0$ (等价于 $n \to \infty$) 时对上式取极限, 得

$$\begin{aligned}\int_0^1 x^2 dx &= \lim_{n\to\infty} \sum_{i=1}^{n} \left(\frac{i}{n}\right)^2 \frac{1}{n} = \lim_{n\to\infty} \frac{n(n+1)(2n+1)}{6n^3} \\ &= \lim_{n\to\infty} \frac{1}{6}\left(1+\frac{1}{n}\right)\left(2+\frac{1}{n}\right) = \frac{1}{3}.\end{aligned}$$

若取第 i 个小区间的左端点 $c_i = \dfrac{i-1}{n}$ 作积分和 (见图 4.4.6), 同样容易计算出定积分 $\displaystyle\int_0^1 x^2 dx = \frac{1}{3}$.

定义 4.4.1 给出定积分概念的同时给出了计算方法, 虽然原则上可以用定义计算定积分, 但是, 在实际上, 即使很简单的被积函数也不易成功, 例如上边的例 4.4.3.

习题 4.4

1. 用定积分的定义证明:

(1) $\displaystyle\int_a^b c dx = c(b-a)$ (c 是任意常数); (2) $\displaystyle\int_0^1 x dx = \frac{1}{2}$.

2. 用定积分的几何意义说明下列各式:

(1) $\displaystyle\int_{-a}^{a} \sqrt{a^2-x^2} dx = \frac{\pi}{2}a^2$ ($a>0$); (2) $\displaystyle\int_0^{\pi} \sin x dx = 2\int_0^{\frac{\pi}{2}} \sin x dx$;

(3) $\displaystyle\int_{-1}^{1} |x| dx = 2\int_0^1 x dx = 1$; (4) $\displaystyle\int_0^1 (1-x) dx = \frac{1}{2}$.

3. 将狄利克雷函数 $D(x)$ 限制在 $[0,1]$ 上得函数

$$\tilde{D}(x) = \begin{cases} 1, & x \text{ 为 } [0,1] \text{ 中的有理数}, \\ 0, & x \text{ 为 } [0,1] \text{ 中的无理数}. \end{cases}$$

证明: $\tilde{D}(x)$ 在 $[0,1]$ 上不可积.

4.5　定积分的性质

以下我们设 $f(x)$ 与 $g(x)$ 均在区间 $[a,b]$ 上可积. 可以证明定积分的如下的性质成立, 我们下面仅给出性质 1 的证明, 性质 2 至性质 6 的证明见附录 A.

性质 1 (线性性) 设 α, β 为任意常数, 则①

$$\boxed{\int_a^b [\alpha f(x)+\beta g(x)]dx = \alpha\int_a^b f(x)dx + \beta\int_a^b g(x)dx.}$$

证明 由定积分的定义, 有

$$\begin{aligned}\int_a^b [\alpha f(x)+\beta g(x)]dx &= \lim_{\lambda\to 0}\sum_{i=1}^n [\alpha f(c_i)+\beta g(c_i)]\Delta x_i \\ &= \alpha\lim_{\lambda\to 0}\sum_{i=1}^n f(c_i)\Delta x_i + \beta\lim_{\lambda\to 0}\sum_{i=1}^n g(c_i)\Delta x_i \\ &= \alpha\int_a^b f(x)dx + \beta\int_a^b g(x)dx.\end{aligned}$$
□

性质 2 (可加性) 若 $c\in[a,b]$, 则

$$\boxed{\int_a^b f(x)dx = \int_a^c f(x)dx + \int_c^b f(x)dx.}$$

注　若 c 在 a 的左边, 即 $c<a<b$, 只要 $f(x)$ 也在 $[c,a]$ 上可积, 性质 2 中的公式仍然成立 [以下各积分号后面省略 $f(x)dx$]:

$$\int_c^b = \int_c^a + \int_a^b = -\int_a^c + \int_a^b,\ \text{移项得}\ \int_a^b = \int_a^c + \int_c^b.$$

同理, 若 c 在 b 的右边, 即 $a<b<c$, 只要 $f(x)$ 也在 $[b,c]$ 上可积, 性质 2 中的公式仍然成立.

性质 3 (保号性)

$$\boxed{\text{若在区间 } [a,b] \text{ 上有 } f(x)\geqslant g(x),\ \text{则} \int_a^b f(x)dx \geqslant \int_a^b g(x)dx.}$$

① 当 $\beta=0$ 时, 有 $\int_a^b \alpha f(x)dx = \alpha\int_a^b f(x)dx$;
当 $\alpha=1$, $\beta=-1$ 时, 有 $\int_a^b (f(x)-g(x))dx = \int_a^b f(x)dx - \int_a^b g(x)dx$.

由性质 3 知: 若在 $[a,b]$ 上 $f(x) \geqslant 0$, 则 $\int_a^b f(x)dx \geqslant 0$; 若在 $[a,b]$ 上 $f(x) \leqslant 0$, 则 $\int_a^b f(x)dx \leqslant 0$.

一般地, 由 $f(x)$ 在区间 $[a,b]$ 上非负, 且存在 $\xi \in [a,b]$, 使得 $f(\xi) > 0$ 不能推得 $\int_a^b f(x)dx > 0$. 可是我们有如下定理 (证明见附录 A):

定理 4.5.1 若 $f(x)$ 在区间 $[a,b]$ 上连续且 $f(x) \geqslant 0$, 则

$$\boxed{\int_a^b f(x)dx > 0 \Leftrightarrow \exists\, \xi \in [a,b], \text{ 使得 } f(\xi) > 0.}$$

推论 4.5.1 若 $f(x)$ 与 $g(x)$ 在区间 $[a,b]$ 上连续且 $f(x) \geqslant g(x)$, 则

$$\int_a^b f(x)dx > \int_a^b g(x)dx \Leftrightarrow \exists\, \xi \in [a,b], \text{ 使得 } f(\xi) > g(\xi).$$

性质 4 (**估值定理**) 若 $m \leqslant f(x) \leqslant M \ (a \leqslant x \leqslant b)$, 则

$$m(b-a) \leqslant \int_a^b f(x)dx \leqslant M(b-a).$$

性质 5 若 $a \leqslant b$, 则

$$\left|\int_a^b f(x)dx\right| \leqslant \int_a^b |f(x)|dx.$$

性质 6 (**积分中值定理**) 设 $f(x)$ 在区间 $[a,b]$ 上连续, 则 $\exists\, \xi \in (a,b)$, 使得

$$\boxed{\int_a^b f(x)dx = f(\xi)(b-a).}$$

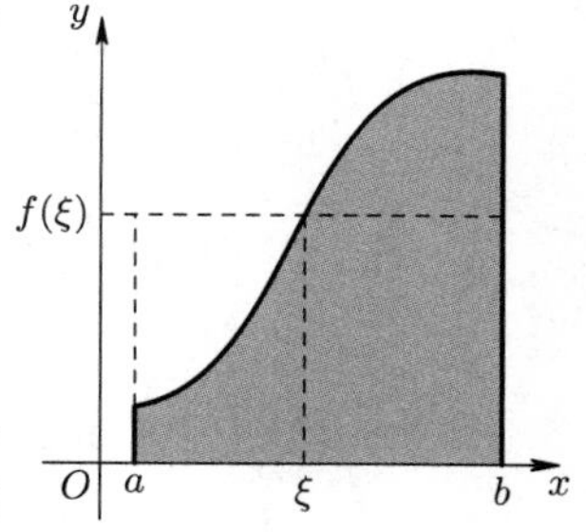

图 4.5.1

积分中值定理的几何意义: 若 $f(x)$ 在 $[a,b]$ 上非负且连续, 则由 $y=f(x)$, $x=a$, $x=b$ 以及 $y=0$ 所围成的曲边梯形 D 的面积 $\int_a^b f(x)dx$ 等于以 $f(\xi)$ 为高, 以 $b-a$ 为底的矩形的面积 $f(\xi)(b-a)$ (见图 4.5.1), 因此, 我们称

$$\boxed{f(\xi) = \frac{1}{b-a}\int_a^b f(x)dx}$$

为曲边梯形 D 的平均高度, 也称它为 $f(x)$ 在 $[a,b]$ 上的**平均值**.

习题 4.5

1. 比较下列各组定积分的大小:

(1) $\int_1^2 \ln x dx,\ \int_1^2 \ln^2 x dx$;　　(2) $\int_3^4 \ln x dx,\ \int_3^4 \ln^2 x dx$;

(3) $\int_0^1 e^{-x^2} dx,\ \int_0^1 e^{-x} dx$;　　(4) $\int_0^{\pi} e^x dx,\ \int_0^{\pi} \sin x dx$.

2. 证明下列不等式:

(1) $1 \leqslant \int_0^1 e^{x^2} dx \leqslant e$;　　(2) $\frac{1}{2} \leqslant \int_1^4 \frac{dx}{2+x} \leqslant 1$;

(3) $\frac{1}{5} \leqslant \int_1^3 \frac{x}{1+x^2} dx \leqslant 1$;　　(4) $\frac{1}{2} \leqslant \int_0^1 \sqrt{2x^2-x^4} dx \leqslant \frac{\sqrt{2}}{2}$.

3. (1) 设 $f(x)$ 在区间 $[a,b]$ 上可积, c,d 是 $[a,b]$ 中的点, 证明下列两式成立:

$$\int_a^c f(x)dx - \int_b^c f(x)dx + \int_b^b f(x)dx = \int_a^b f(x)dx;$$

$$\int_c^d f(x)dx - \int_c^a f(x)dx - \int_b^d f(x)dx = \int_a^b f(x)dx.$$

(2) 求 $\int_0^1 (3x^2-2x+5)dx + \int_1^6 dx + \int_6^6 \sin x dx$;

(3) 求 $\int_1^2 1dx + \int_2^3 2dx + \int_3^4 3dx + \cdots + \int_n^{n+1} ndx$ (n 是正整数);

(4) 设 $f(x) = \begin{cases} x^2, & 0 \leqslant x \leqslant 1, \\ 1, & 1 < x \leqslant 2, \end{cases}$ 求 $\int_0^2 f(x)dx$.

4. 设 $f(x)$ 在 $[0,\pi]$ 上连续, 且 $|f(x)| \leqslant 1$, 则 $\left|\int_0^{\pi} f(x)\sin x dx\right| \leqslant \pi$.

5. 证明: $\lim\limits_{n\to\infty} \left(\int_0^{\frac{\pi}{4}} \sin x dx\right)^n = 0$.

6. 设 $f(x)$ 在 $[0,2]$ 上连续, 在 $(0,2)$ 内可导, 且 $f(2) = \frac{1}{2}\int_0^1 xf(x)dx$, 证明: 存在 $\xi \in (0,2)$ 使得 $f(\xi) + \xi f'(\xi) = 0$.

4.6　定积分的计算

表面上看, 求定积分与求原函数或不定积分似乎没有什么联系, 本节将建立定积分与原函数的联系, 给出计算定积分的一般法则: **牛顿 – 莱布尼茨公式**, 还将介绍定积分换元法和分部积分法.

4.6.1 变上限的定积分

设 $f(x)$ 在区间 $[a,b]$ 上连续, 则对于任意的 $x \in [a,b]$,

$$\boxed{\Phi(x) = \int_a^x f(t)dt}$$

存在, 这样 $\Phi(x)$ 是定义在 $[a,b]$ 上的一个函数, 我们称它为**变上限的定积分**[①]. 显然,

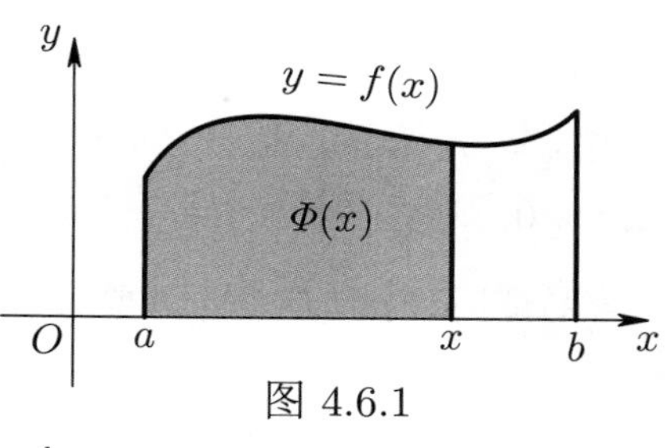

图 4.6.1

$$\Phi(a) = 0, \quad \Phi(b) = \int_a^b f(t)dt.$$

若在区间 $[a,b]$ 上 $f(x) \geqslant 0$, 则对于每个 $x \in [a,b]$, $\Phi(x)$ 表示图 4.6.1 中阴影部分的面积.

定理 4.6.1 (**原函数存在定理**) 设 $f(x)$ 在区间 $[a,b]$ 上连续, 则变上限的定积分 $\Phi(x)$ 可导, 而且

$$\boxed{\frac{d}{dx}\int_a^x f(t)dt = f(x),}$$

即 $\Phi'(x) = f(x)$ $(a \leqslant x \leqslant b)$.

证明 若 $x \in (a,b)$, 给 x 以增量 Δx, 使得 $x + \Delta x \in (a,b)$, 则 $\Phi(x)$ 在 $x + \Delta x$ 的函数值为

$$\Phi(x + \Delta x) = \int_a^{x+\Delta x} f(t)dt.$$

注意到 $-\displaystyle\int_a^x f(t)dt = \int_x^a f(t)dt$, 函数的增量

$$\begin{aligned}\Delta\Phi = \Phi(x + \Delta x) - \Phi(x) &= \int_a^{x+\Delta x} f(t)dt - \int_a^x f(t)dt \\ &= \int_x^a f(t)dt + \int_a^{x+\Delta x} f(t)dt = \int_x^{x+\Delta x} f(t)dt.\end{aligned}$$

由积分中值定理, 在 x 与 $x + \Delta x$ 之间存在一点 ξ, 使得 $\displaystyle\int_x^{x+\Delta x} f(t)dt = f(\xi)\Delta x$, 于是

$$\Delta\Phi = f(\xi)\Delta x.$$

① 变上限的定积分也称为积分上限函数.

因为 $f(x)$ 在点 x 连续, 当 $\Delta x \to 0$ 时, $\xi \to x$, 所以

$$\Phi'(x) = \lim_{\Delta x \to 0} \frac{\Delta \Phi}{\Delta x} = \lim_{\xi \to x} f(\xi) = f(x).$$

若 $x = a$, 给 a 以增量 $\Delta x > 0$, 则可证得 $\Phi'_+(a) = f(a)$; 若 $x = b$, 给 b 以增量 $\Delta x < 0$, 则可证得 $\Phi'_-(b) = f(b)$. □

容易证明, 对于 $x < a$, 只要对于某个 $\lambda < x$, $f(x)$ 在区间 $(\lambda, a]$ 上连续, 仍有

$$\frac{d}{dx}\int_a^x f(t)dt = f(x).$$

变上限的定积分 $\Phi(x) = \displaystyle\int_a^x f(t)dt$ 在微积分学中有重要作用. 由原函数存在定理, 任何连续函数都存在原函数, 并且变上限的定积分 $\Phi(x)$ 就是 $f(x)$ 的一个原函数.

例 4.6.1 求 $\dfrac{d}{dx}\displaystyle\int_0^x \frac{dt}{1+\sin^2 t}$.

解 由原函数存在定理, 变上限的定积分对 x 的导数等于被积函数在积分上限的值, 于是

$$\frac{d}{dx}\int_0^x \frac{dt}{1+\sin^2 t} = \frac{1}{1+\sin^2 x}.$$

例 4.6.2 求 $\dfrac{d}{dx}\displaystyle\int_x^1 e^{-t^2}dt$.

解 因为 $\displaystyle\int_x^1 e^{-t^2}dt = -\int_1^x e^{-t^2}dt$, 所以

$$\frac{d}{dx}\int_x^1 e^{-t^2}dt = \frac{d}{dx}\left(-\int_1^x e^{-t^2}dt\right) = -\frac{d}{dx}\int_1^x e^{-t^2}dt = -e^{-x^2}.$$

例 4.6.3 设 $f(x)$ 在 $(-\infty, +\infty)$ 上连续, 求 $\dfrac{d}{dx}\displaystyle\int_0^x (x+t)f(t)dt$.

解 因为 $\displaystyle\int_0^x (x+t)f(t)dt = x\int_0^x f(t)dt + \int_0^x tf(t)dt$, 所以

$$\begin{aligned}\frac{d}{dx}\int_0^x (x+t)f(t)dt &= \frac{d}{dx}\left[x\int_0^x f(t)dt\right] + \frac{d}{dx}\int_0^x tf(t)dt \\ &= \int_0^x f(t)dt + x\frac{d}{dx}\int_0^x f(t)dt + xf(x) \\ &= \int_0^x f(t)dt + 2xf(x).\end{aligned}$$

例 4.6.4 (1) 求 $\dfrac{d}{dx}\displaystyle\int_0^{\cos x} e^{-t^2}dt$; (2) 求 $\dfrac{d}{dx}\displaystyle\int_x^{\sqrt{x}} \cos t^2 dt$

解 (1) $\displaystyle\int_0^{\cos x} e^{-t^2}dt$ 是 $u=\cos x$ 的函数, 因而是 x 的复合函数. 因

$$\Phi(u)=\int_0^u e^{-t^2}dt,$$

由复合函数求导法则, 有

$$\begin{aligned}\frac{d}{dx}\int_0^{\cos x} e^{-t^2}dt &= \frac{d\Phi(u)}{dx}\Big|_{u=\cos x} = \frac{d}{du}\Phi(u)\Big|_{u=\cos x}\cdot\frac{du}{dx}\\ &= e^{-u^2}\Big|_{u=\cos x}(-\sin x) = -\sin x e^{-\cos^2 x}.\end{aligned}$$

(2) 利用定积分的可加性,

$$\int_x^{\sqrt{x}}\cos t^2 dt = \int_x^0 \cos t^2 dt + \int_0^{\sqrt{x}}\cos t^2 dt,$$

于是

$$\frac{d}{dx}\int_x^{\sqrt{x}}\cos t^2 dt = -\cos x^2 + \cos\sqrt{x}^2\frac{d\sqrt{x}}{dx} = \frac{1}{2\sqrt{x}}\cos x - \cos x^2.$$

4.6.2 牛顿 – 莱布尼茨公式

定理 4.6.2 [**牛顿 – 莱布尼茨 (Newton - Leibniz) 公式**] 设 $f(x)$ 在区间 $[a,b]$ 上连续, 且 $F(x)$ 是 $f(x)$ 的一个原函数, 则

$$\boxed{\int_a^b f(x)dx = F(b)-F(a).}$$

证明 因 $f(x)$ 在区间 $[a,b]$ 上连续, 由原函数存在定理, 变上限的定积分 $\displaystyle\int_a^x f(t)dt$ 是 $f(x)$ 的一个原函数, 于是

$$F(x)=\int_a^x f(t)dt + C,\quad C \text{ 为某一常数}.$$

令 $x=a$, 则

$$F(a)=\int_a^a f(t)dt + C = 0 + C,$$

即 $C = F(a)$. 于是有

$$F(x) = \int_a^x f(t)dt + F(a).$$

再令 $x = b$, 则

$$F(b) = \int_a^b f(t)dt + F(a),$$

即

$$\int_a^b f(x)dx = F(b) - F(a) = F(x)\Big|_a^b. \qquad \square$$

牛顿 – 莱布尼茨公式被称为“**微积分学基本定理**”. 该公式建立了定积分与不定积分之间的联系, 将定积分的计算归结为求原函数在积分区间的端点的函数值之差, 给出了求各种形式积分和极限的一般方法, 从而极大地简化了定积分的计算, 推动了微积分学的发展.

例 4.6.5 求 $\int_0^1 x^\alpha dx,\ \alpha > 0$.

解 由于 $\frac{1}{\alpha+1}x^{\alpha+1}$ 是 x^α 的原函数, 根据牛顿 – 莱布尼茨公式,

$$\int_0^1 x^\alpha dx = \frac{1}{\alpha+1}x^{\alpha+1}\Big|_0^1 = \frac{1}{\alpha+1}.$$

在例 4.4.3 中, 我们曾根据定积分的定义计算出 $\int_0^1 x^2 dx = \frac{1}{3}$, 以上计算要比直接用定义计算简单很多.

例 4.6.6 求 $\int_a^b e^x dx$.

解 因 $(e^x)' = e^x$, 故 $\int_a^b e^x dx = e^x\Big|_a^b = e^b - e^a$.

例 4.6.7 求 $\int_1^e \frac{dx}{x}$.

解 因 $\ln x$ 是 $\frac{1}{x}$ 的原函数, 故 $\int_1^e \frac{dx}{x} = \ln x\Big|_1^e = \ln e - \ln 1 = 1$.

例 4.6.8 求 $\int_0^{\frac{\pi}{2}} \sin x\cos x dx$.

解 因

$$\int \sin x\cos x dx = \int \sin x d\sin x = \frac{1}{2}\sin^2 x + C,$$

故

$$\int_0^{\frac{\pi}{2}} \sin x \cos x dx = \frac{1}{2}\sin^2 x\Big|_0^{\frac{\pi}{2}} = \frac{1}{2}.$$

例 4.6.9 求 $\int_1^2 \frac{1}{\sqrt{x}} e^{\sqrt{x}} dx$.

解 因

$$\int \frac{1}{\sqrt{x}} e^{\sqrt{x}} dx = 2\int e^{\sqrt{x}} d\sqrt{x} = 2e^{\sqrt{x}} + C,$$

故

$$\int_1^2 \frac{1}{\sqrt{x}} e^{\sqrt{x}} dx = 2e^{\sqrt{x}}\Big|_1^2 = 2\left(e^{\sqrt{2}} - e\right).$$

例 4.6.10 求 $\int_{-1}^2 |x| dx$.

解 由于

$$|x| = \begin{cases} -x, & -1 \leqslant x \leqslant 0, \\ x, & 0 < x \leqslant 2, \end{cases}$$

根据定积分的可加性, 有

$$\begin{aligned}\int_{-1}^2 |x| dx &= \int_{-1}^0 -x dx + \int_0^2 x dx = -\frac{1}{2}x^2\Big|_{-1}^0 + \frac{1}{2}x^2\Big|_0^2 \\ &= -\frac{1}{2}[0-(-1)^2] + \frac{1}{2}(2^2-0) = \frac{1}{2} + 2 = \frac{5}{2}.\end{aligned}$$

4.6.3 定积分换元法

定理 4.6.3 (**定积分换元法**) 设函数 $f(x)$ 在区间 $[a,b]$ 上连续, 且函数 $x=\varphi(t)$ 在 $[\alpha,\beta]$ 或 $[\beta,\alpha]$ 上有连续导数, 且 $\varphi(x)$ 的值域为 $[a,b]$, 又 $\varphi(\alpha)=a$, $\varphi(\beta)=b$, 则**定积分换元公式**成立:

$$\boxed{\int_a^b f(x)dx = \int_\alpha^\beta f(\varphi(t))\varphi'(t)dt.}$$

证明 设 $F(x)$ 是 $f(x)$ 的原函数, 即 $F'(x)=f(x)$, 由复合函数求导法则, $F(\varphi(t))$ 是 $f(\varphi(t))\varphi'(t)$的原函数, 于是由牛顿 – 莱布尼茨公式,

$$\int_a^b f(x)dx = F(x)\Big|_a^b = F(b) - F(a),$$

$$\int_{\alpha}^{\beta} f(\varphi(t))\varphi'(t)dt = F(\varphi(t))\Big|_{\alpha}^{\beta} = F(\varphi(\beta)) - F(\varphi(\alpha)) = F(b) - F(a).$$

由以上两式可知所要证明的公式成立. □

用定积分换元公式计算定积分时, 得到用新变量表示的原函数后即可用相应的积分限代入, 求其差值就可以了. 也就是说, 不必作变量还原, 再用原来的积分限去计算定积分的值.

注 通过作替换 $x = \varphi(t)$, 也可将定理 4.6.3 中公式右端的定积分转换成左端的定积分来算, 见下面的例 4.6.11 (2).

例 4.6.11 计算: (1) $\int_0^1 \sqrt{1-x^2}dx$; (2) $\int_0^2 te^{t^2}dt$.

解 (1) 设 $x = \cos t$, 则 $dx = -\sin tdt$, 当 $x = 0$ 时, $t = \frac{\pi}{2}$; 当 $x = 1$ 时, $t = 0$. 于是

$$\int_0^1 \sqrt{1-x^2}dx = -\int_{\frac{\pi}{2}}^0 \sin t \sin tdt = \frac{1}{2}\int_0^{\frac{\pi}{2}} (1-\cos 2t)dt$$

$$= \frac{1}{2}\left(t - \frac{1}{2}\sin 2t\right)\Big|_0^{\frac{\pi}{2}} = \frac{\pi}{4}.$$

(2) 设 $x = t^2$, 则 $dx = 2tdt$, 当 $t = 0$ 时, $x = 0$; 当 $t = 2$ 时, $x = 4$. 于是

$$\int_0^2 te^{t^2}dt = \frac{1}{2}\int_0^4 e^x dx = \frac{1}{2}(e^4 - 1).$$

例 4.6.12 计算 $\int_0^{\ln 2} \sqrt{e^x - 1}dx$.

解 设 $\sqrt{e^x-1} = t$, 即 $x = \ln(t^2+1)$, $dx = \frac{2t}{t^2+1}dt$. 当 $x = 0$ 时, $t = 0$; 当 $x = \ln 2$ 时, $t = 1$. 于是

$$\int_0^{\ln 2} \sqrt{e^x-1}dx = 2\int_0^1 \frac{t^2}{t^2+1}dt = 2\int_0^1 \left(1 - \frac{1}{t^2+1}\right)dt$$

$$= 2(t - \arctan t)\Big|_0^1 = 2(1-\arctan 1) = 2 - \frac{\pi}{2}.$$

例 4.6.13 设函数 $f(x)$ 在区间 $[-a, a]$ 上连续, 证明:

$$\boxed{\int_{-a}^{a} f(x)dx = \begin{cases} 0, & \text{若 } f(x) \text{ 是奇函数,} \\ 2\int_0^a f(x)dx, & \text{若 } f(x) \text{ 是偶函数.} \end{cases}}$$

解 由定积分可加性得

$$\int_{-a}^{a} f(x)dx = \int_{-a}^{0} f(x)dx + \int_{0}^{a} f(x)dx.$$

现考虑上式右端第一个积分:

令 $x = -t$, 则 $dx = -dt$, 当 $x = -a$ 时, $t = a$; 当 $x = 0$ 时, $t = 0$.

若 $f(x)$ 是奇函数, 由于 $f(-x) = -f(x)$, 有

$$\int_{-a}^{0} f(x)dx = \int_{a}^{0} f(-t)(-dt) = \int_{a}^{0} f(t)dt = -\int_{0}^{a} f(x)dx.$$

若 $f(x)$ 是偶函数, 由于 $f(-x) = f(x)$, 有

$$\int_{-a}^{0} f(x)dx = \int_{a}^{0} f(-t)(-dt) = \int_{0}^{a} f(t)dt = \int_{0}^{a} f(x)dx.$$

可见, 所要证明的结论成立.

例 4.6.14 求 $\displaystyle\int_{-1}^{1} \frac{|x| + \tan x}{1 + x^2} dx.$

解 由于

$$\int_{-1}^{1} \frac{|x| + \tan x}{1 + x^2} dx = \int_{-1}^{1} \frac{|x|}{1 + x^2} dx + \int_{-1}^{1} \frac{\tan x}{1 + x^2} dx,$$

注意到 $\dfrac{|x|}{1 + x^2}$ 是偶函数, 而 $\dfrac{\tan x}{1 + x^2}$ 是奇函数, 由例 4.6.13 得

$$\begin{aligned}\int_{-1}^{1} \frac{|x| + \tan x}{1 + x^2} dx &= 2\int_{0}^{1} \frac{x}{1 + x^2} dx + 0 \\ &= \int_{0}^{1} \frac{d(1 + x^2)}{1 + x^2} = \ln(1 + x^2)\Big|_{0}^{1} = \ln 2.\end{aligned}$$

例 4.6.15 (1) 证明 $\displaystyle\int_{0}^{\pi} x f(\sin x)dx = \frac{\pi}{2}\int_{0}^{\pi} f(\sin x)dx;$

(2) 利用 (1) 的结果计算 $\displaystyle\int_{0}^{\pi} \frac{x \sin x}{1 + \cos^2 x} dx.$

证明 (1) 令 $x = \pi - t$, 则 $dx = -dt$, 当 $x = 0$ 时, $t = \pi$; 当 $x = \pi$ 时, $t = 0$, 于是

$$\begin{aligned}\int_{0}^{\pi} x f(\sin x)dx &= \int_{\pi}^{0} (\pi - t) f(\sin(\pi - t))(-dt) \\ &= \int_{0}^{\pi} (\pi - t) f(\sin t)dt = \pi\int_{0}^{\pi} f(\sin t)dt - \int_{0}^{\pi} t f(\sin t)dt.\end{aligned}$$

上式整理即得所要证的等式.

(2) $f(\sin x)=\dfrac{\sin x}{2-\sin^2 x}=\dfrac{\sin x}{1+\cos^2 x}$, 利用已证明的结果得

$$\int_0^\pi \frac{x\sin x}{1+\cos^2 x}dx=\frac{\pi}{2}\int_0^\pi \frac{\sin x}{1+\cos^2 x}dx=-\frac{\pi}{2}\int_0^\pi \frac{d\cos x}{1+\cos^2 x}$$

$$=-\frac{\pi}{2}\arctan\cos x\Big|_0^\pi=-\frac{\pi}{2}\left(-\frac{\pi}{4}-\frac{\pi}{4}\right)=\frac{\pi^2}{4}. \qquad \square$$

4.6.4 定积分分部积分法

类似于不定积分分部积分法的证明可得:

定理 4.6.4 (定积分分部积分法) 设 $u(x)$ 与 $v(x)$ 在区间 $[a,b]$ 上有连续导数, 则下列**定积分分部积分公式**成立,

$$\int_a^b u(x)dv(x)=u(x)v(x)\Big|_a^b-\int_a^b v(x)du(x).$$

简记为

$$\boxed{\int_a^b udv=uv\Big|_a^b-\int_a^b vdu.}$$

例 4.6.16 求 $\displaystyle\int_0^{\frac{\pi}{4}}\frac{x}{\cos^2 x}dx$.

解 由定积分分部积分公式,

$$\int_0^{\frac{\pi}{4}}\frac{x}{\cos^2 x}dx=\int_0^{\frac{\pi}{4}}xd\tan x=x\tan x\Big|_0^{\frac{\pi}{4}}-\int_0^{\frac{\pi}{4}}\tan xdx$$

$$=\frac{\pi}{4}+\int_0^{\frac{\pi}{4}}\frac{d\cos x}{\cos x}=\frac{\pi}{4}+\ln|\cos x|\Big|_0^{\frac{\pi}{4}}=\frac{\pi}{4}-\frac{1}{2}\ln 2.$$

例 4.6.17 求 $\displaystyle\int_0^4 e^{\sqrt{x}}dx$.

解 令 $\sqrt{x}=t$, 即 $x=t^2$, 则 $dx=2tdt$, 当 $x=0$ 时, $t=0$; 当 $x=4$ 时, $t=2$. 于是

$$\int_0^4 e^{\sqrt{x}}dx=2\int_0^2 te^t dt=2\int_0^2 tde^t=2te^t\Big|_0^2-2\int_0^2 e^t dt$$

$$=4e^2-2(e^2-1)=2(e^2+1).$$

例 4.6.18 求 $\int_1^2 x\ln x dx$.

解
$$\int_1^2 x\ln x dx = \frac{1}{2}\int_1^2 \ln x dx^2 = \frac{1}{2}x^2\ln x\Big|_1^2 - \frac{1}{2}\int_1^2 x^2 d\ln x$$
$$= 2\ln 2 - \frac{1}{2}\int_1^2 x dx = 2\ln 2 - \frac{3}{4}.$$

例 4.6.19 求 $\int_0^1 t^3 e^{-t^2} dt$.

解 令 $x = t^2$, 则 $dx = 2tdt$. 当 $t = 0$ 时, $x = 0$; 当 $t = 1$ 时, $x = 1$, 于是
$$\int_0^1 t^3 e^{-t^2} dt = \frac{1}{2}\int_0^1 t^2 e^{-t^2} dt^2 = \frac{1}{2}\int_0^1 x e^{-x} dx$$
$$= -\frac{1}{2}\int_0^1 x de^{-x} = -\frac{1}{2}\left(xe^{-x}\big|_0^1 - \int_0^1 e^{-x}dx\right)$$
$$= -\frac{1}{2}\left(e^{-1} + e^{-x}\big|_0^1\right) = \frac{1}{2} - \frac{1}{e}.$$

习题 4.6

1. 求下列函数 y 的导数 $\frac{dy}{dx}$:

(1) $y = \int_4^x \cos t^2 dt$;

(2) $y = \int_x^{-1} \ln(1+t^2) dt$;

(3) $y = \int_{-1}^{2x} \sqrt{1+t^2} dt$;

(4) $y = \int_x^{x^2} \sin t^2 dt$;

(5) $y = x\int_1^2 \sqrt{1+x^3} dx$;

(6) $y = \left(\int_0^x e^{t^2} dt\right)^3$.

2. 设函数 $f(x)$ 在 $\mathbf{R}$ 上连续, $\Phi(x) = \int_0^x f(t)dt$, 证明:

(1) 若 $f(x)$ 为偶函数, 则 $\Phi(x)$ 是奇函数;

(2) 若 $f(x)$ 为奇函数, 则 $\Phi(x)$ 是偶函数.

3. 求极限:

(1) $\lim\limits_{x\to 0}\frac{1}{x^3}\int_0^x \sin t^2 dt$; (2) $\lim\limits_{x\to 0}\frac{1}{x}\int_x^{3x} \cos t^2 dt$; (3) $\lim\limits_{x\to 0}\frac{e^{x^2}-1}{x\int_0^x e^{t^2}dt}$.

4. 求下列定积分: (a)

(1) $\int_1^2 \frac{dx}{x^2}$;　(2) $\int_{\frac{\pi}{4}}^{\frac{\pi}{3}} \sec^2 x dx$;　(3) $\int_0^{\pi} \cos x dx$;

(4) $\int_0^1 (e^{2x} + x^3) dx$;　(5) $\int_0^1 (3^x - 2) dx$;　(6) $\int_{-2}^2 \sqrt{x+2} dx$;

(7) $\int_{-2}^1 x|x| dx$;　(8) $\int_{\frac{\pi}{6}}^{\frac{\pi}{4}} \csc^2 x dx$;　(9) $\int_{-2}^1 |x+1| dx$.

(b)

(1) $\int_0^2 \frac{dx}{4+x^2}$;　(2) $\int_{-1}^1 \frac{dx}{\sqrt{5-4x}}$;　(3) $\int_1^{e^2} \frac{dx}{x}$;

(4) $\int_1^4 \frac{x}{\sqrt{2+4x}} dx$;　(5) $\int_0^8 \frac{\sin\sqrt{x+1}}{\sqrt{x+1}} dx$;　(6) $\int_4^9 \left(x^{\frac{1}{2}} + x^{-\frac{1}{2}}\right) dx$;

(7) $\int_0^2 x\sqrt{x^2+5} dx$;　(8) $\int_{-1}^0 \frac{x^2}{(x^3-1)^5} dx$;　(9) $\int_{\frac{\pi^2}{4}}^{\pi^2} \frac{\cos\sqrt{x}}{\sqrt{x}} dx$;

(10) $\int_0^{\frac{\pi}{6}} \frac{\sec^2 x}{(1+\tan x)^2} dx$;　(11) $\int_1^e \frac{\sqrt{\ln x}}{x} dx$;　(12) $\int_0^1 \frac{e^x - e^{-x}}{2} dx$;

(13) $\int_1^{e^2} \frac{dx}{x\sqrt{1+\ln x}}$;　(14) $\int_0^4 |x^2 - 3x + 2| dx$;　(15) $\int_0^{2\pi} x \cos^2 x dx$;

(16) $\int_0^{\frac{\pi}{2}} \sin x dx$;　(17) $\int_3^4 x\sqrt{25 - x^2} dx$;　(18) $\int_0^1 \frac{dx}{(x^2 - x + 1)^{\frac{3}{2}}}$;

(19) $\int_0^3 \frac{\sqrt{x}}{1+x} dx$;　(20) $\int_0^{\frac{\pi}{4}} \cos^4 x dx$;　(21) $\int_0^{\frac{\pi}{4}} \tan^4 x dx$.

5. 求下列定积分:

(1) $\int_{-2}^2 (x^4 + x^9 \sin x^2) dx$;　(2) $\int_{-1}^1 \frac{|x| + x^3 \tan^2 x}{1+x^2} dx$;　(3) $\int_{-1}^1 (x + |x|)^2 dx$;

(4) $\int_0^{\pi} \sin^2 x dx$;　(5) $\int_0^1 \frac{dx}{(1+e^x)^2}$;　(6) $\int_0^2 x e^x dx$;

(7) $\int_0^{2\pi} \sqrt{1+\cos x} dx$;　(8) $\int_0^1 x \arctan(1-x) dx$;　(9) $\int_0^1 \frac{dx}{2+e^x}$;

(10) $\int_0^{\pi} (\sin 3x + \cos 2x) dx$.

6. 设以 T 为周期的函数 $f(x)$ 在 $\mathbf{R}$ 上连续. 证明: 对于任意 $a \in \mathbf{R}$, 都有

$$\int_a^{a+T} f(x)dx = \int_0^T f(x)dx.$$

7. 设 $\alpha > 0$, $\beta > 0$, 证明:

(1) $\displaystyle\int_\alpha^1 \frac{dx}{1+x^2} = \int_1^{\frac{1}{\alpha}} \frac{dx}{1+x^2}$; (2) $\displaystyle\int_0^1 x^\alpha(1-x)^\beta dx = \int_0^1 (1-x)^\alpha x^\beta dx$.

8. 设 $f(x)$ 为连续函数, 证明: $\displaystyle\int_0^{\frac{\pi}{2}} f(\sin x)dx = \int_0^{\frac{\pi}{2}} f(\cos x)dx$.

9. 求下列函数在 $[0,1]$ 上的最大值与最小值:

(1) $\displaystyle F(x) = \int_0^x \frac{t+2}{t^2+1}dt$; (2) $\displaystyle F(x) = \int_0^x \frac{3t}{t^2-t+1}dt$.

4.7 应用定积分求平面图形的面积

这一节, 我们利用定积分来求平面图形的面积. 以下设 $a < b$, $f(x)$ 与 $g(x)$ 在闭区间 $[a,b]$ 上连续.

定理 4.7.1 设 $g(x) \leqslant f(x)$, 由 $y = f(x)$, $y = g(x)$, $x = a$ 以及 $x = b$ 所围成的图形的面积为 S, 则

$$\boxed{S = \int_a^b [f(x) - g(x)]dx.}$$

证明 若 $g(x) \equiv 0$, 因 $f(x) \geqslant 0$, 由定积分的几何意义, 图 4.7.1 中的阴影部分面积为

$$S = \int_a^b f(x)dx.$$

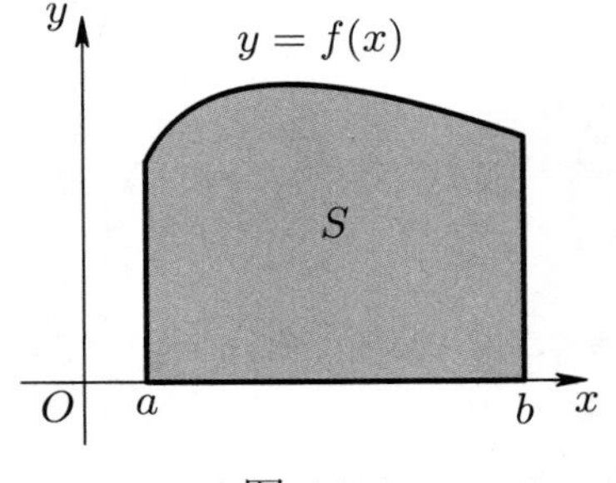

图 4.7.1

若曲线 $y = f(x)$ 与 $y = g(x)$ 都在 x 轴上方 (见图 4.7.2), 由于 $g(x) \leqslant f(x)$,

$$S = \int_a^b f(x)dx - \int_a^b g(x)dx = \int_a^b [f(x) - g(x)]dx.$$

若曲线 $y=f(x)$ 与 $y=g(x)$ 不是都在 x 轴上方 (见图 4.7.3), 则把 x 轴向下平移一段, 使得这两条曲线都在 x 轴上方, 这时,

$$[f(x)+k]-[g(x)+k]=f(x)-g(x),$$

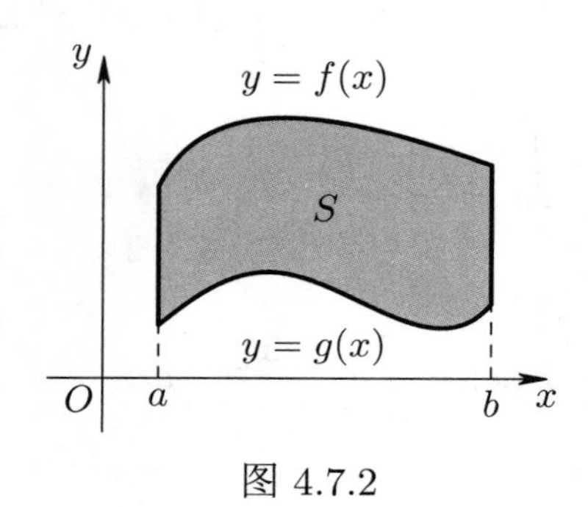

图 4.7.2

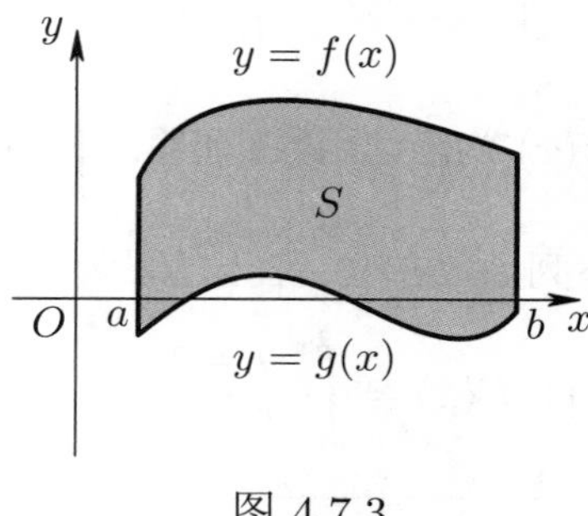

图 4.7.3

因而

$$S=\int_a^b\{[f(x)+k]-[g(x)+k]\}dx=\int_a^b[f(x)-g(x)]dx. \qquad \square$$

例 4.7.1 求由曲线 $y=e^x-1$, 直线 $x-2y=0$ 以及 $x=1$ 所围成的图形的面积 S.

解 由于直线 $x-2y=0$ 可以表示成 $y=\frac{1}{2}x$, 在 $[0,1]$ 上 $e^x-1\geqslant\frac{1}{2}x$ (见图 4.7.4), 所以

$$\int_0^1\left[(e^x-1)-\frac{1}{2}x\right]dx$$

$$=\left(e^x-x-\frac{1}{4}x^2\right)\Big|_0^1$$

$$=e-\frac{1}{4}-2=e-\frac{9}{4}.$$

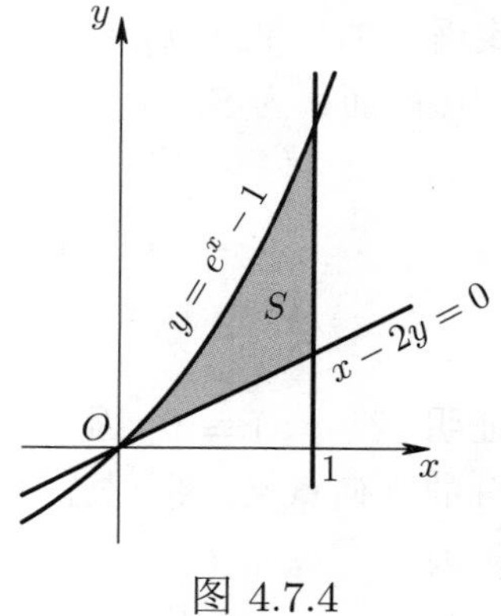

图 4.7.4

例 4.7.2 求由曲线 $y=\ln x$, 直线 $x=\frac{1}{2}$, $x=2$ 以及 x 轴所围成的图形的面积 S.

解 在 $\left[\frac{1}{2},1\right]$ 上, 函数 $y=0$ 与 $y=\ln x$ 满足 $0\geqslant\ln x$, 所以

$$S_1=\int_{\frac{1}{2}}^1(0-\ln x)dx=-\int_{\frac{1}{2}}^1\ln xdx,$$

在 $[1,2]$ 上, 函数 $y=\ln x$ 满足 $\ln x \geqslant 0$, 所以

$$S_2=\int_1^2(\ln x-0)dx=\int_1^2 \ln x dx,$$

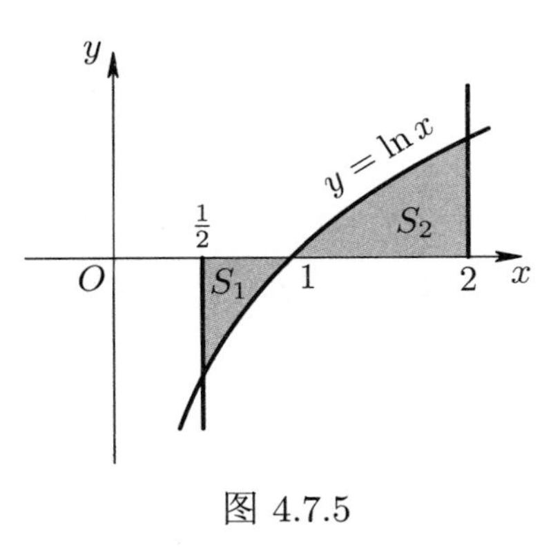

图 4.7.5

又由分部积分法得

$$\int \ln x dx=x\ln x-x+C,$$

所以

$$\begin{aligned}S=S_1+S_2&=-\int_{\frac{1}{2}}^1 \ln x dx+\int_1^2 \ln x dx\\&=(x-x\ln x)\Big|_{\frac{1}{2}}^1+(x\ln x-x)\Big|_1^2\\&=\frac{1}{2}(3\ln 2-1)\quad(\text{见图 4.7.5}).\end{aligned}$$

以下设 $c<d$, $\psi(y)$ 与 $\phi(y)$ 在闭区间 $[c,d]$ 上连续.

定理 4.7.1′ 若 $\psi(y)\leqslant\phi(y)$, 由 $x=\phi(y)$, $x=\psi(y)$, $y=c$ 以及 $y=d$ 所围成的图形的面积为 S (见图 4.7.6), 则

$$\boxed{S=\int_c^d[\phi(y)-\psi(y)]dy.}$$

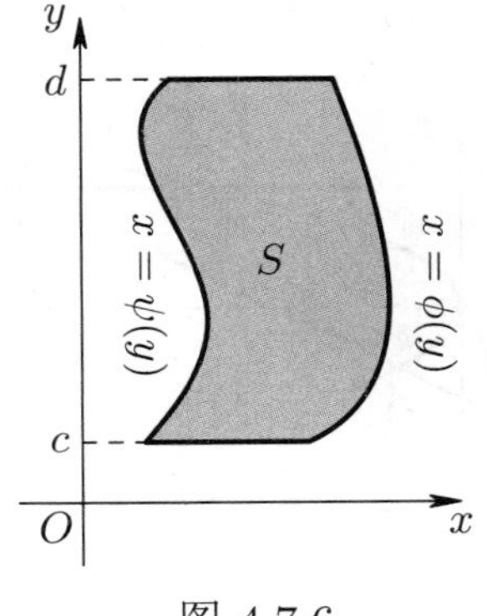

图 4.7.6

例 4.7.3 求由曲线 $y=x^2$, $y=\dfrac{x^2}{4}$ 以及直线 $y=1$ 所围成的平面区域的面积 S (见图 4.7.7).

解法 1 S 等于在第一象限部分区域面积 S_1 的 2 倍. 在第一象限, 直线 $y=1$ 与抛物线 $y=x^2$ 和 $y=\dfrac{x^2}{4}$ 的交点分别为 $(1,1)$ 和 $(2,1)$.

由于在 $[0,1]$ 上, 两条曲线可表示为: $x=2\sqrt{y}$ 和 $x=\sqrt{y}$. 根据定理 4.7.1′,

$$\begin{aligned}S&=2S_1=2\int_0^1(2\sqrt{y}-\sqrt{y})dy\\&=2\int_0^1\sqrt{y}dy=2\cdot\frac{2}{3}y^{\frac{3}{2}}\Big|_0^1=\frac{4}{3}.\end{aligned}$$

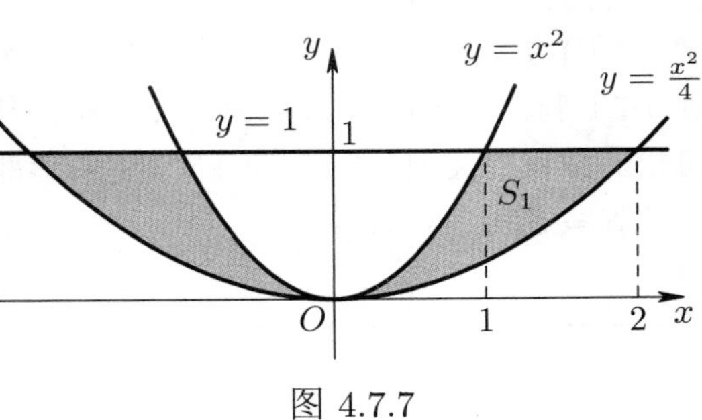

图 4.7.7

解法 2 利用定理 4.7.1, 则

$$S_1 = \int_0^1 \left(x^2 - \frac{x^2}{4}\right) dx + \int_1^2 \left(1 - \frac{x^2}{4}\right) dx = \frac{3}{4}\int_0^1 x^2 dx + 1 - \frac{1}{4}\int_1^2 x^2 dx = \frac{2}{3}.$$

所以 $S = 2S_1 = \dfrac{4}{3}$.

例 4.7.4 求由抛物线 $y^2 = x$, 直线 $x - 2y - 3 = 0$ 以及 $y = 2$ 下方所围成的平面图形 (图 4.7.8 中阴影部分) 的面积 S.

解法 1 直线 $x - 2y - 3 = 0$ 与抛物线的交点为 $A(1, -1)$ 与 $(9, 3)$ (舍去), 由于直线 $x - 2y - 3 = 0$ 和抛物线方程分别可以写成 $x = 2y + 3 = \phi(y)$ 和 $x = y^2 = \psi(y)$, 由定理 4.7.1′,

$$S = \int_{-1}^2 [(2y+3) - y^2] dy = \left(y^2 + 3y - \frac{1}{3}y^3\right)\Big|_{-1}^2 = 9.$$

解法 2 直线 $y = 2$ 与抛物线 $y^2 = x$ 及直线 $x - 2y - 3 = 0$ 的交点分别为 $B(7, 2)$ 与 $C(4, 2)$, 由定理 4.7.1,

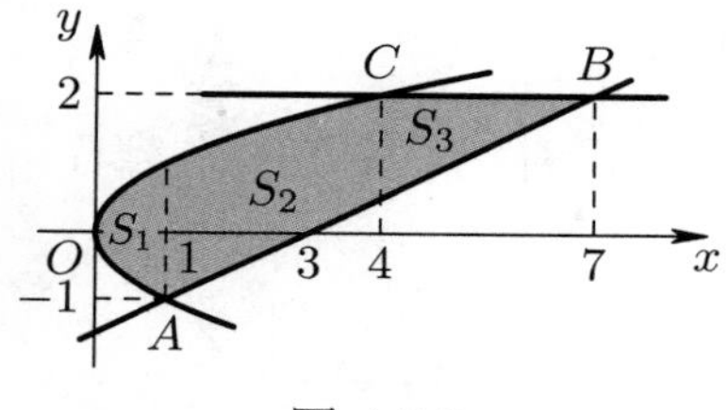

图 4.7.8

$$S_1 = \int_0^1 [\sqrt{x} - (-\sqrt{x})] dx = \frac{4}{3}.$$

$$S_2 = \int_1^4 \left[\sqrt{x} - \frac{1}{2}(x - 3)\right] dx = \frac{65}{12}.$$

$$S_3 = \int_4^7 \left[2 - \frac{1}{2}(x - 3)\right] dx = \frac{9}{4}.$$

所以

$$S = S_1 + S_2 + S_3 = \frac{4}{3} + \frac{65}{12} + \frac{9}{4} = 9.$$

可见, 根据题意适当地选择对 x 积分还是对 y 积分可简化计算. 以上两例中, 第一种解法 (用定理 4.7.1′) 更简便些. 另外, 当平面图形 D 不是定理 4.7.1 和定理 4.7.1′ 中的类型时, 可将其分割成可求其面积的类型, 比如, 图 4.7.9 中阴影部分的面积 $S = S_1 + S_2 + S_3$.

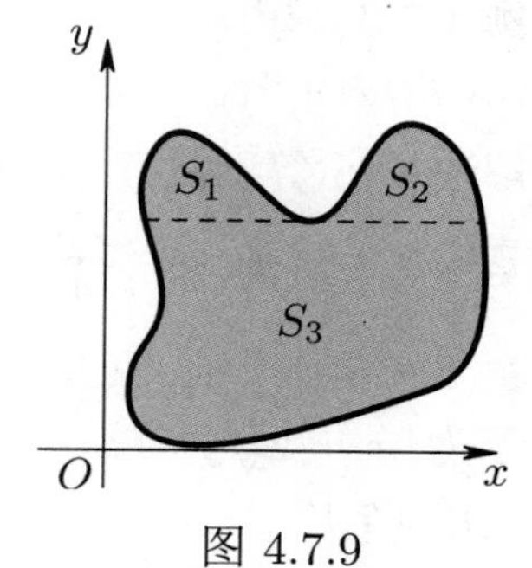

图 4.7.9

习题 4.7

1. 证明: 椭圆 $\dfrac{x^2}{a^2}+\dfrac{y^2}{b^2}=1$ 的面积 $S=\pi ab$ (当 $a=b$ 时, 得圆的面积为 πa^2).
2. 求抛物线 $y=x^2$ 与 $y=2-x^2$ 所围成的平面图形的面积:
3. 求曲线 $y=3^x$, 直线 $x+y=1$ 及 $x=1$ 所围成的平面图形的面积:
4. 求下列抛物线与直线所围成的图形的面积:

   (1) $x^2=y+1,\ y=x+1$; (2) $y^2=x,\ x-2y-3=0$;

   (3) $y=1-x^2,\ y=\dfrac{3}{2}x$; (4) $x=4y-y^2,\ y=x$;

   (5) $y=x^2\ (x\geqslant 0),\ y=2-x,\ y=0$;

   (6) $y^2=2x+2,\ y=x-3,\ x=0$ 围成的图形在一、四象限的部分.

4.8 *广义积分

我们前面研究的定积分不仅积分区间有限, 而且被积函数是有界的. 在某些实际问题中, 需要考虑无穷区间上的积分或对无界函数求积分, 这类积分被称为**广义积分** (或**非正常积分**)[①], 定积分也称为**常义积分**. 本节我们介绍**广义牛顿 – 莱布尼茨公式**, 用来计算广义积分. 以下极限存在皆指有限极限.

一、无穷限广义积分

定义 4.8.1 (无穷限广义积分收敛) 设函数 $f(x)$ 在区间 $[a,+\infty)$ 上连续, 定义**无穷限广义积分**

$$\int_a^{+\infty} f(x)dx=\lim_{b\to+\infty}\int_a^b f(x)dx,$$

若上式右端极限存在, 则称无穷限广义积分 $\displaystyle\int_a^{+\infty} f(x)dx$ **收敛**, 否则称该无穷限广义积分**发散**.

可见, 无穷限广义积分 $\displaystyle\int_a^{+\infty} f(x)dx$ 就是变上限的定积分 $\varPhi(b)=\displaystyle\int_a^b f(x)dx$ 当 $b\to+\infty$ 时的极限:

$$\int_a^{+\infty} f(x)dx=\lim_{b\to+\infty}\varPhi(b).$$

① 1823年, 柯西 (A. L. Cauchy) 在他的《无穷小分析教程概论》中论述了在积分区间的某些值处函数值变为无穷 (无界函数广义积分) 或积分区间趋于无穷时 (无穷限广义积分) 的非正常积分.

无穷限广义积分的几何意义: 设 $f(x) \geqslant 0$, 无穷限广义积分 $\int_a^{+\infty} f(x)dx$ 收敛, 则当 b 无限增大时, 虽然图 4.8.1 中阴影部分向右无限延伸, 但其面积却是有限值 $\lim\limits_{b\to+\infty} \varPhi(b)$.

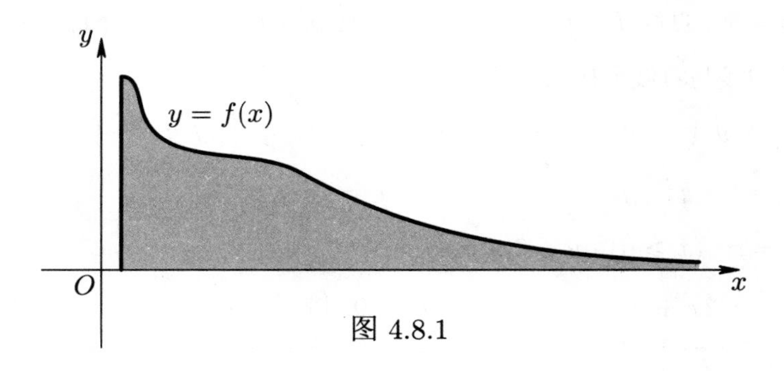

图 4.8.1

类似地, 定义 $f(x)$ 在 $(-\infty, b]$ 上的无穷限广义积分

$$\int_{-\infty}^{b} f(x)dx = \lim_{a\to-\infty} \int_a^b f(x)dx,$$

若上式右端极限存在, 则称无穷限广义积分 $\int_{-\infty}^{b} f(x)dx$ 收敛, 否则, 称其发散.

定义 $f(x)$ 在 $(-\infty, +\infty)$ 上的无穷限广义积分

$$\int_{-\infty}^{+\infty} f(x)dx = \int_{-\infty}^{c} f(x)dx + \int_{c}^{+\infty} f(x)dx \quad (c \text{ 为任意实数}),$$

仅当右端两个无穷限广义积分都收敛时, 称无穷限广义积分 $\int_{-\infty}^{+\infty} f(x)dx$ 是收敛的, 否则, 称其发散①.

定理 4.8.1 (**广义牛顿 – 莱布尼茨公式** I) 设 $f(x)$ 在 $[a, +\infty)$ 和 $(-\infty, b]$ 上连续, $F(x)$ 是 $f(x)$ 的原函数, 则

$$\boxed{\begin{aligned} \int_a^{+\infty} f(x)dx = F(x)\Big|_a^{+\infty} \overset{\text{def}}{=\!=} F(+\infty) - F(a), \\ \int_{-\infty}^{b} f(x)dx = F(x)\Big|_{-\infty}^{b} \overset{\text{def}}{=\!=} F(b) - F(-\infty), \end{aligned}}$$

① 无穷限广义积分 $\int_{-\infty}^{+\infty} f(x)dx$ 的敛散性及收敛时的值与 c 的选取无关.

其中 def 表示定义的意思, $F(+\infty) \overset{\text{def}}{=\!=} \lim\limits_{x\to+\infty} F(x)$, $F(-\infty) \overset{\text{def}}{=\!=} \lim\limits_{x\to-\infty} F(x)$.

证明 仅证明第一个公式, 第二个公式可类似地证明. 对任意 $x \in (a,+\infty)$, 由牛顿 – 莱布尼茨公式得

$$\int_a^x f(t)dt = F(x)\Big|_a^x = F(x) - F(a),$$

上式两边当 $x \to +\infty$ 时取极限得所要证明的公式成立:

$$\int_a^{+\infty} f(t)dt = \lim_{x\to+\infty} F(x) - F(a) = F(+\infty) - F(a).$$

例 4.8.1 计算无穷限广义积分 $\displaystyle\int_0^{+\infty} xe^{-x}dx$.

解 由于

$$\int xe^{-x}dx = -\int xde^{-x} = -\left(xe^{-x} - \int e^{-x}dx\right) = -(x+1)e^{-x} + C,$$

$F(x) = -(x+1)e^{-x}$ 是 xe^{-x} 的原函数, 而且

$$F(+\infty) = \lim_{x\to+\infty} -\frac{x+1}{e^x} \overset{(\frac{\infty}{\infty})}{=\!=} -\lim_{x\to+\infty}\frac{1}{e^x} = 0,$$

根据广义牛顿 – 莱布尼茨公式 I,

$$\int_0^{+\infty} xe^{-x}dx = F(x)\Big|_0^{+\infty} = F(+\infty) - F(0) = 0 - (-1) = 1 \text{ (见图 4.8.2)}.$$

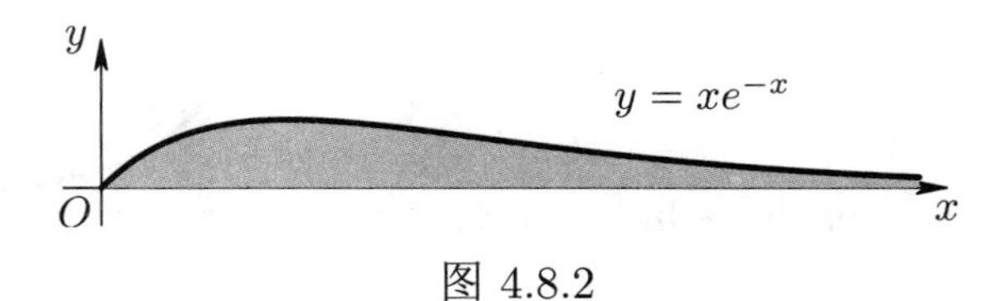

图 4.8.2

例 4.8.2 计算下列无穷限广义积分

$$\int_{-\infty}^0 \frac{dx}{1+x^2}, \quad \int_0^{+\infty} \frac{dx}{1+x^2}, \quad \int_{-\infty}^{+\infty} \frac{dx}{1+x^2}$$

解 由于 $\arctan x$ 是 $\dfrac{1}{1+x^2}$ 的原函数, 根据广义牛顿 – 莱布尼茨公式 I,

$$\int_{-\infty}^0 \frac{dx}{1+x^2} = \arctan x\Big|_{-\infty}^0 = 0 - \lim_{x\to-\infty}\arctan x = 0 - \left(-\frac{\pi}{2}\right) = \frac{\pi}{2},$$

$$\int_0^{+\infty} \frac{dx}{1+x^2} = \arctan x\Big|_0^{+\infty} = \lim_{x\to+\infty} \arctan x - 0 = \frac{\pi}{2},$$

$$\int_{-\infty}^{+\infty} \frac{dx}{1+x^2} = \int_{-\infty}^{0} \frac{dx}{1+x^2} + \int_0^{+\infty} \frac{dx}{1+x^2}$$

$$= \frac{\pi}{2} + \frac{\pi}{2} = \pi \ \text{(见图 4.8.3)}.$$

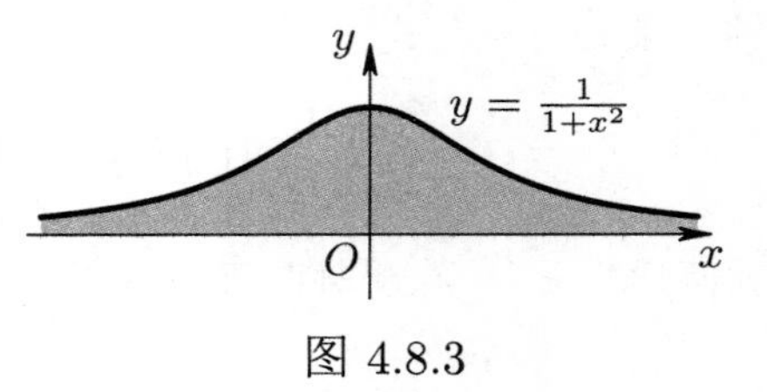

图 4.8.3

利用图 4.8.3, 读者可给出 $\int_{-\infty}^{0} \frac{dx}{1+x^2}$ 与 $\int_0^{+\infty} \frac{dx}{1+x^2}$ 的几何解释.

例 4.8.3 讨论无穷限广义积分 $\int_1^{+\infty} \frac{dx}{x^p}$ 的敛散性.

解 当 $p > 1$ 时,

$$\int_1^{+\infty} \frac{dx}{x^p} = \frac{x^{1-p}}{1-p}\Big|_1^{+\infty} = \lim_{x\to+\infty} \frac{x^{1-p}}{1-p} - \frac{1}{1-p} = \frac{1}{p-1}.$$

当 $p < 1$ 时,

$$\int_1^{+\infty} \frac{dx}{x^p} = \frac{x^{1-p}}{1-p}\Big|_1^{+\infty} = +\infty.$$

当 $p = 1$ 时,

$$\int_1^{+\infty} \frac{dx}{x} = \ln x\Big|_1^{+\infty} = \lim_{x\to+\infty} \ln x - \ln 1 = +\infty.$$

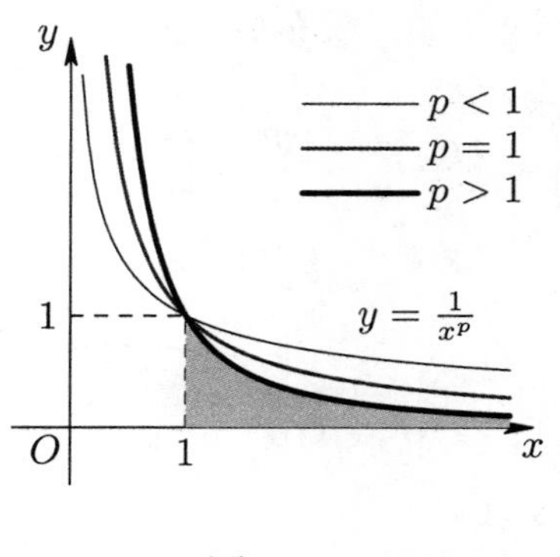

图 4.8.4

总之,

无穷限广义积分 $\int_1^{+\infty} \frac{dx}{x^p}$ 当 $p > 1$ 时收敛于 $\frac{1}{p-1}$, 当 $p \leqslant 1$ 时发散.

利用图 4.8.4, 读者可给出无穷限广义积分 $\int_1^{+\infty} \frac{dx}{x^p}$ 中 p 的各种取值情况的几何解释.

二、无界函数广义积分

定义 4.8.2 (**无界函数广义积分收敛**) 设函数 $f(x)$ 在区间 $(a,b]$ 上连续, $\lim\limits_{x\to a+} f(x)=+\infty$ 或 $-\infty$, 定义**无界函数广义积分**

$$\int_a^b f(x)dx=\lim_{\varepsilon\to 0+}\int_{a+\varepsilon}^b f(x)dx,$$

若上式右端极限存在, 则称无界函数广义积分 $\int_a^b f(x)dx$ **收敛**, 否则称其**发散**, a 称为 $f(x)$ 的**瑕点**.

同理, 设函数 $f(x)$ 在区间 $[a,b)$ 上连续, $\lim\limits_{x\to b-} f(x)=+\infty$ 或 $-\infty$, 定义**无界函数广义积分**

$$\int_a^b f(x)dx=\lim_{\varepsilon\to 0+}\int_a^{b-\varepsilon} f(x)dx,$$

若上式右端极限存在, 则称无界函数广义积分 $\int_a^b f(x)dx$ **收敛**, 否则称其**发散**, b 称为 $f(x)$ 的**瑕点**.

定理 4.8.2 (**广义牛顿 – 莱布尼茨公式 Ⅱ**) 若函数 $f(x)$ 在 $[a,b)$ 上连续, b 是 $f(x)$ 的瑕点, $F(x)$ 是 $f(x)$ 的原函数, 则

$$\int_a^b f(x)dx=F(x)\Big|_a^{b-}\overset{\text{def}}{=\!=}F(b-)-F(a);$$

若 $f(x)$ 在 $(a,b]$ 上连续, a 是 $f(x)$ 的瑕点, $F(x)$ 是 $f(x)$ 的原函数, 则

$$\int_a^b f(x)dx=F(x)\Big|_{a+}^{b}\overset{\text{def}}{=\!=}F(b)-F(a+).$$

定理 4.8.2 的证明见附录 A.

例 4.8.4 讨论无界函数广义积分 $\int_0^1 \frac{dx}{x^\lambda}$ $(\lambda>0)$ 的敛散性.

解 $f(x)=\frac{1}{x^\lambda}$ 在 $(0,1]$ 上连续, 因 $\lim\limits_{x\to 0+} f(x)=+\infty$, 0 是 $f(x)$ 的瑕点.

应用广义牛顿 – 莱布尼茨公式 Ⅱ, 当 $\lambda>1$ 时,

$$\int_0^1 \frac{dx}{x^\lambda}=\frac{x^{1-\lambda}}{1-\lambda}\Big|_{0+}^1=\frac{1}{1-\lambda}-\lim_{x\to 0+}\frac{x^{1-\lambda}}{1-\lambda}=+\infty \quad (\text{见图 } 4.8.5).$$

当 $\lambda < 1$ 时,

$$\int_0^1 \frac{dx}{x^\lambda} = \left.\frac{x^{1-\lambda}}{1-\lambda}\right|_{0+}^1 = \frac{1}{1-\lambda}.$$

当 $\lambda = 1$ 时,

$$\int_0^1 \frac{dx}{x} = \ln x\Big|_{0+}^1 = \ln 1 - \lim_{x\to 0+} \ln x = +\infty.$$

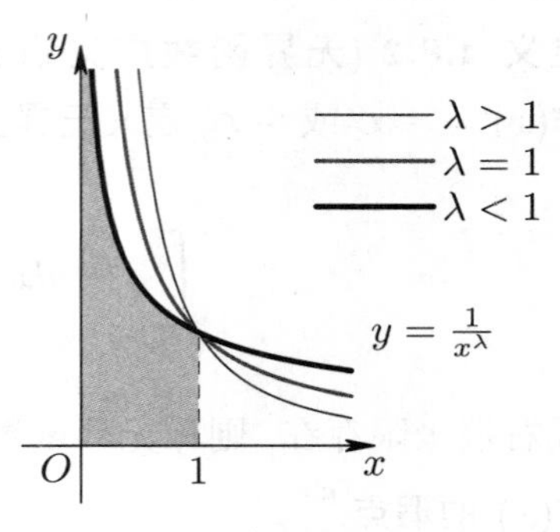

图 4.8.5

总之,

> 无界函数广义积分 $\int_0^1 \frac{dx}{x^\lambda}$ 当 $0 < \lambda < 1$ 时收敛于 $\frac{1}{1-\lambda}$, 当 $\lambda \geqslant 1$ 时发散.

设函数 $f(x)$ 在 $[a,d)$ 与 $(d,b]$ 上连续, $a < d < b$ 且 $f(d+)$、 $f(d-)$ 为 $+\infty$ 或 $-\infty$, 定义无界函数广义积分

$$\int_a^b f(x)dx = \int_a^d f(x)dx + \int_d^b f(x)dx,$$

仅当右端两个无界函数广义积分都收敛时, 称无界函数广义积分 $\int_a^b f(x)dx$ 收敛, 否则, 称其发散.

例 4.8.5 讨论下列无界函数广义积分

$$\int_0^1 \frac{dx}{x^2},\quad \int_{-1}^0 \frac{dx}{x^2} \quad 与 \quad \int_{-1}^1 \frac{dx}{x^2}$$

的敛散性.

解 由例 4.8.4, $\int_0^1 \frac{dx}{x^2}$ 发散.

$$\int_{-1}^0 \frac{dx}{x^2} = -\frac{1}{x}\Big|_{-1}^{0-} = \lim_{x\to 0-}\left(-\frac{1}{x}\right) - 1 = +\infty$$

也发散. 故

$$\int_{-1}^1 \frac{dx}{x^2} = \int_{-1}^0 \frac{dx}{x^2} + \int_0^1 \frac{dx}{x^2}$$

发散.

设函数 $f(x)$ 在 (a,b) 内连续, a 和 b 是 $f(x)$ 的瑕点, 则定义

$$\int_a^b f(x)dx = \int_a^c f(x)dx + \int_c^b f(x)dx,$$

其中 c 是 (a,b) 内任意一点, 仅当右端两个无界函数广义积分都收敛时, 称无界函数广义积分 $\int_a^b f(x)dx$ 收敛[①], 否则, 称其发散.

例 4.8.6 计算无界函数广义积分

$$\int_{-1}^{0} \frac{dx}{\sqrt{1-x^2}}, \quad \int_{0}^{1} \frac{dx}{\sqrt{1-x^2}}, \quad \int_{-1}^{1} \frac{dx}{\sqrt{1-x^2}}.$$

解 $f(x)=\dfrac{1}{\sqrt{1-x^2}}$ 在 $(-1,0]$ 上连续, $\lim\limits_{x\to -1+} f(x)=+\infty$, -1 是瑕点,

$$\int_{-1}^{0} \frac{dx}{\sqrt{1-x^2}} = \arcsin x\Big|_{-1+}^{0} = 0 - \lim_{x\to -1+} \arcsin x = \frac{\pi}{2}.$$

又 $f(x)=\dfrac{1}{\sqrt{1-x^2}}$ 在 $[0,1)$ 上连续, $\lim\limits_{x\to 1-} f(x)=+\infty$, 1 是瑕点,

$$\int_{0}^{1} \frac{dx}{\sqrt{1-x^2}} = \arcsin x\Big|_{0}^{1-} = \lim_{x\to 1-} \arcsin x - 0 = \frac{\pi}{2}.$$

故

$$\int_{-1}^{1} \frac{dx}{\sqrt{1-x^2}} = \int_{-1}^{0} \frac{dx}{\sqrt{1-x^2}} + \int_{0}^{1} \frac{dx}{\sqrt{1-x^2}} = \pi.$$

习题 4.8

1. 下列计算方法是否正确, 为什么?

$$\int_{-1}^{1} \frac{dx}{x^2} = \left(-\frac{1}{x}\right)\Big|_{-1}^{1} = -2.$$

2. 计算下列广义积分:

(1) $\displaystyle\int_0^{+\infty} xe^{-x^2}dx$;

(2) $\displaystyle\int_0^{+\infty} e^{-x}dx$;

(3) $\displaystyle\int_0^{+\infty} \frac{1}{\sqrt{x}(1+x)}dx$;

(4) $\displaystyle\int_1^{2} \frac{dx}{\sqrt{2-x}}$;

(5) $\displaystyle\int_0^{1} \ln x dx$;

(6) $\displaystyle\int_{-1}^{8} \frac{dx}{\sqrt[3]{x}}$;

(7) $\displaystyle\int_0^{2} \frac{dx}{\sqrt{|x-1|}}$;

(8) $\displaystyle\int_{-\infty}^{+\infty} \frac{dx}{x^2+4x+5}$.

---

① 无界函数广义积分 $\int_a^b f(x)dx$ 的敛散性以及收敛时的值与 c 的选取无关.

3. 讨论下列广义积分的敛散性:

(1) $\int_1^2 \frac{dx}{x\ln x}$;　　(2) $\int_0^{+\infty} \frac{\arctan x}{1+x^2}$;

(3) $\int_0^{+\infty} \cos x dx$;　　(4) $\int_{-\infty}^{+\infty} e^x dx$;

(5) $\int_{-\infty}^{+\infty} \sin x dx$;　　(6) $\int_0^{\frac{1}{2}} \frac{dx}{x(1-x^2)}$.

第五章　多元函数微积分学

前四章我们研究的函数都是一元函数. 客观世界中的许多事物的变化与发展往往与多种因素有关, 需要用多元函数来研究这些事物及其变化规律. 这一章, 我们主要研究二元函数微分学与积分学, 内容包括二元函数的极限、连续性、偏导数及其应用以及二重积分. 虽然二元函数微积分学与一元函数微积分学有许多相同之处, 但是, 由于二元函数的特殊性, 差异也是明显的. 我们学习这一章时, 应注意与一元函数微积分学中相应的内容进行比较. 这一章的大部分结论可推广到更多元函数的情形, 而且其推广也更形式化.

5.1　极限与连续性

一、二元函数的定义域

在第一章里, 我们已经知道, 二元函数 $f: D \to M$ 是平面 $\mathbf{R}^2$ 上的子集 D 到实数集 $\mathbf{R}$ 的子集 M 的映射, 记作 $z = f(x,y)$, $(x,y) \in D$ 或 $z = f(P)$, $P(x,y) \in D$.

例 5.1.1 下列函数都是二元函数:

$$z = x^2 + y^2, \quad z = 1 - x - y, \quad z = \sqrt{x^2+y^2}, \quad z = x^2, \quad z = x^2 - y^2.$$

它们的定义域都是整个平面 $\mathbf{R}^2$.

平面上由一条或几条曲线所围成的部分称为**区域**. 围成区域的曲线称为该区域的**边界**, 包含边界的区域称为**闭区域**, 不含边界的区域称为**开区域**.

若 $D \subset \mathbf{R}^2$ 含在以原点为中心的某个圆内, 则称 D 是**有界点集**, 否则称 D 是**无界点集**. 整个平面 $\mathbf{R}^2$ 是无界的, 既是开区域, 又是闭区域.

观察下列平面上的区域 (见图 5.1.1):

$$D_1 = \{(x,y) \mid x^2 + y^2 \leqslant 3,\ x,\ y \in \mathbf{R}\};$$

$$D_2 = \{(x,y) \mid x^2 + y^2 > 3,\ x,\ y \in \mathbf{R}\};$$

$$D_3 = \{(x,y) \mid x + y \leqslant 1,\ x,\ y \in \mathbf{R}\};$$

$$D_4 = \{(x,y) \mid 0 \leqslant x \leqslant 1,\ 0 \leqslant y \leqslant 2,\ x,\ y \in \mathbf{R}\},$$

其中 D_1, D_4 是有界闭区域, D_2, D_3 是无界区域, D_2 是开区域, D_3 是闭区域.

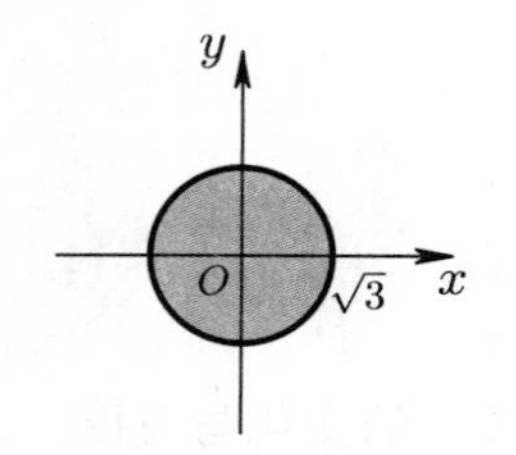

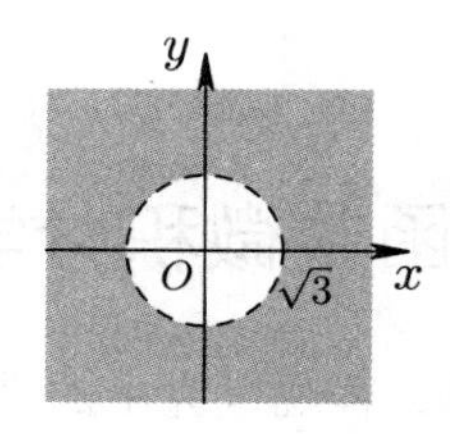

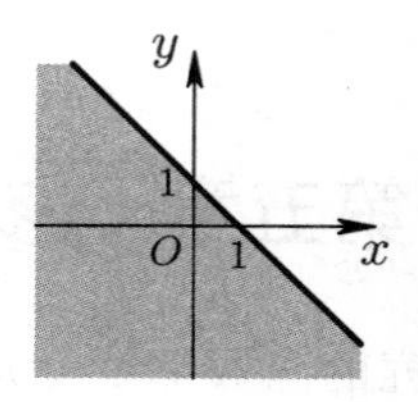

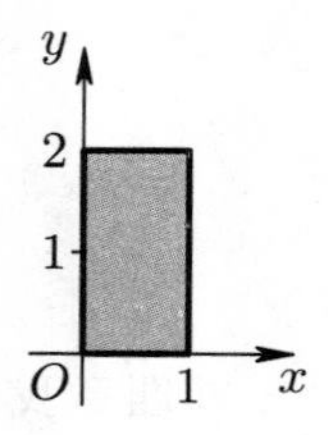

图 5.1.1

例 5.1.2 (1) 函数 $z=f(x,y)=\sqrt{1-x^2-y^2}$ 的定义域

$$D=\{(x,y)\mid x^2+y^2\leqslant 1,\ x,\ y\in\mathbf{R}\}.$$

(2) 函数 $z=g(x,y)=\sqrt{1-x^2}$ 的定义域

$$D=\{(x,y)\mid -1\leqslant x\leqslant 1,\ x,\ y\in\mathbf{R}\}.$$

二、二元函数的图像

在空间直角坐标系中, 对于二元函数

$$z=f(x,y),\quad (x,y)\in D,$$

过 D 内的点 $P(x,y)$ 引 xOy 平面的垂线 L, 在 L 上取点 $M(x,y,z)$ 使其竖坐标 $z=f(x,y)$, 当 P 取遍定义域 D 内的点时, 对应点 $M(x,y,f(x,y))$ 的集合

$$\{(x,y,f(x,y))\mid (x,y)\in D\}$$

称为二元函数 $z=f(x,y)$ 的图像, 见图 5.1.2.

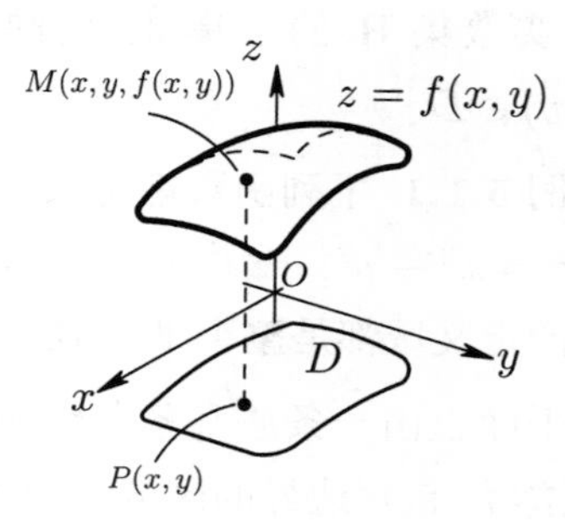

图 5.1.2

例 5.1.1 中的五个二元函数的图像如下:

$z=x^2+y^2$ 是旋转抛物面 (见图 5.1.3);

$z=1-x-y$ 是平面 (见图 5.1.4);

$z=\sqrt{x^2+y^2}$ 是半圆锥面 (见图 5.1.5);

$z=x^2$ 是抛物柱面 (见图 5.1.6);

$z=x^2-y^2$ 的是双曲抛物面 (也称为“鞍面”) (见图 5.1.7).

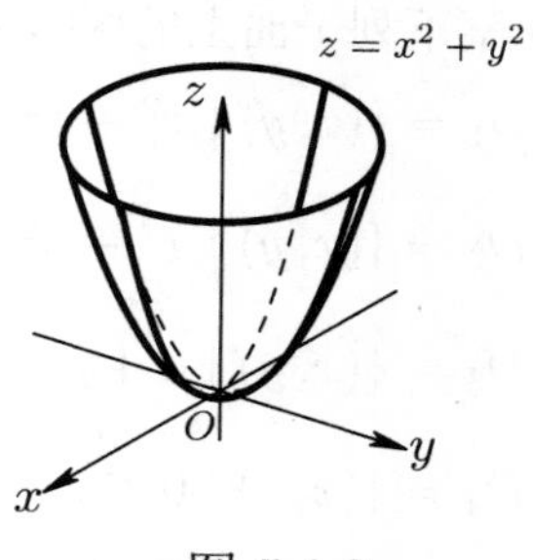

图 5.1.3

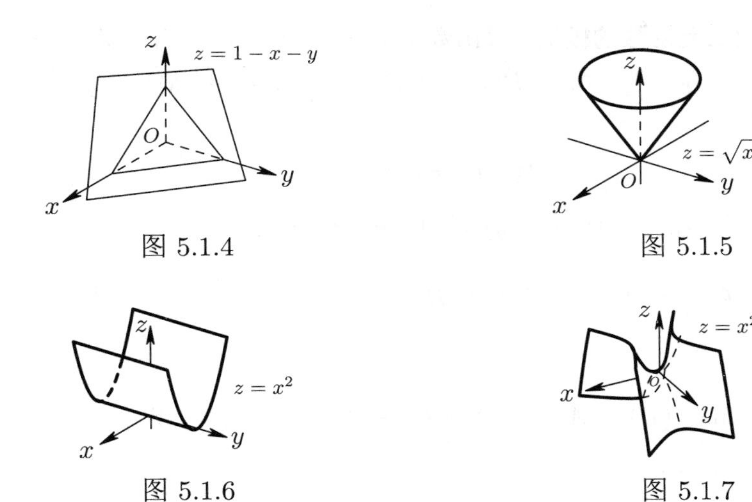

图 5.1.4 图 5.1.5

图 5.1.6 图 5.1.7

例 5.1.2 中, $z=\sqrt{1-x^2-y^2}$ 是半球面 (见图 5.1.8); $z=\sqrt{1-x^2}$ 是半圆柱面 (见图 5.1.9).

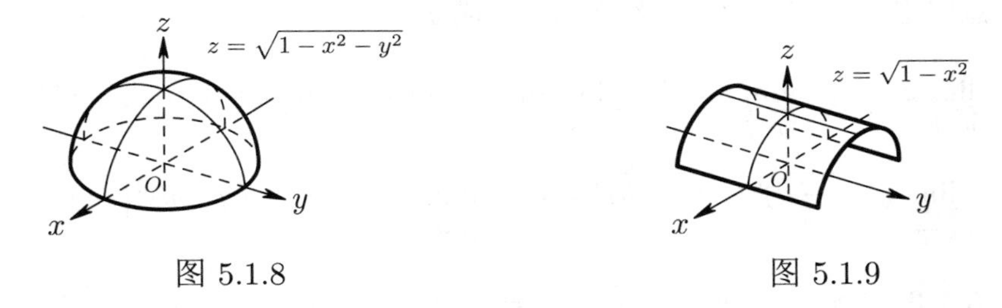

图 5.1.8 图 5.1.9

三、 二元函数的极限

设 $P(x,y)$ 与 $P_0(x_0,y_0)$ 是平面 $\mathbf{R}^2$ 上的两点, 我们用

$$\rho(P_0,P)=\sqrt{(x-x_0)^2+(y-y_0)^2}$$

表示 P 与 P_0 的距离, 对于 $\delta>0$, 称集合

$$U_\delta^\circ(P_0)=\{(x,y)\mid 0<\sqrt{(x-x_0)^2+(y-y_0)^2}<\delta,\ x,\ y\in\mathbf{R}\}$$

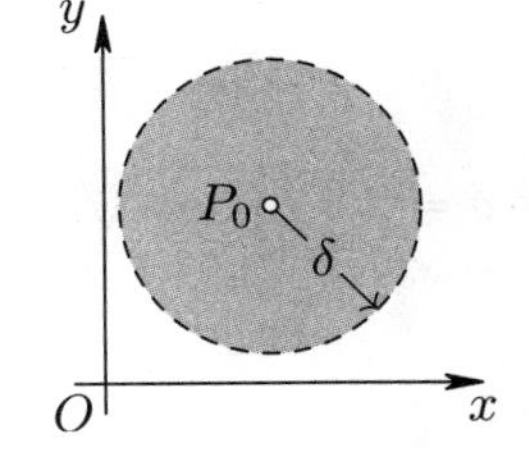

图 5.1.10

为点 P_0 的空心 δ 邻域 (见图 5.1.10), 也简称为点 P_0 的空心邻域.

在以下定义中, 设定点 $P_0(x_0,y_0)$ 的任意空心邻域与区域 D 的交不空.

定义 5.1.1 (二元函数的极限) 设函数 $f(x,y)$ 在区域 D 上有定义, A 是常数. 若任意给定 $\varepsilon>0$, 存在 $\delta>0$, 当 $P(x,y)\in D$ 且 $0<\sqrt{(x-x_0)^2+(y-y_0)^2}<\delta$ 时, 就有

$$|f(x,y)-A|<\varepsilon,$$

则称当 (x,y) 趋于 (x_0,y_0) 时, $f(x,y)$ 以 A 为**极限**, 记为

$$\lim_{\substack{x\to x_0\\ y\to y_0}} f(x,y)=A \quad 或 \quad “当\ (x,y)\to(x_0,y_0)\ 时,\ f(x,y)\to A”,$$

也简记为

$$\lim_{P\to P_0} f(P)=A \quad 或 \quad “当\ P\to P_0\ 时,\ f(P)\to A”.$$

定义 5.1.1 可简述为

$\lim\limits_{P\to P_0} f(P)=A \quad \Leftrightarrow \quad \forall\,\varepsilon>0,\ \exists\,\delta>0$, 当 $P\in D$ 且 $0<\rho(P_0,P)<\delta$ 时, 有 $\lvert f(P)-A\rvert<\varepsilon$.

任意取定 $P(a,b)\in\mathbf{R}^2$, 显然下列等式成立:

$$\lim_{\substack{x\to a\\ y\to b}} x=a,\quad \lim_{\substack{x\to a\\ y\to b}} y=b,\quad \lim_{\substack{x\to a\\ y\to b}} \sin x=\sin a,\quad \lim_{\substack{x\to a\\ y\to b}} c=c\ (c\ 为常数),$$

$$\lim_{\substack{x\to a\\ y\to b}} \sqrt{(x-a)^2+(y-b)^2}=0,\quad \lim_{\substack{x\to a\\ y\to b}} \left[(x-a)^2+(y-b)^2\right]=0.$$

例 5.1.3 证明: (1) $\lim\limits_{\substack{x\to 0\\ y\to 0}} \dfrac{xy}{\sqrt{x^2+y^2}}=0$; (2) $\lim\limits_{\substack{x\to 0\\ y\to 1}} \left(x+\dfrac{y^2-1}{y-1}\right)=2$.

证明 (1) $\forall\,\varepsilon>0$, 要使

$$\left|\frac{xy}{\sqrt{x^2+y^2}}-0\right|=\frac{|xy|}{\sqrt{x^2+y^2}}\leqslant\frac{1}{2}\cdot\sqrt{x^2+y^2}<\varepsilon,$$

取 $\delta=2\varepsilon$, 当 $0<\sqrt{x^2+y^2}<\delta$ 时, 就有

$$\left|\frac{xy}{\sqrt{x^2+y^2}}-0\right|<\varepsilon.$$

因此, 当 $(x,y)\to(0,0)$ 时, $\dfrac{xy}{\sqrt{x^2+y^2}}\to 0$.

(2) 的证明见附录 A. □

注 在定义 5.1.1 中, 只要 $P(x,y)\in D$ 且 $0<\rho(P_0,P)<\delta$, 不管 P 以怎样的方式趋于 $P_0(x_0,y_0)$, 函数 $f(P)$ 都趋于 A, 所以 P 沿任意路径趋于 P_0, $f(P)$ 的

极限都是 A. 这样, 只要当 P 沿某一路径趋于 P_0 时, $f(P)$ 的极限不存在, 则当 $P \to P_0$ 时 $f(P)$ 的极限就不存在; 当 P 沿两条不同的路径趋于 P_0 时, $f(P)$ 的极限不同, 则当 $P \to P_0$ 时, $f(P)$ 的极限就不存在.

例 5.1.4 证明: 当 $(x,y) \to (0,0)$ 时, $\dfrac{xy}{x^2+y^2}$ 的极限不存在.

证明 (x,y) 沿直线 $y=x$ 趋于 $(0,0)$ 时,

$$\lim_{\substack{y=x\\x\to 0}} \frac{xy}{x^2+y^2} = \lim_{x\to 0} \frac{x^2}{x^2+x^2} = \frac{1}{2},$$

(x,y) 沿直线 $y=2x$ 趋于 $(0,0)$ 时,

$$\lim_{\substack{y=2x\\x\to 0}} \frac{xy}{x^2+y^2} = \lim_{x\to 0} \frac{2x^2}{x^2+4x^2} = \frac{2}{5},$$

所以当 (x,y) 趋于 $(0,0)$ 时, $\dfrac{xy}{x^2+y^2}$ 的极限不存在.

类似于一元函数, 二元函数极限四则运算定理及复合函数的极限定理也成立:

定理 5.1.1 (四则运算) 设 $\lim\limits_{P\to P_0} f(P) = A$, $\lim\limits_{P\to P_0} g(P) = B$, 则

(1) $\lim\limits_{P\to P_0} [f(P) \pm g(P)] = A \pm B$;

(2) $\lim\limits_{P\to P_0} [f(P)g(P)] = AB$, 特别地, $\lim\limits_{P\to P_0} [kg(P)] = kB$ (k 为常数);

(3) $\lim\limits_{P\to P_0} \dfrac{f(P)}{g(P)} = \dfrac{A}{B}$ $(B \neq 0)$.

根据极限的四则运算法则, 下列各式成立:

$$\lim_{\substack{x\to 1\\y\to 0}} \frac{y-\sin x}{3x^2+y^2} = \frac{\lim\limits_{\substack{x\to 1\\y\to 0}}(y-\sin x)}{\lim\limits_{\substack{x\to 1\\y\to 0}}(3x^2+y^2)} = \frac{0-\sin 1}{3+0} = -\frac{\sin 1}{3},$$

$$\lim_{\substack{x\to 1\\y\to\sqrt{2}}} \left(x^2 \cdot \frac{y^2-2}{y-\sqrt{2}}\right) = \left(\lim_{\substack{x\to 1\\y\to\sqrt{2}}} x^2\right)\left(\lim_{\substack{x\to 1\\y\to\sqrt{2}}} \frac{y^2-2}{y-\sqrt{2}}\right) = 1 \cdot \lim_{\substack{x\to 1\\y\to\sqrt{2}}} (y+\sqrt{2}) = 2\sqrt{2}.$$

定理 5.1.2 (复合函数的极限) 设 $\lim\limits_{P\to P_0} \varphi(P) = A$, 当 $P \in U_\delta^\circ(P_0)$ 时, $u = \varphi(P) \neq A$. 又 $f(u)$ 在 $\varphi(P)$ 的值域上有定义, 且 $\lim\limits_{u\to A} f(u) = B$, 则

$$\lim_{P\to P_0} f(\varphi(P)) = B.$$

有时, 通过适当的变量替换, 二元函数的极限可转化为一元函数的极限.

例 5.1.5 (1) 求 $\lim\limits_{\substack{x\to 0\\ y\to 0}}(x^2+y^2)\ln(x^2+y^2)$;　(2) 求 $\lim\limits_{\substack{x\to 0\\ y\to 0}}\dfrac{\arctan|xy|}{|xy|}$.

解 (1) 令 $u=x^2+y^2$, 则当 $(x,y)\to(0,0)$ 时, $u\to 0+$, 因而

$$\lim_{\substack{x\to 0\\ y\to 0}}(x^2+y^2)\ln(x^2+y^2)=\lim_{u\to 0+}u\ln u=0\quad [见例 3.2.12 (1)].$$

(2) 令 $u=|xy|$, 则当 $(x,y)\to(0,0)$ 时, $u\to 0+$, 因而

$$\lim_{\substack{x\to 0\\ y\to 0}}\frac{\arctan|xy|}{|xy|}=\lim_{u\to 0+}\frac{\arctan u}{u}=1.$$

四、 二元函数的连续性

定义 5.1.2 (连续性) 设函数 $f(x,y)$ 在区域 D 上有定义, $P_0(x_0,y_0)\in D$. 若

$$\lim_{\substack{x\to x_0\\ y\to y_0}}f(x,y)=f(x_0,y_0),$$

则称 $f(x,y)$ 在点 $P_0(x_0,y_0)$ **连续**. 上式简记为 $\lim\limits_{P\to P_0}f(P)=f(P_0)$.

令

$$\Delta x=x-x_0,\quad \Delta y=y-y_0,$$

它们分别称为自变量 x 与 y 的增量, 而

$$\Delta z=f(x,y)-f(x_0,y_0)=f(x_0+\Delta x,y_0+\Delta y)-f(x_0,y_0)$$

称为函数 $f(x,y)$ 的**全增量**. $f(x,y)$ 在点 $P_0(x_0,y_0)$ 连续等价于当 Δx, Δy 趋于零时, $f(x,y)$ 的全增量 Δz 也趋于零, 即

$$\boxed{f(x,y)\ 在点\ P_0\ 连续\quad\Leftrightarrow\quad \lim_{\substack{\Delta x\to 0\\ \Delta y\to 0}}\Delta z=0.}$$

若函数 $f(x,y)$ 在区域 D 上每一点都连续, 则称 $f(x,y)$ **在 D 上连续**. 在区域 D 上连续的二元函数其图像为 $\mathbf{R}^3$ 中的一片连续曲面.

在区域 D 上连续的二元函数的和、差、积及商 (分母不为零) 仍在区域 D 上连续.

关于二元复合函数的连续性, 有如下定理:

定理 5.1.3 (复合函数的连续性) 设函数 $f(u,v)$ 在 uv 平面上的点 $M_0(u_0,v_0)$ 的某邻域有定义, 并在点 M_0 连续; 函数 $u=\varphi(x,y)$ 和 $v=\psi(x,y)$ 在 xy 平

面上的点 $P_0(x_0,y_0)$ 的某邻域内有定义, 并在点 P_0 连续, 其中 $u_0=\varphi(x_0,y_0)$, $v_0=\psi(x_0,y_0)$, 则复合函数 $z=g(x,y)=f(\varphi(x,y),\psi(x,y))$ 在点 P_0 也连续.

推论 5.1.1 设函数 $f(u)$ 在 $\mathbf{R}$ 上连续, 函数 $u=\varphi(x,y)$ 在区域 $D\subset\mathbf{R}^2$ 上连续, 则 $z=g(x,y)=f(\varphi(x,y))$ 在 D 上连续.

由于一元函数 $f(x)$, $g(y)$ 可以看做是二元函数: $F(x,y)=f(x)$, $G(x,y)=g(y)$, 凡是连续的一元函数也都是连续的二元函数, 这样, 一元基本初等函数作为二元函数是连续的, 称它们为二元基本初等函数.

由二元基本初等函数经过有限次的四则运算与复合运算所得到的函数称为二元初等函数, 可见二元初等函数在其有定义的区域上都是连续的.

例 5.1.6 由于一元连续函数 $\sin y$, x, y, $\cos x$, e^{y^2} 都是二元连续函数, 因而 $\sin y+xy+e^{y^2}$ 与 $2+\cos(x^2+y^2)\sin(xy)$ 都连续, 所以二元函数

$$f(x,y)=\frac{\sin y+xy+e^{y^2}}{2+\cos(x^2+y^2)\sin(xy)}$$

也连续.

类似于闭区间上一元连续函数的性质, 有界闭区域上的二元连续函数有最大值与最小值, 并且介值定理成立:

定理 5.1.4 (最大值与最小值定理) 设 $f(P)$ 在有界闭区域 D 上连续, 则 $f(P)$ 在 D 上有最大值 M 与最小值 m, 即存在 P_1, $P_2\in D$, 使得对一切 $P\in D$, 有

$$m=f(P_1)\leqslant f(P)\leqslant f(P_2)=M.$$

定理 5.1.5 (介值定理) 设 $f(P)$ 在有界闭区域 D 上连续, 则对于 $f(P)$ 在 D 上的最小值与最大值之间的任意一值 C, 存在 $P_0\in D$, 使得

$$f(P_0)=C.$$

习题 5.1

1. 设 $f(x,y)=\dfrac{x^2-y^2}{2xy}$, 求 $f(1,-1)$, $f(-x,-y)$, $\dfrac{f(x+h,y)-f(x,y)}{h}$.

2. 求函数的定义域:

 (1) $z=\dfrac{1}{x^2+5y^2}$; (2) $z=\sqrt{3xy}$;

(3) $z=\ln 2x+\ln 3y$; (4) $z=e^{-\sqrt{x^2+y^2}}$;

(5) $z=\dfrac{e^{xy}+\sin y}{\sqrt{xy}}$; (6) $z=\arcsin\dfrac{y}{x}$;

(7) $z=\ln(y-x^2)$; (8) $z=\dfrac{\ln x}{\sqrt{1-x^2-y^2}}$.

3. 求函数的极限:

(1) $\lim\limits_{\substack{x\to 0\\ y\to 0}}\dfrac{e^{x^2+y^2}-1}{2(x^2+y^2)}$; (2) $\lim\limits_{\substack{x\to 0\\ y\to 0}}\dfrac{\ln(x^2+3y^2+1)}{x^2+3y^2}$;

(3) $\lim\limits_{\substack{x\to 1\\ y\to 0}}\dfrac{\sin\sqrt{(x-1)^2+y^2}}{\sqrt{(x-1)^2+y^2}}$; (4) $\lim\limits_{\substack{x\to 0\\ y\to 0}}\dfrac{2-\sqrt{xy+4}}{xy}$.

4. 证明: 当 $(x,y)\to(0,0)$ 时, $\dfrac{xy^2}{x^2+y^4}$ 与 $\dfrac{x^2y}{x^4+y^2}$ 的极限不存在.

5. 下列函数在原点 $(0,0)$ 是否连续:

(1) $z=\begin{cases} e^{-\frac{1}{x^2+y^2}}, & (x,y)\neq(0,0),\\ 1, & (x,y)=(0,0);\end{cases}$ (2) $z=\begin{cases} \dfrac{2xy}{\sqrt{x^2+2y^2}}, & (x,y)\neq(0,0),\\ 0, & (x,y)=(0,0).\end{cases}$

6. 利用连续性求下列函数的极限:

(1) $\lim\limits_{\substack{x\to 0\\ y\to 0}}e^{xy}\sin(1+xy)$; (2) $\lim\limits_{\substack{x\to 1\\ y\to -1}}\cos y\ln|x+2y|$;

(3) $\lim\limits_{\substack{x\to 2\\ y\to 0}}\sqrt{x^4+3y^2}\arctan(1+xy^2)$; (4) $\lim\limits_{\substack{x\to 0\\ y\to 3}}(3xy+1)e^{\arcsin(xy)}$;

(5) $\lim\limits_{\substack{x\to 0\\ y\to 2}}\arcsin\dfrac{1}{\sqrt{x^2+y^2}}$; (6) $\lim\limits_{\substack{x\to 0\\ y\to 0}}(y+x)\dfrac{\sin(x^2+y^2+1)}{x^2+y^2+1}$.

5.2 偏导数与全微分

一、偏导数

一元函数 $y=f(x)$ 对于自变量 x 的变化率是导数 $f'(x)$. 二元函数 $z=f(x,y)$ 保持 y 是常数 y_0 时, $z=f(x,y_0)$ 是 x 的一元函数; 保持 x 是常数 x_0 时, $z=f(x_0,y)$ 是 y 的一元函数. 考察 $f(x,y_0)$ 对 x 的变化率, $f(x_0,y)$ 对 y 的变化率就产生了偏导数的概念, 其定义如下:

定义 5.2.1 (偏导数) 设函数 $z=f(x,y)$ 在点 (x_0,y_0) 的某邻域内有定义. 若一元函数 $f(x,y_0)$ 在点 x_0 可导, 即极限

$$\lim_{\Delta x\to 0}\frac{f(x_0+\Delta x,y_0)-f(x_0,y_0)}{\Delta x}$$

存在 (有限数), 则称 $f(x,y)$ 在点 (x_0,y_0) **关于 x 可导**, 此极限称为 $f(x,y)$ 在点 (x_0,y_0) 关于 x 的**偏导数**[①], 记为

$$f'_x(x_0,y_0),\quad \left.\frac{\partial f}{\partial x}\right|_{\substack{x=x_0\\y=y_0}},\quad \left.\frac{\partial f}{\partial x}\right|_{(x_0,y_0)},$$

或

$$z'_x(x_0,y_0),\quad \left.\frac{\partial z}{\partial x}\right|_{\substack{x=x_0\\y=y_0}},\quad \left.\frac{\partial z}{\partial x}\right|_{(x_0,y_0)}.$$

类似地, 若一元函数 $f(x_0,y)$ 在 y_0 处可导, 即极限

$$\lim_{\Delta y\to 0}\frac{f(x_0,y_0+\Delta y)-f(x_0,y_0)}{\Delta y}$$

存在 (有限数), 则称 $f(x,y)$ 在点 (x_0,y_0) **关于 y 可导**, 称此极限为 $z=f(x,y)$ 在点 (x_0,y_0) 关于 y 的**偏导数**, 记为

$$f'_y(x_0,y_0),\quad \left.\frac{\partial f}{\partial y}\right|_{\substack{x=x_0\\y=y_0}},\quad \left.\frac{\partial f}{\partial y}\right|_{(x_0,y_0)}\quad 或\quad z'_y(x_0,y_0),\quad \left.\frac{\partial z}{\partial y}\right|_{\substack{x=x_0\\y=y_0}},\quad \left.\frac{\partial z}{\partial y}\right|_{(x_0,y_0)}.$$

若对于开区域 D 内的每一点 (x,y), 函数 $z=f(x,y)$ 关于 x 都有偏导数 $f'_x(x,y)$, 则得到一个关于 (x,y) 的函数, 称其为 $f(x,y)$ **关于 x 的偏导函数** (简称**偏导数**), 记为

$$f'_x,\quad f'_x(x,y),\quad \frac{\partial f}{\partial x}\quad 或\quad z'_x,\quad z'_x(x,y),\quad \frac{\partial z}{\partial x}.$$

类似地, 可定义**关于 y 的偏导函数** (简称**偏导数**)[②], 并记为

$$f'_y,\quad f'_y(x,y),\quad \frac{\partial f}{\partial y}\quad 或\quad z'_y,\quad z'_y(x,y),\quad \frac{\partial z}{\partial y}.$$

可见, 求二元函数对某个变元的偏导数, 只需将另一个变元视为常数, 利用一元函数的导数公式及运算法则对该变元求导即可, 并不需要新的计算方法.

---

① 导数与偏导数的区别起初并未被明确地认识, 因而两者均被用同样的记号 d 来表示. 雅可比 (C. G. J. Jacobi, 1804 ~ 1851, 德国) 首先使用符号 ∂ (代替 d) 来表示偏导数. 偏导数也称为偏微商.

② 偏导数理论是由欧拉 (L. Euler) 与法国数学家方丹 (Alexis Fontaine des Bertins, 1705 ~ 1771)、克莱罗 (A. C. Clairaut, 1713 ~ 1765) 以及达朗贝尔 (J. R. D′Alembert, 1717 ~ 1783) 创立的.

例 5.2.1 设函数 $f(x,y)=x^3+2x^2y-y^3$, 求 $f'_x(1,3)$ 与 $f'_y(1,3)$.

解 $f(x,3)=x^3+6x^2-27,\quad f(1,y)=1+2y-y^3$,

$$f'_x(1,3)=\left.\frac{df(x,3)}{dx}\right|_{x=1}=(3x^2+12x)|_{x=1}=15.$$

$$f'_y(1,3)=\left.\frac{df(1,y)}{dy}\right|_{y=3}=(2-3y^2)|_{y=3}=-25.$$

若先分别求出 f 关于 x 和 y 的偏导函数:

$$f'_x(x,y)=3x^2+4xy \quad 和 \quad f'_y(x,y)=2x^2-3y^2,$$

然后再将 $x=1,\ y=3$ 代入, 也可得到同样的结果.

例 5.2.2 设函数 $f(x,y)=x^2y+3y$, 求 $f'_x(0,0),\ f'_y(0,0)$.

解 $f'_x(x,y)=2xy,\ f'_x(0,0)=0;\ f'_y(x,y)=x^2+3,\ f'_y(0,0)=3$.

例 5.2.3 设函数 $f(x,y)=\sqrt{x}+y\sin x$, 求 $f'_x(\pi,1)$ 与 $f'_y(\pi,1)$.

解 $f'_x(x,y)=\dfrac{1}{2\sqrt{x}}+y\cos x,\quad f'_x(\pi,1)=\dfrac{1}{2\sqrt{\pi}}-1$,

$$f'_y(x,y)=\sin x,\ f'_y(\pi,1)=0.$$

例 5.2.4 设函数 $z=x^y$, 求 $\dfrac{\partial z}{\partial x},\ \dfrac{\partial z}{\partial y}$.

解 $\dfrac{\partial z}{\partial x}=yx^{y-1},\quad \dfrac{\partial z}{\partial y}=x^y\ln x$.

例 5.2.5 设函数 $f(x,y)=\begin{cases}\dfrac{xy}{x^2+y^2}, & (x,y)\neq(0,0),\\ 0, & (x,y)=(0,0).\end{cases}$ 证明 $f(x,y)$ 在原点关于 x 和 y 都是可导的, 并求 $f'_x(0,0)$ 与 $f'_y(0,0)$.

证明 由于

$$f'_x(0,0)=\lim_{\Delta x\to 0}\frac{f(0+\Delta x,0)-f(0,0)}{\Delta x}=\lim_{\Delta x\to 0}\frac{0-0}{\Delta x}=0,$$

$f(x,y)$ 在原点关于 x 可导, 并且 $f'_x(0,0)=0$. 同理, $f(x,y)$ 在原点关于 y 可导, 并且 $f'_y(0,0)=0$.

我们知道, 一元函数在导数存在的点一定连续, 可是例 5.2.5 中的二元函数 $f(x,y)$ 在点 $(0,0)$ 关于 x 和 y 的两个偏导数都存在, 但是, 当 $(x,y)\to(0,0)$ 时, $\dfrac{xy}{x^2+y^2}$ 的极限不存在 (见例 5.1.4), 从而在点 $(0,0)$ 不连续.

二、偏导数的几何意义

在空间直角坐标系中, 二元函数 $f(x,y)$ 的图像是一曲面 Ω. 设 $M(x_0,y_0,z_0)$ 为曲面 Ω 上的一点, 其中 $z_0=f(x_0,y_0)$. 过 M 作平面 $y=y_0$, 它与曲面 Ω 的交线是 $\Gamma_1:\begin{cases}z=f(x,y),\\ y=y_0.\end{cases}$ $f(x,y)$ 在 $P_0(x_0,y_0)$ 关于 x 的偏导数 $f'_x(x_0,y_0)$ 是一元函数 $z=f(x,y_0)$ 对 x 的导数, 即曲线 Γ_1 过点 M 的切线关于 x 轴的斜率, 即切线与 x 轴正向所成倾斜角 α 的正切 $\tan\alpha$. 同样, 偏导数 $f'_y(x_0,y_0)$ 是曲线 $\Gamma_2:\begin{cases}z=f(x,y),\\ x=x_0\end{cases}$ 过点 M 的切线关于 y 轴的斜率 $\tan\beta$ (见图 5.2.1).

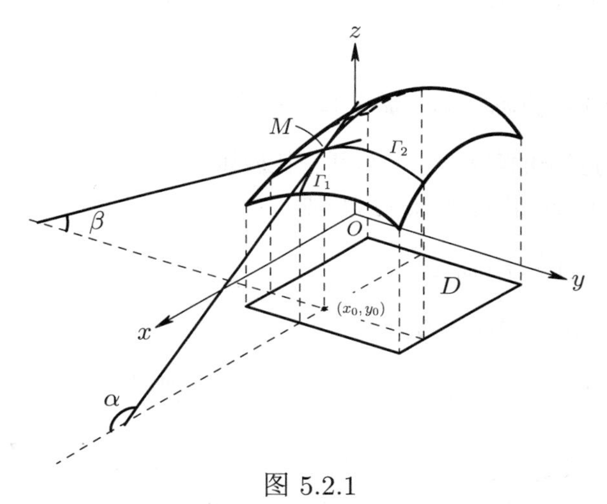

图 5.2.1

三、二阶偏导数

如果二元函数 $z=f(x,y)$ 关于 x 和 y 的偏导函数 $\dfrac{\partial f}{\partial x}$ 和 $\dfrac{\partial f}{\partial y}$ 关于 x 和 y 又有偏导函数

$$\frac{\partial}{\partial x}\left(\frac{\partial f}{\partial x}\right),\ \frac{\partial}{\partial y}\left(\frac{\partial f}{\partial x}\right),$$

$$\frac{\partial}{\partial x}\left(\frac{\partial f}{\partial y}\right)\text{ 和 }\frac{\partial}{\partial y}\left(\frac{\partial f}{\partial y}\right),$$

则称它们为 $f(x,y)$ 的**二阶偏导数**, 也分别记为

$$\frac{\partial^2 f}{\partial x^2},\quad \frac{\partial^2 f}{\partial x\partial y},\quad \frac{\partial^2 f}{\partial y\partial x}\quad \text{和}\quad \frac{\partial^2 f}{\partial y^2},$$

或

$$f''_{x^2}(x,y),\quad f''_{xy}(x,y),\quad f''_{yx}(x,y)\text{ 和 }f''_{y^2}(x,y).$$

$f''_{x^2}(x,y)$ 与 $f''_{y^2}(x,y)$ 也分别记作$f''_{xx}(x,y)$ 与 $f''_{yy}(x,y)$. 以上各记号可简写成

$$z''_{x^2},\quad z''_{xy},\quad z''_{yx},\quad z''_{y^2}\quad \text{或}\quad f''_{x^2},\quad f''_{xy},\quad f''_{yx},\quad f''_{y^2}.$$

例 5.2.6 求函数 $z=x^3+2x^2y^3+e^xy$ 的二阶偏导数.

解 $z'_x=3x^2+4xy^3+e^xy,\qquad z'_y=6x^2y^2+e^x,$

$$z''_{x^2}=6x+4y^3+e^xy,\qquad z''_{y^2}=12x^2y,$$

$$z''_{xy}=12xy^2+e^x,\qquad z''_{yx}=12xy^2+e^x.$$

注　例 5.2.6 中的函数 z 满足 $z''_{xy}=z''_{yx}$. 对于一般的函数 z, 有如下定理 (其证明见附录 A).

定理 5.2.1　设二元函数 $z=f(x,y)$.

若 $f''_{xy}(x,y)$ 与 $f''_{yx}(x,y)$ 都在点 (x_0,y_0) 连续, 则 $f''_{xy}(x_0,y_0)=f''_{yx}(x_0,y_0)$.①

本书今后遇到的混合偏导数都是连续的, 因而混合偏导数与求导次序无关.

四、全微分

设二元函数 $z=f(x,y)$ 在点 (x_0,y_0) 的某邻域内有定义. 一般来说, 函数 $f(x,y)$ 在点 (x_0,y_0) 的全增量

$$\Delta z=f(x,y)-f(x_0,y_0)=f(x_0+\Delta x,y_0+\Delta y)-f(x_0,y_0)$$

是自变量的增量 Δx 与 Δy 的较为复杂的函数, 求其值往往比较困难.

对于一元函数 $y=f(x)$, 我们已知, 若它在 x_0 可微, 则

$$dy(x_0)=f'(x_0)\Delta x,$$

$$\Delta y=dy(x_0)+o(\Delta x),$$

即微分 dy 是 Δx 的线性函数, 并且 $\Delta y-dy$ 较 Δx 是高阶无穷小, 因而, 当 $|\Delta x|$ 充分小时, 可用 dy 近似代替 Δy.

下面我们推广一元函数微分的概念, 定义二元函数 $z=f(x,y)$ 的全微分, 用其近似代替全增量 Δz 来研究 $f(x,y)$ 在点 (x_0,y_0) 附近的变化情况.

定义 5.2.2 (可微)　设二元函数 $z=f(x,y)$ 在点 (x_0,y_0) 的某邻域内有定义. 若全增量 Δz 可以写成

$$\Delta z=A\Delta x+B\Delta y+o(\rho),\ \text{这里}\ \rho=\sqrt{\Delta x^2+\Delta y^2},$$

其中 A, B 与 Δx, Δy 无关, 当 $\rho\to 0$ (等价于 $\Delta x\to 0$, $\Delta y\to 0$) 时, $o(\rho)$ 较 ρ 是高阶无穷小, 则称 $f(x,y)$ 在点 (x_0,y_0) **可微**, $A\Delta x+B\Delta y$ 称为 $f(x,y)$ 在点 (x_0,y_0) 的**全微分**, 记为 $dz(x_0,y_0)$, 即

$$dz(x_0,y_0)=A\Delta x+B\Delta y.$$

① 欧拉 (L. Euler) 在 1734 年提出了这一结论. 直到 100 多年后的 1873 年, 德国数学家施瓦茨 (H. A. Schwarz, 1843 ~ 1921) 才给出严格的证明.

以上 $dz(x_0,y_0)$ 也用 $df(x_0,y_0)$，$df\Big|_{\substack{x=x_0\\y=y_0}}$ 或 $dz\Big|_{\substack{x=x_0\\y=y_0}}$ 来表示.

定理 5.2.2

若函数 $z=f(x,y)$ 在点 (x_0,y_0) 可微,则它在点 (x_0,y_0) 连续.

证明 因为

$$\Delta z = A\Delta x + B\Delta y + o(\rho),$$

当 $\Delta x\to 0$，$\Delta y\to 0$ 时，$o(\rho)\to 0$, 所以

$$\lim_{\substack{\Delta x\to 0\\ \Delta y\to 0}}\Delta z=\lim_{\substack{\Delta x\to 0\\ \Delta y\to 0}}A\Delta x+\lim_{\substack{\Delta x\to 0\\ \Delta y\to 0}}B\Delta y+\lim_{\substack{\Delta x\to 0\\ \Delta y\to 0}}o(\rho)=0.$$

上式说明 $f(x,y)$ 在点 (x_0,y_0) 连续. □

定理 5.2.3 若函数 $z=f(x,y)$ 在点 (x_0,y_0) 可微, 则它在点 (x_0,y_0) 关于 x 和 y 的偏导数均存在, 而且

$$dz\Big|_{\substack{x=x_0\\y=y_0}}=f'_x(x_0,y_0)\Delta x+f'_y(x_0,y_0)\Delta y.$$

证明 由于 $f(x,y)$ 在点 (x_0,y_0) 可微, 存在常数 A 和 B, 使得

$$\Delta z=A\Delta x+B\Delta y+o(\rho)\quad (\rho=\sqrt{\Delta x^2+\Delta y^2}).$$

令 $\Delta y=0$, 则

$$\Delta z=f(x_0+\Delta x,y_0)-f(x_0,y_0)=A\Delta x+o(|\Delta x|),$$

上式两边除以 Δx, 当 $\Delta x\to 0$ 时取极限得

$$\begin{aligned}f'_x(x_0,y_0)&=\lim_{\Delta x\to 0}\frac{\Delta z}{\Delta x}=\lim_{\Delta x\to 0}\frac{f(x_0+\Delta x,y_0)-f(x_0,y_0)}{\Delta x}\\&=\lim_{\Delta x\to 0}A+\lim_{\Delta x\to 0}\frac{o(|\Delta x|)}{\Delta x}=A+0=A,\end{aligned}$$

同理可证 $f'_y(x_0,y_0)=B$. 这样

$$dz\Big|_{\substack{x=x_0\\y=y_0}}=A\Delta x+B\Delta y=f'_x(x_0,y_0)\Delta x+f'_y(x_0,y_0)\Delta y.$$ □

由定理 5.2.2 和定理 5.2.3 可知, 二元函数的连续性以及偏导数的存在是可微的必要条件. 但这两个定理都是不可逆的: 例 5.2.5 中的函数在原点关于 x 和 y 的偏导数都存在, 但不可微 (因为在原点不连续). 下例中的函数在原点连续, 但在原点偏导数不存在, 因而不可微.

例 5.2.7 证明: 函数 $z=f(x,y)=\sqrt{x^2+y^2}$ 在原点连续, 但在原点关于 x 和 y 的偏导数都不存在.

证明 令 $t=x^2+y^2$, 则

$$\lim_{\substack{x\to 0\\ y\to 0}}\sqrt{x^2+y^2}=\lim_{t\to 0+}\sqrt{t}=0=f(0,0),$$

所以函数 $z=f(x,y)=\sqrt{x^2+y^2}$ 在原点连续. 但是, 由于

$$\lim_{\Delta x\to 0+}\frac{f(0+\Delta x,0)-f(0,0)}{\Delta x}=\lim_{\Delta x\to 0+}\frac{|\Delta x|}{\Delta x}=1,$$

$$\lim_{\Delta x\to 0-}\frac{f(0+\Delta x,0)-f(0,0)}{\Delta x}=\lim_{\Delta x\to 0-}\frac{|\Delta x|}{\Delta x}=-1,$$

所以 $z=\sqrt{x^2+y^2}$ 在原点关于 x 的偏导数不存在, 同理该函数在原点关于 y 的偏导数也不存在①. □

下面我们给出可微的充分条件定理 (证明见附录 A).

定理 5.2.4 (可微的充分条件) 设函数 $z=f(x,y)$ 在点 (x_0,y_0) 的某邻域内偏导数存在, 且 $f'_x(x,y)$ 与 $f'_y(x,y)$ 在点 (x_0,y_0) 连续, 则 $f(x,y)$ 在点 (x_0,y_0) 可微.

若二元函数 $z=f(x,y)$ 在开区域 D 内每一点都可微, 则称 $f(x,y)$ **在 D 内可微**②.

例如, 由于 $z=x^2+y^2$, $z=1-x-y$, $z=x^2$ 以及 $z=x^2-y^2$ 在 $\mathbf{R}^2$ 上关于 x 和 y 的两个偏导数都连续, 根据定理 5.2.4, 它们在 $\mathbf{R}^2$ 上可微.

注 若 $z=x$, 则 $dx=dz=1\Delta x+0\Delta y=\Delta x$; 若 $z=y$, 则 $dy=dz=0\Delta x+1\Delta y=\Delta y$, 所以 $z=f(x,y)$ 在点 (x,y) 的全微分可以写成

$$\boxed{dz=\frac{\partial z}{\partial x}dx+\frac{\partial z}{\partial y}dy,}$$

① 直观上看, xOz 平面与半圆锥面 $z=\sqrt{x^2+y^2}$ 的截线为 $z=|x|$, $y=0$, 原点 O 是它的“尖点”, 因而 z 关于 x 不可导. O 也是 yOz 平面与 $z=\sqrt{x^2+y^2}$ 的截线 $z=|y|$, $x=0$ 的“尖点”, 因而 z 关于 y 不可导.

② 克莱罗 (A. C. Clairaut) 在 1739 ~ 1740 年得到了 “$p(x,y)dx+q(x,y)dy$ 是全微分 [即存在函数 $z=f(x,y)$ 使得 $\frac{\partial f}{\partial x}=p(x,y)$, $\frac{\partial f}{\partial y}=q(x,y)$] 的充分必要条件是 $\frac{\partial p}{\partial y}=\frac{\partial q}{\partial x}$”.

或

$$\boxed{dz = f'_x(x,y)dx + f'_y(x,y)dy.}$$

五、复合函数微分法

关于复合函数微分法, 我们叙述如下定理, 证明从略.

定理 5.2.5 (链式法则) 设函数 $z = f(x,y)$ 在点 (x,y) 可微, $x = \varphi(s,t)$, $y = \psi(s,t)$ 均在 (s,t) 可微, 则 $z = f(\varphi(s,t),\psi(s,t))$ 在点 (s,t) 可微, 而且

$$\boxed{\frac{\partial z}{\partial s} = \frac{\partial z}{\partial x}\frac{\partial x}{\partial s} + \frac{\partial z}{\partial y}\frac{\partial y}{\partial s}, \quad \frac{\partial z}{\partial t} = \frac{\partial z}{\partial x}\frac{\partial x}{\partial t} + \frac{\partial z}{\partial y}\frac{\partial y}{\partial t}.}$$

定理 5.2.5 中各变量之间的关系如下图.

例 5.2.8 设函数 $z = \ln(x^2+y)$, $x = e^{s+t^2}$, $y = s^2+t$. 求 $\frac{\partial z}{\partial s}$ 和 $\frac{\partial z}{\partial t}$.

解

$$\begin{aligned}\frac{\partial z}{\partial s} &= \frac{\partial z}{\partial x}\frac{\partial x}{\partial s} + \frac{\partial z}{\partial y}\frac{\partial y}{\partial s}\\ &= \frac{2x}{x^2+y}\cdot e^{s+t^2} + \frac{1}{x^2+y}\cdot 2s\\ &= \frac{2}{x^2+y}(x^2+s).\end{aligned}$$

$$\begin{aligned}\frac{\partial z}{\partial t} &= \frac{\partial z}{\partial x}\frac{\partial x}{\partial t} + \frac{\partial z}{\partial y}\frac{\partial y}{\partial t}\\ &= \frac{2x}{x^2+y}\cdot e^{s+t^2}2t + \frac{1}{x^2+y} = \frac{1}{x^2+y}(4x^2t+1).\end{aligned}$$

定理 5.2.5 有一些特殊情况, 列举如下:

推论 5.2.1 设 $z = f(u)$ 可微, $u = \varphi(x,y)$ 可微, 则 $z = f(\varphi(x,y))$ 可微, 而且

$$\frac{\partial z}{\partial x} = f'(u)\varphi'_x(x,y), \quad \frac{\partial z}{\partial y} = f'(u)\varphi'_y(x,y),$$

或写成

$$\boxed{\frac{\partial z}{\partial x} = \frac{dz}{du}\frac{\partial u}{\partial x}, \quad \frac{\partial z}{\partial y} = \frac{dz}{du}\frac{\partial u}{\partial y}.}$$

推论 5.2.1 中各变量之间的关系如右图.

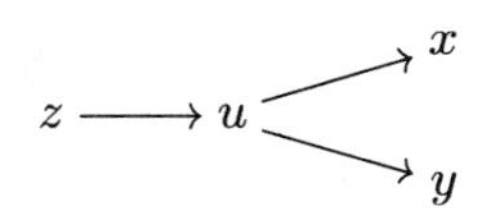

例 5.2.9 设 (1) $z=\arctan\dfrac{y}{x}$; (2) $z=\sqrt{x}+\sin(xy)$, 求 $\dfrac{\partial z}{\partial x}$ 和 $\dfrac{\partial z}{\partial y}$.

解 (1) 令 $u=\dfrac{y}{x}$, 则 $z=\arctan u$,

$$\frac{\partial z}{\partial x}=\frac{1}{1+u^2}\frac{\partial}{\partial x}\left(\frac{y}{x}\right)=\frac{1}{1+\left(\frac{y}{x}\right)^2}\left(-\frac{y}{x^2}\right)=-\frac{y}{x^2+y^2},$$

$$\frac{\partial z}{\partial y}=\frac{1}{1+u^2}\frac{\partial}{\partial y}\left(\frac{y}{x}\right)=\frac{1}{1+\left(\frac{y}{x}\right)^2}\left(\frac{1}{x}\right)=\frac{x}{x^2+y^2}.$$

(2) 令 $u=xy$, 则 $z=\sqrt{x}+\sin u$. 于是

$$\frac{\partial z}{\partial x}=\frac{d\sqrt{x}}{dx}+\frac{d\sin u}{du}\frac{\partial(xy)}{\partial x}=\frac{1}{2\sqrt{x}}+y\cos u=\frac{1}{2\sqrt{x}}+y\cos(xy),$$

$$\frac{\partial z}{\partial y}=0+\frac{d\sin u}{du}\frac{\partial(xy)}{\partial y}=x\cos u=x\cos(xy).$$

推论 5.2.2 设 $z=f(x,y)$ 可微, $x=\varphi(t)$, $y=\psi(t)$ 均可微, 则 $z=f(\varphi(t),\psi(t))$ 可微, 而且

$$\boxed{\frac{dz}{dt}=\frac{\partial z}{\partial x}\frac{dx}{dt}+\frac{\partial z}{\partial y}\frac{dy}{dt}.}$$

注 推论 5.2.2 中, $z=f(x,y)$ 通过中间变量 x 和 y 表示为一个变量 t 的函数, 因而, 等式左端是 z 对 t 求导数 $\dfrac{dz}{dt}$.

推论 5.2.2 中各变量之间的关系如右图.

$$z \begin{array}{l}\nearrow x \longrightarrow t\\ \searrow y \longrightarrow t\end{array}$$

特别地, 若 $y=\psi(x)$ 可微, 则 $z=f(x,\psi(x))$ 可微, 而且

$$\boxed{\frac{dz}{dx}=\frac{\partial f}{\partial x}+\frac{\partial f}{\partial y}\frac{dy}{dx};}$$

若 $x=\varphi(y)$ 可微, 则 $z=f(\varphi(y),y)$ 可微, 而且

$$\boxed{\frac{dz}{dy}=\frac{\partial f}{\partial x}\frac{dx}{dy}+\frac{\partial f}{\partial y}.}$$

例 5.2.10 设 $z=x^y$, $x=\sin t$, $y=\cos t$, 求 $\dfrac{dz}{dt}$.

解
$$\begin{aligned}\frac{dz}{dt}&=\frac{\partial z}{\partial x}\frac{dx}{dt}+\frac{\partial z}{\partial y}\frac{dy}{dt}=yx^{y-1}\cos t+x^y\ln x(-\sin t)\\&=x^{y-1}(y^2-x^2\ln x).\end{aligned}$$

推论 5.2.3 设 $z=f(x,y)$ 可微.

(1) 若 $y=\psi(x,t)$ 可微, 则 $z=f(x,\psi(x,t))$ 可微, 而且

$$\boxed{\frac{\partial z}{\partial x}=\frac{\partial f}{\partial x}+\frac{\partial f}{\partial y}\frac{\partial y}{\partial x},\quad \frac{\partial z}{\partial t}=\frac{\partial f}{\partial y}\frac{\partial y}{\partial t};}$$

(2) 若 $x=\varphi(s,y)$ 可微, 则 $z=f(\varphi(s,y),y)$ 可微, 而且

$$\boxed{\frac{\partial z}{\partial s}=\frac{\partial f}{\partial x}\frac{\partial x}{\partial s},\quad \frac{\partial z}{\partial y}=\frac{\partial f}{\partial x}\frac{\partial x}{\partial y}+\frac{\partial f}{\partial y}.}$$

推论 5.2.3 中各变量之间的关系如下:

(1) $z\to x$, $z\to y$, $y\to x$, $y\to t$

(2) $z\to x$, $z\to y$, $x\to s$, $x\to y$

例 5.2.11 设 $z=\dfrac{y}{x}$, $y=\sqrt{1-x^2}$, 求 $\dfrac{dz}{dx}$.

解

$$\begin{aligned}\frac{dz}{dx}&=\frac{\partial z}{\partial x}+\frac{\partial z}{\partial y}\frac{dy}{dx}\\&=-\frac{y}{x^2}+\frac{1}{x}\cdot\frac{-2x}{2\sqrt{1-x^2}}=-\frac{y}{x^2}-\frac{1}{\sqrt{1-x^2}}\\&=-\frac{y}{x^2}-\frac{1}{y}=-\frac{x^2+y^2}{x^2y}.\end{aligned}$$

习题 5.2

1. 求偏导数:

(1) $f(x,y)=x^2y+3y$, 求 $f'_x(0,0)$, $f'_y(0,0)$;

(2) $f(x,y)=3e^{xy}$, 求 $f'_x(1,3)$, $f'_y(1,3)$;

(3) $f(x,y)=3e^x-2e^y$, 求 $f'_x(0,0)$, $f'_y(0,1)$;

(4) $f(x,y)=\arctan\dfrac{x+y}{1-xy}$, 求 $f'_x(1,-1)$, $f'_y(-1,0)$;

(5) $f(x,y)=xy+(y-1)\sin\sqrt{\dfrac{x+y}{x^2+y}}$, 求 $f'_x(2,1)$;

(6) $f(x,y)=(x+1)^2y+x^{\frac{\tan(y-2)}{x^2+y^2}}$, 求 $f'_x(1,2)$, $f'_y(1,2)$.

2. 求偏导数 $\dfrac{\partial f}{\partial x}$, $\dfrac{\partial f}{\partial y}$:

(1) $f(x,y)=3x^2+xy+4y^2$;　　(2) $f(x,y)=xy-\dfrac{x^4}{4}-\dfrac{y^2}{2}+10$;

(3) $f(x,y)=(x^2y+y^3)\sin\dfrac{y}{x}$;　　(4) $f(x,y)=\arcsin\dfrac{x}{\sqrt{x^2+y^2}}$.

3. 求二阶偏导数:

(1) $z=e^x\sin y$;　　(2) $z=ye^{xy}$;

(3) $z=\dfrac{x}{\sqrt{x^2+y^2}}$;　　(4) $z=x\sin(x+y)$.

4. 设 $z=e^x\sin y$, $x=st$, $y=s^2+t^2$, 求 $\dfrac{\partial z}{\partial s}$, $\dfrac{\partial z}{\partial t}$.

5. 设 $z=\sqrt{x^2+y^2}$, $x=\sin t$, $y=\cos t$, 求 $\dfrac{dz}{dt}$.

6. 设 $z=xe^y$, y 是 x 的可微函数, 求 $\dfrac{dz}{dx}$.

7. 设 $z=yg(x^2-y^2)$, 其中 g 是可微函数, 证明:

$$\frac{1}{x}\frac{\partial z}{\partial x}+\frac{1}{y}\frac{\partial z}{\partial y}=\frac{z}{y^2}.$$

8. 设 $z=\arctan\dfrac{x}{y}$, 其中 $x=s+t$, $y=s-t$, 证明:

$$\frac{\partial z}{\partial s}+\frac{\partial z}{\partial t}=\frac{s-t}{s^2+t^2}.$$

9. 求全微分:

(1) $z=x^2+3\ln(xy)$, 求 $dz(3,2)$;　　(2) $z=\ln\sqrt{x^2+y^2}$, 求 $dz(1,1)$;

(3) $z=\dfrac{x+y}{x-y}$, 求 dz;　　(4) $z=\sin(x^2+y^2)$, 求 dz.

5.3　二元函数的极值

定义 5.3.1 (极值) 设二元函数 $z=f(x,y)$ 在点 $P_0(x_0,y_0)$ 的邻域 $U_r(P_0)$ 内有定义. 若对任意 $(x,y)\in U_r(P_0)$, 有

$$f(x_0,y_0)\geqslant f(x,y)\quad[f(x_0,y_0)\leqslant f(x,y)],$$

则称 $f(x,y)$ 在点 P_0 取得**极大 (小) 值** $f(x_0,y_0)$, 点 P_0 称为**极大 (小) 值点**. 极大值与极小值统称为**极值**. 极大值点与极小值点统称为**极值点**.

例 5.3.1 $z=x^2+y^2$ 与 $z=\sqrt{x^2+y^2}$ 在 $(0,0)$ 取极小值 0, $z=-\sqrt{x^2+y^2}$ 在 $(0,0)$ 取极大值 0. $z=x+y$ 在 $(0,0)$ 不取极值.

定理 5.3.1 (**取极值的必要条件**) 设函数 $z=f(x,y)$ 在点 $P_0(x_0,y_0)$ 的某邻域内有定义, 且在点 P_0 关于 x 和 y 的偏导数存在. 若点 P_0 为 $f(x,y)$ 的极值点, 则必有

$$f'_x(x_0,y_0)=0,\quad f'_y(x_0,y_0)=0.$$

证明 设 P_0 是 $f(x,y)$ 的极大值点 (对于极小值点的情形可类似地证明), 则存在点 P_0 的一个邻域 $U_r(P_0)$, 使得对一切 $(x,y)\in U_r(P_0)$, 有

$$f(x,y)\leqslant f(x_0,y_0).$$

令 $y=y_0$, 也有

$$f(x,y_0)\leqslant f(x_0,y_0).$$

这说明一元函数 $f(x,y_0)$ 在 x_0 取极大值, 根据费马定理, $\left.\dfrac{d}{dx}f(x,y_0)\right|_{x=x_0}=0$, 即 $f'_x(x_0,y_0)=0$. 同理, $f'_y(x_0,y_0)=0$. □

使得 $f'_x(x_0,y_0)=0$, $f'_y(x_0,y_0)=0$ 的点 $P_0(x_0,y_0)$ 称为二元函数 $z=f(x,y)$ 的**驻点**. 定理 5.3.1 说明, 当偏导数存在时, 二元函数 $z=f(x,y)$ 的极值点必定是驻点. 所以二元函数的极值点一定在其驻点和偏导数不存在的点之中. 例 5.3.1 中的函数 $z=x^2+y^2$ 在驻点 $(0,0)$ 取极小值 0, $z=\sqrt{x^2+y^2}$ 和 $z=-\sqrt{x^2+y^2}$ 分别在偏导数不存在的点 $(0,0)$ 取极小值 0 和极大值 0.

既然驻点未必是极值点, 那么, 驻点满足什么条件才是极值点呢? 有如下定理, 证明从略.

定理 5.3.2 (**取极值的充分条件**) 设函数 $z=f(x,y)$ 在点 $P_0(x_0,y_0)$ 的某邻域内二阶偏导数连续, $f'_x(x_0,y_0)=0$, $f'_y(x_0,y_0)=0$. 令

$$A=f''_{x^2}(x_0,y_0),\quad B=f''_{xy}(x_0,y_0),\quad C=f''_{y^2}(x_0,y_0).$$

(1) 若 $B^2-AC<0$, $f(x_0,y_0)$ 是极值. 当 $A>0$ 时为极小值; 当 $A<0$ 时为极大值.

(2) 若 $B^2-AC>0$, $f(x_0,y_0)$ 不是极值.

(3) 若 $B^2-AC=0$, 则不能判断 $f(x_0,y_0)$ 是否是极值.

例 5.3.2 讨论函数 $z=f(x,y)=x^2-y^2$ 的极值.

解 解方程组

$$\begin{cases} f'_x=2x=0, \\ f'_y=-2y=0 \end{cases}$$

得唯一驻点 $(0,0)$.

$$f''_{x^2}(x,y)=2,\quad f''_{xy}(x,y)=0,\quad f''_{y^2}(x,y)=-2.$$

$$A=f''_{x^2}(0,0)=2,\quad B=f''_{xy}(0,0)=0,\quad C=f''_{y^2}(0,0)=-2.$$

因为 $B^2-AC=4>0$, 所以唯一驻点 $(0,0)$ 不是极值点, 因而 $z=x^2-y^2$ 无极值 (见图 5.1.7).

例 5.3.3 求 $f(x,y)=x^2+5y^2-6x+10y+6$ 的极值.

解 解方程组

$$\begin{cases} f'_x=2x-6=0, \\ f'_y=10y+10=0 \end{cases}$$

得驻点 $P_0(3,-1)$. 因为

$$A=f''_{x^2}(P_0)=2,\quad B=f''_{xy}(P_0)=0,\quad C=f''_{y^2}(P_0)=10,$$

$$B^2-AC=-20<0,\quad A>0,$$

所以 $f(x,y)$ 在 P_0 取极小值 $f(3,-1)=-8$. 由于 $f(x,y)$ 的偏导数处处存在, 故 P_0 是 $f(x,y)$ 的唯一极值点.

例 5.3.4 求 $f(x,y)=x^3+y^3-3xy$ 的极值.

解 解方程组

$$\begin{cases} f'_x=3x^2-3y=0, \\ f'_y=3y^2-3x=0 \end{cases}$$

得驻点 $P_1(0,0)$ 与 $P_2(1,1)$. 由于

$$f''_{x^2}=6x,\quad f''_{xy}=-3,\quad f''_{y^2}=6y,$$

将 $P_1(0,0)$ 代入以上三式得

$$A=0,\quad B=-3,\quad C=0,\quad B^2-AC=9>0,$$

因而函数在点 P_1 不取极值. 在点 $P_2(1,1)$ 处, $A=6>0$, $B=-3$, $C=6$, $B^2-AC=-27<0$, 因而函数取极小值 $f(1,1)=-1$.

习题 5.3

1. 讨论下列函数是否存在极值:

(1) $f(x,y)=x^2+xy$;

(2) $f(x,y)=e^{xy}$;

(3) $f(x,y)=(x-2)^4+(x-y)^4$.

2. 求下列函数的极值:

(1) $f(x,y)=x^3-12xy+8y^3$;

(2) $f(x,y)=x^2+xy+2y^2-3x+2y+2$;

(3) $f(x,y)=-2x^2+xy-y^2+10x+y-3$;

(4) $f(x,y)=-x^3+y^3+3x^2+3y^2-9y$.

5.4 二重积分

前面我们讲的定积分是一元函数 $f(x)$ 在数轴的一个区间 $[a,b]$ 上的积分, 用定积分解决了求平面图形的面积以及分布在直线段上的质量的问题. 现在我们来研究如何计算空间中立体的体积以及分布在平面薄板上的质量, 把定积分的概念推广为二重积分.

一、 问题的提出

例 5.4.1 求曲顶柱体的体积.

设非负函数 $z=f(x,y)$ 在 xOy 平面上的有界闭区域 D 上连续. 以 D 为底, 以曲面 $z=f(x,y)$ 为顶, 侧面是过 D 的边界且平行于 z 轴的直线形成的柱面的立体 V^* 称为曲顶柱体 (见图 5.4.1).

现在我们研究如何来定义和计算曲顶柱体 V^* 的体积 V.

若 $f(x,y)\equiv c>0$, 则 V^* 是一平顶柱体, 若用 S 表示 D 的面积, 则 $V=cS$.

若 $f(x,y)$ 在 D 上不为常数, 则由于 $f(x,y)$ 连续, 可将其在 D 的充分小的子区域上近似地看成常数, 从而, 可用一系列小平顶柱体的体积之和来逼近该曲顶柱体的体积 V. 具体作法如下.

1. 分割: 用任意方式将 D 分成 n 个小区域: $D_1,\ D_2,\ \cdots,\ D_n$. 用 $\Delta\sigma_i$ 来表示 D_i 的面积. 作小曲顶柱体 V_i^* $(i=1,\ 2,\ \cdots,\ n)$, 它以 D_i 为底, 以曲面 $z=f(x,y)$ 为顶, 侧面是过 D_i 的边界且平行于 z 轴的直线形成的柱面. 这些小曲顶柱体体积的和是 V (见图 5.4.2).

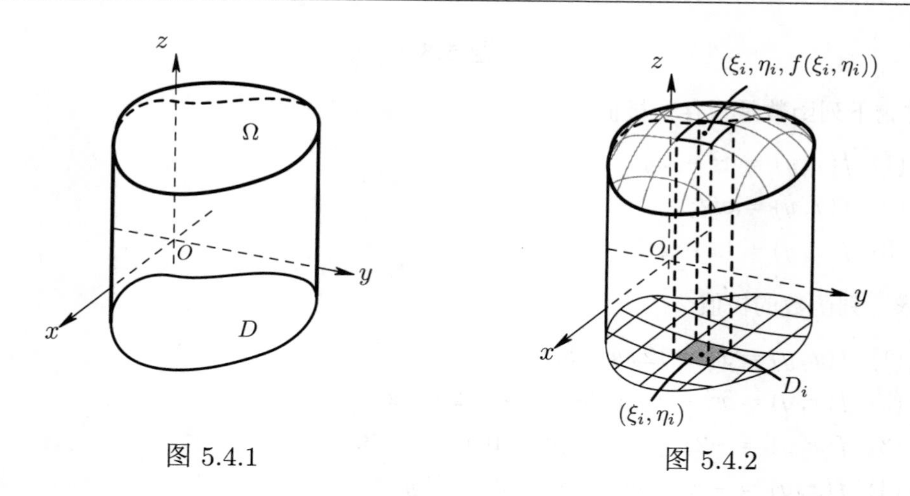

图 5.4.1　　　　图 5.4.2

2. 近似代替: 在每个小区域 D_i 上任取一点 $P_i(\xi_i, \eta_i)$ ($1 \leqslant i \leqslant n$). 用小平顶柱体 $U_i^- = \{(x, y, z):\ (x, y) \in D_i,\ 0 \leqslant z \leqslant f(P_i)\}$ 的体积 $f(P_i)\Delta\sigma_i = f(\xi_i, \eta_i)\Delta\sigma_i$ 近似地代替小曲顶柱体 V_i^* 的体积 V_i:

$$V_i \approx f(\xi_i, \eta_i)\Delta\sigma_i.$$

3. 求和:

$$V = \sum_{i=1}^{n} V_i \approx \sum_{i=1}^{n} f(\xi_i, \eta_i)\Delta\sigma_i.$$

4. 取极限: 设 $d(D_i)$ 为 D_i 的直径①, 且 $d = \max\limits_{1 \leqslant i \leqslant n} d(D_i)$. 由于 $f(x, y)$ 连续, d 越小, 小平顶柱体 U_i^- 的体积就越接近小曲顶柱体 V_i^* 的体积. 当 $d \to 0$, 所有小区域的直径都无限减小, 所以

$$V = \lim_{d \to 0} \sum_{i=1}^{n} f(\xi_i, \eta_i)\Delta\sigma_i.$$

例 5.4.2 求薄板的质量.

设 D 是分布有质量的薄板, $f(x, y)$ 是质量分布的面密度 (单位面积上的质量) 函数, 求薄板 D 的质量 m.

1. 分割: 将 D 任意分割为小区域 $D_1,\ D_2,\ \cdots,\ D_n$, 设 D_i 的面积为 $\Delta\sigma_i$ $(i = 1,\ 2,\ \cdots,\ n)$, $d(D_i)$ 为 D_i 的直径, $d = \max\limits_{1 \leqslant i \leqslant n} d(D_i)$.

① 有界闭区域 D 的直径为 $d(D) = \max\{\rho(P, Q) \mid\ P,\ Q \in D\}$, 例如, 若 D 是长方形, 则其直径 $d(D)$ 是对角线之长度; 若 D 是直角三角形, 则其直径 $d(D)$ 是斜边之长度.

2. 近似代替: 在 D_i 上任取 $P_i(\xi_i, \eta_i)$, 将 D_i 上的分布密度看做常数 $f(\xi_i, \eta_i)$, 则 D_i 的质量 m_i 近似地等于 $f(\xi_i, \eta_i)\Delta\sigma_i$.

3. 求和:

$$m = \sum_{i=1}^{n} m_i \approx \sum_{i=1}^{n} f(\xi_i, \eta_i)\Delta\sigma_i.$$

4. 取极限: 薄板 D 的质量

$$m = \lim_{d \to 0} \sum_{i=1}^{n} f(\xi_i, \eta_i)\Delta\sigma_i.$$

在科学技术中还有许多问题也都归结为像以上这样对二元函数 $f(x, y)$ 求一种特殊和 $\sum\limits_{i=1}^{n} f(\xi_i, \eta_i)\Delta\sigma_i$ 的极限, 并且这个极限与区域的分割方法和 $P_i(\xi_i, \eta_i)$ 的取法无关. 若不考虑 $f(x, y)$ 本身所表示的几何意义和物理意义, 并除去 $f(x, y) \geqslant 0$ 的限制, 只从数学上研究和数 $\sum\limits_{i=1}^{n} f(\xi_i, \eta_i)\Delta\sigma_i$ 的极限, 这就产生了二重积分的概念.

二、二重积分的定义

定义 5.4.1 (二重积分) 设函数 $f(x, y)$ 在有界闭区域 D 上有定义. 用任意方式将 D 分割成 n 个小区域: D_1, D_2, $\cdots$, D_n. 用 $\Delta\sigma_i$ 表示 D_i 的面积, $d(D_i)$ 表示 D_i 的直径. 任取 $P_i(\xi_i, \eta_i) \in D_i$, 作和数 $\sum\limits_{i=1}^{n} f(\xi_i, \eta_i)\Delta\sigma_i$. 若 $d = \max\limits_{1 \leqslant i \leqslant n} d(D_i) \to 0$, 以上和式的极限存在, 其值与分割 D 为小区域的方法无关, 也与 D_i 上点 P_i 的取法无关, 则称此极限值为 $f(x, y)$ 在 D 上的**二重积分**, 记为

$$\iint\limits_{D} f(x, y) d\sigma = \lim_{d \to 0} \sum_{i=1}^{n} f(\xi_i, \eta_i)\Delta\sigma_i,$$

并称 $f(x, y)$ 在 D 上**可积**, 其中 $f(x, y)$ 称为**被积函数**, x, y 称为**积分变量**, $f(x, y)d\sigma$ 称为**被积表达式**, D 称为**积分区域**.

由本节例 5.4.1、例 5.4.2 和定义 5.4.1, 曲顶柱体的体积是

$$V = \iint\limits_{D} f(x, y) d\sigma,$$

薄板的质量是

$$m = \iint\limits_{D} f(x, y) d\sigma.$$

在直角坐标系中, 二重积分 $\iint\limits_D f(x,y)d\sigma$ 通常记为 $\iint\limits_D f(x,y)dxdy$.

关于二元函数的可积性, 有如下定理:

定理 5.4.1 (二重积分存在定理) 若函数 $f(x,y)$ 在有界闭区域 D 上连续, 则 $f(x,y)$ 在 D 上可积.

在本节余下部分, 我们总是假定函数 $f(x,y)$ 和 $g(x,y)$ 在有界闭区域 D 上连续, 因而二重积分总是存在的.

三、二重积分的性质

二重积分与定积分有相似的性质, 现列举如下 (证明从略):

性质 1 设 $f(x,y)\equiv h$ (h 为常数), S 为 D 的面积, 则

$$\boxed{\iint\limits_D hd\sigma = hS,}$$

特别地, 若 $h=1$, S 为 D 的面积, 则

$$\boxed{\iint\limits_D 1d\sigma = \iint\limits_D d\sigma = S.}$$

由性质 1 知, 以矩形区域 D: $0\leqslant x\leqslant a$, $0\leqslant y\leqslant b$ 为底, 以 $z=h$ 为高的长方体的体积

$$V=\iint\limits_D hdxdy = hab;$$

以圆域 D: $x^2+y^2\leqslant r^2$ 为底, 以 $z=h$ 为高的圆柱体的体积

$$V=\iint\limits_D hdxdy = h(\pi r^2) = \pi hr^2.$$

性质 2 (线性性) 设 α, β 为任意常数, 则

$$\boxed{\iint\limits_D [\alpha f(x,y)+\beta g(x,y)]d\sigma = \alpha\iint\limits_D f(x,y)d\sigma + \beta\iint\limits_D g(x,y)d\sigma.}$$

性质 3 (可加性) 若区域 D 由有限条曲线分成两个子区域 D_1 和 D_2, 则

$$\boxed{\iint\limits_D f(x,y)d\sigma = \iint\limits_{D_1} f(x,y)d\sigma + \iint\limits_{D_2} f(x,y)d\sigma.}$$

性质 3 可以推广为, 若区域 D 由有限条曲线分成有限个子区域 D_1, D_2, $\cdots$, D_k, 则

$$\iint\limits_D f(x,y)d\sigma = \iint\limits_{D_1} f(x,y)d\sigma + \iint\limits_{D_2} f(x,y)d\sigma + \cdots + \iint\limits_{D_k} f(x,y)d\sigma.$$

性质 4 (**保号性**)

$$\boxed{\text{若 } f(x,y) \geqslant g(x,y),\ \text{则} \iint\limits_D f(x,y)d\sigma \geqslant \iint\limits_D g(x,y)d\sigma.}$$

作为性质 4 的特例, 有

性质 5 若 $f(x,y) \geqslant 0$, 则 $\iint\limits_D f(x,y)d\sigma \geqslant 0$.

性质 6 (**估值定理**) 设 $m \leqslant f(x,y) \leqslant M$, $(x,y) \in D$, S 为 D 的面积, 则

$$mS \leqslant \iint\limits_D f(x,y)d\sigma \leqslant MS.$$

性质 7

$$\left|\iint\limits_D f(x,y)d\sigma\right| \leqslant \iint\limits_D |f(x,y)|d\sigma.$$

性质 8 (**二重积分中值定理**) 设 $f(x,y)$ 在有界闭区域 D 上连续, S 为 D 的面积, 则存在 $(\xi,\eta) \in D$, 使得

$$\boxed{\iint\limits_D f(x,y)d\sigma = f(\xi,\eta)S.}$$

二重积分中值定理的几何意义: 若 $f(x,y) \geqslant 0$, 则以 D 为底, 以曲面 $z = f(x,y)$ 为顶, 侧面是过 D 的边界且平行于 z 轴的直线形成的柱面的曲顶柱体的体积 $\iint\limits_D f(x,y)d\sigma$ 等于以 $f(\xi,\eta)$ 为高, 以 D 为底的平顶柱体的体积 $f(\xi,\eta)S$ (S 为 D 的面积).

四、 二重积分的计算

像用定义计算定积分一样, 用定义 5.4.1 计算二重积分一般也比较复杂. 现在我们讨论如何把二重积分的计算问题转化, 通过计算两个定积分来算出二重积分.

定义 5.4.2 设 $y=\phi(x)$ 和 $y=\psi(x)$ 是 $[a,b]$ 上的连续函数, 且 $\phi(x)\leqslant\psi(x)$ $(a\leqslant x\leqslant b)$, 则由曲线 $y=\phi(x)$ 与 $y=\psi(x)$ 以及直线 $x=a$ 与 $x=b$ 围成的区域 D 称为 **I 型区域**. 图 5.4.3 中阴影部分的区域都是 I 型区域.

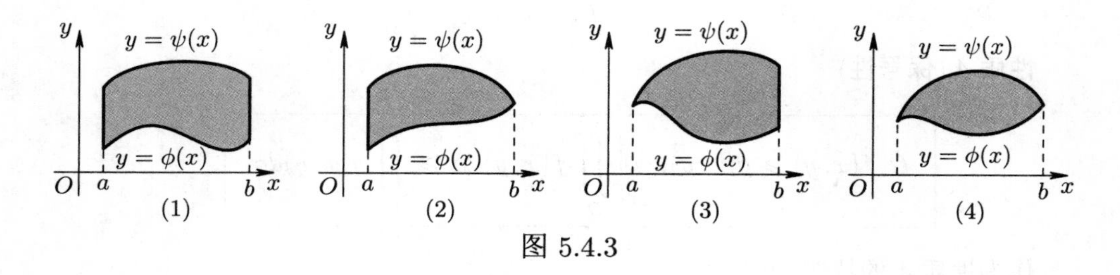

图 5.4.3

定理 5.4.2 若 D 是 I 型区域, 则

$$\iint\limits_D f(x,y)dxdy=\int_a^b\left[\int_{\phi(x)}^{\psi(x)}f(x,y)dy\right]dx=\int_a^b dx\int_{\phi(x)}^{\psi(x)}f(x,y)dy.$$

例 5.4.3 计算二重积分 $\iint\limits_D xydxdy$, 其中 $D:0\leqslant x\leqslant 1,\ \dfrac{x}{2}\leqslant y\leqslant x$.

解 D 是 I 型区域 (见图 5.4.4), 由定理 5.4.2, 先视 x 为常数, 求对 y 的积分

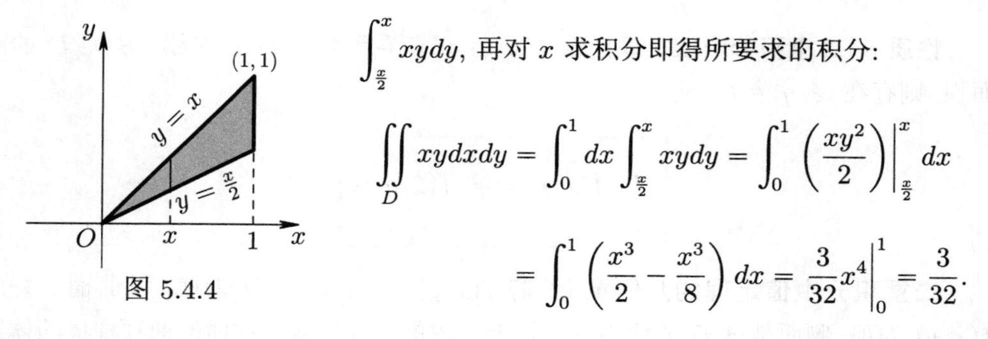

图 5.4.4

$\int_{\frac{x}{2}}^{x}xydy$, 再对 x 求积分即得所要求的积分:

$$\iint\limits_D xydxdy=\int_0^1 dx\int_{\frac{x}{2}}^{x}xydy=\int_0^1\left(\frac{xy^2}{2}\right)\Bigg|_{\frac{x}{2}}^{x}dx$$

$$=\int_0^1\left(\frac{x^3}{2}-\frac{x^3}{8}\right)dx=\frac{3}{32}x^4\Bigg|_0^1=\frac{3}{32}.$$

定义 5.4.3 设 $x=g(y)$ 和 $x=h(y)$ 是 $[c,d]$ 上的连续函数, 且 $g(y)\leqslant h(y)$ $(c\leqslant y\leqslant d)$, 则由曲线 $x=g(y)$ 与 $x=h(y)$ 以及直线 $y=c$ 与 $y=d$ 围成的区域 D 称为 **II 型区域**. 图 5.4.5 中阴影部分的区域都是 II 型区域.

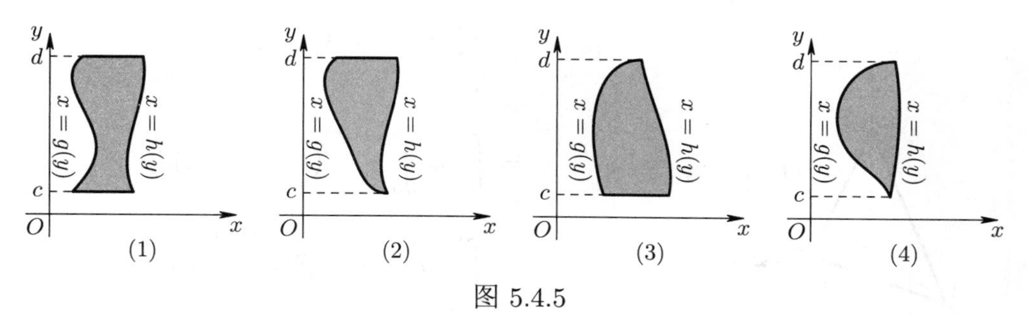

图 5.4.5

定理 5.4.3 若 D 是 Ⅱ 型区域, 则

$$\iint_D f(x,y)dxdy = \int_c^d \left[\int_{g(y)}^{h(y)} f(x,y)dx\right] dy = \int_c^d dy \int_{g(y)}^{h(y)} f(x,y)dx.$$

$\int_a^b dx \int_{\phi(x)}^{\psi(x)} f(x,y)dy$ 与 $\int_c^d dy \int_{g(y)}^{h(y)} f(x,y)dx$ 通常称为**累次积分**.

例 5.4.4 计算二重积分 $\iint\limits_D xydxdy$, 其中 $D: 0 \leqslant y \leqslant 2,\ y^2 \leqslant x \leqslant y+2$ (见图 5.4.6).

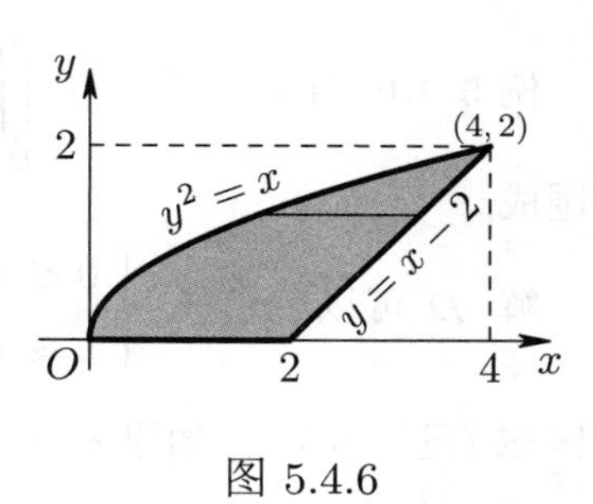

图 5.4.6

解 D 是 Ⅱ 型区域, 先视 y 为常数, 求对 x 的积分: $\int_{y^2}^{y+2} xydx$, 再对 y 求积分就得所要求的积分:

$$\iint_D xydxdy = \int_0^2 dy \int_{y^2}^{y+2} xydx = \int_0^2 \left(\frac{x^2y}{2}\right)\Bigg|_{y^2}^{y+2} dy$$

$$= \frac{1}{2}\int_0^2 [y(y+2)^2 - y^5]dy = \frac{1}{2}\left(\frac{y^4}{4} + \frac{4y^3}{3} + 2y^2 - \frac{y^6}{6}\right)\Bigg|_0^2 = 6.$$

例 5.4.5 计算二重积分 $\iint\limits_D (1-x-2y)dxdy$, 其中 $D: 0 \leqslant x \leqslant 1,\ 0 \leqslant y \leqslant \frac{1}{2}(1-x)$.

解 D 是 I 型区域 (见图 5.4.7 中的阴影部分), 先视 x 为常数对 y 求积分: $\int_0^{\frac{1}{2}(1-x)} (1-x-2y)dy$, 它是 x 的函数, 再将此函数对 x 求积分即得所要求的积分:

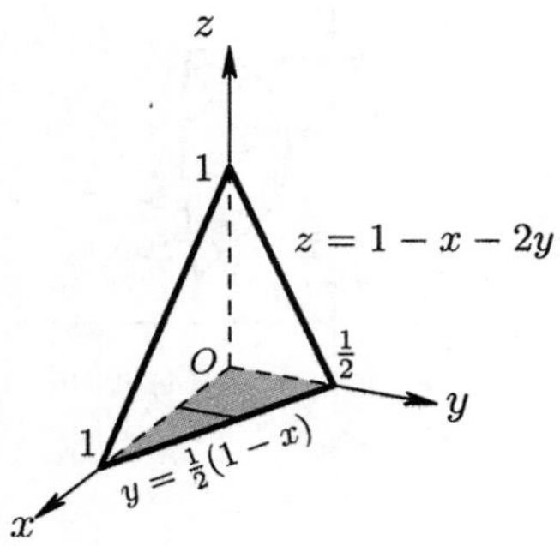

$$\iint\limits_D (1-x-2y)dxdy$$

$$= \int_0^1 dx \int_0^{\frac{1}{2}(1-x)} (1-x-2y)dy$$

$$= \int_0^1 \left(y - xy - y^2\right)\Big|_0^{\frac{1}{2}(1-x)} dx$$

$$= \int_0^1 \frac{1}{4}(1-x)^2 dx = \frac{1}{12}.$$

图 5.4.7

上例中的 D 也是 Ⅱ 型区域, 其对应的二重积分也可利用定理 5.4.3 来计算. 一般地, 当遇到这种情况时, 要结合被积函数的特点选择积分次序, 使所求的二重积分能够更容易计算. 某些二重积分, 虽然积分区域 D 既是 I 型区域, 也是 Ⅱ 型区域, 可是, 如果积分次序选择不对, 二重积分无法计算.

例 5.4.6 计算二重积分 $\iint\limits_D 3y^2e^{-x^2}dxdy$, 其中 D 由 $y=x$, $x=1$ 及 $y=0$ 所围成.

解 D 可以表示成: $\begin{cases} 0 \leqslant y \leqslant 1, \\ y \leqslant x \leqslant 1 \end{cases}$ 或 $\begin{cases} 0 \leqslant x \leqslant 1, \\ 0 \leqslant y \leqslant x, \end{cases}$ 它既是 I 型区域,又是 Ⅱ 型区域 (见图 5.4.8), 如果先视 y 为常数对 x 积分, 则积分 $\int_0^1 3y^2dy\int_y^1 e^{-x^2}dx$ 无法计算. 所以现利用定理 5.4.3 来计算此二重积分.

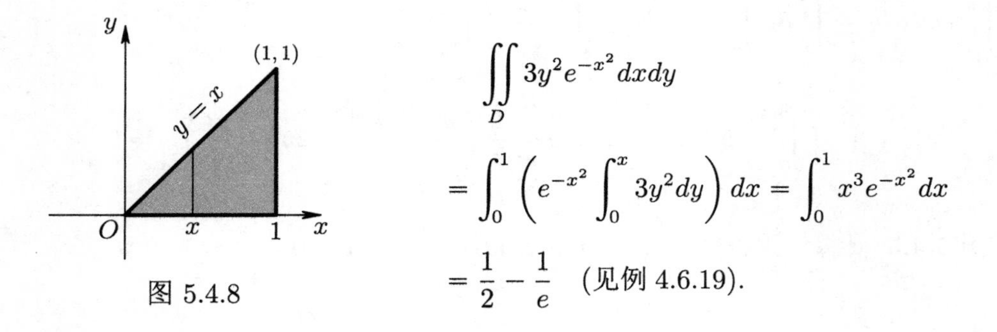

图 5.4.8

$$\iint\limits_D 3y^2e^{-x^2}dxdy$$

$$= \int_0^1 \left(e^{-x^2}\int_0^x 3y^2dy\right)dx = \int_0^1 x^3e^{-x^2}dx$$

$$= \frac{1}{2} - \frac{1}{e} \quad (\text{见例 } 4.6.19).$$

边与坐标轴平行的矩形区域既是 I 型区域, 又是 Ⅱ 型区域, 定理 5.4.2 和定理 5.4.3 的特殊情况见推论 5.4.1.

推论 5.4.1 对于矩形区域 D: $a \leqslant x \leqslant b$, $c \leqslant y \leqslant d$, 有

$$\boxed{\iint_D f(x,y)dxdy = \int_c^d dy \int_a^b f(x,y)dx = \int_a^b dx \int_c^d f(x,y)dy.}$$

例 5.4.7 计算二重积分 $\iint\limits_D (x^2+y^2)dxdy$, 其中 D 是正方形区域: $0 \leqslant x \leqslant 1$, $0 \leqslant y \leqslant 1$.

解 由推论 5.4.1,

$$\begin{aligned}\iint_D (x^2+y^2)dxdy &= \int_0^1 dx \int_0^1 (x^2+y^2)dy = \int_0^1 \left(x^2y + \frac{y^3}{3}\right)\bigg|_0^1 dx \\ &= \int_0^1 \left(x^2 + \frac{1}{3}\right) dx = \left(\frac{x^3}{3} + \frac{x}{3}\right)\bigg|_0^1 = \frac{2}{3}.\end{aligned}$$

例 5.4.8 计算二重积分 $\iint\limits_D (1-y)dxdy$, 其中 $D = \{(x,y) \mid x^2+y^2 \leqslant 1\}$.

解 D 可以表示成: $-1 \leqslant x \leqslant 1$, $-\sqrt{1-x^2} \leqslant y \leqslant \sqrt{1-x^2}$, 是 I 型区域.

$$\begin{aligned}\iint_D (1-y)dxdy &= \int_{-1}^1 dx \int_{-\sqrt{1-x^2}}^{\sqrt{1-x^2}} (1-y)dy = \int_{-1}^1 \left(y - \frac{1}{2}y^2\right)\bigg|_{-\sqrt{1-x^2}}^{\sqrt{1-x^2}} dx \\ &= \int_{-1}^1 2\sqrt{1-x^2}dx = 4\int_0^1 \sqrt{1-x^2}dx = 4 \cdot \frac{\pi}{4} = \pi.\end{aligned}$$

上面一行第二个等号成立是因为 $\sqrt{1-x^2}$ 是偶函数, 第三个等号成立是利用了例 4.6.11 (1) 的结果.

若利用二重积分的性质 2 和性质 1, 并注意到对 y 积分时 y 是奇函数得

$$\begin{aligned}\iint_D (1-y)dxdy &= \iint_D 1dxdy - \iint_D ydxdy \\ &= \pi - \int_{-1}^1 \left(\int_{-\sqrt{1-x^2}}^{\sqrt{1-x^2}} ydy\right) dx = \pi + 0 = \pi.\end{aligned}$$

若 D 既不是 I 型区域, 也不是 II 型区域, 可以将其分成有限个 I 型或 II 型区域 (见图 5.4.9), 根据二重积分的可加性, 在 D 上的二重积分等于在这些小的区域上的二重积分的和.

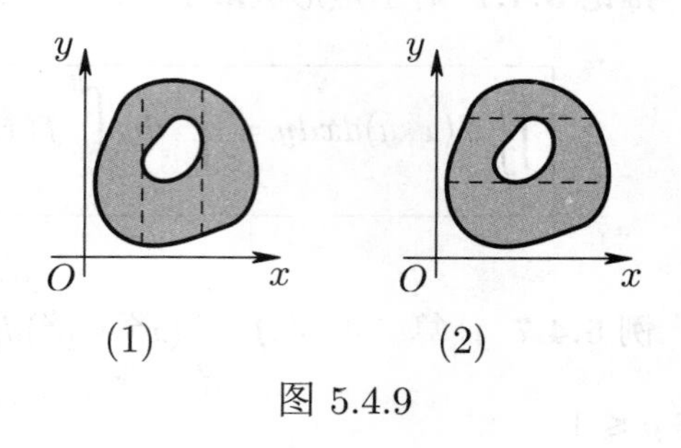

图 5.4.9

通过例 5.4.6 我们看到, 适当选择积分次序对计算二重积分十分重要.

下面我们列举两个交换累次积分次序的例子.

例 5.4.9 交换下列累次积分的次序: $\int_0^2 dy \int_{-y}^{y} f(x,y)dx$.

解 积分区域 D 是 II 型区域: $0 \leqslant y \leqslant 2,\ -y \leqslant x \leqslant y$ [见图 5.4.10 (1), (2)]. 将 D 分为 D_1 和 D_2 [见图 5.4.10 (3)], y 表示成 x 的函数: $y=-x,\ y=x$, 则

$$D_1: -2 \leqslant x \leqslant 0,\ -x \leqslant y \leqslant 2;\quad D_2: 0 \leqslant x \leqslant 2,\ x \leqslant y \leqslant 2.$$

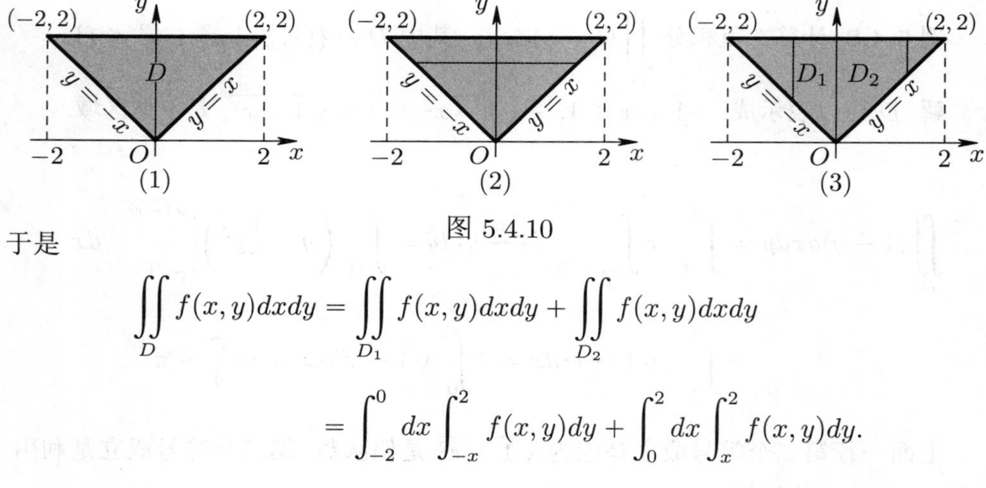

图 5.4.10

于是

$$\iint_D f(x,y)dxdy = \iint_{D_1} f(x,y)dxdy + \iint_{D_2} f(x,y)dxdy$$

$$= \int_{-2}^{0} dx \int_{-x}^{2} f(x,y)dy + \int_0^2 dx \int_x^2 f(x,y)dy.$$

例 5.4.10 交换下列累次积分的次序: $\int_0^1 dx \int_{x^2}^{x} f(x,y)dy$.

解 积分区域 D 是 I 型区域: $0 \leqslant x \leqslant 1,\ x^2 \leqslant y \leqslant x$ [见图 5.4.11 (1)]. 将 x 表示成 y 的函数: $x=\sqrt{y},\ x=y,\ D$ 又是 II 型区域: $0 \leqslant y \leqslant 1,\ y \leqslant x \leqslant \sqrt{y}$ [见图 5.4.11 (2)], 于是

$$\iint_D f(x,y)dxdy = \int_0^1 dy \int_y^{\sqrt{y}} f(x,y)dx.$$

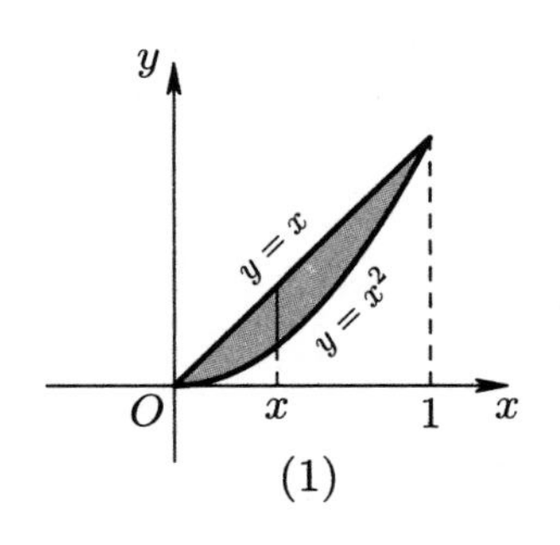

(1)

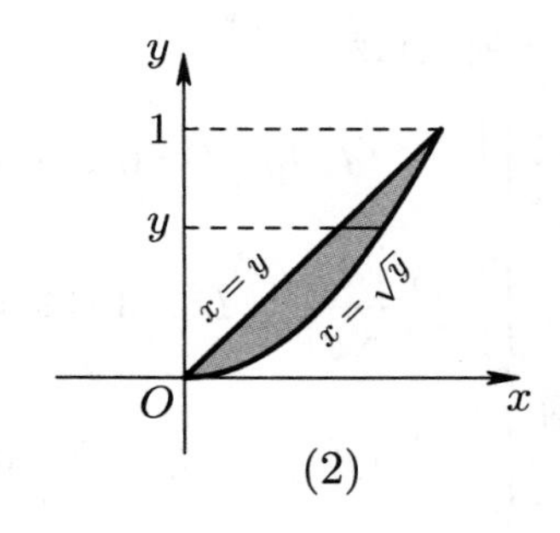

(2)

图 5.4.11

注 可用二重积分计算平面区域 D 的面积 S: $S=\iint\limits_D dxdy$. 例如, 图 5.4.6 中的区域 D 的面积 $S=\int_0^2 dy\int_{y^2}^{y+2}dx=\dfrac{10}{3}$, 图 5.4.10 中的区域 D 的面积 $S=\int_0^2 dy\int_{-y}^{y}dx=4$, 图 5.4.11 中的区域 D 的面积 $S=\int_0^1 dx\int_{x^2}^{x}dy=\dfrac{1}{6}$.

习题 5.4

1. 用不等式组表示下列区域:

(1) D_1 由直线 $x=0,\ y=0,\ x=1$ 以及 $y=2$ 围成;

(2) D_2 由抛物线 $x=y^2$ 和直线 $x=2$ 围成;

(3) D_3 由直线 $x+2y=1,\ x=0$ 以及 $y=0$ 围成;

(4) $D_4=\{(x,y)\mid\ x^2+y^2\leqslant 1\}$.

2. 利用二重积分的几何意义, 指出下列二重积分的值:

(1) $\iint\limits_D d\sigma,\ D:\ 0\leqslant x\leqslant 3,\ 0\leqslant y\leqslant 1;$

(2) $\iint\limits_D 3d\sigma,\ D:\ x^2+y^2\leqslant 2;$

(3) $\iint\limits_D d\sigma,\ D:\ 0\leqslant x\leqslant 3,\ 0\leqslant y\leqslant 3-x;$

(4) $\iint\limits_D \sqrt{4-x^2-y^2}d\sigma,\ D: x^2+y^2\leqslant 4.$

3. 计算下列二重积分:

(1) $\iint\limits_D e^{x+y}dxdy$, $D: 0 \leqslant x \leqslant 1,\ 0 \leqslant y \leqslant 1$;

(2) $\iint\limits_D \dfrac{dxdy}{(x+y)^2}$, $D:\ 3 \leqslant x \leqslant 4,\ 1 \leqslant y \leqslant 2$;

(3) $\iint\limits_D x^2\sin(xy)dxdy$, $D:\ 0 \leqslant x \leqslant 1,\ 0 \leqslant y \leqslant x$;

(4) $\iint\limits_D \left(1-\dfrac{x}{3}-\dfrac{y}{4}\right)dxdy$, $D:\ 0 \leqslant x \leqslant 1,\ -2 \leqslant y \leqslant 2$;

(5) $\iint\limits_D \cos(x+y)dxdy$, $D:\ 0 \leqslant y \leqslant \pi,\ 0 \leqslant x \leqslant y$;

(6) $\iint\limits_D xydxdy$, D 由曲线 $y=\sqrt{x}$, 直线 $y=\dfrac{1}{2}x$, $x=2$ 以及 $x=4$ 围成;

(7) $\iint\limits_D (2x-y^2)dxdy$, D 由直线 $y=1-x$, $y=1+x$ 以及 $y=0$ 围成;

(8) $\iint\limits_D e^{x^2}dxdy$, D 由直线 $y=2x$, $x=1$ 以及 $y=0$ 围成;

(9) $\iint\limits_D \dfrac{x^2}{y^2}dxdy$, D 由直线 $y=x$, $x=2$ 与双曲线 $xy=1$ 围成.

4. 交换下列累次积分的次序:

(1) $\int_1^3 dy\int_{1-y}^{y-1} f(x,y)dx$;　　(2) $\int_0^4 dx\int_{\frac{x^2}{2}}^{2x} f(x,y)dy$;

(3) $\int_{-2}^2 dy\int_{-\sqrt{4-y^2}}^{\sqrt{4-y^2}} f(x,y)dx$;　　(4) $\int_0^1 dx\int_{-x^2}^{x} f(x,y)dy$;

(5) $\int_1^2 dx\int_x^{2x} f(x,y)dy$;　　(6) $\int_0^1 dy\int_y^{\sqrt{2-y^2}} f(x,y)dx$;

(7) $\int_0^1 dy\int_0^y f(x,y)dx+\int_1^2 dy\int_0^{2-y} f(x,y)dx$;

(8) $\int_{\frac{1}{2}}^1 dy\int_{\frac{1}{y}}^2 f(x,y)dx+\int_1^2 dy\int_y^2 f(x,y)dx$.

5. 交换积分次序计算累次积分 $\int_{\frac{1}{4}}^{\frac{1}{2}} dy\int_{\frac{1}{2}}^{\sqrt{y}} e^{\frac{y}{x}}dx+\int_{\frac{1}{2}}^1 dy\int_y^{\sqrt{y}} e^{\frac{y}{x}}dx$.

参 考 文 献

陈仲. 2000. 大学数学 (上册). 南京: 南京大学出版社.

樊映川. 1986. 高等数学讲义. 北京: 高等教育出版社.

Г. М. 菲赫金哥尔茨. 2006. 微积分学教程. 杨弢亮等译. 北京: 高等教育出版社.

华东师范大学数学系. 1991. 数学分析. 北京: 高等教育出版社.

华中理工大学数学系. 1997. 高等数学. 北京: 高等教育出版社.

莫里斯・克莱因. 1982. 古今数学思想. 北京大学数学系数学史翻译组译. 上海: 上海科学技术出版社.

丘成桐, 杨乐, 季理真. 2010. 数学与人文. 北京: 高等教育出版社.

王崇祜. 2004. 大学数学. 北京: 科学出版社.

姚孟臣. 2004. 大学文科高等数学. 北京: 高等教育出版社.

周明儒. 2005. 文科高等数学基础教程. 北京: 高等教育出版社.

Anton H. 1992. Calculus. Hoboken: John Wiley & Son, INC.

Fraleigh J. B. 1990. Calculus with Analytic Geometry. Boston: Addison-Wesley Publishing Company.

附录 A 本教程中一些定理和例子的证明

第一章 函数

定理 1.4.1 严格单调递增 (减) 函数存在反函数, 其反函数也严格单调递增 (减).

证明 设 $y = f(x)$, $x \in X$, 严格单调递增, $Y = f(X)$. 对于每个 $y_0 \in Y$, 有 $x_0 \in X$, 使得 $y_0 = f(x_0)$. 若 $x_1 \neq x_0$, 由于 $y = f(x)$ 严格单调递增, 当 $x_1 < x_0$, $f(x_1) < f(x_0)$; 当 $x_1 > x_0$, $f(x_1) > f(x_0)$. 这说明对每个 $y_0 \in Y$, 有唯一的 $x_0 \in X$, 使得 $f(x_0) = y_0$, 从而 $y = f(x)$ 存在反函数 $x = f^{-1}(y)$, $y \in Y$.

现证 $x = f^{-1}(y)$, $y \in Y$, 严格单调递增. 假设有 $y_1 < y_2$, 使得 $f^{-1}(y_1) \geqslant f^{-1}(y_2)$. 记 $x_1 = f^{-1}(y_1)$, $x_2 = f^{-1}(y_2)$, 则 $x_1 \geqslant x_2$, 因 $f(x)$ 严格单调递增, 有 $y_1 = f(x_1) \geqslant f(x_2) = y_2$, 矛盾. 故反函数也严格单调递增.

另一种情况可类似地证明. □

第二章 极限

例 2.1.1 用"ε - N"定义来验证数列极限:

$$\lim_{n\to\infty} \frac{1}{n^\alpha} = 0 \ (\alpha > 0).$$

证明 $\forall\, \varepsilon > 0$, 要使 $\left|\frac{1}{n^\alpha} - 0\right| = \frac{1}{n^\alpha} < \varepsilon$, 只需 $n^\alpha > \frac{1}{\varepsilon}$, 即 $n > \frac{1}{\varepsilon^{\frac{1}{\alpha}}}$, 只要取正整数 $N > \frac{1}{\varepsilon^{\frac{1}{\alpha}}}$, 当 $n > N$ 时 (更有 $n > \frac{1}{\varepsilon^{\frac{1}{\alpha}}}$), 就有

$$\left|\frac{1}{n^\alpha} - 0\right| < \varepsilon,$$

这说明当 $n \to \infty$ 时, $\frac{1}{n^\alpha} \to 0$. □

例 2.1.2 用"ε - N"定义来验证数列极限:

$$\lim_{n\to\infty} q^n = 0 \ (|q| < 1); \quad \lim_{n\to\infty} \sqrt[n]{a} = 1 \ (a > 0).$$

证明 $\forall\, \varepsilon > 0$ (限定 $\varepsilon < 1$), 要使 $|q^n - 0| = |q|^n < \varepsilon$, 只需 $n \lg |q| < \lg \varepsilon$, 因为

$|q| < 1$, 所以 $n > \dfrac{\lg \varepsilon}{\lg |q|}$, 只要取正整数 $N > \dfrac{\lg \varepsilon}{\lg |q|}$, 当 $n > N$ 时, 就有

$$|q^n - 0| < \varepsilon,$$

这说明当 $n \to \infty$ 时, $q^n \to 0$.

下面证明第二式. 若 $a = 1$, 数列为常数列 1, 1, 1, $\cdots$, 故 $\lim\limits_{n\to\infty} \sqrt[n]{a} = 1$.

若 $a > 1$, $\forall\ \varepsilon > 0$, 要使 $|\sqrt[n]{a} - 1| = \sqrt[n]{a} - 1 < \varepsilon$, 只需 $\sqrt[n]{a} < 1 + \varepsilon$. 两边以 a 为底取对数得 $\dfrac{1}{n} < \log_a(1+\varepsilon)$. 取正整数 $N > \dfrac{1}{\log_a(1+\varepsilon)}$, 当 $n > N$ 时, 就有

$$|\sqrt[n]{a} - 1| < \varepsilon.$$

若 $a < 1$, $\forall\ \varepsilon > 0\ (\varepsilon < 1)$, 要使 $|\sqrt[n]{a} - 1| = 1 - \sqrt[n]{a} < \varepsilon$, 只需 $1 - \varepsilon < \sqrt[n]{a}$. 两边取对数得 $\dfrac{1}{n} < \log_a(1-\varepsilon)$. 取正整数 $N > \dfrac{1}{\log_a(1-\varepsilon)}$, 当 $n > N$ 时, 就有

$$|\sqrt[n]{a} - 1| < \varepsilon.$$

综上所述, 只要 $a > 0$, 就有 $\sqrt[n]{a} \to 1\ (n \to \infty)$. □

定理 2.1.4 (**保号性 I**) 设 $\lim\limits_{n\to\infty} a_n = a > b\ (a < b)$, 则存在正整数 N, 当 $n > N$ 时, 有 $a_n > b\ (a_n < b)$.

证明 因 $\lim\limits_{n\to\infty} a_n = a > b$, 对于 $\varepsilon_0 = a - b > 0$, $\exists$ 正整数 N, 当 $n > N$ 时, 有

$$|a_n - a| < \varepsilon_0, \text{ 从而 } b = a - \varepsilon_0 < a_n,$$

可见所证结论成立. 对于 $a < b$, 可类似地给出证明. □

定理 2.1.5 (**保号性 II**) 设数列 $\{a_n\}$ 与 $\{b_n\}$ 均收敛, 且存在正整数 N_0, 当 $n > N_0$ 时, 有 $a_n \leqslant b_n$, 则 $\lim\limits_{n\to\infty} a_n \leqslant \lim\limits_{n\to\infty} b_n$.

证明 设 $\{a_n\}$ 收敛于 a, $\{b_n\}$ 收敛于 b. 假设 $a > b$. 对于 $\varepsilon_0 = \dfrac{1}{2}(a-b) > 0$, $\exists$ 正整数 N', 使得当 $n > N'$ 时, 有 $a - \varepsilon_0 < a_n$, 而且 $b_n < b + \varepsilon_0$. 取 $N = \max\{N_0, N'\}$, 则当 $n > N$ 时,

$$\frac{1}{2}(a+b) = a - \varepsilon_0 < a_n \leqslant b_n < b + \varepsilon_0 = \frac{1}{2}(a+b),$$

这样得到矛盾不等式 $\dfrac{1}{2}(a+b) < \dfrac{1}{2}(a+b)$, 故 $a \leqslant b$. □

例 2.2.1 证明:

$$\lim_{x\to+\infty}\frac{1}{x}=0;\qquad \lim_{x\to+\infty}\arctan x=\frac{\pi}{2};$$
$$\lim_{x\to+\infty}\operatorname{arccot} x=0;\qquad \lim_{x\to+\infty}e^{-x}=0.$$

证明 现证明后三式. $\forall\,\varepsilon>0\left(<\frac{\pi}{2}\right)$, 要使 $\left|\arctan x-\frac{\pi}{2}\right|=\frac{\pi}{2}-\arctan x<\varepsilon$, 只需 $\frac{\pi}{2}-\varepsilon<\arctan x$, 从而 $\tan\left(\frac{\pi}{2}-\varepsilon\right)<x$. 取 $L=\tan\left(\frac{\pi}{2}-\varepsilon\right)$, 当 $x>L$ 时, 就有

$$\left|\arctan x-\frac{\pi}{2}\right|<\varepsilon,$$

所以 $\lim\limits_{x\to+\infty}\arctan x=\frac{\pi}{2}$ (见图 1.4.6).

$\forall\,\varepsilon>0\ \left(<\frac{\pi}{2}\right)$, 要使 $|\operatorname{arccot} x-0|=\operatorname{arccot} x<\varepsilon$, 只需 $x>\cot\varepsilon$. 取 $L=\cot\varepsilon$, 当 $x>L$ 时, 就有

$$|\operatorname{arccot} x-0|<\varepsilon,$$

所以 $\lim\limits_{x\to+\infty}\operatorname{arccot} x=0$ (见图 1.4.7).

$\forall\,\varepsilon>0\,(<1)$, 要使 $|e^{-x}-0|=e^{-x}<\varepsilon$, 只需 $x>-\ln\varepsilon$. 只要取 $L=-\ln\varepsilon$, 当 $x>L$ 时, 就有

$$|e^{-x}-0|<\varepsilon,$$

所以 $\lim\limits_{x\to+\infty}e^{-x}=0$ (见图 1.5.3, 视 $a=e$). □

例 2.2.2 证明:

$$\lim_{x\to-\infty}\frac{1}{x}=0;\qquad \lim_{x\to-\infty}\arctan x=-\frac{\pi}{2};$$
$$\lim_{x\to-\infty}\operatorname{arccot} x=\pi;\qquad \lim_{x\to-\infty}e^{x}=0.$$

证明 现证明后三式. $\forall\,\varepsilon>0\left(<\frac{\pi}{2}\right)$, 要使

$$\left|\arctan x-\left(-\frac{\pi}{2}\right)\right|=\frac{\pi}{2}+\arctan x<\varepsilon,$$

只需 $\tan\left(\frac{\pi}{2}-\varepsilon\right)<-x$. 只要取 $L=\tan\left(\frac{\pi}{2}-\varepsilon\right)$, 当 $x<-L$ 时, 就有

$$\left|\arctan x-\left(-\frac{\pi}{2}\right)\right|<\varepsilon,$$

所以 $\lim\limits_{x\to-\infty} \arctan x = -\dfrac{\pi}{2}$ (见图 1.4.6).

$\forall\, \varepsilon > 0 \left(< \dfrac{\pi}{2}\right)$, 要使 $|\operatorname{arccot} x - \pi| = \pi - \operatorname{arccot} x < \varepsilon$, 只需 $\pi - \varepsilon < \operatorname{arccot} x$, 即 $\cot(\pi - \varepsilon) > x$. 只要取 $L = -\cot(\pi - \varepsilon)$, 当 $x < -L$ 时, 就有

$$|\operatorname{arccot} x - \pi| < \varepsilon,$$

所以 $\lim\limits_{x\to-\infty} \operatorname{arccot} x = \pi$ (见图 1.4.7).

$\forall\, \varepsilon > 0\ (< 1)$, 要使 $|e^x - 0| = e^x < \varepsilon$, 只需 $x < \ln \varepsilon$. 只要取 $L = -\ln \varepsilon$, 当 $x < -L$ 时, 就有

$$|e^x - 0| < \varepsilon,$$

所以 $\lim\limits_{x\to-\infty} e^x = 0$ (见图 1.5.3, 视 $a = e$). □

例 2.2.3 证明下列两式成立:

$$\lim_{x\to 0} \arcsin x = 0; \qquad \lim_{x\to 0} \arctan x = 0.$$

证明 $\forall\, \varepsilon > 0$, 若 $x > 0$, 要使 $|\arcsin x - 0| = \arcsin x < \varepsilon$, 只要 $x < \sin \varepsilon$. 若 $x < 0$, 要使 $|\arcsin x - 0| = -\arcsin x < \varepsilon$, 只要 $x > -\sin \varepsilon$. 取 $\delta = \sin \varepsilon$, 当 $0 < |x - 0| < \delta$ 时, 有

$$-\sin \varepsilon = -\delta < x < \delta = \sin \varepsilon,$$

所以

$$-\varepsilon < \arcsin x < \varepsilon, \quad 即 \quad |\arcsin x - 0| < \varepsilon.$$

可类似地证明第二式. □

例 2.2.4 证明:

$$\lim_{x\to 0} a^x = 1\ (a \geqslant 1).$$

证明 若 $a = 1$, 则 $a^x \equiv 1$ 为常函数, 结论成立. 若 $a > 1$, 因 $\lim\limits_{n\to\infty} a^{\frac{1}{n}} = 1$ (见例 2.1.2), $\forall\, \varepsilon > 0$, $\exists$ 正整数 N_1, 当 $n > N_1$ 时, $a^{\frac{1}{n}} < 1 + \varepsilon$.

又 $\lim\limits_{n\to\infty} a^{-\frac{1}{n}} = \dfrac{1}{\lim\limits_{n\to\infty} a^{\frac{1}{n}}} = 1$, $\forall\, \varepsilon > 0$, $\exists$ 正整数 N_2, 当 $n > N_2$ 时, $1 - \varepsilon < a^{-\frac{1}{n}}$.

取 $N > \max\{N_1,\ N_2\}$, 则 $1-\varepsilon < a^{-\frac{1}{N}},\ a^{\frac{1}{N}} < 1+\varepsilon$.
取 $\delta = \dfrac{1}{N}$, 则当 $0<|x-0|<\delta$ 时, 有 $-\dfrac{1}{N}<x<\dfrac{1}{N}$.
因为 $a>1$, 所以 $1-\varepsilon < a^{-\frac{1}{N}} < a^x < a^{\frac{1}{N}} < 1+\varepsilon$, 即

$$|a^x-1|<\varepsilon.$$

□

定理 2.2.2 设函数 $f(x)$ 在 x_0 的一个空心邻域 G 内有定义, 则

$$\boxed{\lim_{x\to x_0} f(x)=A \quad\Leftrightarrow\quad \lim_{x\to x_0-} f(x)=\lim_{x\to x_0+} f(x)=A.}$$

证明 **必要性** $\forall\,\varepsilon>0$, 因 $\lim\limits_{x\to x_0} f(x)=A$, $\exists\,\delta>0$, 当 $0<|x-x_0|<\delta$ 时, 就有

$$|f(x)-A|<\varepsilon,$$

当 $0<x_0-x<\delta$ 或 $0<x-x_0<\delta$ 时, 当然有 $0<|x-x_0|<\delta$, 从而

$$|f(x)-A|<\varepsilon.$$

所以 $\lim\limits_{x\to x_0-} f(x)=A$ 且 $\lim\limits_{x\to x_0+} f(x)=A$.

充分性 $\forall\,\varepsilon>0$, 因 $\lim\limits_{x\to x_0-} f(x)=A$, $\exists\,\delta_1>0$, 只要 $0<x_0-x<\delta_1$, 就有

$$|f(x)-A|<\varepsilon,$$

因 $\lim\limits_{x\to x_0+} f(x)=A$, $\exists\,\delta_2>0$, 只要 $0<x-x_0<\delta_2$, 就有

$$|f(x)-A|<\varepsilon.$$

取 $\delta=\min\{\delta_1,\delta_2\}$, 当 $0<|x-x_0|<\delta$ 时, 就有

$$|f(x)-A|<\varepsilon,$$

这说明 $\lim\limits_{x\to x_0} f(x)=A$. □

定理 2.2.3 (唯一性) 若 $\lim\limits_{x\to x_0} f(x)$ 存在, 则极限唯一.

证明 假设 A, B 都是 $f(x)$ 当 $x\to x_0$ 时的极限且 $A\neq B$. 对于 $\varepsilon_0=\dfrac{1}{2}|A-B|>0$, $\exists$ 正数 δ_1 与 δ_2, 当 $0<|x-x_0|<\delta_1$ 时, 有

$$|f(x)-A|<\varepsilon_0.$$

当 $0 < |x - x_0| < \delta_2$ 时, 有

$$|f(x) - B| < \varepsilon_0.$$

取 $\delta = \min\{\delta_1, \delta_2\}$. 当 $0 < |x - x_0| < \delta$ 时, 则有

$$|A - B| \leqslant |f(x) - A| + |f(x) - B| < \varepsilon_0 + \varepsilon_0 = 2\varepsilon_0 = |A - B|,$$

以上是一个矛盾不等式, 故当 $x \to x_0$ 时, $f(x)$ 只能有一个极限. □

定理 2.2.4 (局部有界性) 若 $\lim\limits_{x \to x_0} f(x)$ 存在, 则存在 x_0 的空心邻域 G, 使得 $f(x)$ 在 G 上有界.

证明 设 $\lim\limits_{x \to x_0} f(x) = A$. 对于 $\varepsilon = 1$, $\exists\, \delta > 0$, 当 $x \in G = U_\delta^\circ(x_0)$ 时,

$$|f(x) - A| < 1,$$

从而

$$|f(x)| = |f(x) - A + A| \leqslant |f(x) - A| + |A| < 1 + |A|,$$

这说明 $f(x)$ 在 G 上有界. □

定理 2.2.5 (保号性 I) 若 $\lim\limits_{x \to x_0} f(x) = A > B$ $(A < B)$, 则存在 x_0 的空心邻域 G, 使得每一个 $x \in G$, 都有 $f(x) > B$ $[f(x) < B]$.

证明 因为 $\lim\limits_{x \to x_0} f(x) = A$, 对于 $\varepsilon_0 = A - B > 0$, $\exists\ \delta > 0$, 当 $x \in G = U_\delta^\circ(x_0)$ 时, 有

$$|f(x) - A| < \varepsilon_0, \quad \text{从而 } B = A - \varepsilon_0 < f(x).$$

另一种情况可类似证明. □

定理 2.2.6 (保号性 II) 设 $\lim\limits_{x \to x_0} f(x)$, $\lim\limits_{x \to x_0} g(x)$ 均存在, G 为 x_0 的空心邻域, 且对于每一个 $x \in G$, 都有 $f(x) \leqslant g(x)$, 则

$$\lim_{x \to x_0} f(x) \leqslant \lim_{x \to x_0} g(x).$$

证明 设 $G = U_r^\circ(x_0)$, $\lim\limits_{x \to x_0} f(x) = A$, $\lim\limits_{x \to x_0} g(x) = B$. $\forall\, \varepsilon > 0$, $\exists\, \delta' > 0$, 使得当 $0 < |x - x_0| < \delta'$ 时,

$$A - \varepsilon < f(x), \quad \text{而且 } g(x) < B + \varepsilon.$$

取 $\delta=\min\{r,\delta'\}$. 则当 $0<|x-x_0|<\delta$ 时, 有

$$A-\varepsilon<f(x)\leqslant g(x)<B+\varepsilon,$$

所以 $A<B+2\varepsilon$. 由 ε 的任意性知, $A\leqslant B$. □

定理 2.2.10 (复合函数的极限, 或称变量代换法) 设外函数 $f(u)$ 在 u_0 的一个空心邻域 G 内有定义, 且 $\lim\limits_{u\to u_0}f(u)=A$, 内函数 $u=\varphi(x)$ 在 x_0 的一个空心邻域 H 内有定义, 且当 $x\in H$ 时, $u=\varphi(x)\in G$, $\lim\limits_{x\to x_0}\varphi(x)=u_0$, 则

$$\lim_{x\to x_0}f(\varphi(x))=\lim_{u\to u_0}f(u)=A.$$

证明 $\forall\,\varepsilon>0$, 因 $\lim\limits_{u\to u_0}f(u)=A$, $\exists\,\delta_1>0$, 当 $0<|u-u_0|<\delta_1$ 时, 有

$$|f(u)-A|<\varepsilon.$$

对于 δ_1, 由于 $\lim\limits_{x\to x_0}\varphi(x)=u_0$, $\exists\,\delta>0$, 当 $0<|x-x_0|<\delta$ 时, 注意到 $u=\varphi(x)\in G$, 有

$$0<|u-u_0|=|\varphi(x)-u_0|<\delta_1.$$

因而

$$|f(\varphi(x))-A|=|f(u)-A|<\varepsilon,$$

所以 $\lim\limits_{x\to x_0}f(\varphi(x))=A$. □

推论 2.2.2 设 $F(x)=[f(x)]^{g(x)}\ [f(x)>0]$, $\lim\limits_{x\to x_0}f(x)=B>0$, $\lim\limits_{x\to x_0}g(x)=A$, 则

$$\lim_{x\to x_0}F(x)=B^A.$$

证明 令 $v=x-x_0$, 则当 $x\to x_0$ 时, $v\to 0$, 由例 2.2.5, $\lim\limits_{v\to 0}e^v=1$, 从而

$$\lim_{x\to x_0}e^x=e^{x_0}\lim_{x\to x_0}e^{x-x_0}=e^{x_0}\lim_{v\to 0}e^v=e^{x_0}\cdot 1=e^{x_0}.$$

根据对数函数的连续性 (第二章后部分讲到), 由定理 2.2.10 知, $\lim\limits_{x\to x_0}\ln f(x)=\ln B$, 从而 $\lim\limits_{x\to x_0}g(x)\ln f(x)=A\ln B$, 于是

$$\lim_{x\to x_0}F(x)=e^{\lim\limits_{x\to x_0}g(x)\ln f(x)}=e^{A\ln B}=B^A. \qquad \square$$

例 2.2.11 设 x_0 是 $\mathbf{R}$ 中任意一点. 证明:

$$\lim_{x\to x_0}\sin x=\sin x_0;\quad \lim_{x\to x_0}\cos x=\cos x_0.$$

证明 注意 $\sin x-\sin x_0=2\cos\dfrac{x+x_0}{2}\sin\dfrac{x-x_0}{2}$. 不妨设 $0<|x-x_0|<\dfrac{\pi}{2}$. $\forall\,\varepsilon>0$, 因为 $\left|\sin\dfrac{x-x_0}{2}\right|\leqslant\dfrac{1}{2}|x-x_0|$ (见定理 2.2.11 的证明), 所以

$$|\sin x-\sin x_0|\leqslant 2\left|\sin\frac{x-x_0}{2}\right|\leqslant|x-x_0|,$$

取 $\delta=\min\{\varepsilon,\dfrac{\pi}{2}\}$[①], 当 $0<|x-x_0|<\delta$ 时, 有

$$|\sin x-\sin x_0|\leqslant|x-x_0|<\varepsilon.$$

利用 $\cos x-\cos x_0=-2\sin\dfrac{x+x_0}{2}\sin\dfrac{x-x_0}{2}$, 可类似地证明第二式. □

定理 2.2.12 证明:

$$\lim_{x\to\infty}\left(1+\frac{1}{x}\right)^x=e.$$

证明 由定理 2.2.1, 只要证明下列两式成立:

(1) $\displaystyle\lim_{x\to+\infty}\left(1+\frac{1}{x}\right)^x=e$;　　(2) $\displaystyle\lim_{x\to-\infty}\left(1+\frac{1}{x}\right)^x=e$.

现在用已知的数列极限 $\displaystyle\lim_{n\to+\infty}\left(1+\frac{1}{n}\right)^n=e$ 来证明等式 (1) 成立.

设 $n\leqslant x<n+1$, 则

$$1+\frac{1}{n+1}<1+\frac{1}{x}\leqslant 1+\frac{1}{n},$$

于是

$$\left(1+\frac{1}{n+1}\right)^n<\left(1+\frac{1}{x}\right)^x<\left(1+\frac{1}{n}\right)^{n+1}.$$

在 $[1,+\infty)$ 上定义阶梯函数如下:

$$f(x)=\left(1+\frac{1}{n+1}\right)^n,\ n\leqslant x<n+1,$$

---

① min 表示“最小者”. 例如, $\min\{0,1\}=0$, $\min\{-1,0,2\}=-1$.

$$g(x) = \left(1 + \frac{1}{n}\right)^{n+1}, \quad n \leqslant x < n+1.$$

则有 $f(x) < \left(1 + \frac{1}{x}\right)^x < g(x)$, $x \in [1, +\infty)$. 由于

$$\lim_{x \to +\infty} f(x) = \lim_{n \to \infty} \left(1 + \frac{1}{n+1}\right)^n = \lim_{n \to \infty} \frac{\left(1 + \frac{1}{n+1}\right)^{n+1}}{1 + \frac{1}{n+1}} = e,$$

$$\lim_{x \to +\infty} g(x) = \lim_{n \to \infty} \left(1 + \frac{1}{n}\right)^{n+1} = \lim_{n \to \infty} \left(1 + \frac{1}{n}\right)^n \left(1 + \frac{1}{n}\right) = e,$$

根据函数极限的夹逼定理 (定理 2.2.8), 等式 (1) 成立. 为证明等式 (2) 成立, 令 $x = -y$, 则

$$\left(1 + \frac{1}{x}\right)^x = \left(1 - \frac{1}{y}\right)^{-y} = \left(1 + \frac{1}{y-1}\right)^y = \left(1 + \frac{1}{y-1}\right)^{y-1} \left(1 + \frac{1}{y-1}\right).$$

因为当 $x \to -\infty$ 时, 有 $y - 1 \to +\infty$, 故上式右端以 e 为极限, 从而等式 (2) 得证. □

例 2.2.18 证明:

$$\lim_{x \to 0+} \frac{1}{x} = +\infty; \quad \lim_{x \to 0-} \frac{1}{x} = -\infty.$$

证明 $\forall M > 0$, 要使 $\frac{1}{x} > M$, 只要取 $\delta = \frac{1}{M}$, 当 $0 < x < \delta$ 时, 有

$$f(x) = \frac{1}{x} > M,$$

所以 $\lim\limits_{x \to 0+} \frac{1}{x} = +\infty$.

$\forall M > 0$, 对于 $x < 0$, 要使 $\frac{1}{x} < -M$, 只要取 $\delta = \frac{1}{M}$. 当 $-\delta < x < 0$ 时, 有

$$f(x) = \frac{1}{x} < -M,$$

所以 $\lim\limits_{x \to 0-} \frac{1}{x} = -\infty$. □

例 2.2.19 证明:

$$\lim_{x\to 0}\frac{1}{x^2}=+\infty;\quad \lim_{x\to 0}\left(-\frac{1}{x^2}\right)=-\infty;\quad \lim_{x\to 0}\frac{1}{x}=\infty.$$

证明 $\forall\, M>0$, 要使 $\dfrac{1}{x^2}>M$, 取 $\delta=\dfrac{1}{\sqrt{M}}$, 当 $0<|x|<\delta$ 时, 有

$$f(x)=\frac{1}{x^2}>M,$$

所以 $\lim\limits_{x\to 0}\dfrac{1}{x^2}=+\infty$ (见图 2.2.22). 类似地, 可证得第二式成立 (见图 2.2.23).

现证明第三式: $\forall\, M>0$, 要使 $\left|\dfrac{1}{x}\right|>M$, 取 $\delta=\dfrac{1}{M}$, 当 $0<|x|<\delta$ 时, 有

$$|f(x)|=\left|\frac{1}{x}\right|>M,$$

所以 $\lim\limits_{x\to 0}\dfrac{1}{x}=\infty$ (见图 2.2.1). □

定理 2.3.4 (反函数的连续性) 若函数 $f(x)$ 在区间 I 上严格单调递增 (减) 且连续, 则其反函数 $f^{-1}(y)$ 也连续.

证明 仅就 $f(x)$ 在闭区间 $[a,b]$ 上严格单调递增的情形证明其反函数的连续性 (另一情形可类似地证明).

设 $f(x)$ 在 $[a,b]$ 上严格单调递增且连续, 则由定理 1.4.1 其反函数 $f^{-1}(y)$ 在 $[f(a),f(b)]$ 上严格单调递增. 下面证 $f^{-1}(y)$ 连续.

设 $y_0\in(f(a),f(b))$, 且 $x_0=f^{-1}(y_0)$, 则 $x_0\in(a,b)$. $\forall\,\varepsilon>0$, 在 (a,b) 内分别取 x_1, x_2 使得 $x_1<x_0<x_2$, 而且 $x_0-x_1<\varepsilon$, $x_2-x_0<\varepsilon$. 设 $y_1=f(x_1)$, $y_2=f(x_2)$. 因 $f(x)$ 严格单调递增, 有 $y_1<y_0<y_2$, 取 $\delta=\min\{y_2-y_0,y_0-y_1\}$, 则当 $|y-y_0|<\delta$ 时, 有 $y\in(y_0-\delta,y_0+\delta)\subseteq(y_1,y_2)$, 这时 $x=f^{-1}(y)\in(x_1,x_2)$, 即

$$|x-x_0|=|f^{-1}(y)-f^{-1}(y_0)|<\varepsilon,$$

这说明 $x=f^{-1}(y)$ 在点 y_0 连续. 若 $y_0=f(a)$ 或 $y_0=f(b)$, 可类似证明 $x=f^{-1}(y)$ 在点 y_0 右连续或左连续. □

定理 2.3.5 (复合函数的连续性) 若外函数 $f(u)$ 在点 u_0 连续, 内函数 $u=\varphi(x)$ 在点 x_0 连续, 而且 $u_0=\varphi(x_0)$, 则复合函数 $f(\varphi(x))$ 在点 x_0 连续.

证明 设 $g(x) = f(\varphi(x))$. $\forall\, \varepsilon > 0$, 因 $f(u)$ 在点 u_0 连续, $\exists\, \delta_1 > 0$, 当 $|u - u_0| < \delta_1$ 时, 有

$$|f(u) - f(u_0)| < \varepsilon.$$

对于上面的 $\delta_1 > 0$, 由于 $u = \varphi(x)$ 在点 x_0 连续, $\exists\, \delta > 0$, 当 $|x - x_0| < \delta$ 时, 有

$$|u - u_0| = |\varphi(x) - \varphi(x_0)| < \delta_1,$$

因而

$$|f(u) - f(u_0)| = |f(\varphi(x)) - f(\varphi(x_0))| < \varepsilon,$$

但 $g(x) = f(\varphi(x))$, $g(x_0) = f(\varphi(x_0))$, 从而上式可写成

$$|g(x) - g(x_0)| < \varepsilon,$$

这说明 $g(x)$ 点 x_0 连续. □

定理 2.3.6 设外函数 $f(u)$ 在点 $u = u_0$ 连续, 内函数 $u = \varphi(x)$ 满足 $u_0 = \lim\limits_{x \to x_0} \varphi(x)$, 则

$$\boxed{\lim_{x \to x_0} f(\varphi(x)) = f(\lim_{x \to x_0} \varphi(x)) = f(u_0).}$$

上式 $x \to x_0$ 中的 x_0 可用 x_0+, x_0-, $+\infty$, $-\infty$, ∞ 来代替.

证明 $\forall\, \varepsilon > 0$, 因 $f(u)$ 在点 u_0 连续, $\exists\, \delta_1 > 0$, 当 $|u - u_0| < \delta_1$ 时, 有

$$|f(u) - f(u_0)| < \varepsilon.$$

对于上面的 $\delta_1 > 0$, 由于 $u_0 = \lim\limits_{x \to x_0} \varphi(x)$, $\exists\, \delta > 0$, 当 $0 < |x - x_0| < \delta$ 时, 有 $|u - u_0| = |\varphi(x) - u_0| < \delta_1$, 因而

$$|f(u) - f(u_0)| = |f(\varphi(x)) - f(u_0)| < \varepsilon,$$

这说明所证的公式成立. 其余情形可类似证明. □

第三章 一元函数微分学

定理 3.1.7 (复合函数的导数) 若外函数 $y = f(u)$ 在点 u_0 可导, 内函数

$u=g(x)$ 在点 x_0 可导, 且 $u_0=g(x_0)$, 则复合函数 $y=f(g(x))$ 在点 x_0 可导, 且

$$\boxed{[f(g(x))]'\Big|_{x=x_0}=f'(u_0)g'(x_0)=f'(g(x_0))g'(x_0).}$$

证明 对于自变量 x 的增量 Δx, 中间变量 u 取得相应的增量 Δu (可能 $\Delta u=0$, 也可能 $\Delta u\neq 0$). 函数 $y=f(g(x))$ 也因此获得增量 Δy. 因 $y=f(u)$ 在 u_0 可导，故当 $\Delta u\neq 0$ 时,

$$f'(u_0)=\lim_{\Delta x\to 0}\frac{\Delta y}{\Delta u}.$$

由定理 2.2.14,

$$\frac{\Delta y}{\Delta u}=f'(u_0)+\alpha,$$

即

$$\Delta y=f'(u_0)\Delta u+\alpha\Delta u, \tag{1}$$

其中 α 是 $\Delta u\to 0$ 时的无穷小. 当 $\Delta u=0$ 时, $\Delta y=f(u_0+\Delta u)-f(u_0)=0$, 这样 (1) 式不论 α 取何值都成立. 为确定起见, 在 $\Delta u=0$ 时, 令 $\alpha=0$, 这样无论 $\Delta u=0$ 还是 $\Delta u\neq 0$, (1) 式总成立. (1) 式两端除以 Δx,得

$$\frac{\Delta y}{\Delta x}=f'(u_0)\frac{\Delta u}{\Delta x}+\alpha\frac{\Delta u}{\Delta x},$$

故

$$\begin{aligned}\lim_{\Delta x\to 0}\frac{\Delta y}{\Delta x}&=f'(u_0)\lim_{\Delta x\to 0}\frac{\Delta u}{\Delta x}+\lim_{\Delta x\to 0}\alpha\frac{\Delta u}{\Delta x}\\&=f'(u_0)g'(x_0)+0g'(x_0)=f'(u_0)g'(x_0).\end{aligned}$$

□

定理 3.2.5 设函数 $f(x)$ 和 $g(x)$ 满足下列条件:

(1) $\lim\limits_{x\to a}f(x)=\lim\limits_{x\to a}g(x)=0$;

(2) 在 a 的某空心邻域 $U_r^{\circ}(a)$ 内 $f'(x)$ 和 $g'(x)$ 都存在, 而且 $g'(x)\neq 0$;

(3) $\lim\limits_{x\to a}\dfrac{f'(x)}{g'(x)}=A$ (A 为实数, $+\infty$, $-\infty$ 或 ∞),

则

$$\boxed{\lim_{x\to a}\frac{f(x)}{g(x)}\overset{(\frac{0}{0})}{=\!=}\lim_{x\to a}\frac{f'(x)}{g'(x)}=A.}$$

证明 令 $f(a)=g(a)=0$. 任取 $x\in U_r^\circ(a)$, 在以 a 和 x 为端点的闭区间上应用柯西定理得

$$\frac{f(x)}{g(x)}=\frac{f(x)-f(a)}{g(x)-g(a)}=\frac{f'(\xi)}{g'(\xi)}\quad (\xi \text{ 在 } a \text{ 与 } x \text{ 之间}).$$

若 $x>a$, 由于当 $x\to a+$ 时, 也有 $\xi\to a+$, 由 (3), 上式两边当 $x\to a+$ 时取极限得

$$\lim_{x\to a+}\frac{f(x)}{g(x)}=\lim_{\xi\to a+}\frac{f'(\xi)}{g'(\xi)}=A;$$

若 $x<a$, 由于当 $x\to a-$ 时, 也有 $\xi\to a-$, 由 (3), 上式两边当 $x\to a-$ 时取极限得

$$\lim_{x\to a-}\frac{f(x)}{g(x)}=\lim_{\xi\to a-}\frac{f'(\xi)}{g'(\xi)}=A,$$

由定理 2.2.2 得

$$\lim_{x\to a}\frac{f(x)}{g(x)}=A.$$

□

定理 3.2.5′ 设函数 $f(x)$ 和 $g(x)$ 满足下列条件:

(1) $\lim\limits_{x\to\infty}f(x)=\lim\limits_{x\to\infty}g(x)=0$;

(2) 在 x 满足 $|x|>L\ (L>0)$ 时, $f'(x)$ 和 $g'(x)$ 都存在, 而且 $g'(x)\neq 0$;

(3) $\lim\limits_{x\to\infty}\dfrac{f'(x)}{g'(x)}=A$ (A 为实数, $+\infty$, $-\infty$ 或 ∞),

则

$$\boxed{\lim_{x\to\infty}\frac{f(x)}{g(x)}\overset{(\frac{0}{0})}{=\!=}\lim_{x\to\infty}\frac{f'(x)}{g'(x)}=A.}$$

证明 令 $u=\dfrac{1}{x}$, 则 $x\to\infty$ 等价于 $u\to 0$, 于是

$$\lim_{x\to\infty}\frac{f(x)}{g(x)}=\lim_{u\to 0}\frac{f\left(\dfrac{1}{u}\right)}{g\left(\dfrac{1}{u}\right)}\overset{(\frac{0}{0})}{=\!=}\lim_{u\to 0}\frac{f'\left(\dfrac{1}{u}\right)\left(-\dfrac{1}{u^2}\right)}{g'\left(\dfrac{1}{u}\right)\left(-\dfrac{1}{u^2}\right)}$$

$$=\lim_{u\to 0}\frac{f'\left(\dfrac{1}{u}\right)}{g'\left(\dfrac{1}{u}\right)}=\lim_{x\to\infty}\frac{f'(x)}{g'(x)}.$$

□

定理 3.2.7 (泰勒定理) 设函数 $f(x)$ 在含有 x_0 的开区间 (a,b) 内存在 $n+1$ 阶导数, 则对任何 $x\in(a,b)$, 在 x_0 与 x 之间存在 ξ, 使得 $f(x)=T_n(x)+R_n(x)$, 即

$$\boxed{\begin{aligned} f(x) &= f(x_0)+f'(x_0)(x-x_0)+\frac{f''(x_0)}{2!}(x-x_0)^2 \\ &\quad +\cdots+\frac{f^{(n)}(x_0)}{n!}(x-x_0)^n+R_n(x), \end{aligned}} \tag{3.17}$$

其中

$$\boxed{R_n(x)=\frac{f^{(n+1)}(\xi)}{(n+1)!}(x-x_0)^{n+1}.} \tag{3.18}$$

证明 设 $f(x)$ 与它在点 x_0 的泰勒多项式

$$\begin{aligned} T_n(x)=&f(x_0)+f'(x_0)(x-x_0)+\frac{1}{2}f''(x_0)(x-x_0)^2 \\ &+\cdots+\frac{1}{n!}f^{(n)}(x_0)(x-x_0)^n \end{aligned}$$

的差为

$$R_n(x)=f(x)-T_n(x),$$

对于 $R_n(t)$ 及 $(t-x_0)^{n+1}$, 在以 x_0 与 x 为端点的闭区间上应用柯西定理, 得

$$\frac{R_n(x)}{(x-x_0)^{n+1}}=\frac{R_n(x)-R_n(x_0)}{(x-x_0)^{n+1}-0}=\frac{R_n'(\xi_1)}{(n+1)(\xi_1-x_0)^n},$$

其中 ξ_1 在 x_0 与 x 之间. 对 $R_n'(t)$ 及 $(t-x_0)^n$ 在以 x_0 与 ξ_1 为端点的闭区间应用柯西定理, 得

$$\frac{R_n'(\xi_1)}{(n+1)(\xi_1-x_0)^n}=\frac{R_n'(\xi_1)-R_n'(x_0)}{(n+1)[(\xi_1-x_0)^n-0]}=\frac{R_n''(\xi_2)}{(n+1)n(\xi_2-x_0)^{n-1}},$$

其中 ξ_2 在 x_0 与 ξ_1 之间. 依次类推, 应用柯西定理 $n+1$ 次后, 得

$$\frac{R_n(x)}{(x-x_0)^{n+1}}=\frac{R_n^{(n+1)}(\xi)}{(n+1)!},$$

即

$$R_n(x)=\frac{R_n^{(n+1)}(\xi)}{(n+1)!}(x-x_0)^{n+1},$$

其中 ξ 在 x_0 与 x 之间. 由 $R_n(x)=f(x)-T_n(x)$ 两边求 $n+1$ 阶导数可知,

$$R_n^{(n+1)}(x)=f^{(n+1)}(x),$$

于是

$$R_n(x)=\frac{f^{(n+1)}(\xi)}{(n+1)!}(x-x_0)^{n+1}.$$

这样 (3.18) 式得证. □

定理 3.2.7′ 设函数 $f(x)$ 在点 x_0 的 n 阶导数 $f^{(n)}(x_0)$ 存在, 则对任何 $x\in U_r(x_0)$, 有

$$\boxed{\begin{aligned}f(x)=&f(x_0)+f'(x_0)(x-x_0)+\frac{f''(x_0)}{2!}(x-x_0)^2\\&+\cdots+\frac{f^{(n)}(x_0)}{n!}(x-x_0)^n+o\big((x-x_0)^n\big).\end{aligned}}\tag{3.17′}$$

证明 设 $G(x)=(x-x_0)^n$,

$$\begin{aligned}F(x)=&f(x)-\Big[f(x_0)+f'(x_0)(x-x_0)+\frac{f''(x_0)}{2}(x-x_0)^2+\cdots\\&+\frac{f^{(n)}(x_0)}{n!}(x-x_0)^n\Big],\end{aligned}$$

则由洛必达法则,

$$\begin{aligned}\lim_{x\to x_0}\frac{F(x)}{G(x)}&=\lim_{x\to x_0}\frac{F^{(n-1)}(x)}{G^{(n-1)}(x)}\\&=\lim_{x\to x_0}\left[\frac{f^{(n-1)}(x)-f^{(n-1)}(x_0)-f^{(n)}(x_0)(x-x_0)}{n(n-1)\cdots2(x-x_0)}\right]\\&=\frac{1}{n!}\lim_{x\to x_0}\left[\frac{f^{(n-1)}(x)-f^{(n-1)}(x_0)}{x-x_0}-f^{(n)}(x_0)\right]=0\end{aligned}$$

所以 $F(x)=o\big((x-x_0)^n\big)\ \ (x\to x_0)$. □

定理 3.3.5 设 $f(x)$ 在开区间 (a,b) 内有二阶导数, 那么

(1) 若 $f''(x)>0$, 则曲线 $y=f(x)$ 在 (a,b) 内是凹的;

(2) 若 $f''(x)<0$, 则曲线 $y=f(x)$ 在 (a,b) 内是凸的.

证明 (1) 我们要证明曲线位于其任意一点的切线的上方. 设 $A(x_0,y_0)$ 是曲线 $y=f(x)$ 上的一点, 由于 $y_0=f(x_0)$, 故过点 A 的切线 T_{x_0} (见图 3.3.6) 的方程是

$$y=f(x_0)+f'(x_0)(x-x_0).$$

对于切线 T_{x_0} 上任意一点 $(x_1, y_1), x_1 \neq x_0$, 曲线上相对应的点是 $(x_1, f(x_1))$, 现在要证明 $f(x_1) > y_1$. 注意到在 (a, b) 内 $f''(x) > 0$, 由 $n = 1$ 时的泰勒公式 (3.19), 得

$$\begin{aligned} f(x_1) &= f(x_0) + (x_1 - x_0)f'(x_0) + \frac{1}{2}(x_1 - x_0)^2 f''(\xi) \\ &> f(x_0) + f'(x_0)(x_1 - x_0) = y_1, \quad \xi \text{ 在 } x_0 \text{ 与 } x_1 \text{ 之间}. \end{aligned}$$

(2) 的证明与 (1) 类似. □

第四章 一元函数积分学

例 4.3.16 证明: $\displaystyle\int \frac{dx}{\sqrt{x^2 - a^2}} = \ln|x + \sqrt{x^2 - a^2}| + C \ (a > 0)$.

解 设 $x = a\sec t \left(0 < t < \dfrac{\pi}{2} \text{ 或 } \dfrac{\pi}{2} < t < \pi\right)$, 则 $dx = a(\sec t)\tan t dt$.

当 $0 < t < \dfrac{\pi}{2}$ 时, $|\tan t| = \tan t$, 由第二换元法公式及例 4.3.13 得

$$\begin{aligned} \int \frac{dx}{\sqrt{x^2 - a^2}} &= \int \frac{a\sec t \tan t}{a|\tan t|} dt = \int \sec t dt = \int \frac{dt}{\cos t} \\ &= \ln|\tan t + \sec t| + C' = \ln\left|\frac{x}{a} + \frac{\sqrt{x^2 - a^2}}{a}\right| + C' \\ &= \ln|x + \sqrt{x^2 - a^2}| + C \quad (C = C' - \ln a). \end{aligned}$$

上式右端用到下列等式 (见图 1):

$$\tan t = \sqrt{\sec^2 t - 1} = \sqrt{\left(\frac{x}{a}\right)^2 - 1} = \frac{\sqrt{x^2 - a^2}}{a}.$$

当 $\dfrac{\pi}{2} < t < \pi$ 时, $|\tan t| = -\tan t$, 注意 $|x| = -x = -a\sec t$, 由图 2 可知,

$$\tan t = -\frac{\sqrt{x^2 - a^2}}{a}.$$

于是

$$\begin{aligned} \int \frac{dx}{\sqrt{x^2 - a^2}} &= \int \frac{a\sec t \tan t}{a|\tan t|} dt = -\int \frac{dt}{\cos t} \\ &= -\ln\left|\frac{x}{a} - \frac{\sqrt{x^2 - a^2}}{a}\right| + C' = -\ln\left|\frac{a}{x + \sqrt{x^2 - a^2}}\right| + C' \\ &= \ln|x + \sqrt{x^2 - a^2}| + C \quad (C = C' - \ln a). \end{aligned}$$

这样, 无论 $0<t<\dfrac{\pi}{2}$ 还是 $\dfrac{\pi}{2}<t<\pi$ 都有

$$\int \frac{dx}{\sqrt{x^2-a^2}} = \ln|x+\sqrt{x^2-a^2}|+C.$$

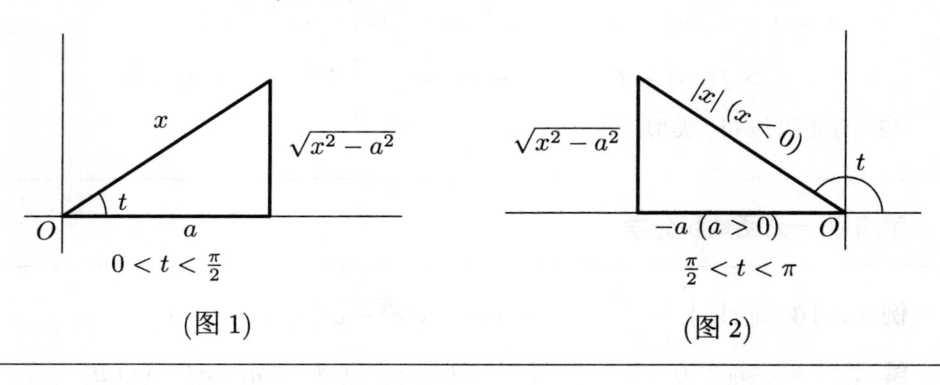

(图 1) (图 2)

4.5 定积分的性质 以下设 $f(x)$ 与 $g(x)$ 均在区间 $[a,b]$ 上可积.

性质 2 (可加性) 若 $c\in[a,b]$, 则

$$\boxed{\int_a^b f(x)dx = \int_a^c f(x)dx + \int_c^b f(x)dx.}$$

证明 由于 $f(x)$ 在 $[a,b]$ 上可积, 积分和的极限与分割 $[a,b]$ 的方法无关, 所以取 c 作为一个分点, 则

$$\sum_{[a,b]} f(c_i)\Delta x_i = \sum_{[a,c]} f(c_i)\Delta x_i + \sum_{[c,b]} f(c_i)\Delta x_i,$$

当 $\lambda\to 0$ 时上式两端取极限即得所要证的公式. □

性质 3 (保号性)

$$\boxed{\text{若 } f(x)\geqslant g(x), \text{ 则} \int_a^b f(x)dx \geqslant \int_a^b g(x)dx.}$$

证明 由于 $f(x)$ 与 $g(x)$ 均在 $[a,b]$ 上可积, 且 $f(x)\geqslant g(x)$, 不论怎样将 $[a,b]$ 分割为小区间 $[x_{i-1},x_i]$ $(i=1,2,\cdots,n)$, 不论怎样在每个小区间 $[x_{i-1},x_i]$ 取 c_i, 均有

$$\sum_{i=1}^n f(c_i)\Delta x_i \geqslant \sum_{i=1}^n g(c_i)\Delta x_i,$$

当 $\lambda \to 0$ 时上式两端取极限即得所要证的公式. □

定理 4.5.1 若 $f(x)$ 在区间 $[a,b]$ 上连续且 $f(x) \geqslant 0$, 则

$$\boxed{\int_a^b f(x)dx > 0 \Leftrightarrow \exists\, \xi \in [a,b], \text{使得 } f(\xi) > 0.}$$

证明 必要性是显然的, 我们只需证充分性.

因为 $f(x)$ 在 $[a,b]$ 上连续且 $f(\xi) > 0$, 由极限的保号性 I, 必存在区间 $[a_1,b_1] \subseteq [a,b]$, 使得

$$f(x) > \frac{1}{2}f(\xi) > 0, \quad x \in [a_1,b_1],$$

于是

$$\begin{aligned}\int_a^b f(x)dx &= \int_a^{a_1} f(x)dx + \int_{a_1}^{b_1} f(x)dx + \int_{b_1}^b f(x)dx \\ &\geqslant \int_{a_1}^{b_1} f(x)dx \geqslant \int_{a_1}^{b_1} \frac{1}{2}f(\xi)dx = \frac{1}{2}f(\xi)(b_1-a_1) > 0.\end{aligned}$$

这样充分性得证. □

性质 4 (估值定理) 若 $m \leqslant f(x) \leqslant M$ $(a \leqslant x \leqslant b)$, 则

$$m(b-a) \leqslant \int_a^b f(x)dx \leqslant M(b-a).$$

证明 由定积分的保号性 (性质 3),

$$m(b-a) = \int_a^b m dx \leqslant \int_a^b f(x)dx \leqslant \int_a^b M dx = M(b-a).$$ □

性质 5 若 $a \leqslant b$, 则

$$\left|\int_a^b f(x)dx\right| \leqslant \int_a^b |f(x)|dx.$$

证明 因为 $-|f(x)| \leqslant f(x) \leqslant |f(x)|$, 由定积分的保号性,

$$-\int_a^b |f(x)|dx \leqslant \int_a^b f(x)dx \leqslant \int_a^b |f(x)|dx,$$

上式即所要证明的公式. □

性质 6 (积分中值定理) 设 $f(x)$ 在区间 $[a,b]$ 上连续, 则存在 $\xi \in (a,b)$, 使得

$$\boxed{\int_a^b f(x)dx = f(\xi)(b-a).}$$

证明 若 $f(x)$ 在 $[a,b]$ 上恒为常数, 结论显然成立. 若 $f(x)$ 在 $[a,b]$ 上不为常数, 因 $f(x)$ 在 $[a,b]$ 上连续, 由连续函数的最大值最小值定理, 存在 x_1, $x_2 \in [a,b]$, 使得对一切 $x \in [a,b]$, 有

$$m = f(x_1) \leqslant f(x) \leqslant M = f(x_2),\ \text{从而}\ m(b-a) \leqslant \int_a^b f(x)dx \leqslant M(b-a).$$

我们断定

$$m < \frac{1}{b-a}\int_a^b f(x)dx < M.$$

若不然, 不妨设 $m = \dfrac{1}{b-a}\displaystyle\int_a^b f(x)dx$, 即 $\displaystyle\int_a^b [f(x)-m]dx = 0$, 但是 $f(x)-m$ 连续、非负且不恒为零, 由定理 4.5.1, $\displaystyle\int_a^b [f(x)-m]dx > 0$, 矛盾. 这样, 由连续函数的介值定理, $\exists\, \xi \in (a,b)$ 使得 $f(\xi) = \dfrac{1}{b-a}\displaystyle\int_a^b f(x)dx$, 即所要证明的公式成立. □

定理 4.8.2 (广义牛顿 – 莱布尼茨公式 II) 若 $f(x)$ 在 $[a,b)$ 上连续, b 是 $f(x)$ 的瑕点, $F(x)$ 是 $f(x)$ 的原函数, 则

$$\int_a^b f(x)dx = F(x)\Big|_a^{b-} \overset{\text{def}}{=\!=} F(b-) - F(a);$$

若 $f(x)$ 在 $(a,b]$ 上连续, a 是 $f(x)$ 的瑕点, $F(x)$ 是 $f(x)$ 的原函数, 则

$$\int_a^b f(x)dx = F(x)\Big|_{a+}^{b} \overset{\text{def}}{=\!=} F(b) - F(a+).$$

证明 仅证明第一个公式, 第二个公式可类似地证明. 对任意 $x \in (a,b)$, 由牛顿 – 莱布尼茨公式得

$$\int_a^x f(t)dt = F(x)\Big|_a^x = F(x) - F(a),$$

上式两边当 $x \to b-$ 时取极限得所要证明的公式成立:

$$\int_a^b f(t)dt = F(b-) - F(a). \qquad \square$$

第五章 多元函数微积分学

例 5.1.3 证明: (2) $\lim\limits_{\substack{x\to 0\\ y\to 1}}\left(x+\dfrac{y^2-1}{y-1}\right)=2.$

证明 (2) 注意 $|x| \leqslant \sqrt{x^2+(y-1)^2}$, $|y-1| \leqslant \sqrt{x^2+(y-1)^2}$.

$\forall\, \varepsilon > 0$, 要使

$$\left|x+\frac{y^2-1}{y-1}-2\right| \leqslant |x|+|y-1| \leqslant 2\sqrt{x^2+(y-1)^2} < \varepsilon,$$

取 $\delta = \dfrac{\varepsilon}{2}$, 当 $0 < \sqrt{x^2+(y-1)^2} < \delta$ 时, 有

$$\left|x+\frac{y^2-1}{y-1}-2\right| < \varepsilon,$$

因此,

$$\lim_{\substack{x\to 0\\ y\to 1}}\left(x+\frac{y^2-1}{y-1}\right)=2. \qquad \square$$

定理 5.2.1 设二元函数 $z = f(x,y)$.

若 $f''_{xy}(x,y)$ 与 $f''_{yx}(x,y)$ 都在点 (x_0,y_0) 连续, 则 $f''_{xy}(x_0,y_0) = f''_{yx}(x_0,y_0)$.

证明 令

$$F(\Delta x,\Delta y) = f(x_0+\Delta x, y_0+\Delta y) - f(x_0+\Delta x, y_0) - f(x_0, y_0+\Delta y) + f(x_0,y_0),$$

$$\varphi(x) = f(x, y_0+\Delta y) - f(x, y_0).$$

于是

$$F(\Delta x,\Delta y) = \varphi(x_0+\Delta x) - \varphi(x_0). \tag{1}$$

由于 $f(x,y)$ 存在关于 x 的偏导数, 所以 $\varphi(x)$ 可导. 由拉格朗日定理,

$$\begin{aligned}\varphi(x_0+\Delta x)-\varphi(x_0)=&\varphi'(x_0+\theta_1\Delta x)\Delta x\\ =&[f'_x(x_0+\theta_1\Delta x,y_0+\Delta y)\\ &-f'_x(x_0+\theta_1\Delta x,y_0)]\Delta x\quad(0<\theta_1<1).\end{aligned}$$

又由 $f'_x(x,y)$ 存在关于 y 的偏导数, 故对以 y 为自变量的函数 $f'_x(x_0+\theta_1\Delta x,y)$ 应用拉格朗日定理又有

$$\varphi(x_0+\Delta x)-\varphi(x_0)=f''_{xy}(x_0+\theta_1\Delta x,y_0+\theta_2\Delta y)\Delta x\Delta y\quad(0<\theta_1,\ \theta_2<1).$$

由 (1) 式得

$$F(\Delta x,\Delta y)=f''_{xy}(x_0+\theta_1\Delta x,y_0+\theta_2\Delta y)\Delta x\Delta y,\quad(0<\theta_1,\ \theta_2<1).\tag{2}$$

如果令

$$\psi(y)=f(x_0+\Delta x,y)-f(x_0,y),$$

则有

$$F(\Delta x,\Delta y)=\psi(y_0+\Delta x)-\psi(y_0).$$

与前面同样的方法可推得

$$F(\Delta x,\Delta y)=f''_{yx}(x_0+\theta_3\Delta x,y_0+\theta_4\Delta y)\Delta x\Delta y\quad(0<\theta_3,\ \theta_4<1).\tag{3}$$

当 Δx, Δy 不为零时, 由 (2)、 (3) 两式得

$$f''_{xy}(x_0+\theta_1\Delta x,y_0+\theta_2\Delta y)=f''_{yx}(x_0+\theta_3\Delta x,y_0+\theta_4\Delta y)\quad(0<\theta_1,\ \theta_2,\ \theta_3,\ \theta_4<1).$$

由于 $f_{xy}(x,y)$ 与 $f_{yx}(x,y)$ 在点 (x_0,y_0) 连续, 当 $\Delta x\to 0$, $\Delta y\to 0$ 时, 上式两边的极限都存在而且相等, 就得到所要证明的公式. □

定理 5.2.4 (可微的充分条件) 设函数 $z=f(x,y)$ 在点 (x_0,y_0) 的某邻域内偏导数存在, 且 $f'_x(x,y)$ 与 $f'_y(x,y)$ 在点 (x_0,y_0) 连续, 则 $f(x,y)$ 在点 (x_0,y_0) 可微.

证明 将函数的全增量写做

$$\Delta z=[f(x_0+\Delta x,y_0+\Delta y)-f(x_0,y_0+\Delta y)]+[f(x_0,y_0+\Delta y)-f(x_0,y_0)].$$

前一个括号里是函数 $f(x, y_0+\Delta y)$ 关于 x 的偏增量, 后一个括号里是函数 $f(x_0, y)$ 关于 y 的偏增量. 根据一元函数拉格朗日定理,

$$\Delta z = f'_x(x_0+\theta_1\Delta x, y_0+\Delta y)\Delta x + f'_y(x_0, y_0+\theta_2\Delta y)\Delta y, \quad 0<\theta_1,\ \theta_2<1. \tag{1}$$

由于 $f'_x(x,y)$ 与 $f'_y(x,y)$ 在点 (x_0,y_0) 连续, 因而

$$f'_x(x_0+\theta_1\Delta x, y_0+\Delta y) = f'_x(x_0,y_0)+\alpha, \tag{2}$$

$$f'_y(x_0, y_0+\theta_2\Delta y) = f'_y(x_0,y_0)+\beta, \tag{3}$$

其中当 $(\Delta x, \Delta y)\to(0,0)$ 时, $\alpha\to 0$, $\beta\to 0$. 将 (2) 与 (3) 式代入 (1) 式得

$$\Delta z = f'_x(x_0,y_0)\Delta x + f'_y(x_0,y_0)\Delta y + \alpha\Delta x + \beta\Delta y.$$

由于

$$\left|\frac{\alpha\Delta x+\beta\Delta y}{\sqrt{\Delta x^2+\Delta y^2}}\right| \leqslant |\alpha|+|\beta|\to 0, \quad (\Delta x,\Delta y)\to(0,0),$$

因而函数 $f(x,y)$ 在点 (x_0,y_0) 可微. □

附录 B 复习题及试卷示例

复习题 1

1. (1) 函数 $y=\dfrac{x^2}{1-x}$ 的定义域为________, 值域为____________;

(2) 若函数 $f(x)$ 的定义域为 $[0,1]$, 则 $f(x^2)$ 的定义域为________, $f\left(x+\dfrac{1}{4}\right)+f\left(x-\dfrac{1}{4}\right)$ 的定义域为________;

(3) 函数 $y=\ln\dfrac{x}{1+x}$ 的定义域为________, 它的反函数为________, 该反函数的定义域为________.

2. 设 $f(x)=\dfrac{1-x}{1+x}$, 则 $f(f(x))=$____________.

3. 设数列 $x_n=\left(\dfrac{3}{4}\right)^n\cos n+\sqrt[n]{2}\left(\dfrac{n+1}{n}\right)^{2n}$, 则 $\lim\limits_{n\to\infty}x_n=$____________.

4. 设 $f(x)=\begin{cases}3x+4, & x<0,\\ x^2+1, & 0\leqslant x<1,\\ \dfrac{2}{2-x}, & 1\leqslant x<2,\end{cases}$ 则 $\lim\limits_{x\to0-}f(x)=$____, $\lim\limits_{x\to1}f(x)=$____, $\lim\limits_{x\to2-}f(x)=$____.

5. 求极限:

(1) $\lim\limits_{x\to\infty}\dfrac{x^2+1}{x+2}\sin\dfrac{1}{x}$;　　(2) $\lim\limits_{x\to0+}\dfrac{(3x)^x-1}{(3x)^{3x}-1}$;

(3) $\lim\limits_{x\to0}\dfrac{\sqrt{1+\sin x}-\sqrt{1-\sin x}}{\ln(1-2x)}$;　　(4) $\lim\limits_{x\to0}\dfrac{x-\sin x}{x^2\ln(1-x)}$.

6. 证明方程 $x2^x=1$ 在开区间 $(0,1)$ 内恰有一根.

7. 设 $f(x)=\dfrac{\sqrt{1+2x}-1}{3x}$, 若补充定义 $f(0)=$____, 则 $f(x)$ 在 $x=0$ 连续.

8. 求函数的间断点, 并说明其类型:

(1) $f(x)=\dfrac{1}{2-8^{\frac{1}{x}}}$; (2) $f(x)=\dfrac{\tan x}{x}$; (3) $f(x)=\left(\dfrac{2}{\pi}+x\right)\arctan\dfrac{1}{x}$.

9. (1) 设 $f(x)$ 在点 $x=0$ 连续. 若 $\lim\limits_{x\to 0}\dfrac{f(x)}{2x}=1$, 则 $f(0)=$ ______, $f'(0)=$ ______, $\lim\limits_{x\to 0}\dfrac{f(3x)-f(0)}{x}=$ ______;

(2) 设 $f'(1)=3$, 则 $\lim\limits_{t\to 0}\dfrac{f(1+2t)-f(1-6t)}{t}=$ ______;

(3) 设 $f(x)$ 在 $\mathbf{R}$ 内连续, $f(0)=2$, $\varPhi(x)=\displaystyle\int_{\sin x}^{x^2}f(t)dt$, 则 $\varPhi'(0)=$ ____.

10. 求导函数 $f'(x)$:

(1) $f(x)=\begin{cases}x\arctan\dfrac{1}{x^2}, & x\neq 0,\\ 0, & x=0;\end{cases}$

(2) $f(x)=\begin{cases}e^{-x^2}-1, & x\leqslant 0,\\ \ln(1+x), & x>0.\end{cases}$

11. 设 $f(x)=\begin{cases}ae^{2x}, & x<0,\\ 2-bx, & x\geqslant 0\end{cases}$ 在 $\mathbf{R}$ 内可导, 求常数 a,b 和 $f'(x)$.

12. (1) 求曲线 $y=x^2+x+2$ 在点 $(1,4)$ 处的切线的方程和法线方程;

(2) 求曲线 $y=x^{x-1}$ 在点 $(1,1)$ 处的切线的方程;

(3) 设 $y=x^{\arctan x}$, 求 $dy(1)$.

13. 求导数 $\dfrac{dy}{dx}$:

(1) $y=x^{\sqrt{x}}$;

(2) $y=\sqrt{x\ln x\sqrt{1-\sin x}}$;

(3) $y=\displaystyle\int_0^{x^2}\sin\sqrt{t}dt$;

(4) $y=\dfrac{1}{2}\displaystyle\int_x^{x^2}(\sin x^2-\sin t^2)dt$.

14. 求极限:

(1) $\lim\limits_{x\to\frac{\pi}{4}}\dfrac{1-\tan x}{\sin 4x}$;

(2) $\lim\limits_{x\to 0+}x^{\frac{1}{\ln(e^x-1)}}$;

(3) $\lim\limits_{x\to 0}\left(\dfrac{\tan x-x}{x-\sin x}\right)^{\cot x-\frac{1}{x}}$;

(4) $\lim\limits_{x\to\infty}\dfrac{2x^2+1}{3x+5}\sin\dfrac{4}{x}$;

(5) $\lim\limits_{x\to 0}\dfrac{1}{x^6}\displaystyle\int_0^{x^2}\sin t^2dt$;

(6) $\lim\limits_{x\to 0+}\dfrac{\displaystyle\int_0^{x^2}\tan^3\sqrt{t}dt}{\displaystyle\int_0^{x}t(t-\sin t)dt}$;

(7) $\lim\limits_{x\to 0}\dfrac{1}{x^5}\displaystyle\int_x^{x^2}(\sin x^2)(\sin t^2)dt$;

(8) $\lim\limits_{x\to 0}\dfrac{\displaystyle\int_0^{1+x}e^{t^2}dt-\int_0^1e^{t^2}dt}{3^x-1}$.

15. 求函数 $y=\dfrac{x-1}{2x+1}$ 的反函数, 并作出其反函数的图像.

16. (1) 设 $f'(e^x)=2x,\ f(1)=0$, 求 $f(x)$;

(2) 设 $f(x)$ 在 $[0,1]$ 上连续, 且 $f(x)=\cos x-x\displaystyle\int_0^1 f(x)dx$, 求 $f(x)$;

(3) 设 $f(x)$ 有连续导数, 求 $\displaystyle\int x^2f(x^3)f'(x^3)dx$;

(4) 设 $\displaystyle\int xf(x)dx=\arctan x+C$, 求 $\displaystyle\int f(x)dx$;

(5) 设 $f'(\sin x)=\cos^2 x,\ f(0)=0$, 求 $f(x)$;

(6) 设 $f'(\cos x)=\sin x$, 求 $f(\cos x)$.

17. 求不定积分:

(1) $\displaystyle\int\left(1+x+\frac{1}{x}\right)e^{x-\frac{1}{x}}dx$;　　(2) $\displaystyle\int\frac{x+1}{\sqrt[3]{3x+1}}dx$;

(3) $\displaystyle\int\frac{e^{-x}}{(1+e^{-x})^2}dx$;　　(4) $\displaystyle\int\frac{dx}{\sqrt{x}\tan\sqrt{x}}$;

(5) $\displaystyle\int\frac{x-4}{x^2+x+1}dx$;　　(6) $\displaystyle\int\frac{\sin x+x\cos x}{(x\sin x)^2}dx$.

18. (1) 求曲线 $y=e^x$ 与其在点 $(1,e)$ 的切线及 y 轴所围成的平面图形的面积;

(2) 求曲线 $y=\sqrt{x}$ 与其在点 $(1,1)$ 的切线及 x 轴所围成的平面图形的面积.

19. 求由曲线 $y=x^2-4x+3$ 及其在点 $(0,3)$ 与点 $(3,0)$ 的切线所围平面图形 D 的面积.

20. 求定积分:

(1) $\displaystyle\int_{-\frac{\pi}{2}}^{\frac{\pi}{2}}\frac{\cos x}{1+e^x}dx$;　　(2) $\displaystyle\int_{-1}^{1}\left(\frac{1}{3^x-3^{-x}}+x^2\right)dx$;

(3) $\displaystyle\int_{\frac{1}{e}}^{e}|\ln x|dx$;　　(4) $\displaystyle\int_{-2}^{2}(|x-1|+1)dx$;

(5) $\displaystyle\int_0^1 x^3\cos(x^4+1)dx$;　　(6) $\displaystyle\int_0^1 x^2\sqrt{1-x^2}dx$;

(7) $\displaystyle\int_{-1}^{1}(x+\cos x)^2dx$.

21. (1) 设 $f(x)$ 的一个原函数为 e^{x^2}, 求 $\displaystyle\int_0^1 xf'(x)dx$;

(2) 设 $f(x)$ 的导数 $f'(x)$ 在 $[0,2\pi]$ 上连续. 证明:

$$\left|\int_0^{2\pi} f'(x)\sin x dx\right| \leqslant \int_0^{2\pi} |f(x)|dx;$$

(3) 已知 $f(\pi)=1$, 而且 $\displaystyle\int_0^{\pi}[f(x)+f''(x)]\sin x dx=3$, 求 $f(0)$.

(4) 设 $f'(x)=\sin x^2$, $f(1)=1$, 求 $\displaystyle\int_0^1 f(x)dx$.

(5) 对于任意正整数 n, 证明不等式

$$\ln n < 1+\frac{1}{2}+\frac{1}{3}+\cdots+\frac{1}{n} < 1+\ln n.$$

22. 设 $f(x)$ 在 $[0,b]$ 上连续且单调递增, 证明:

(1) $\displaystyle\int_0^b xf(x)dx \geqslant \frac{b}{2}\int_0^b f(x)dx$;

(2) 当 $0<a<b$ 时, $\displaystyle b\int_0^a f(x)dx \leqslant a\int_0^b f(x)dx$.

23. 求下列二元函数的定义域:

(1) $z=\dfrac{1}{\ln(x^2+y^2-4)}+\sqrt{9-x^2-y^2}$; (2) $z=\arcsin\dfrac{x}{y^2}+\arccos(1-y)$.

24. 求偏导数:

(1) $z=x+y-\sqrt{x^2+y^2}$, 求 $f'_x(3,4)$;

(2) $z=e^{xy}+x^2\sin y$, 求 $\dfrac{\partial z}{\partial x}$, $\dfrac{\partial z}{\partial y}$ 以及 $\dfrac{\partial^2 z}{\partial y\partial x}$.

25. 求二元函数 $f(x,y)=x^2-y^3-6x+12y+5$ 的极值.

26. 计算二重积分 $\displaystyle\iint\limits_D xdxdy$, 其中 D 为由抛物线 $y=x^2$, $y=4x^2$ 以及直线 $y=1$ 在第一象限所围成的平面区域.

27. 设 $f(x)$ 在 $[0,1]$ 上连续. 证明:

$$\int_0^1 dx\int_0^x 2f(x)f(y)dy=\left[\int_0^1 f(x)dx\right]^2.$$

复习题 2

1. 求极限: (1) $\lim\limits_{x\to1}\dfrac{1-x}{\cot\dfrac{\pi}{2}x}$; (2) $\lim\limits_{x\to1}\dfrac{x^x-x}{1-x+\ln x}$; (3) $\lim\limits_{x\to+\infty}\left[x-x^2\ln\left(1+\dfrac{1}{x}\right)\right]$.

   (4) 设 $g(x)$ 在点 $x=0$ 连续. 若 $\lim\limits_{x\to0}\dfrac{g(x)-1}{x}=2$, 求 $\lim\limits_{x\to0}\dfrac{g(2x)-e^x}{x}$.

2. 设函数 $f(x)$ 在点 0 的某邻域 G 内有定义, 且对于任意 $x\in G$, $|f(x)|\leqslant x^2$, 证明: $f(x)$ 在点 0 可导, 并求 $f'(0)$.

3. 设 $f(x)$ 是可导的周期函数, 且周期为 5. 若 $\lim\limits_{x\to0}\dfrac{f(2)-f(2-x)}{x}=2$, 试求曲线 $y=f(x)$ 在点 $(-3,f(-3))$ 的切线方程.

4. 设 $f_*(x)=\begin{cases}f(x), & x\neq0,\\ 1, & x=0,\end{cases}$ 求 $f_*'(0)$, 其中 $f(x)$ 是下列函数之一:

   (1) $\dfrac{\sin x}{x}$, $\dfrac{\tan x}{x}$, $\dfrac{\arcsin x}{x}$, $\dfrac{\arctan x}{x}$, $\dfrac{2(1-\cos x)}{x^2}$;

   (2) $\dfrac{\sqrt{1+2x}-1}{x}$, $\dfrac{\ln(1+x)}{x}$, $\dfrac{e^x-1}{x}$.

5. 证明: (1) $y=\dfrac{\tan x}{x}$ 在 $\left(-\dfrac{\pi}{2},0\right)$ 内严格单调递减, 在 $\left(0,+\dfrac{\pi}{2}\right)$ 内严格单调递增;

   (2) $y=\dfrac{\arcsin x}{x}$ 在 $[-1,0)$ 上严格单调递减, 在 $(0,1]$ 上严格单调递增;

   (3) $y=\dfrac{\arctan x}{x}$ 在 $(-\infty,0)$ 内严格单调递增, 在 $(0,+\infty)$ 内严格单调递减;

   (4) $y=\dfrac{\sqrt{1+2x}-1}{x}$ 在 $\left(-\dfrac{1}{2},0\right)$ 及 $(0,+\infty)$ 内均严格单调递减.

6. (a) 讨论函数的单调区间: (1) $y=(1+x)^{\frac{1}{x}}$; (2) $y=(1-x)^{\frac{1}{x}}$.

   (b) 讨论函数的单调区间与凹凸区间:

   (1) $\Phi(x)=\displaystyle\int_0^x t(t-1)dt$; (2) $\Phi(x)=\displaystyle\int_0^x te^{-t}dt$.

   (c) 求导数 $\dfrac{dy}{dx}$: (1) $\displaystyle\int_0^y e^{t^2}dt+\int_0^x\cos t^2dt=x^2$; (2) $x+y^2=\displaystyle\int_0^{y-x}\cos^2 tdt$.

7. 设 $f(x)=\displaystyle\int_0^1|t-x|dt$, 求 $f(x)$ 的最小值.

8. 讨论函数 $y=\ln\sin x$ 的定义域、单调区间、极值、凹凸区间及渐近线, 并作函数的图像.

期中试卷示例

期中试卷 (一).

一. (24分) 填空:

1. 函数 $y=\arcsin e^x$ 的定义域是 ________;

2. 函数 $y=\sin x-\sin|x|$ 的值域是 ________;

3. 当 $x\to+\infty$ 时, $\sqrt{x+2}-\sqrt{x}$ 较 $\dfrac{1}{\sqrt{x}}$ 是 ________ 无穷小;

4. 当 $x\to0+$ 时, $\sin^3\sqrt{x}$ 较 x 是 ________ 无穷小;

5. 曲线 $y=x+e^x$ 在点 $(0,1)$ 处的切线的方程是 ________;

6. 设 $f(x)=\begin{cases}\dfrac{1}{1+10^x}, & x<0,\\ x+a\cos x, & x\geqslant0,\end{cases}$ 则 $\lim\limits_{x\to0-}f(x)=$ ____, $\lim\limits_{x\to0+}f(x)=$ ____,

当 $a=$ ___ 时, $f(x)$ 在 $x=0$ 连续;

7. $f(x)=\dfrac{1}{1+e^{\frac{1}{x-1}}}$ 的间断点是 _____, 它的类型是 ________;

8. 已知 $f'(x_0)$ 存在, 则 $\lim\limits_{h\to0}\dfrac{f(x_0+h)-f(x_0-h)}{h}=$ _____.

二. (25分) 求极限:

1. $\lim\limits_{x\to0}\left(x\sin\dfrac{1}{x}-\dfrac{\sin x}{x}\right)$;

2. $\lim\limits_{x\to0}\dfrac{e^x-e^{2x}}{x}$;

3. $\lim\limits_{x\to1}(3x+2)^{\frac{\sqrt{x+8}-3}{x-1}}$;

4. $\lim\limits_{x\to e}(\ln x)^{\frac{\ln x}{1-\ln x}}$;

5. $\lim\limits_{x\to1}\dfrac{\tan(x-1)-\sin(x-1)}{(x-1)^3\sec(x-1)}$.

三. (25分) 求导数或微分:

1. $y=e^x(\sin x+x^2)$, 求 y';

2. $y=\ln\sin\sqrt{x}$, 求 dy ;

3. $y=x^{\sin x}$, 求 dy;

4. $y=\arctan e^x$, 求 y';

5. $y=e^x\sin x$, 求 y''.

四. (8分) 当 a, b 取何值时, $f(x)=\begin{cases}x^2, & x\leqslant1,\\ ax+b, & x>1\end{cases}$ 在 $x=1$ 处可导?

五. (10分) 证明方程 $x-2\sin x=a\ (a>0)$ 至少有一个正根.

期中试卷 (二).

一. (20分) 填空:

1. $y=\dfrac{1}{x}\ln\dfrac{1-x}{1+x}$ 的定义域为 ________;

2. 若 $y=\begin{cases}e^x, & x<0,\\ a+x, & x\geqslant 0\end{cases}$ 在 $x=0$ 连续, 则 $a=$ _____;

3. 函数 $y=\begin{cases}x\sin\dfrac{1}{x}, & x\neq 0,\\ 1, & x=0\end{cases}$ 的间断点为 ________, 其类型为 ________;

4. 当 $x\to 0$ 时, 无穷小 e^x-1 与 $2x$ 是 ________ 无穷小;

5. 设 $a_n=\dfrac{1}{n^2}+\dfrac{1}{(n+1)^2}+\cdots+\dfrac{1}{(2n)^2}$, 则 $\lim\limits_{n\to\infty}a_n=$ ____.

二. (25分) 求极限:

1. $\lim\limits_{x\to 0}\dfrac{2x-3\sin x}{3\arctan x+5x}$;

2. $\lim\limits_{x\to 1}\dfrac{3^{x-1}-1}{x-1}$;

3. $\lim\limits_{x\to 0}\dfrac{\tan x-\sin x}{e^x x^2\sin x\tan\left(x+\dfrac{\pi}{4}\right)}$;

4. $\lim\limits_{x\to\infty}\left(\dfrac{x^3-2}{x^3+3}\right)^{x^3}$;

5. $\lim\limits_{x\to-\infty}(\sqrt{2+3x+x^2}-\sqrt{5-7x+x^2})$.

三. (20分) 求导数或微分:

1. $y=\sin^3(2x+1)$, 求 y';

2. $y=\ln\sqrt{x}+\sqrt{\ln x}$, 求 y';

3. $y=e^{2x}(x^2+1)$, 求 y', y'';

4. $y=(\sin x)^{\cos x}$, 求 dy.

四. (10分) 设 $f'(2)=6$, 求 $\lim\limits_{x\to 2}\dfrac{f(x)-f(2)}{x^3-8}$.

五. (8分) 已知 $\dfrac{d}{dx}f\left(\dfrac{1}{x^2}\right)=2x$, 求 $f'(\sqrt{2})$.

六. (6分) 求曲线 $y=\ln x$ 在横坐标为 x_0 及 x 处的切线的方程.

七. (11分) 1. 叙述罗尔定理;

2. 设 $f(x)$ 在 $[0,\pi]$ 上连续, 在 $(0,\pi)$ 内可导, 证明: 存在 $\xi\in(0,\pi)$, 使得

$$f'(\xi)+f(\xi)\cot\xi=0.$$

期中试卷 (三).

一. (20分) 填空:

1. 函数 $\varphi(x)=\begin{cases}1, & |x|\leqslant 1,\\ 0, & |x|>1,\end{cases}$ 则 $\varphi(\varphi(x))=$ ____;

2. 若 $\lim\limits_{x\to\infty}\left(\dfrac{x+c}{x-c}\right)^x=4\ (c\neq 0)$, 则 $c=$ ____;

3. 函数 $\varphi(x)=\begin{cases}\dfrac{\sqrt{1+x}-1}{\sqrt{x}}, & x>0,\\ 0, & x\leqslant 0\end{cases}$ 在 ________ 内连续, 在 ________ 内可导;

4. 函数 $f(x)=\dfrac{2^{\frac{1}{x}}-1}{2^{\frac{1}{x}}-2}$ 在点 ________ 间断, 间断点的类型为 ________;

5. 当 $x\to 0+$ 时, $x^2\sin\sqrt{x}$ 较 $(e^x-1)\ln(x+1)$ 是 ______ 无穷小.

二. (25分) 求极限:

1. $\lim\limits_{x\to\pi}\dfrac{\tan x}{\sin x}$;

2. $\lim\limits_{x\to 0+}(\cos\sqrt{x})^{\frac{1}{x}}$;

3. $\lim\limits_{x\to\infty}x\left(e^{\frac{1}{x}}-1\right)$;

4. $\lim\limits_{x\to 0-}\dfrac{x}{\sqrt{1-\cos x}}$;

5. $\lim\limits_{x\to+\infty}[(x+2)\ln(x+2)-2(x+1)\ln(x+1)+x\ln x]$.

三. (18分) 求导数或微分:

1. $y=\ln\ln\ln\sqrt{x}$, 求 y';

2. $y=\dfrac{x^2}{2}\arctan\dfrac{2x}{1-x^2}$, 求 dy;

3. $y=e^x\sin x+3^x+\ln 2$, 求 y', y''.

四. (7分) $\dfrac{d}{dx}f(\ln x)=1$, 求 $f'(x)$.

五. (10分) $f(x)=\begin{cases}x^k\sin\dfrac{1}{\sqrt{x}}, & x>0,\\ 0, & x\leqslant 0,\end{cases}$ $k>1$, 求 $f'(x)$.

六. (10分) 1. 叙述数列极限的夹逼定理;

2. 求 $\lim\limits_{n\to\infty}\left(\dfrac{1}{n^4+1}+\dfrac{2}{n^4+2}+\cdots+\dfrac{n}{n^4+n}\right)$.

七. (10分) 若 $f(x)$ 在 $[a,b]$ 上满足拉格朗日定理的条件, 则存在 $\xi\in(a,b)$, $f'(\xi)=$ ____. 若 $f(x)=x^3$, $[a,b]$ 为 $[0,3]$, 则上述 $\xi=$ ____.

期末试卷示例

期末试卷(一)

一. 求下列极限 (18分):

(1) $\lim\limits_{x\to 0}\left(\dfrac{1-x}{1+x}\right)^{\frac{1}{x}}$;　　(2) $\lim\limits_{n\to\infty}\dfrac{3^{n+1}-2^n}{2^{n+1}+3^n}$;

(3) $\lim\limits_{x\to 0}\dfrac{\displaystyle\int_{\cos 2x}^{1} e^{-t^2}dt}{2\sin x^2}$.

二. (6分) 讨论函数 $f(x)=\begin{cases}\dfrac{\ln(1-x)}{x}, & x<0,\\ \dfrac{1}{2}, & x=0,\\ \dfrac{\sqrt{1+x}-1}{x}, & x>0\end{cases}$ 在点 $x=0$ 的连续性.

三. 求下列不定积分 (18分):

(1) $\displaystyle\int\frac{dx}{(1-x^2)^{\frac{3}{2}}}$;　　(2) $\displaystyle\int\frac{dx}{1+e^x}$;

(3) $\displaystyle\int \arctan x dx$.

四. 求下列定积分 (12分):

(1) $\displaystyle\int_{-1}^{1}|x^2-3x|dx$;　　(2) $\displaystyle\int_0^{2\pi}x^2\cos x dx$.

五. 求导数、微分及偏导数 (18分):

(1) 设 $y=\ln\left(x+\sqrt{x^2+a^2}\right)$, 求二阶导数 $\dfrac{d^2y}{dx^2}$;

(2) 设 $y=e^{x^2}\sin x$, 求微分 dy;

(3) 设 $z=x^y$, 求混合偏导数 $\dfrac{\partial^2 z}{\partial x\partial y}$.

六. (6分) 设 $f(x)=(x-a)\varphi(x)$, $\varphi(x)$ 在点 $x=a$ 连续, 证明 $f(x)$ 在点 $x=a$ 可导, 并求 $f'(a)$.

七. (6分) 求双曲线 $y=\dfrac{3}{x}$ 与直线 $x+y=4$ 所围平面图形的面积.

八. (16分) 讨论函数 $y=1+\dfrac{2x}{(x-1)^2}$ 的定义域、单调区间、极值、凹凸区间、拐点及渐近线, 并作出函数的图像.

期末试卷(二)

一. 求下列极限 (8分):

(1) $\lim\limits_{x\to 0}\dfrac{a^x-b^x}{x\cos x}$; (2) $\lim\limits_{x\to 2}\dfrac{x}{x-2}\displaystyle\int_2^x\dfrac{dt}{1+t^3}$.

二. 求下列函数的导数和偏导数 (12分):

(1) $y=(\cos x)^{\ln x}$, 求 $\dfrac{dy}{dx}$;

(2) 设函数 $z=e^x\cos y-\sin(xy)$, 求 $\dfrac{\partial z}{\partial x}$, $\dfrac{\partial z}{\partial y}$.

三. 求下列不定积分和定积分 (24分):

(1) $\displaystyle\int\dfrac{dx}{x^2+x+1}$; (2) $\displaystyle\int x^2\sin x dx$;

(3) $\displaystyle\int_1^{\sqrt{3}}\sqrt{4-x^2}dx$; (4) $\displaystyle\int_1^e x\ln^2 x dx$.

四. (8分) 已知当 $x\to 0$ 时, $\dfrac{K\cdot\arctan x}{x\sin x}-\dfrac{1}{x}$ 的极限为 A (有限), 求 K 和 A.

五. (10分) 求曲线 $y=x^3$ 与 $x=y^2$ 所围平面封闭图形的面积.

六. (10分) 求函数

$$F(x)=\int_0^x\frac{t}{t^2+2t+2}dt$$

在闭区间 $[0,1]$上的最小值与最大值.

七. (6分) 求函数 $f(x,y)=4(x-y)-x^2-y^2$ 的极值, 指出相应的极值点是极大值点还是极小值点.

八. (10分) 已知 $f(2)=-1$, $f'(2)=0$, $\displaystyle\int_0^2 f(x)dx=2$, 求 $\displaystyle\int_0^1 x^2f''(2x)dx$.

九. (12分) 讨论函数 $y=x-2\arctan x$ 的定义域、单调区间、极值、凹凸区间、拐点及渐近线, 并作出函数的图像.

期末试卷(三)

一. 求下列极限 (12分):

(1) $\lim\limits_{x\to 0}\dfrac{e^x+e^{-x}-2}{\sin^2 x}$; (2) $\lim\limits_{x\to 0+}(\cos\sqrt{3x})^{\frac{1}{\sin 3x}}$;

(3) $\lim\limits_{x\to 0}\left(\dfrac{1}{x}-\dfrac{1}{e^x-1}\right)$.

二. 求不定积分 (18分):

(1) $\displaystyle\int\frac{dx}{\sqrt{x}\sin^2\sqrt{x}}$; (2) $\displaystyle\int\frac{\sin x}{2+\cos^2 x}dx$;

(3) $\displaystyle\int\frac{dx}{\sqrt{e^x+1}}$.

三. 计算定积分 (12分):

(1) $\displaystyle\int_{-1}^{1}(x+\cos x)x^{\frac{1}{3}}dx$; (2) $\displaystyle\int_{\sqrt{3}}^{2\sqrt{2}}\frac{dx}{x\sqrt{x^2+1}}$.

四. (12分) 求证方程 $x-\sin x-1=0$ 在区间 $\left(\dfrac{\pi}{2},2\right)$ 内有唯一实根.

五. (10分) 若 $\displaystyle\int xf(x)dx=\ln(1+x^2)+C$, 求 $f(x)$.

六. (10分) 设 $\alpha(x)=\displaystyle\int_0^{ax}\tan t dt$ 与 $\beta(x)=\sin(2x)\ln(1+x)$ 当 $x\to 0$ 时为等价无穷小, 求常数 a.

七. (10分) 求抛物线 $y=x^2-1$ 与直线 $x+y=1$ 所围成的平面区域的面积.

八. (16分) 讨论函数 $y=\dfrac{2x-1}{(x-1)^2}$ 的定义域、单调区间、极值、凹凸区间、拐点及渐近线, 并作出函数的图像.

附录 C 习题提示与参考答案

习题 1.2

1. (1) $\mathbf{R}\backslash\{0\}$; (2) $\mathbf{R}\backslash\left\{k\pi+\dfrac{\pi}{2}\mid k=0,\ \pm1,\ \pm2,\ \cdots\right\}$; (3) $[1,+\infty)$;
(4) $\mathbf{R}\backslash\{k\pi\mid k=0,\ \pm1,\ \pm2,\ \cdots\}$; (5) $(-\infty,1)\cup(1,2)\cup(2,+\infty)$;
(6) $[-1,2]$; (7) $(-\infty,-3)\cup(3,+\infty)$; (8) $(-1,1]$.

2. (1) $\mathbf{R}$; (2) $[-1,+\infty)$; (3) $(-\infty,2)$; (4) $[0,1]$.

3. $3,\ x^2-3x+5,\ x^2+(3+2h)x+h^2+3h+5$.

4.

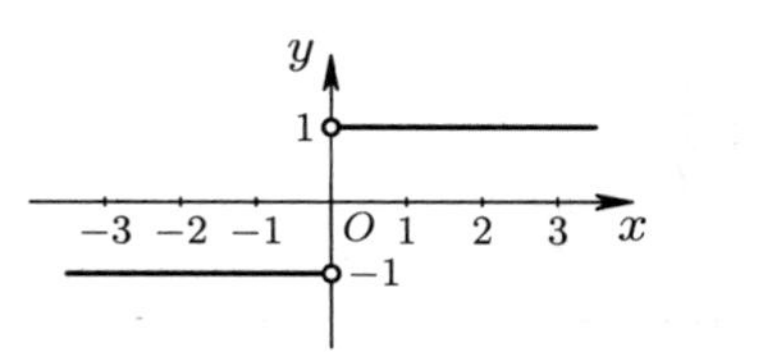

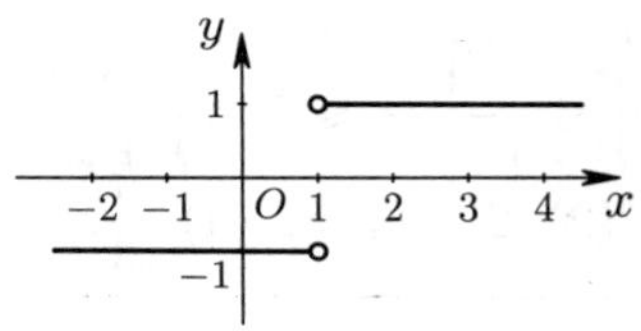

第 4 题图

5. (1) $1,\ 0,\ 1,\ h,\ h$.

(2)

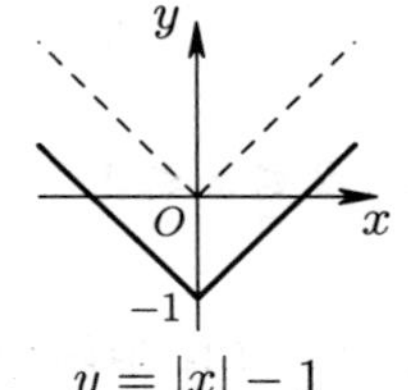

$y=|x|-1$

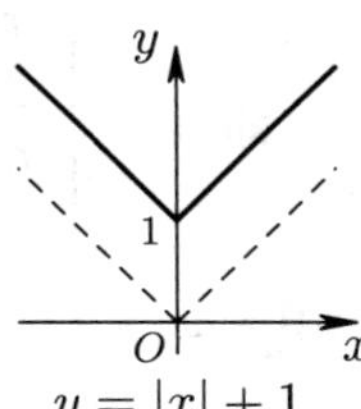

$y=|x|+1$

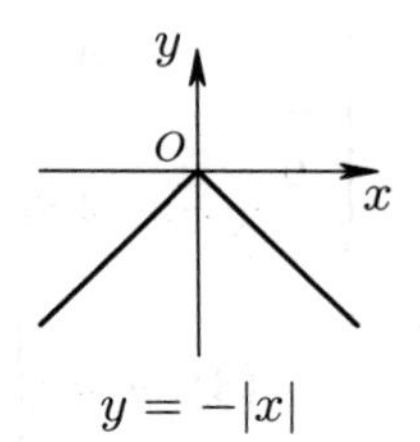

$y=-|x|$

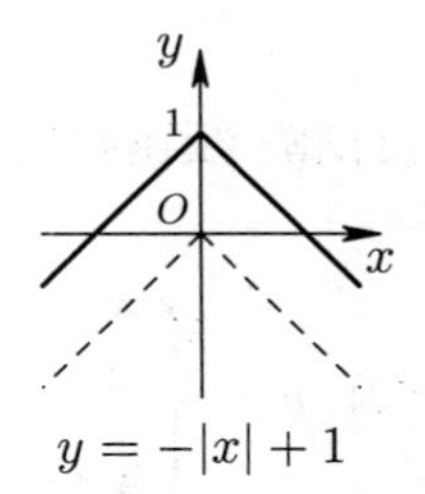

$y=-|x|+1$

第 5 题图 (1~4)

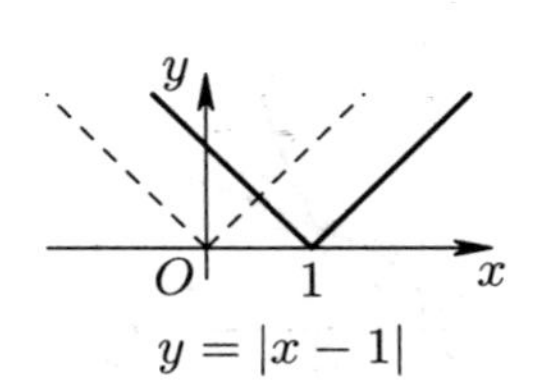

$y=|x-1|$

$y=|x+1|$

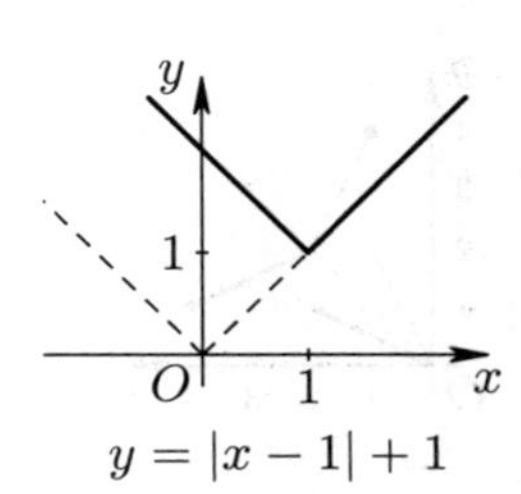

$y=|x-1|+1$

第 5 题图 (5~7)

习题 1.3

3. (a) (1) 偶; (2) 偶; (3) 偶; (4) 奇; (5) 偶 (见图 2.3.1); (6) 奇 (见图 3.1.3); (7) 奇 (见下图); (8) 偶 (见下图).

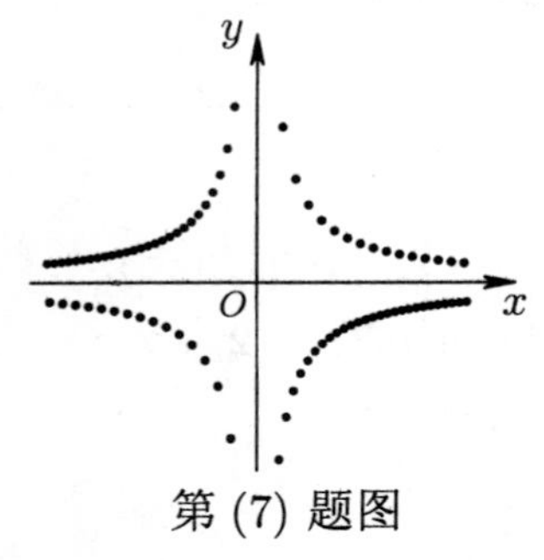

第 (7) 题图

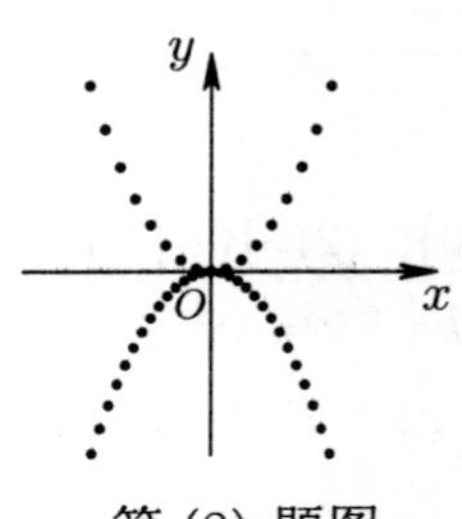

第 (8) 题图

(b) (1) 奇, 有界; (2) 偶, 有界; (3) 非奇, 非偶, 有界; (4) 偶, 有界; (5) 偶, 无界; (6) 奇, 无界; (7) 偶, 无界; (8) 奇, 无界; (9) 奇, 无界.

4. (3) $f(x)=g(x)+h(x)$.

5 $\left|\dfrac{\cos x}{1+x^2}\right|\leqslant\dfrac{1}{1+x^2}\leqslant 1,\ \left|\dfrac{x\cos x}{1+x^2}\right|\leqslant\dfrac{1}{2}$.

6. (1) π; (2) 2; (3) π; (4) $\dfrac{\pi}{3}$.

习题 1.4

1. (1) $y=-x^{\frac{3}{2}},\ x\in[0,+\infty)$; (2) $y=x^{\frac{3}{2}},\ x\in[0,+\infty)$.

2. (1) 解: 反函数为 $x=\begin{cases}\dfrac{y}{2}, & 0\leqslant y<2,\\ \dfrac{6-y}{2}, & 2\leqslant y\leqslant 4,\end{cases}$ 即 $y=\begin{cases}\dfrac{x}{2}, & 0\leqslant x<2,\\ \dfrac{6-x}{2}, & 2\leqslant x\leqslant 4;\end{cases}$

(2) $y=\begin{cases}\dfrac{x}{2}, & x\leqslant 0,\\ \sqrt{x}, & x>0;\end{cases}$ (3) $y=\begin{cases}\sqrt[3]{x}, & 0\leqslant x\leqslant 1,\\ x^2, & x>1;\end{cases}$ (1), (2), (3) 中函数 $y=f(x)$ 的图像 (细线部分) 与其反函数 $y=f^{-1}(x)$ 的图像 (粗线部分) 见下图:

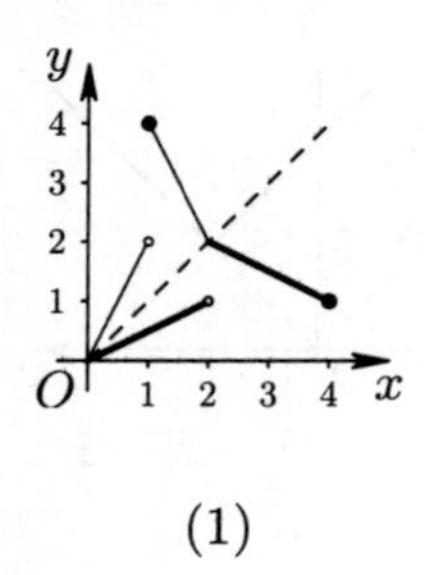

(1)

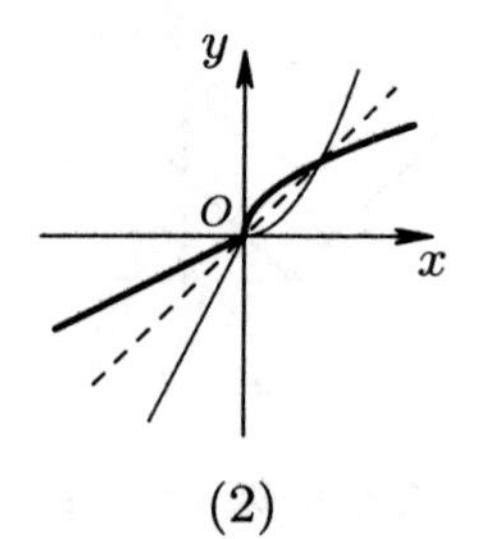

(2)

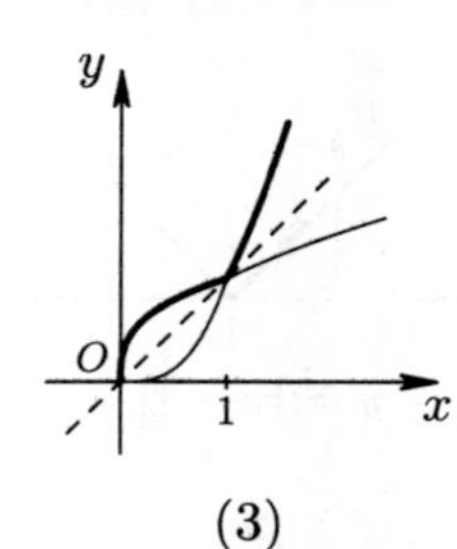

(3)

(4) $y=\dfrac{x}{1+x}$, $x\in(0,+\infty)$ (见下图).

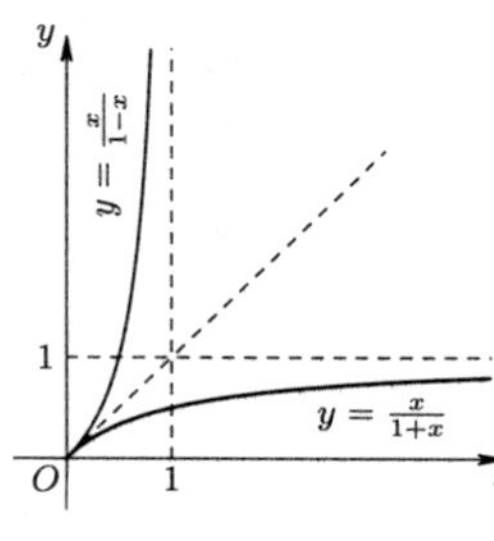

第 (4) 题图

3. (1) $f(\varphi(x))=\cos^3 x+1$, $\varphi(f(x))=\cos(x^3+1)$, $\varphi(\varphi(x))=\cos\cos x$, $f(f(x))=(x^3+1)^3+1$;

(2) $f(\varphi(x))=3^{2x}$, $\varphi(f(x))=3^{x^2}$, $\varphi(\varphi(x))=3^{3^x}$, $f(f(x))=x^4$. **4**. $f(x)$.

5. (1) x^2+4x-2, $x\in(-\infty,-2]\cup[2,+\infty)$;

(2) x^2+1; (3) x^2+x. **6**. 略.

习题 1.5

1. (1) $y=3^u$, $u=\sin w$, $w=x+1$; (2) $y=\lg u$, $u=\cos w$, $w=5x$;

(3) $y=u^2$, $u=\arcsin w$, $w=\dfrac{x}{2}$; (4) $y=\arctan u$, $u=\sqrt{w}$, $w=\dfrac{1+\sin x}{1-\sin x}$;

(5) $y=\sin u$, $u=\sin w$, $w=\sin t$, $t=5^x$;

(6) $y=\lg u$, $u=\arccos w$, $w=\sqrt{t}$, $t=\dfrac{1}{x}$;

(7) $y=u^2$, $u=\arcsin w$, $w=\sqrt{v}$, $v=1-x^2$;

(8) $y=\lg u$, $u=\lg w$, $w=\sqrt{v}$, $v=2+\sin x$.

2.

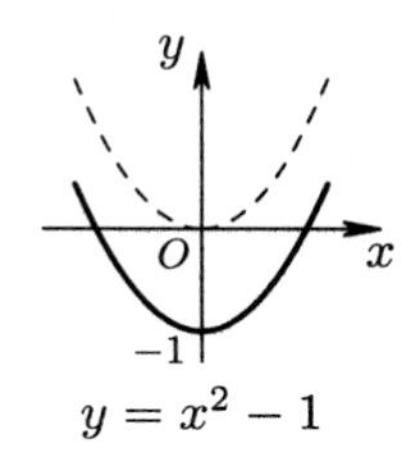

$y=x^2-1$

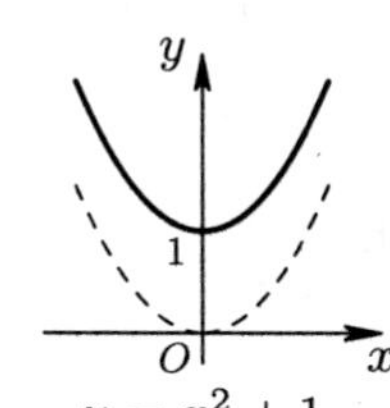

$y=x^2+1$

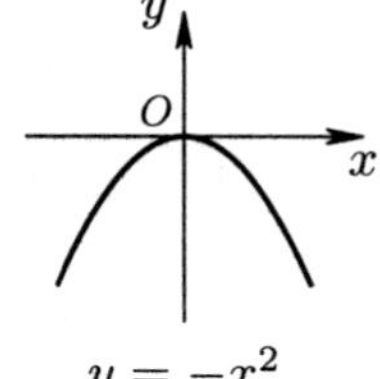

$y=-x^2$

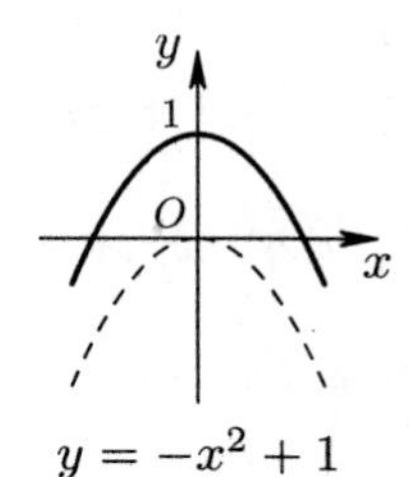

$y=-x^2+1$

第 2 题图 (1~4)

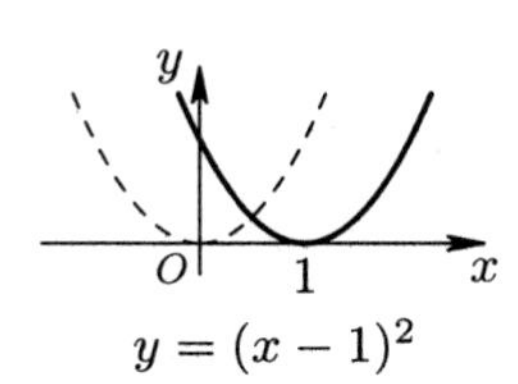

$y=(x-1)^2$

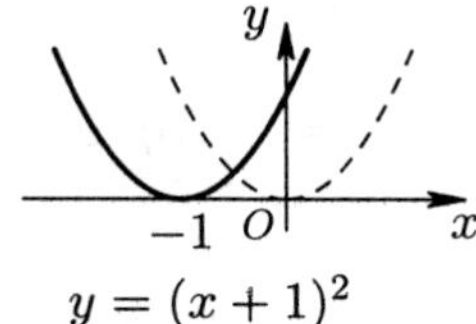

$y=(x+1)^2$

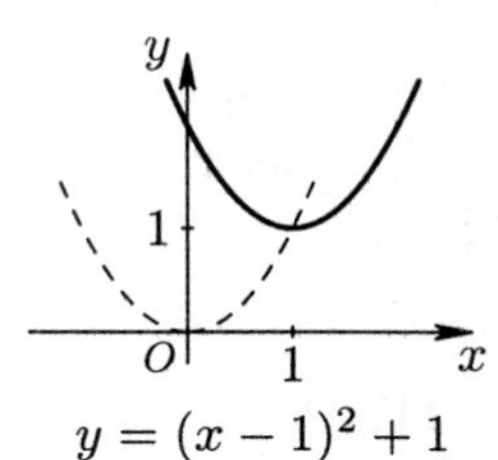

$y=(x-1)^2+1$

第 2 题图 (5~7)

3.

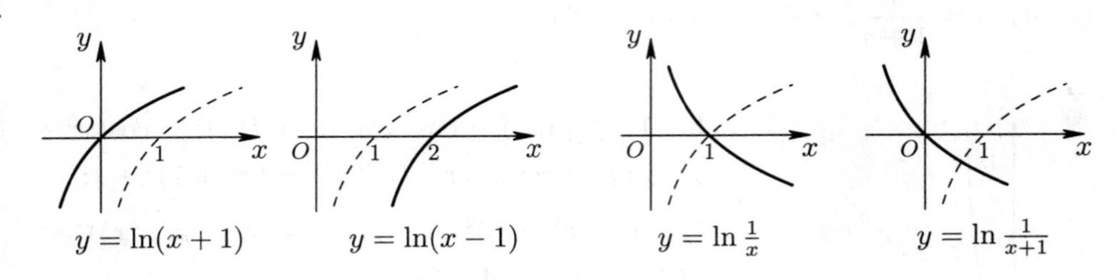

第 3 题图

习题 2.1

1. (1) 不存在; (2) 不存在; (3) 存在, 且为 0; (4) 不存在. **2**. e^2; e^{-1}; e; e^2.

3. (a) (1) 0; (2) 1; (3) 1; (4) $\dfrac{2}{5}$; (5) 0; (6) 1; (7) 0; (8) 0.

(b) (1) $\dfrac{4}{5}$; (2) 0; (3) $\dfrac{1}{3}$; (4) 4; (5) $\dfrac{1}{2}$; (6) 1; (7) 1, (8) $\dfrac{1}{3}$.

4. 当 $0<a<1$ 时, 0; 当 $a=1$ 时, $\dfrac{1}{3}$; 当 $a>1$ 时, 1.

5. (1) 提示: $4=\left(4^n\right)^{\frac{1}{n}}\leqslant\left(1+2^n+3^n+4^n\right)^{\frac{1}{n}}\leqslant 4(4)^{\frac{1}{n}}\to 4\ (n\to\infty)$, 4;
(2) 0; (3) 0; (4) 1.

6. $\{x_n+y_n\}$ 及 $\{x_n-y_n\}$ 不收敛; 设 $\lim\limits_{n\to\infty}x_n=a$. 若 $a\neq 0$, 则 $\{x_ny_n\}$ 不收敛, 若 $a=0$, 则 $\{x_ny_n\}$ 可能收敛, 也可能不收敛. 例如, 令 $x_n=\dfrac{1}{n}$, $y_n=n$, $y_n'=n^2$, 则 $\{x_ny_n\}$ 收敛于 1, $\{x_ny_n'\}$ 不收敛.

7. 提示: $x_{n+1}\geqslant x_n$, $x_n\leqslant 3$, $n\in\mathbf{N}^+$, 极限为 3.

8. 注意 $||a_n|-|a||\leqslant|a_n-a|$; 反例: $\{(-1)^n\}$.

习题 2.2

1. (a) 证明: (1) 令 $y=\dfrac{x}{c}$, 则 $\lim\limits_{x\to 0}\left(1+\dfrac{x}{c}\right)^{\frac{c}{x}}=\lim\limits_{y\to 0}(1+y)^{\frac{1}{y}}=e$; (2) 令 $y=\dfrac{x}{c}$, 则 $\lim\limits_{x\to\infty}\left(1+\dfrac{c}{x}\right)^{\frac{x}{c}}=\lim\limits_{y\to\infty}\left(1+\dfrac{1}{y}\right)^{y}=e$. (b) e^{-1}; e^3; e^7; e^{-2}.

2. (a) (1) -2; (2) 1; (3) $\dfrac{1}{3}$; (4) 1; (5) 6; (6) 3;
(b) (1) $\dfrac{1}{4}$; (2) 0; (3) $-\dfrac{1}{2}$; (4) 0; (5) 当 $a=0$ 时为 1, 当 $a\neq 0$ 时为 $\dfrac{1}{2}$; (6) 3.

3. (1) π; (2) $\dfrac{3}{2}$; (3) $\dfrac{1}{2}$; (4) $\dfrac{1}{16}$; (5) 1; (6) 0; (7) 1; (8) 1; (9) 1; (10) 1; (11) $\dfrac{1}{\sqrt[3]{2}}$; (12) -1. **4**. (a) (1) 0; (2) 0; (3) 2; (4) 0; (5) 1; (6) 1;

(b) (1) $f(0-)=\dfrac{1}{2}$, $f(0+)=0$, 极限不存在;

(2) $f(0-)=0$, $f(0+)=1$, 极限不存在; (3) $f(0-)=f(0+)=0$, $\lim\limits_{x\to0}f(x)=0$;

(4) $f(0-)=-1$, $f(0+)=1$, 极限不存在; (5) $f(0-)=f(0+)=0$, $\lim\limits_{x\to0}f(x)=0$;

(6) $f(0-)=-1$, $f(0+)=1$, 极限不存在; (7) $f(0-)=f(0+)=1$, $\lim\limits_{x\to0}f(x)=1$;

(8) $f(0-)=1$, $f(0+)=e$, 极限不存在; (9) $f(0-)=f(0+)=\dfrac{1}{2}$, $\lim\limits_{x\to0}f(x)=\dfrac{1}{2}$;

(10) 解: $f(0-)=\lim\limits_{x\to0-}\dfrac{\sqrt{1-\cos 2x}}{x}=\lim\limits_{x\to0-}\dfrac{\sqrt{2\sin^2 x}}{x}=\lim\limits_{x\to0-}\dfrac{\sqrt{2}|\sin x|}{x}=\lim\limits_{x\to0-}\dfrac{\sqrt{2}(-\sin x)}{x}=-\sqrt{2}$, $f(0+)=\sqrt{2}$, 极限不存在.

5. (1) 3; (2) $\dfrac{1}{9}$; (3) $\dfrac{2}{5}$; (4) 令 $u=x-\dfrac{\pi}{2}$, $\dfrac{1}{2}$; (5) 0; (6) a; (7) 1; (8) $e^{\frac{2}{3}}$; (9) e^3; (10) $e^{-\frac{1}{2}}$; (11) e^{-6}; (12) e^2; (13) e^{-1}; (14) e^2; (15) 2; (16) $(1+\cot 1)^2$; (17) $\dfrac{1}{3}$; (18) $\dfrac{1}{4}$; (19) $\dfrac{1}{3}$; (20) $\dfrac{1}{2}$.

6. (1) $\lim\dfrac{\alpha}{\beta}=1 \Leftrightarrow \lim\left(\dfrac{\alpha}{\beta}-1\right)=\lim\dfrac{\alpha-\beta}{\beta}=0$; (2) 略.

7. (1) 无穷小; (2) 无穷大; (3) 非无穷小, 非无穷大; (4) 无穷小.

8. (1) 同阶; (2) 高阶; (3) 高阶; (4) 等价; (5) 同阶; (6) 高阶. **9**. (1) 1; (2) 0.

10. 解: (1) 因为 原式 $=\lim\limits_{x\to\infty}\dfrac{(1-a)x^2-(a+b)x+(1-b)}{x+1}=0$, 所以 $1-a=0$, $a+b=0$, 解得 $a=1$, $b=-1$.

(2) 分子的极限为 $\lim\limits_{x\to3}(x^2-2x+k)=3+k$, 若它不为 0, 则 $\dfrac{x-3}{x^2-2x+k}$ 是无穷小, 所以其倒数 $\dfrac{x^2-2x+k}{x-3}$ 是无穷大, 这与已知 $\lim\limits_{x\to3}\dfrac{x^2-2x+k}{x-3}=4$ 矛盾, 因此 $3+k=0$, 从而 $k=-3$.

11. (a) 略. (b) (1) $+\infty$; (2) $-\infty$; (3) ∞; (4) $-\infty$; (5) $+\infty$; (6) ∞.

12. $\lim\limits_{x\to0}\dfrac{\sqrt{1+2x}-1-x}{x^2}=\lim\limits_{x\to0}\dfrac{1+2x-(1+x)^2}{x^2(\sqrt{1+2x}+1+x)}=-\dfrac{1}{2}$.

13. (1) 以定理 2.2.7 (海涅定理) 为例叙述(余略).

海涅定理: 设 $f(x)$ 在 $(c,+\infty)$ 内有定义, 则 $\lim\limits_{x\to+\infty} f(x)=A$ 的充要条件是对于 $(c,+\infty)$ 内的任意数列 $\{x_n\}$, 只要 $\lim\limits_{n\to\infty} x_n=+\infty$, 就有 $\lim\limits_{n\to\infty} f(x_n)=A$.

(2) 解: 设 $f(x)=\sin x$, $g(x)=\cos x$, $x_n=2n\pi$, $y_n=2n\pi+\dfrac{\pi}{2}$, $n\in\mathbf{N}^+$. 显然, 当 $n\to\infty$ 时, 有 $x_n\to+\infty$, $y_n\to+\infty$. 因为 $\lim\limits_{n\to\infty} f(x_n)=\lim\limits_{n\to\infty}\sin(2n\pi)=0$, $\lim\limits_{n\to\infty} f(y_n)=\lim\limits_{n\to\infty}\sin\left(2n\pi+\dfrac{\pi}{2}\right)=1$, 由海涅定理的充分性, 当 $x\to+\infty$ 时, $\sin x$ 的极限不存在. 又由于 $\lim\limits_{n\to\infty} g(x_n)=\lim\limits_{n\to\infty}\cos(2n\pi)=1$, $\lim\limits_{n\to\infty} g(y_n)=\lim\limits_{n\to\infty}\cos\left(2n\pi+\dfrac{\pi}{2}\right)=0$, 所以当 $x\to+\infty$ 时, $\cos x$ 的极限也不存在.

14. 解: (1) 设 $f(x)=\dfrac{\sin x}{x}$. 因为 $\lim\limits_{x\to0} f(x)=1$, $\dfrac{1}{2^n}\to0\ (n\to\infty)$, 由海涅定理的必要性, $2^n\sin\dfrac{1}{2^n}=f\left(\dfrac{1}{2^n}\right)=\dfrac{\sin\dfrac{1}{2^n}}{\dfrac{1}{2^n}}\to1\ (n\to\infty)$.

(2) 因为

$$\sin1=2\sin\frac12\cos\frac12=2^2\sin\frac{1}{2^2}\cos\frac{1}{2^2}\cos\frac12=\cdots$$

$$=2^n\sin\frac{1}{2^n}\cos\frac{1}{2^n}\cos\frac{1}{2^{n-1}}\cdots\cos\frac12,$$

由 (1),

$$\cos\frac{1}{2^n}\cos\frac{1}{2^{n-1}}\cdots\cos\frac12=\frac{\sin1}{2^n\sin\dfrac{1}{2^n}}\to\sin1\quad(n\to\infty).$$

15. (1) 定理 2.2.10: 设 $f(u)$ 在 $G=U_r^\circ(u_0)$ 内有定义, $\lim\limits_{u\to u_0} f(u)=A$; $u=g(x)$ 在 $(c,+\infty)$ 内有定义, 而且当 $x\in(c,+\infty)$ 时, $u=g(x)\in G$, $\lim\limits_{x\to+\infty} g(x)=u_0$, 则 $\lim\limits_{x\to+\infty} f(g(x))=\lim\limits_{u\to u_0} f(u)=A$.

(2) 定理 2.2.10: 设 $f(u)$ 在 $(c,+\infty)$ 内有定义, $\lim\limits_{u\to+\infty} f(u)=A$; $u=g(x)$ 在 $H=U_r^\circ(x_0)$ 内有定义, 而且当 $x\in H$ 时, $u=g(x)\in(c,+\infty)$, $\lim\limits_{x\to x_0} g(x)=+\infty$, 则 $\lim\limits_{x\to x_0} f(g(x))=\lim\limits_{u\to+\infty} f(u)=A$.

16. 对于以下 (a) 与(b), 我们分别叙述两种情况, 略去其余情况的叙述.

(a) 定理 2.2.7′: 设 $f(x)$ 在 $G=U_r^\circ(x_0)$ 内有定义, 则 $\lim\limits_{x\to x_0} f(x)=+\infty$ 的充要条件是对于 G 中的任意数列 $\{x_n\}$, 只要 $\lim\limits_{n\to\infty} x_n=x_0$, 就有 $\lim\limits_{n\to\infty} f(x_n)=+\infty$.

定理 2.2.7″: 设 $f(x)$ 在 $(r,+\infty)$ 内有定义, 则 $\lim\limits_{x\to+\infty} f(x)=+\infty$ 的充要条件是对于 $(r,+\infty)$ 中的任意数列 $\{x_n\}$, 只要 $\lim\limits_{n\to\infty} x_n=+\infty$, 就有 $\lim\limits_{n\to\infty} f(x_n)=+\infty$.

(b) 定理 2.2.10′: 设 $f(u)$ 在 $G=U_r^\circ(u_0)$ 内有定义, $\lim\limits_{u\to u_0} f(u)=+\infty$; $u=g(x)$ 在 $H=U_\delta^\circ(x_0)$ 的内有定义, 而且当 $x\in H$ 时, $u=g(x)\in G$, $\lim\limits_{x\to x_0} g(x)=u_0$, 则 $\lim\limits_{x\to x_0} f(g(x))=\lim\limits_{u\to u_0} f(u)=+\infty$.

定理 2.2.10″: 设 $f(u)$ 在 $G=(r,+\infty)$ 内有定义, $\lim\limits_{u\to+\infty} f(u)=+\infty$; $u=g(x)$ 在 $H=U_\delta^\circ(x_0)$ 内有定义, 而且当 $x\in H$ 时, $u=g(x)\in G$, $\lim\limits_{x\to x_0} g(x)=+\infty$, 则 $\lim\limits_{x\to x_0} f(g(x))=\lim\limits_{u\to+\infty} f(u)=+\infty$.

(c) (1) $+\infty$; (2) $+\infty$; (3) $+\infty$; (4) $-\infty$; (5) $-\infty$; (6) $-\infty$; (7) $+\infty$; (8) $+\infty$.

习题 2.3

1. 解: (1) 由于函数 $2a+\ln(x+1)$ 及 $\arctan 6x+2be^x$ 在 $x=0$ 连续,

$$f(0+)=\lim_{x\to0+}[2a+\ln(x+1)]=2a+\ln(0+1)=2a.$$

$$f(0-)=\lim_{x\to0-}(\arctan 6x+2be^x)=\arctan 0+2be^0=2b.$$

要使 $f(x)$ 在 $x=0$ 连续, 必须 $f(0+)=f(0-)=f(0)=1$, 即 $2a=1$, $2b=1$, 所以 $a=\dfrac{1}{2}$, $b=\dfrac{1}{2}$.

(2) $$f(0+)=\lim_{x\to0+}\left(x^2\sin\frac{1}{x}+a\right)=\lim_{x\to0+}x^2\sin\frac{1}{x}+\lim_{x\to0+}a=0+a=a.$$

$$f(0-)=\lim_{x\to0-}\left(\frac{\tan x}{x}-be^x\right)=\lim_{x\to0-}\frac{\tan x}{x}-\lim_{x\to0-}be^x=1-be^0=1-b.$$

要使 $f(x)$ 在 $x=0$ 连续, 必须 $f(0+)=f(0-)=f(0)=0$, 即 $a=0$, $1-b=0$, 所以 $a=0$, $b=1$.

2. 解: 在条件 (1) 下, $f(x)+g(x)$ 与 $f(x)g(x)$ 在点 x_0 可能连续, 也可能不连续. 例如, $\operatorname{sgn} x$ 在 0 不连续, $\operatorname{sgn} x+\operatorname{sgn} x=2\operatorname{sgn} x$ 在 0 不连续, $\operatorname{sgn} x\cdot\operatorname{sgn} x=|\operatorname{sgn} x|$ 在 0 不连续. $f(x)=\begin{cases}1,\ x\geqslant 0,\\0,\ x<0\end{cases}$ 与 $g(x)=\begin{cases}0,\ x\geqslant 0,\\1,\ x<0\end{cases}$ 在 0 不连续, 但是, $f(x)+g(x)=1$ 与 $f(x)g(x)=0$ 在 0 连续.

在条件 (2) 下, $f(x)+g(x)$ 在点 x_0 必不连续, $f(x)g(x)$ 在点 x_0 可能连续, 也可能不连续. 例如, $2\operatorname{sgn} x$ 在 0 不连续, $|x|\operatorname{sgn} x=x$ 在 0 连续. 若 $f(x_0)\neq 0$, 则 $f(x)g(x)$ 在点 x_0 必定不连续.

3. (1) 0 是跳跃间断点; (2) 0 是可去间断点, $\dfrac{1}{3}$ 是第二类间断点;

(3) 0 是可去间断点, $k\pi$ ($k=\pm 1, \pm 2, \cdots$) 是第二类间断点;

(4) -1 与 3 是第二类间断点; (5) 0 是第二类间断点; (6) 0 是可去间断点;

(7) 1 是可去间断点; (8) 1 是跳跃间断点; (9) 0 是跳跃间断点.

4. (1) $a_n+a_{n-1}+\cdots+a_1+a_0$; (2) $-\pi e^{\pi^2}\cos 1$; (3) $\dfrac{\pi}{4}$; (4) 1; (5) $-\dfrac{2}{3}$;

(6) $1+\sqrt{5}$; (7) $\sqrt{\dfrac{\cos 1}{2+\cos 1}}$;

(8) 解: 因为 $\dfrac{e}{2}>1$, 所以 $\lim\limits_{x\to-\infty}\left(\dfrac{e}{2}\right)^x=0$. 注意当 $x\to-\infty$ 时, $e^x\to 0$, $2^x\to 0$, 而且 $\ln(1+e^x)\sim e^x$ 以及 $\ln(1+2^x)\sim 2^x$, 则有

$$原式=\lim_{x\to-\infty}\frac{e^x}{2^x}=\lim_{x\to-\infty}\left(\frac{e}{2}\right)^x=0.$$

(9) 解: 注意当 $x\to+\infty$ 时, $e^{-x}\to 0$, $2^{-x}\to 0$, 则有

$$原式=\lim_{x\to+\infty}\frac{\ln e^x(1+e^{-x})}{\ln 2^x(1+2^{-x})}=\lim_{x\to+\infty}\frac{\ln e^x+\ln(1+e^{-x})}{\ln 2^x+\ln(1+2^{-x})}=$$

$$\lim_{x\to+\infty}\frac{x+\ln(1+e^{-x})}{x\ln 2+\ln(1+2^{-x})}=\lim_{x\to+\infty}\frac{1+\dfrac{1}{x}\cdot\ln(1+e^{-x})}{\ln 2+\dfrac{1}{x}\ln(1+2^{-x})}=\frac{1+0\cdot 0}{\ln 2+0\cdot 0}=\frac{1}{\ln 2}.$$

(10) $2\ln 5$; (11) 1. **5**. (1) 略; (2) 略;

(3) 提示: 当 $x\to 0$ 时, $\left[e^{\alpha x\ln(1+x)}-1\right]\sim \alpha x\ln(1+x)$;

(4) 提示: 当 $x\to 0$ 时, $\left[e^{\alpha\ln(1+x)}-1\right]\sim \alpha\ln(1+x)$.

6. 提示: $|f(x)|=|x|$ (见右图).

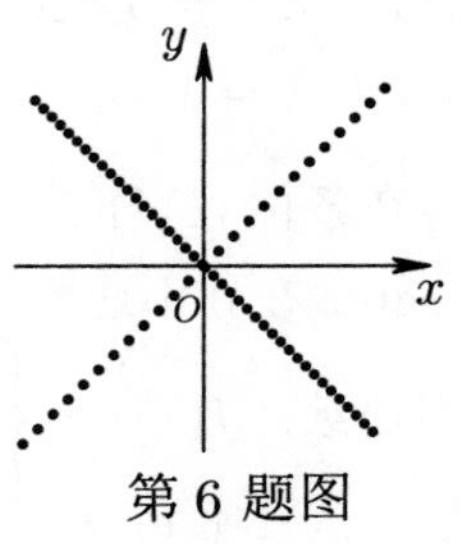

第 6 题图

7. 提示: $f(x)=x^3-2x-5$ 在 $[2,3]$ 上使用零点定理.

8. 提示: $f(x)=x-\cos x$ 在 $\left[0,\dfrac{\pi}{2}\right]$ 上使用零点定理.

9. 提示: $F(x)=f(x)-g(x)$ 在 $[a,a+1]$上使用零点定理.

10. 提示: 设 $f(x)=x-2\arctan x$, 则 $f(x)$ 在区间 $[-\pi,-1]$ 上连续, 且 $f(-\pi)<0$, $f(-1)>0$, 然后使用零点定理. 注意 $f(x)$ 是奇函数, $f(1)<0$, $f(\pi)>0$, 再在 $[1,\pi]$ 上使用零点定理.

习题 3.1

1. (1) 12; (2) -4; (3) 2; (4) 8;

(5) 解: 原式 $=\lim\limits_{x\to 1}\left[\dfrac{f(x)-f(1)}{2(x-1)}+\dfrac{x^3-1}{2(x-1)}\right]=\dfrac{1}{2}f'(1)+\dfrac{3}{2}=\dfrac{7}{2}$;

(6) 解法 1: 原式 $=2\lim\limits_{x\to\frac{1}{2}}\dfrac{f(2x)-f(1)}{2x-1}\overset{u=2x}{=\!=}2\lim\limits_{u\to 1}\dfrac{f(u)-f(1)}{u-1}=2f'(1)=8.$

解法 2: 原式 $=2\lim\limits_{x\to\frac{1}{2}}\dfrac{f(1+(2x-1))-f(1)}{2x-1}$

$$\overset{h=2x-1}{=\!=\!=}2\lim_{h\to 0}\frac{f(1+h)-f(1)}{h}=2f'(1)=8..$$

2. (a) $\dfrac{1}{2}$. (b) (1) $f'_-(0)=0$, $f'_+(0)=1$, 在点 0 不可导, $f'(x)=\begin{cases}1, & x>0,\\ 0, & x<0;\end{cases}$

(2) $f'_-(0)=-1$, $f'_+(0)=1$, 在点 0 不可导, $f'(x)=\begin{cases}e^x, & x>0,\\ -e^{-x}, & x<0;\end{cases}$

(3) $f'_-(0)=f'_+(0)=f'(0)=0$, $f'(x)=\begin{cases}\sin x+x\cos x, & x\geqslant 0,\\ -\sin x-x\cos x, & x<0;\end{cases}$

(4) $f'_-(0)=-1$, $f'_+(0)=1$, 在点 0 不可导, $f'(x)=\begin{cases}\cos x, & 0<x<\pi,\\ -\cos x, & -\pi<x<0.\end{cases}$

(c) 略.

(d) 证明: 因为 $y=\arccos x\ [x\in(-1,1)]$ 是 $x=\cos y\ [y\in(0,\pi)]$ 的反函数, 且 $(\cos y)'=-\sin y\neq 0$, 由反函数的导数定理,

$$(\arccos x)'=\frac{1}{(\cos y)'}=\frac{1}{-\sin y}=-\frac{1}{\sqrt{1-\cos^2 y}}=-\frac{1}{\sqrt{1-x^2}}.$$

因为 $y=\arctan x\ \ [x\in(-\infty,+\infty)]$ 是 $x=\tan y\left[y\in\left(-\dfrac{\pi}{2},\dfrac{\pi}{2}\right)\right]$ 的反函数, 且 $(\tan y)'=\sec^2 y\neq 0$, 由反函数的导数定理,

$$(\arctan x)'=\frac{1}{(\tan y)'}=\frac{1}{\dfrac{1}{\cos^2 y}}=\frac{1}{1+\tan^2 y}=\frac{1}{1+x^2}.$$

同理可证明最后一个公式.

3. 略. **4**. (1) 切线方程: $3x-y-3=0$, 法线方程: $x+3y-1=0$;

(2) 切线方程: $y=1$, 法线方程: $x=\dfrac{\pi}{2}$;

(3) 切线方程: $2x+y-3=0$, 法线方程: $x-2y+1=0$;

(4) 切线方程: $2x-y-\ln 2-1=0$, 法线方程: $2x+4y+4\ln 2-1=0$;

(5) 切线方程均为 $y=0$, 法线方程均为 $x=0$. 函数 $y=1-\cos x$ 的图像见第二章图 2.2.21 (右), 函数 $y=x\sin|x|$ 的图像见第 2 题图 (3); (6) $P_0(1,1)$.

5. (1) $nx^{n-1}+n-\dfrac{1}{x^2}$; (2) $x^{-\frac{1}{2}}-x^{-\frac{3}{2}}-\dfrac{2}{3}x^{-\frac{5}{3}}$; (3) $\dfrac{2}{x(1-\ln x)^2}$;

(4) $-\dfrac{x^2+4x+1}{(1+x+x^2)^2}$; (5) $\dfrac{1-\cos x-\sin x}{(1-\cos x)^2}$;

(6) $2x(x^2-1)(x^2-2)(x^2-3)\left(\dfrac{1}{x^2-1}+\dfrac{1}{x^2-2}+\dfrac{1}{x^2-3}\right)$.

6. (1) $y'=n(2x+1)(x^2+x+1)^{n-1}$; (2) $y'=\dfrac{1}{x\ln x\ln\ln x}$;

(3) $y'=-\dfrac{1}{2}e^{\sqrt{1-\sin x}}\dfrac{\cos x}{\sqrt{1-\sin x}}$;

(4) $y'=-(3x^2+1)[\cos\cos^2(x^3+x)]\sin(2(x^3+x))$;

(5) $y'=\dfrac{1}{3\sqrt{1-x^2}(\ln\arcsin x)^{\frac{2}{3}}\arcsin x}$; (6) $y'=\dfrac{1}{2+\cos x}$;

(7) $y'=6x(\cos x^2)e^{3\sin x^2}$; (8) $y'=5(\ln 2)\,2^{5x+1}$;

(9) $y'=\dfrac{(x+5)^2(x-4)^{\frac{1}{3}}}{(x+2)^5(x+4)^{\frac{1}{2}}}\cdot\left[\dfrac{2}{x+5}+\dfrac{1}{3(x-4)}-\dfrac{5}{x+2}-\dfrac{1}{2(x+4)}\right]$;

(10) $e^{2x}(2\sin 3x+3\cos 3x)$; (11) $\dfrac{-x}{|x|\sqrt{1-x^2}}$;

(12) $\dfrac{4\sqrt{x}\sqrt{x+\sqrt{x}}+2\sqrt{x}+1}{8\sqrt{x}\sqrt{x+\sqrt{x}}\sqrt{x+\sqrt{x+\sqrt{x}}}}$; (13) $2^x[(\ln 2)x^2+2x]+\dfrac{2}{x}\ln x$;

(14) $\dfrac{2x\cos x^2\sin^2 x-\sin x^2\sin 2x}{\sin^4 x}$; (15) $\dfrac{\arctan 2x}{2\sqrt{x}}+\dfrac{2\sqrt{x}+2}{4x^2+1}$; (16) $\cos x\cos\sin x$;

(17) $\dfrac{1-2x^2}{\sqrt{1-x^2}}+\cot x$; (18) $\dfrac{1}{\sqrt{x^2+a^2}}$; (19) $-\dfrac{2}{\sqrt{x^2+1}}$; (20) $(\ln a)x^x a^{x^x}(\ln x+1)$;

(21) $x^{x^a}x^{a-1}(a\ln x+1)$; (22) $a^x x^{a^x}\left((\ln a)\ln x+\dfrac{1}{x}\right)$; (23) $x^{\frac{1}{x}-2}(1-\ln x)$;

(24) $(\sin\sqrt{x})^{\cos 2x}\left(\dfrac{1}{2\sqrt{x}}\cos 2x\cot\sqrt{x}-2\sin 2x\ln\sin\sqrt{x}\right)$.

7. (1) $n!a_n$; (2) $y''=\dfrac{2x+1}{x^4}e^{\frac{1}{x}}$; (3) $y^{(n)}=(-1)^{n-1}\dfrac{(n-1)!}{(1+x)^n}$, $y^{(n)}(0)=(-1)^{n-1}(n-1)!$; (4) $y^{(n)}=(n+x)e^x$, $y^{(n)}(1)=(n+1)e$;

(5) 解: 根据正弦函数的求导公式,

$$y' = \cos x = \sin\left(x + \frac{\pi}{2}\right),$$

$$y'' = \left[\sin\left(x + \frac{\pi}{2}\right)\right]' = \cos\left(x + \frac{\pi}{2}\right) = \sin\left(x + \frac{\pi}{2} + \frac{\pi}{2}\right) = \sin\left(x + 2\cdot\frac{\pi}{2}\right),$$

$$y''' = \left[\sin\left(x + 2\cdot\frac{\pi}{2}\right)\right]' = \cos\left(x + 2\cdot\frac{\pi}{2}\right) = \sin\left(x + 2\cdot\frac{\pi}{2} + \frac{\pi}{2}\right) = \sin\left(x + 3\cdot\frac{\pi}{2}\right),$$

$$\cdots\cdots$$

$$y^{(n)} = \left[\sin\left(x + (n-1)\cdot\frac{\pi}{2}\right)\right]' = \cos\left(x + (n-1)\cdot\frac{\pi}{2}\right) = \sin\left(x + (n-1)\cdot\frac{\pi}{2} + \frac{\pi}{2}\right)$$

$$= \sin\left(x + n\cdot\frac{\pi}{2}\right).$$

8. (1) $y' = (x^2+1)^{-\frac{3}{2}}$, $dy|_{x=1} = \dfrac{dx}{2\sqrt{2}}$; (2) $y' = \dfrac{1-2\ln x}{x^3}$, $dy|_{x=1} = dx$;

(3) $f'(x) = \dfrac{\cos x + x\sin x}{\cos^2 x}$, $df(0) = dx$, $df(\pi) = -dx$;

(4) $f'(x) = \dfrac{1}{4\sqrt{x}\sqrt{1+\sqrt{x}}}$, $df(1) = \dfrac{dx}{4\sqrt{2}}$, $df(4) = \dfrac{dx}{8\sqrt{3}}$;

(5) $y' = \dfrac{e^{-x}}{(1+e^{-x})^2}$, $dy|_{x=0} = \dfrac{1}{4}dx$; (6) $f'(x) = \dfrac{4}{(e^x+e^{-x})^2}$, $df(0) = dx$.

9. (1) $(4x - 9x^2 + x^3)dx$; (2) $(2\ln x + 1)dx$; (3) $2(x\cos 2x - x^2\sin 2x)dx$;

(4) $\dfrac{1+x^2}{(1-x^2)^2}dx$; (5) $\dfrac{1}{2\sqrt{x}}(1-\sqrt{x})e^{-\sqrt{x}}dx$; (6) $\dfrac{e^x+2}{(1+e^{-x})^2}dx$; (7) $\dfrac{x-1}{x^2}e^x dx$;

(8) $\dfrac{x^3 - x^2 + x + 1}{(x^2+1)^2}e^x dx$.

10. 证明略, 图示如下:

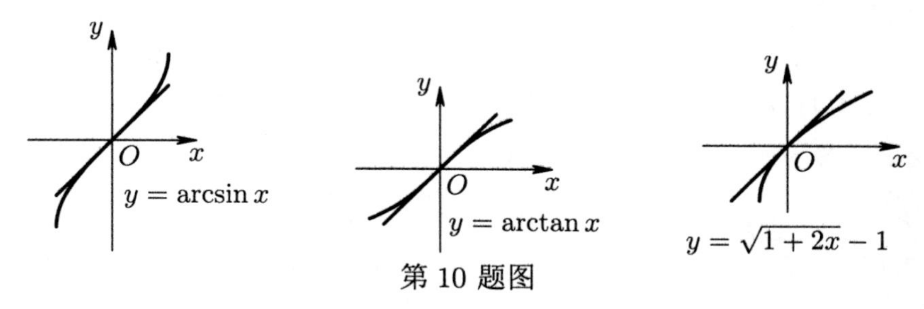

第 10 题图

11. (1) 设 $f(x) = \sqrt{x}$, $x_0 = 1$, $\Delta x = -0.03$, $f(0.97) \approx f(1) + f'(1)\times(-0.03) = 1 + \dfrac{1}{2}\times(-0.03) = 0.985$;

(2) 设 $f(x)=\sqrt[3]{x}$, $x_0=1$, $\Delta x=0.02$, $f(1.02)\approx f(1)+f'(1)\times(0.02)=1+\dfrac{1}{150}=\dfrac{151}{150}\approx 1.0067$;

(3) 设 $f(x)=\sin x$, $x_0=30^\circ=\dfrac{\pi}{6}$, $\Delta x=-1^\circ\approx-0.0175$, $f(29^\circ)\approx\sin\left(\dfrac{\pi}{6}-0.0175\right)\approx\sin\dfrac{\pi}{6}+\cos\dfrac{\pi}{6}\times(-0.0175)=\dfrac{1}{2}+\dfrac{\sqrt{3}}{2}\times(-0.0175)\approx\dfrac{1}{2}-\dfrac{1}{2}\times 1.732\times 0.0175\approx 0.485$;

(4) $\sqrt{25.4}=\sqrt{25+0.4}=\sqrt{25\left(1+\dfrac{0.4}{25}\right)}=5\sqrt{1+0.016}\approx 5\left(1+\dfrac{1}{2}\times 0.016\right)=5\times 1.008=5.04$.

12. 既左连续, 又右连续, 因而连续.

习题 3.2

1. (1) 满足, $f'(0)=0$; (2) 满足, $f'(0)=0$; (3) 满足, $f'(-1)=f'(1)=0$;

(4) 不满足, 在点 0 不可导, 在 $(-1,1)$ 内不存在导数为零的点;

(5) 不满足, 两个端点的函数值不等, 在 $(0,1)$ 内不存在导数为零的点;

(6) 不满足, 在点 0 不连续, 在 $(0,1)$ 内不存在导数为零的点;

(7) 不满足, 两个端点的函数值不等, $f'\left(\dfrac{\pi}{2}\right)=f'\left(\dfrac{3\pi}{2}\right)=0$;

(8) 不满足, 在点 0 不可导, $f'\left(-\dfrac{\pi}{2}\right)=f'\left(\dfrac{\pi}{2}\right)=0$;

(9) 不满足, 在点 $\dfrac{1}{2}$ 不连续, $f'(0)=0$.

2. (a) (1) $\xi=0$; (2) $\xi=1$; (3) $\xi=0$. (b) (1) $\xi=1$; (2) $\xi=1$ 或 $\xi=-1$.

3. 提示: (1) $f(x)=\arctan x$ 在 $[0,h]$ 上使用拉格朗日定理; (2) $f(x)=\ln x$ 在 $[a,b]$ 上使用拉格朗日定理.

4. (1) 证明: 设 $f(x)=\arcsin x+\arccos x$, 在 $(-1,1)$ 内恒有 $f'(x)=0$. 由推论 3.2.1, 在 $[-1,1]$ 上 $f(x)$ 恒为常数: $f(x)=c$. 又 $f(0)=\dfrac{\pi}{2}$, 故 $c=\dfrac{\pi}{2}$;

(2) 提示: 考虑 $f(x)=\arctan x+\operatorname{arccot} x$.

5. (1) 解: 由于 $\lim\limits_{x\to 0+}e^{-x}=1=f(0)$, $\lim\limits_{x\to 0-}(1-\sin x)=1=f(0)$, $f(x)$ 在点 0 连续. 由推论 3.2.2, $f'_+(0)=\lim\limits_{x\to 0+}(-e^{-x})=-1$, $f'_-(0)=\lim\limits_{x\to 0-}(-\cos x)=-1$, 因 $f'_+(0)=f'_-(0)=-1$, 故 $f'(0)=-1$. 若 $x>0$, $f'(x)=-e^{-x}$; 若 $x<0$, $f'(x)=-\cos x$, 所以 $f'(x)=\begin{cases}-e^{-x}, & x\geqslant 0,\\ -\cos x, & x<0;\end{cases}$

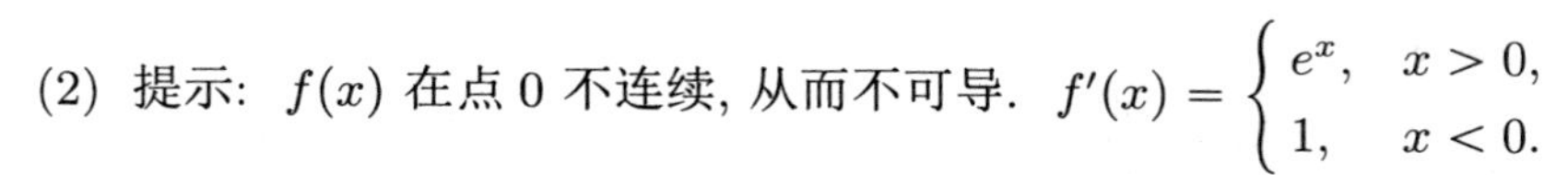

(2) 提示: $f(x)$ 在点 0 不连续, 从而不可导. $f'(x)=\begin{cases} e^x, & x>0, \\ 1, & x<0. \end{cases}$

6. (1) 0; (2) 2;

(3) 解: $f(x)$ 不满足推论 3.2.2 的条件: 因为 $f(0-)=1\neq f(0)=0$, 所以 $f(x)$ 在点 0 不是左连续的, 从而不连续 (见右图), 这样 $f(x)$ 在点 0 不可导.

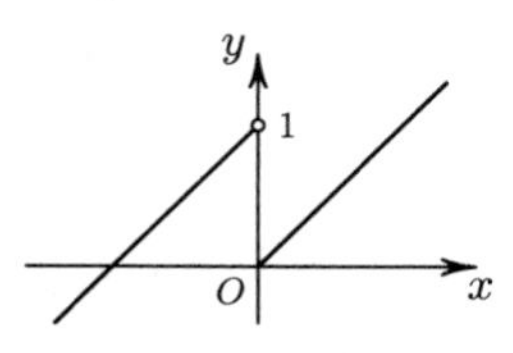

第 6(3) 题图

7. (a) (1) 192; (2) $\frac{1}{2}$; (3) $\frac{\sqrt{2}}{2}$; (4) $-\frac{1}{2}$; (5) 2; (6) $\frac{4}{5}$; (7) $\frac{a^2}{b^2}$; (8) 4π; (9) 0; (10) $+\infty$; (11) 令 $u=\sqrt{x}$, $+\infty$; (12) 0; (13) $+\infty$; (14) $-\frac{1}{2}$.

(b) (1) 3; (2) 0; (3) 1; (4) ∞; (5) $\frac{1}{6}$; (6) e^{-3}; (7) e; (8) $\ln\frac{a}{b}$; (9) 1; (10) 2; (11) -1; (12) 1; (13) $\frac{1}{2}$; (14) -1; (15) $e^{-\frac{1}{2}}$; (16) $a^a(\ln a-1)$; (17) $+\infty$; (18) 1; (19) e; (20) 0; (21) $-\infty$; (22) 3; (23) 1 (见图 2.2.18); (24) 1 (见图 2.2.19); (25) 3; (26) $-\frac{e}{2}$;

(27) 提示: 利用洛必达法则求得 $\lim\limits_{x\to+\infty}(x+\sqrt{1+x^2})^{\frac{1}{\ln x}}=e$, 由海涅定理得所求数列的极限为 e;

(28) 提示: 利用洛必达法则求得

$$\text{原式}=e^{2\lim\limits_{x\to+\infty}\frac{\ln\left(\sin\frac{1}{x}+\cos\frac{1}{x}\right)}{\frac{1}{x}}\left(\frac{0}{0}\right)}=e^{2\lim\limits_{x\to+\infty}\frac{\cos\frac{1}{x}-\sin\frac{1}{x}}{\sin\frac{1}{x}+\cos\frac{1}{x}}}=e^2,$$

由海涅定理得所求数列的极限为 e^2.

8. 略. **9**. 证明: 因为 $f(x)=\arcsin x$ 在 $[-1,1]$ 上连续, 从而在点 -1 右连续, 在点 1 左连续. 又 $f'(x)=\frac{1}{\sqrt{1-x^2}}$ $[x\in(-1,1)]$, 由推论 3.2.2, $f'_+(-1)=\lim\limits_{x\to-1+}\frac{1}{\sqrt{1-x^2}}=+\infty$. 同理 $f'_-(1)=+\infty$. 因 $f(x)=\arccos x$ 在点 -1 和 1 连续, 又 $f'(x)=-\frac{1}{\sqrt{1-x^2}}$ $[x\in(-1,1)]$, 故 $f'_+(-1)=-\lim\limits_{x\to-1+}\frac{1}{\sqrt{1-x^2}}=-\infty$. 同理 $f'_-(1)=-\infty$.

习题 3.3

1. 解: 设长为 x 米, 则深为 $\dfrac{50}{x^2}$ 米. 设侧面每平方米的造价为 a, 则总造价 $f(x) = 0.8ax^2 + 200\dfrac{a}{x}$. 令 $f'(x) = 1.6ax - 200\dfrac{a}{x^2} = 0$ 得 $x = 5$. 故长为 5 米, 深为 2 米时造价最省.

2. 解: 令 $f(x) = x - \ln(1+x)$, $g(x) = \ln(1+x) - x + \dfrac{1}{2}x^2$, 则它们在 $[0,+\infty)$ 上连续, 在 $(0,+\infty)$ 内, $f'(x) = \dfrac{x}{1+x} > 0$, $g'(x) = \dfrac{x^2}{1+x} > 0$, 故 $f(x)$ 与 $g(x)$ 在 $[0,+\infty)$ 上严格单调递增, 于是对于任意 $x > 0$, $f(x) > f(0) = 0$, $g(x) > g(0) = 0$, 即所证不等式成立 (见右图).

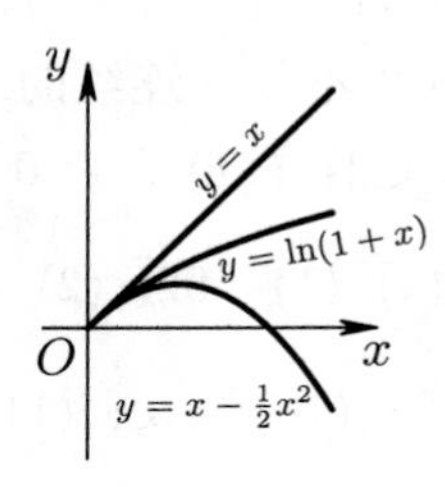

第 2 题图

3. (1) 解: $y' = \dfrac{1-x^2}{(1+x^2)^2}$, 令 $y' = 0$ 得驻点 $x = \pm 1$. 在 $[-1,1]$ 上函数严格单调递增, 在 $(-\infty,-1]$ 和 $[1,+\infty)$ 上函数严格单调递减. 列表如下:

x	$(-\infty,-1)$	-1	$(-1,1)$	1	$(1,+\infty)$
y'	$-$	0	$+$	0	$-$
y	↘	极小值 $-\frac{1}{2}$	↗	极大值 $\frac{1}{2}$	↘

函数的图像见右图.

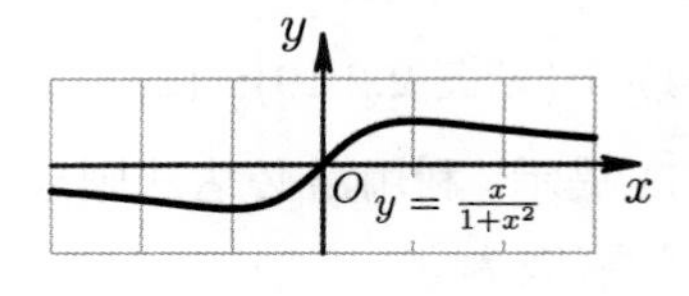

图 (1)

对于 (2) ~ (10) 题, 只给出函数的图像如下, 供参考:

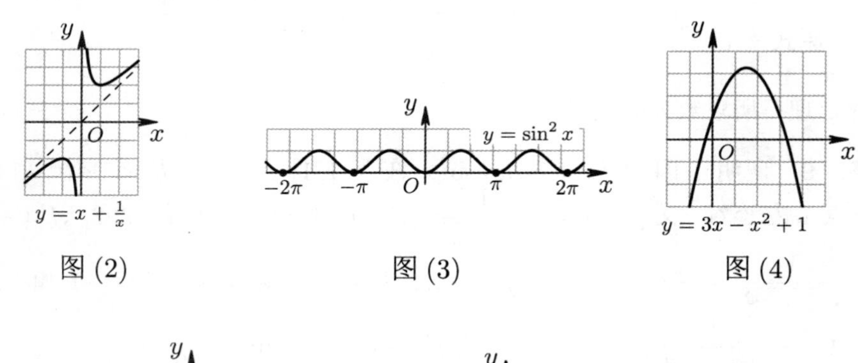

图 (2) 图 (3) 图 (4)

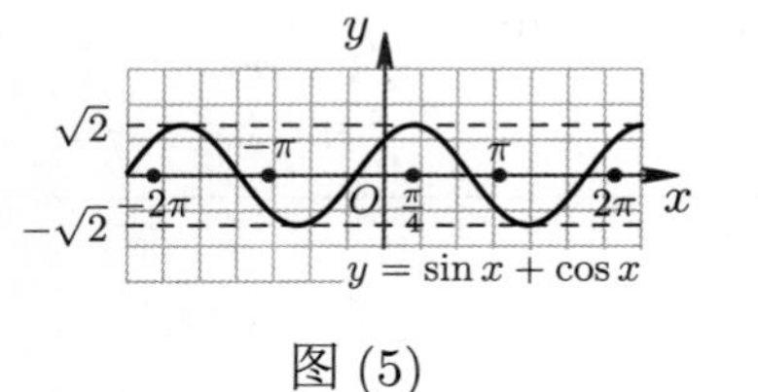

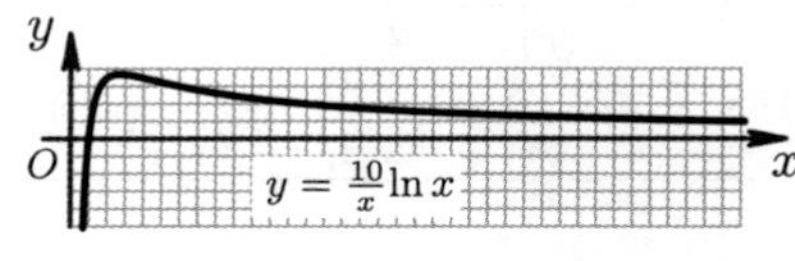

图 (5) 图 (6)

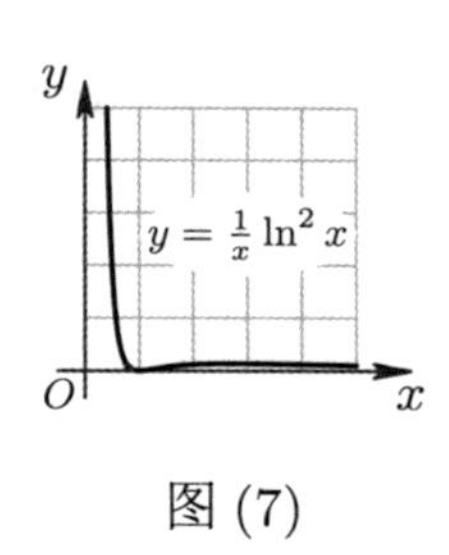

图 (7)

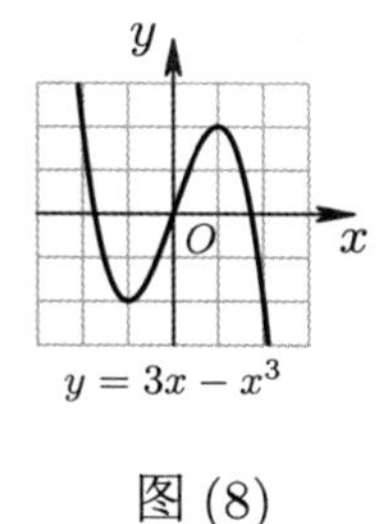

图 (8)

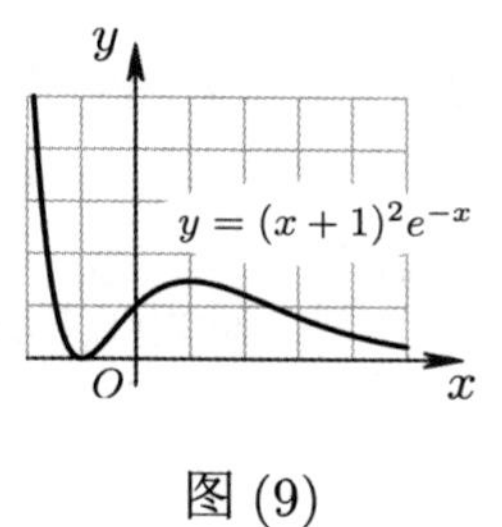

图 (9)

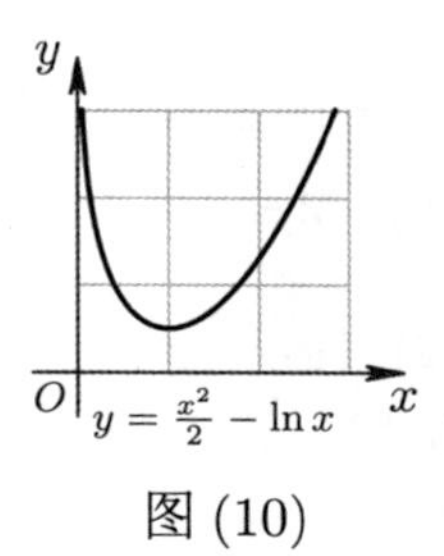

图 (10)

4. (1) 最小值 $f(2)=0$, 最大值 $f(0)=f(4)=2$;

(2) 最小值 $f(-1)=\dfrac{7}{2}$, 最大值 $f(5)=35$;

(3) 最大值 $f\left(\dfrac{1}{\sqrt{2}}\right)=\dfrac{1}{\sqrt{2e}}$, 无最小值;

(4) 最小值 $f(e^{-2})=-\dfrac{2}{e}$, 无最大值;

(5) 最小值 $f(-1)=-9$, 最大值 $f(1)=3$.

(3) ~ (5) 中的函数的图像见右和左下方.

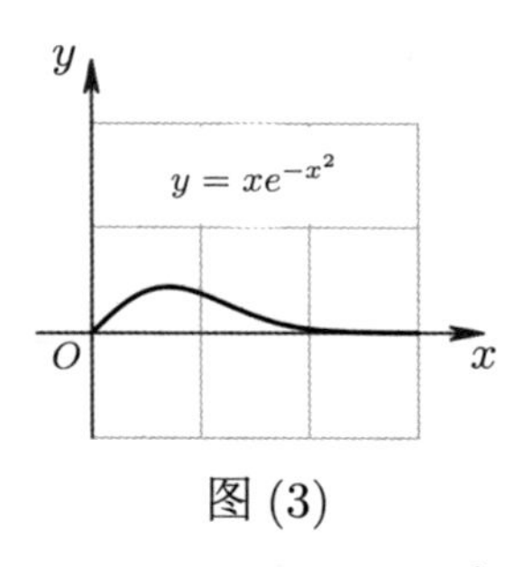

图 (3)

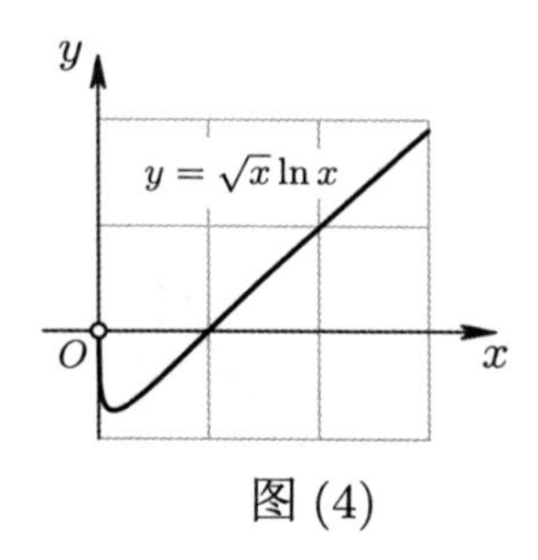

图 (4)

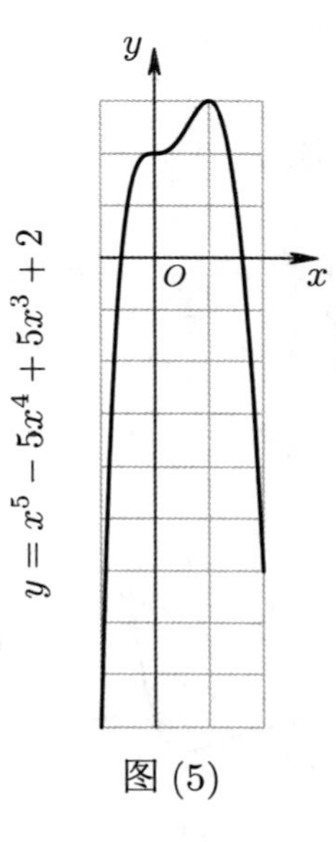

图 (5)

5. (a) (1) 提示: $y'=\dfrac{1}{x^2}(xe^x-e^x+1)$. 令 $F(x)=xe^x-e^x+1$, 则 $F'(x)=xe^x$. $F(0)=0$ 是 $F(x)$ 极小值, 因而当 $x\in(-\infty,0)\cup(0,+\infty)$ 时, $F(x)>F(0)=0$, 从而 $y'>0$, 所以 y 在 $(-\infty,0)$ 及 $(0,+\infty)$ 内均严格单调递增(见图 2.3.10).

(2) 提示: $y'=\dfrac{1}{x^2}\left[\dfrac{x}{1+x}-\ln(1+x)\right]$. 令 $F(x)=\dfrac{x}{1+x}-\ln(1+x)$, 则 $F'(x)=\dfrac{-x}{1+x^2}$. $F(0)=0$ 是 $F(x)$ 极大值, 因而当 $x\in(-1,0)\cup(0,+\infty)$ 时, $F(x)<F(0)=0$, 从而 $y'<0$, 故在 $(-1,0)$ 及 $(0,+\infty)$ 内 y 均严格单调递减.

(b) 略; (c) (1) $y=x^{\frac{1}{3}}$ 在拐点 0 不可导; (2) $y=x|x|$ 在拐点 0 可导, 但不存在二阶导数.

6. (1) 解: $y'=xe^x$, $y''=(x+1)e^x$, 令 $y''=0$ 得 $x=-1$. 在 $(-\infty,-1)$ 内,

$y'' < 0$, 曲线是凸的; 在 $(-1, +\infty)$ 内 $y'' > 0$, 曲线是凹的, 所以 $\left(-1, -\dfrac{2}{e}\right)$ 是曲线的拐点.

(2) 提示: $y'' = \dfrac{2}{x^2}(1 - \ln x)$. 曲线在 $(0, e)$ 内是凹的, 在 $(e, +\infty)$ 内是凸的, 拐点 $(e, 1)$.

(3) $y'' = -\sin x$. 曲线在 $(2k\pi, (2k+1)\pi)$ 内是凸的, 在 $((2k-1)\pi, 2k\pi)$ 内是凹的, 拐点 $(k\pi, k\pi)$, 其中 k 是整数.

(4) $y'' = -\dfrac{2}{x^3}$. 曲线在 $(-\infty, 0)$ 内是凹的; 在 $(0, +\infty)$ 内是凸的, 无拐点.

(5) $y'' = \dfrac{2}{(x-1)^3}$. 曲线在 $(-\infty, 1)$ 内是凸的, 在 $(1, +\infty)$ 内是凹的. 无拐点.

(6) $y'' = -\cos x$. 曲线在区间 $\left(2k\pi - \dfrac{\pi}{2}, 2k\pi + \dfrac{\pi}{2}\right)$ 内是凸的, 在区间 $\left(2k\pi + \dfrac{\pi}{2}, (2k+1)\pi + \dfrac{\pi}{2}\right)$ 内是凹的. 拐点为 $\left(k\pi + \dfrac{\pi}{2}, 0\right)$, 其中 k 是整数.

(1) ~ (5) 中函数的图像如下:

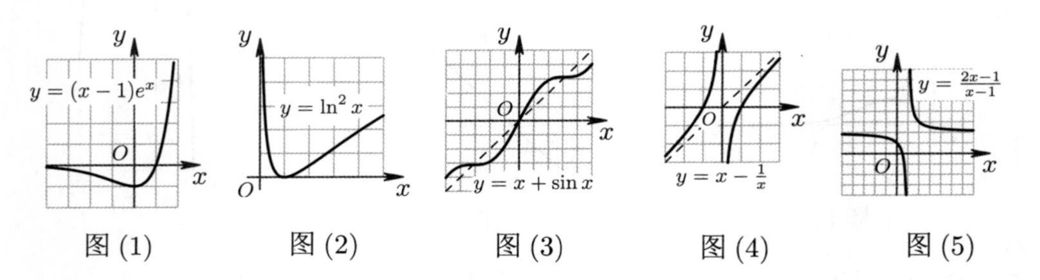

图 (1) 图 (2) 图 (3) 图 (4) 图 (5)

7. (1) 解: 对于整数 k, 由 $\lim\limits_{x \to (k\pi + \frac{\pi}{2})-} \tan x = +\infty$, $\lim\limits_{x \to (k\pi + \frac{\pi}{2})+} \tan x = -\infty$ 知, 曲线 $y = \tan x$ 有垂直渐近线 $x = k\pi + \dfrac{\pi}{2}$.

(2) 水平渐近线 $y = 1$; (3) 水平渐近线 $y = 0$, 垂直渐近线 $x = -1$, $x = 5$;

(4) 垂直渐近线 $x = -1$, 斜渐近线 $y = x - 1$; (5) 垂直渐近线 $x = -1$, $x = 1$;

(6) 垂直渐近线 $x = -\sqrt{3}$, $x = \sqrt{3}$, 斜渐近线 $y = -x$;

(7) 垂直渐近线 $x = 0$, 斜渐近线 $y = x + 3$;

(8) 垂直渐近线 $x = -3$, $x = 1$; 斜渐近线 $y = x - 2$.

(2) ~ (8) 中函数的图像如下:

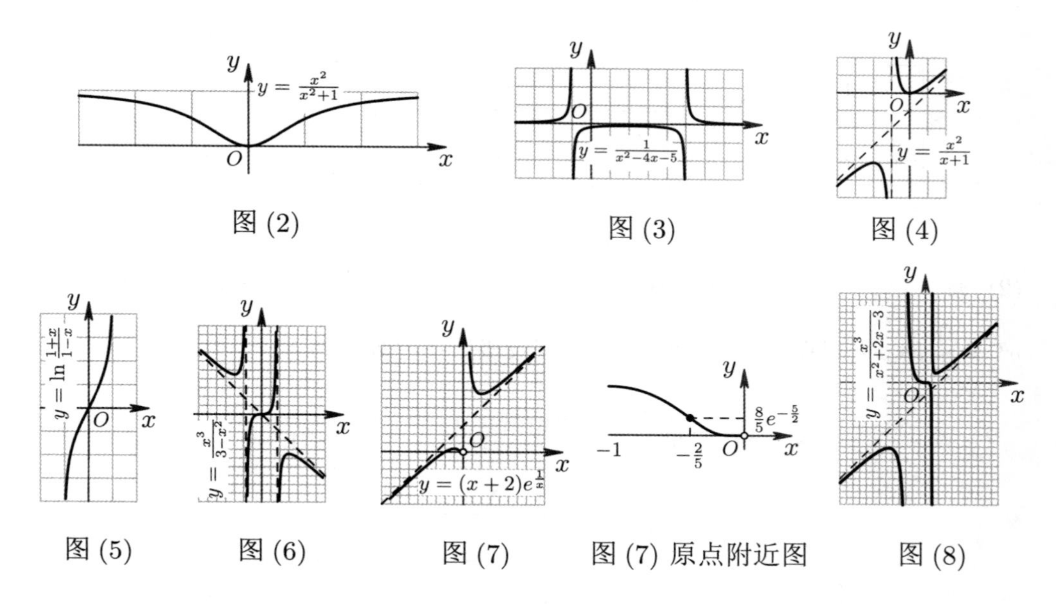

图 (2) 图 (3) 图 (4)

图 (5) 图 (6) 图 (7) 图 (7) 原点附近图 图 (8)

8. 只给出本题 (1) 与 (2) 的详解, (3) $\sim$ (11) 题给出简单提示并画出函数的图像.

(1) 解: 定义域为 $(-\infty,1)\cup(1,+\infty)$. 没有周期性, 也没有对称性. $f'(x)=\dfrac{(x+1)(x-3)}{4(x-1)^2}$. 令 $f'(x)=0$ 得驻点 $x_1=-1$ 和 $x_2=3$. 在 $(-\infty,-1)$ 和 $(3,+\infty)$ 内, $f'(x)>0$, 函数严格单调递增; 在 $(-1,1)$ 和 $(1,3)$ 内, $f'(x)<0$, 函数严格单调递减, 因而极大值 $f(-1)=-2$, 极小值 $f(3)=0$.

由于 $f''(x)=\dfrac{2}{(x-1)^3}\neq 0$, 曲线无拐点.

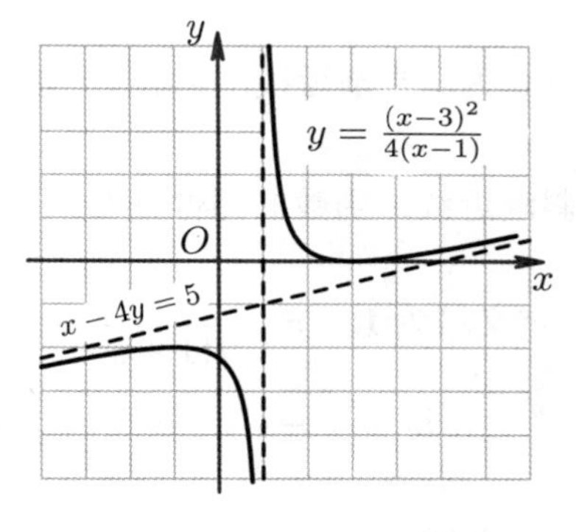

图 (1)

因为

$$\lim_{x\to 1+} f(x)=+\infty,$$

$$\lim_{x\to 1-} f(x)=-\infty,$$

曲线有垂直渐近线 $x=1$. 又因为

$$a=\lim_{x\to\infty}\frac{f(x)}{x}=\lim_{x\to\infty}\frac{(x-3)^2}{4x(x-1)}=\frac{1}{4},$$

$$b=\lim_{x\to\infty}[f(x)-ax]=\lim_{x\to\infty}\frac{9-5x}{4(x-1)}=-\frac{5}{4},$$

所以斜渐近线为 $y=\dfrac{1}{4}x-\dfrac{5}{4}$, 即 $x-4y=5$. 曲线与 y 轴的交点为 $\left(0,-\dfrac{9}{4}\right)$.

根据以上讨论的情况可列出下表, 然后画出函数的图像 (见上方).

x	$(-\infty,-1)$	-1	$(-1,1)$	$(1,3)$	3	$(3,+\infty)$
y'	+	0	−	−	0	+
y''	−	−	−	+	+	+
y	凸 ↗	极大值 -2	凸 ↘	凹 ↘	极小值 0	凹 ↗

(2) 解: 定义域为 $(-\infty,0)\cup(0,+\infty)$. $y'=e^{\frac{1}{x}}\left(1-\dfrac{1}{x}\right)$. 令 $y'=0$ 得驻点 $x=1$. $y''=\dfrac{1}{x^3}e^{\frac{1}{x}}$, 无拐点. 单调区间, 凹凸区间及极值情况列表如下:

x	$(-\infty,0)$	0	$(0,1)$	1	$(1,+\infty)$
y'	+	无定义	−	0	+
y''	−		+	+	+
y	凸 ↗		凹↘	极小值 e	凹 ↘

显然, $\lim\limits_{x\to0-} xe^{\frac{1}{x}}=0$. 由于

$$\lim_{x\to0+} xe^{\frac{1}{x}}=\lim_{x\to0+}\frac{e^{\frac{1}{x}}}{\dfrac{1}{x}}$$

$$=\lim_{x\to0+}\frac{e^{\frac{1}{x}}\left(-\dfrac{1}{x^2}\right)}{-\dfrac{1}{x^2}}=+\infty,$$

$x=0$ 为垂直渐近线. 容易求得 $y=x+1$ 为斜渐近线. 函数的图像见右图.

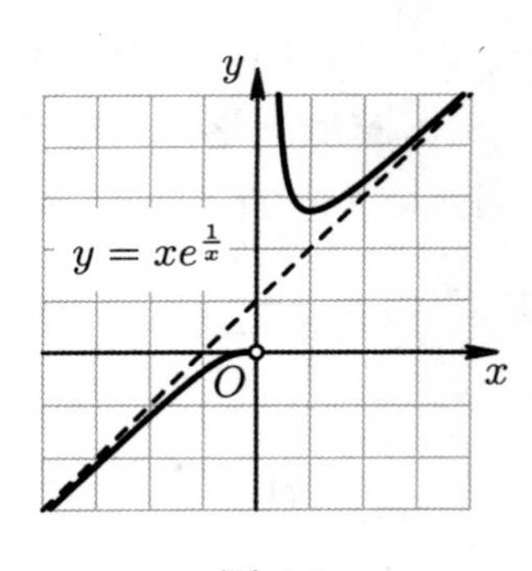

图 (2)

(3) 定义域为 $\mathbf{R}$. $y'=\dfrac{-2x}{(1+x^2)^2}$. 驻点 $x=0$. 极大值 $f(0)=1$. $y''=\dfrac{2(3x^2-1)}{(1+x^2)^3}$, 令 $y''=0$ 得 $x=\pm\dfrac{1}{\sqrt{3}}$, 拐点为 $\left(-\dfrac{1}{\sqrt{3}},\dfrac{3}{4}\right)$ 与 $\left(\dfrac{1}{\sqrt{3}},\dfrac{3}{4}\right)$. 水平渐近线 $y=0$.

(4) 定义域为 $(-\infty,0)\cup(0,+\infty)$. $y'=-\dfrac{1}{x^2(1+x^2)}<0$. 在 $(-\infty,0)$ 及 $(0,+\infty)$ 内, 函数均严格单调递减. $y''=\dfrac{2(1+2x^2)}{x^3(1+x^2)^2}$. 在 $(-\infty,0)$ 内曲线是凸的; 在 $(0,+\infty)$ 内曲线是凹的. 水平渐近线 $y=-\dfrac{\pi}{2}$, $y=\dfrac{\pi}{2}$. 垂直渐近线 $x=0$.

(5) 定义域为 $\mathbf{R}$. $y' = 3x\left(\frac{1}{2}x+1\right)$, 驻点为 0 和 -2. 在 $(-\infty,-2]$ 及 $[0,+\infty)$ 上 $f(x)$ 严格单调递增, 在 $[-2,0]$ 上, $f(x)$ 严格单调递减. 极大值 $f(-2)=2$, 极小值 $f(0)=0$. $y''=3(x+1)$. 曲线在 $(-\infty,-1)$ 内是凸的, 在 $(-1,+\infty)$ 内是凹的, 拐点为 $(-1,1)$.

(6) 定义域为 $\mathbf{R}$. $y' = \arctan x + \frac{x}{1+x^2}$. 在 $(-\infty,0]$ 上 $f(x)$ 严格单调递减; 在 $[0,+\infty)$ 上 $f(x)$ 严格单调递增. 极小值 $f(0)=0$. $y''=\frac{2}{(1+x^2)^2}>0$, $x\in\mathbf{R}$, 故曲线在 $\mathbf{R}$ 内是凹的. 斜渐近线: $y=\frac{\pi}{2}x-1$, $y=-\frac{\pi}{2}x-1$.

(3) ~ (6) 题中函数的图像如下:

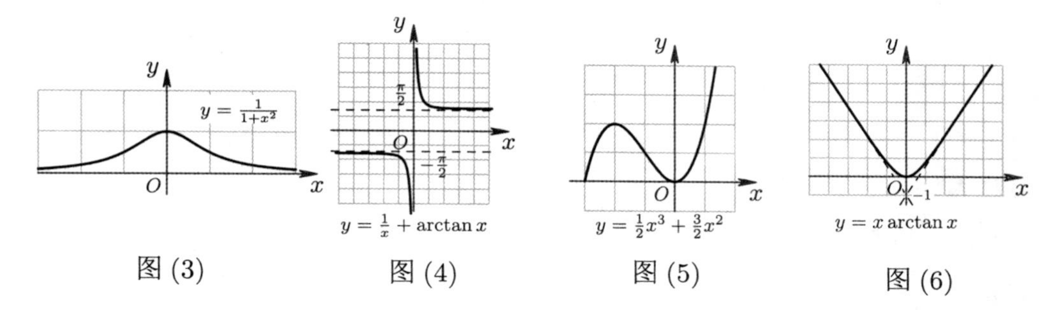

图 (3) 图 (4) 图 (5) 图 (6)

(7) 定义域为 $(-\infty,1)\cup(1,+\infty)$. $y'=\frac{(x+1)^2(x-5)}{(x-1)^3}$. 驻点为 -1 和 5. 在 $(-\infty,1)$ 及 $(5,+\infty)$ 内 $f(x)$ 严格单调递增, 在 $(1,5)$ 内 $f(x)$ 严格单调递减. 极小值 $f(5)=\frac{27}{2}$. $y''=\frac{24(x+1)}{(x-1)^4}$. 在 $(-\infty,-1)$ 内, 曲线是凸的; 在 $(-1,1)$ 及 $(1,+\infty)$ 内曲线是凹的. 垂直渐近线 $x=1$, 斜渐近线 $y=x+5$.

(8) 定义域为 $(-\infty,0)\cup(0,+\infty)$. $y'=-\frac{4(x+2)}{x^3}$. 驻点为 -2. 在 $(-\infty,-2]$ 及 $(0,+\infty)$ 上 $f(x)$ 严格单调递减, 在 $[-2,0)$ 上 $f(x)$ 严格单调递增. 极小值 $f(-2)=-1$. $y''=\frac{8(x+3)}{x^4}$. 拐点 $\left(-3,-\frac{8}{9}\right)$. 在 $(-\infty,-3)$ 内曲线是凸的; 在 $(-3,0)$ 和 $(0,+\infty)$ 内曲线是凹的. 垂直渐近线 $x=0$, 水平渐近线 $y=0$.

(9) 定义域 $\mathbf{R}$. $y'=\frac{1}{3}x^{-\frac{1}{3}}(5x-2)$. 令 $y'=0$ 得驻点 $\frac{2}{5}$. 在点 0 不可导. 在 $(-\infty,0]$ 及 $\left[\frac{2}{5},+\infty\right)$ 上 $f(x)$ 严格单调递增, 在 $\left[0,\frac{2}{5}\right)$ 上 $f(x)$ 严格单调递减. 极大值 $f(0)=0$, 极小值 $f\left(\frac{2}{5}\right)=-\frac{3}{5}\left(\frac{4}{25}\right)^{\frac{1}{3}}$. $y''=\frac{2}{9}x^{-\frac{4}{3}}(5x+1)$, 拐点 $\left(-\frac{1}{5},-\frac{6}{5\sqrt[3]{5^2}}\right)$. $\lim\limits_{x\to+\infty}f(x)=+\infty$, $\lim\limits_{x\to-\infty}f(x)=-\infty$.

(10) 定义域 $[-2,2]$. $y'=\dfrac{1+x}{\sqrt{4-x^2}}$. 在 $[-2,-1]$ 上 $f(x)$ 严格单调递减, 在 $[-1,2]$ 上 $f(x)$ 严格单调递增. 极小值 $f(-1)=-\dfrac{\pi}{6}-\sqrt{3}$. $y''=\dfrac{4+x}{\sqrt{(4-x^2)^3}}>0$, $x\in(-2,2)$, 曲线在 $(-2,2)$ 内是凹的.

(7) ~ (10) 题中函数的图像如下:

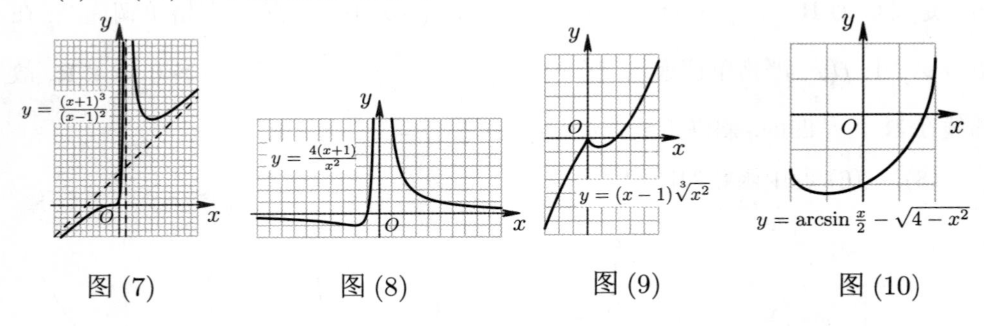

图 (7)　　图 (8)　　图 (9)　　图 (10)

习题 4.1

1. (1) $F(x)=4x$; (2) $F(x)=\sin 2x$; (3) $F(x)=\dfrac{3}{2}x^2+2$; (4) $F(x)=\ln^2 x+5$.

2. $y=x^2-2x+1$. **3**. $y=-x^4+7$.

习题 4.2

1. (1) $\dfrac{1}{2}x^2+\dfrac{4}{5}x^{\frac{5}{2}}+\dfrac{1}{3}x^3+C$; (2) $2e^x+x+C$; (3) $-\cot x-x+C$;

(4) $x-\sin x+C$; (5) $\dfrac{1}{3}x^3-x+\arctan x+C$; (6) $\dfrac{2^xe^x}{1+\ln 2}+C$;

(7) $\dfrac{3}{\ln 2}2^x+\arcsin x+C$; (8) $\dfrac{6}{7}x^{\frac{7}{6}}-\dfrac{4}{3}x^{\frac{3}{4}}+C$; (9) $\ln|x|+3\arctan x+C$;

(10) $\dfrac{4^x}{2\ln 2}+\dfrac{2}{\ln 6}6^x+\dfrac{9^x}{2\ln 3}-\dfrac{1}{x}+C$; (11) $4x^{\frac{1}{2}}+5\cos x+\dfrac{3^x}{\ln 3}+C$;

(12) $5\ln|x|+2\sin x+3\arccos x+C$ 或 $5\ln|x|+2\sin x-3\arcsin x+C$.

习题 4.3

1. (1) $\sqrt{1+x^2}+C$; (2) $\dfrac{3}{4}(x+5)^{\frac{4}{3}}+C$; (3) $-\dfrac{1}{3}\cos(3x+1)+C$;

(4) $\sin x-\dfrac{1}{3}\sin^3 x+C$; (5) $\dfrac{1}{5}\cos^{-5}x+C$;

(6) 提示: 公式 $\cos\alpha\cos\beta=\dfrac{1}{2}[\cos(\alpha+\beta)+\cos(\alpha-\beta)]$, $\dfrac{1}{2}\sin x+\dfrac{1}{10}\sin 5x+C$;

(7) $2e^{\sqrt{x}}+C$; (8) $\dfrac{1}{2}(1+\ln x)^2+C$ 或 $\ln x+\dfrac{1}{2}\ln^2 x+C$; (9) $\dfrac{1}{4}\sin^4 x+C$;

(10) $\frac{1}{3}\cos^3 x - \cos x + C$.

2. (1) $\frac{1}{3}\sin(3x+4)+C$; (2) $\frac{1}{2}e^{2x}+C$; (3) $\frac{1}{2}\arctan x^2+C$;
(4) $\ln|1+\sin x\cos x|+C$; (5) $-\frac{1}{5}\cos(5x+1)+C$; (6) $\frac{1}{2\sqrt{2}}\ln\frac{|\sqrt{2}+x|}{|\sqrt{2}-x|}+C$;
(7) $\frac{1}{2}\ln^2 x+C$; (8) $-\frac{1}{4}\cot 4x+C$; (9) $-\ln|x-1|+C$; (10) $-\frac{1}{2}\ln|\cos 2x|+C$;
(11) $\frac{1}{3}\sin^3 x+C$; (12) $-\frac{1}{4}\cos^4 x+C$; (13) $\frac{1}{3}(x^2+1)^{\frac{3}{2}}+C$;
(14) $\frac{1}{2}(2x^2+3)^{\frac{1}{2}}+C$; (15) $\frac{2}{3}(x^3+1)^{\frac{1}{2}}+C$; (16) $-\frac{1}{\sin x}+C$;
(17) $\frac{1}{2\cos^2 x}+C$; (18) $2(\tan x-1)^{\frac{1}{2}}+C$; (19) $(2\sin x+1)^{\frac{1}{2}}+C$;
(20) $(1+2\sin^2 x)^{\frac{1}{2}}+C$; (21) $x-\tan x+\frac{1}{\cos x}+C$; (22) $\frac{1}{2}(\arcsin x)^2+C$;
(23) $-\frac{1}{2\ln^2 x}+C$; (24) $\frac{1}{5}(x^2+1)^5+C$; (25) $e^{\sin x}+C$; (26) $\frac{2^{x^2}}{2\ln 2}+C$;
(27) $\frac{1}{4}\ln(3+4e^x)+C$; (28) $\frac{1}{\sqrt{2}}\arctan\sqrt{2}x+C$; (29) $\frac{1}{\sqrt{3}}\arcsin\sqrt{3}x+C$;
(30) $\frac{1}{2}\arcsin x^2+C$; (31) $\arcsin\ln x+C$; (32) $\frac{2}{3}(1+\ln x)^{\frac{3}{2}}+C$;
(33) $-\frac{2}{9}(1+3\cos^2 x)^{\frac{3}{2}}+C$; (34) $\frac{(1+2x)^{n+1}}{2(n+1)}+C$;
(35) $\arcsin\frac{x}{\sqrt{3}}+\frac{1}{\sqrt{3}}\arcsin(\sqrt{3}x)+C$; (36) $-\frac{2}{9}(8-3x)^{\frac{3}{2}}+C$; (37) $\ln|\ln x|+C$;
(38) $\frac{1}{10}(1-x^5)^{-2}+C$; (39) $\ln\left|\frac{x}{x+1}\right|+C$; (40) $\ln|\ln\ln x|+C$;
(41) $\ln|\tan x|+C$; (42) $\frac{1}{2}\sin x-\frac{1}{10}\sin 5x+C$; (43) $\ln(x^2-3x+8)+C$;
(44) $\frac{1}{4}\left(\ln\frac{1+x}{1-x}\right)^2+C$; (45) $\ln(x^2+2x+6)+\frac{2}{\sqrt{5}}\arctan\frac{x+1}{\sqrt{5}}+C$;
(46) $\frac{1}{4}\ln|\cos 2x|+C$.

3. (1) 解法1: 令 $t=\sqrt{x^2-1}$, 则 $\int\frac{dx}{x\sqrt{x^2-1}}=\int\frac{1}{t^2+1}dt=\arctan\sqrt{x^2-1}+C$.
解法 2: 令 $x=\sec t$, 则 $dx=\sec t\tan t dt$, 于是当 $0<t<\frac{\pi}{2}$ 时, $|\tan t|=\tan t$,

$$\int\frac{dx}{x\sqrt{x^2-1}}=\int dt=t+C=\arccos\frac{1}{x}+C;$$

当 $\frac{\pi}{2}<t<\pi$ 时, $|\tan t|=-\tan t$, 于是

$$\int\frac{dx}{x\sqrt{x^2-1}}=-\int dt=-\arccos\frac{1}{x}+C.$$

(2) $2\arcsin\sqrt{x}+C$ 或 $-2\arcsin\sqrt{1-x}+C$; (3) $3\left(\frac{1}{2}x^{\frac{2}{3}}-x^{\frac{1}{3}}+\ln|x^{\frac{1}{3}}+1|\right)+C$;
(4) $\frac{6}{5}(x^{\frac{5}{6}}+2x^{\frac{5}{12}}+2\ln|x^{\frac{5}{12}}-1|+C)$; (5) $\arctan e^x+C$; (6) $(\arctan\sqrt{x})^2+C$.

4. (1) $\sin x-x\cos x+C$; (2) $\frac{x^2}{2}\ln x-\frac{1}{4}x^2+C$; (3) $x^2\sin x+2x\cos x-2\sin x+C$;
(4) $e^x(x^3-3x^2+6x-6)+C$; (5) $\frac{x^4}{4}\left(\ln x-\frac{1}{4}\right)+C$;
(6) $x\ln^2 x-2x\ln x+2x+C$; (7) $(x-1)\ln(1-x)-x+C$;
(8) $x\arcsin x+\sqrt{1-x^2}+C$; (9) $-\frac{1}{2}e^{-2x}\left(x^2+x+\frac{1}{2}\right)+C$;
(10) $2\sqrt{x}\arcsin\sqrt{x}+2\sqrt{1-x}+C$; (11) $\frac{2}{3}x^{\frac{3}{2}}\left(\ln^2 x-\frac{4}{3}\ln x+\frac{8}{9}\right)+C$;
(12) $x\ln(x+\sqrt{1+x^2})-(1+x^2)^{\frac{1}{2}}+C$; (13) $x+\frac{1}{2}(x^2-1)\ln\frac{1+x}{1-x}+C$;
(14) $\frac{x}{2}(\cos\ln x+\sin\ln x)+C$; (15) $(x+1)\arctan\sqrt{x}-\sqrt{x}+C$;
(16) $\frac{1}{2}(x^2\operatorname{arccot}\sqrt{x^2-1}+\sqrt{x^2-1})+C$.

5. (1) $\frac{1}{\cos x-e^x}+C$; (2) $\frac{1}{\sqrt{2}}\arcsin\sqrt{\frac{2}{3}}\sin x+C$; (3) $\ln(\sqrt{1+x^2}-1)-\ln|x|+C$;
(4) $\frac{1}{\ln 2}\arcsin 2^x+C$; (5) $2(\sin\sqrt{x}-\sqrt{x}\cos\sqrt{x})+C$;
(6) $x-\ln(\sqrt{1+e^{2x}}+1)+C$.

习题 4.4 略.

习题 4.5

1. (1) $>$; (2) $<$; (3) $>$; (4) $>$.

2. (1) ~ (3) 略. (4) 提示: 当 $x\in[0,1]$ 时, $x^2\leqslant 2x^2-x^4\leqslant 2x^2$, 从而 $x\leqslant\sqrt{2x^2-x^4}\leqslant\sqrt{2}x$. **3**. (1) 略; (2) 10; (3) $\frac{n(n+1)}{2}$; (4) $\frac{4}{3}$.

4. 提示: 利用定积分性质 5.

5. 提示: 由积分中值定理, 存在 $\xi\in\left(0,\frac{\pi}{4}\right)$ 使得 $\int_0^{\frac{\pi}{4}}\sin x dx=\frac{\pi}{4}\sin\xi<1$.

6. 提示: 由积分中值定理, 存在 $c\in(0,2)$ 使得 $2f(2)=cf(c)$. 令 $g(x)=xf(x)$, 则 $g(2)=2f(2)=cf(c)=g(c)$, 可见 $g(x)$ 在 $[c,2]$ 上满足罗尔定理的条件, 所以存在 $\xi\in(c,2)\subseteq(0,2)$ 使得 $g'(\xi)=0$.

习题 4.6

1. (1) $\cos x^2$; (2) $-\ln(1+x^2)$; (3) $2\sqrt{1+4x^2}$; (4) $2x\sin x^4-\sin x^2$;
(5) $\int_1^2\sqrt{1+x^3}dx$; (6) $3e^{x^2}\left(\int_0^x e^{t^2}dt\right)^2$.

2. 提示: $\Phi(-x)=\int_0^{-x}f(t)dt \xlongequal{u=-t} -\int_0^x f(-u)du=\begin{cases}-\Phi(x), & f\text{ 为偶函数},\\ \Phi(x), & f\text{ 为奇函数}.\end{cases}$

3. (1) $\frac{1}{3}$; (2) 2; (3) 1.

4. (a) (1) $\frac{1}{2}$; (2) $\sqrt{3}-1$; (3) 0; (4) $\frac{1}{2}\left(e^2-\frac{1}{2}\right)$; (5) $2\left(\frac{1}{\ln 3}-1\right)$; (6) $\frac{16}{3}$;
(7) $-\frac{7}{3}$; (8) $\sqrt{3}-1$; (9) $\frac{5}{2}$.

(b) (1) $\frac{\pi}{8}$; (2) 1; (3) 2; (4) $\frac{3}{2}\sqrt{2}$; (5) $2(\cos 1-\cos 3)$; (6) $\frac{44}{3}$; (7) $9-\frac{5}{3}\sqrt{5}$;
(8) $-\frac{5}{64}$; (9) -2; (10) $\frac{1}{2}(\sqrt{3}-1)$; (11) $\frac{2}{3}$; (12) $\frac{1}{2}(e+e^{-1})-1$;
(13) $2(\sqrt{3}-1)$; (14) $\frac{17}{3}$; (15) π^2; (16) 1; (17) $\frac{37}{3}$;

(18) 解: 令 $u=x-\frac{1}{2}$, 原式 $=\int_0^1\frac{d\left(x-\frac{1}{2}\right)}{\left(x-\frac{1}{2}\right)^2+\left(\frac{\sqrt{3}}{2}\right)^2}=\int_{-\frac{1}{2}}^{\frac{1}{2}}\frac{du}{u^2+\left(\frac{\sqrt{3}}{2}\right)^2}$,

再令 $u=\frac{\sqrt{3}}{2}\tan t$, 原式 $=\frac{4}{3}\int_{-\frac{\pi}{6}}^{\frac{\pi}{6}}\cos t dt=\frac{4}{3}$.

(19) $2\left(\sqrt{3}-\frac{\pi}{3}\right)$;

(20) 解: 原式 $=\int_0^{\frac{\pi}{4}}\left(\frac{1+\cos 2x}{2}\right)^2dx=\int_0^{\frac{\pi}{4}}\frac{1}{4}(1+2\cos 2x+\cos^2 2x)dx$

$=\int_0^{\frac{\pi}{4}}\frac{1}{4}\left[1+2\cos 2x+\left(\frac{1+\cos 4x}{2}\right)\right]dx=\frac{3\pi}{32}+\frac{1}{4}$.

(21) 解: 原式 $=\int_0^{\frac{\pi}{4}}\left(\frac{1}{\cos^2 x}-1\right)^2dx=\int_0^{\frac{\pi}{4}}\left(\frac{1}{\cos^4 x}-\frac{2}{\cos^2 x}+1\right)dx$

$=\int_0^{\frac{\pi}{4}}\left(\tan^2 x+1\right)d\tan x+\left[-2\tan x+x\right]\Big|_0^{\frac{\pi}{4}}=\frac{\pi}{4}-\frac{2}{3}$.

5. (1) $\frac{64}{5}$; (2) $\ln 2$; (3) $\frac{4}{3}$; (4) $\frac{\pi}{2}$; (5) $\frac{1}{2}+\frac{1}{e+1}+\ln\frac{2}{e+1}$; (6) e^2+1;

(7) 提示: 原式 $= \int_0^{2\pi}\sqrt{2\cos^2\frac{x}{2}}dx = \sqrt{2}\int_0^{2\pi}\left|\cos\frac{x}{2}\right|dxx = 4\sqrt{2}.$

(8) 解: 原式 $= \int_0^1 \arctan(1-x)d\frac{x^2}{2} = \frac{x^2}{2}\arctan(1-x)\Big|_0^1 - \int_0^1 \frac{x^2}{2}d\arctan(1-x)$

$$= \frac{1}{2}\int_0^1 \frac{x^2}{x^2-2x+2}dx = \frac{1}{2}\int_0^1\left(1+\frac{2x-2}{x^2-2x+2}\right)dx = \frac{1}{2}(1-\ln 2).$$

(9) $\frac{1}{2}\left(1+\ln\frac{3}{2+e}\right)$; (10) $\frac{2}{3}$.

6. 证明: 由定积分可加性得 $\int_a^{a+T} f(x)dx = \int_a^0 f(x)dx + \int_0^T f(x)dx + \int_T^{a+T} f(x)dx$, 对于上式最后一个积分, 令 $x = t+T$, 则 $dx = dt$, 于是

$$\int_T^{a+T} f(x)dx = \int_0^a f(t+T)dt = \int_0^a f(t)dt = -\int_a^0 f(x)dx.$$

所以 $\int_a^{a+T} f(x)dx = \int_0^T f(x)dx.$

7. 提示: (1) 提示: 令 $x = \frac{1}{t}$; (2) 提示: 令 $x = 1-t$. **8**. 提示: 令 $x = \frac{\pi}{2} - t$.

9. (1) 提示: 因为 $F'(x) = \frac{x+2}{x^2+1} > 0$, $x \in (0,1)$, 所以 $F(x)$ 在 $[0,1]$ 上严格单调递增, 从而最小值 $F(0) = 0$, 最大值 $F(1) = \int_0^1 \frac{t+2}{t^2+1} = \frac{1}{2}(\pi + \ln 2)$;

(2) 最小值 0; 最大值 $\frac{\sqrt{3}}{3}\pi$.

习题 4.7

1. 证明: 设椭圆在第一象限部分的面积为 S_1 (见下图). 椭圆在第一象限部分的曲线方程为: $y = \frac{b}{a}\sqrt{a^2-x^2}$, $x \in [0,a]$, 因而 $S = 4S_1 = 4\int_0^a \frac{b}{a}\sqrt{a^2-x^2}dx$. 利用例 4.3.14 的结果: $\int\sqrt{a^2-x^2}dx = \frac{a^2}{2}\arcsin\frac{x}{a} + \frac{x}{2}\sqrt{a^2-x^2} + C$, 于是 $S = \frac{4b}{a}\cdot\frac{\pi a^2}{4} = \pi ab.$

由定积分的几何意义可知, $\int_0^a \sqrt{a^2-x^2}dx$ 是圆 $x^2+y^2=a^2$ 在第一象限部分的面积, 为 $\frac{\pi a^2}{4}$.

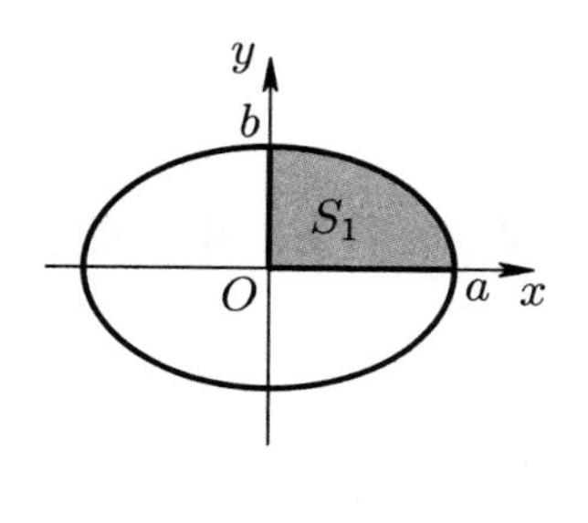

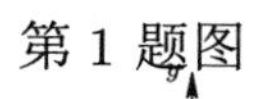

第 1 题图

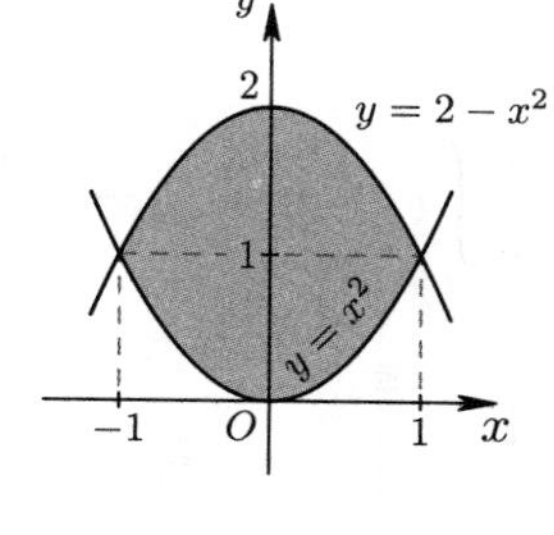

第 2 题图

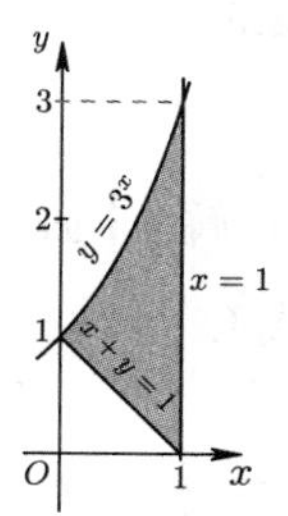

第 3 题图

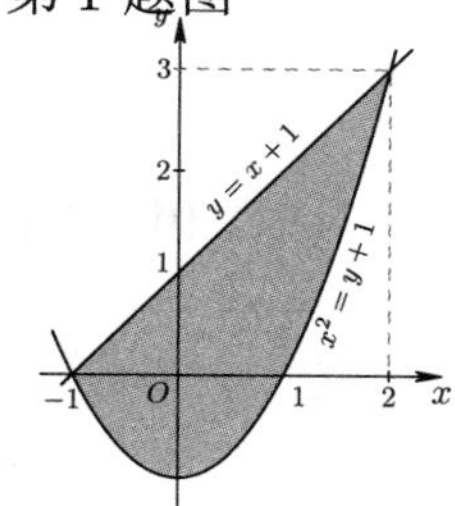

第 4(1) 题图

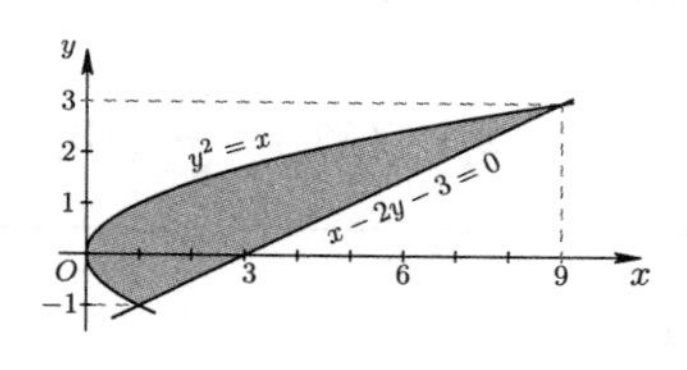

第 4(2) 题图

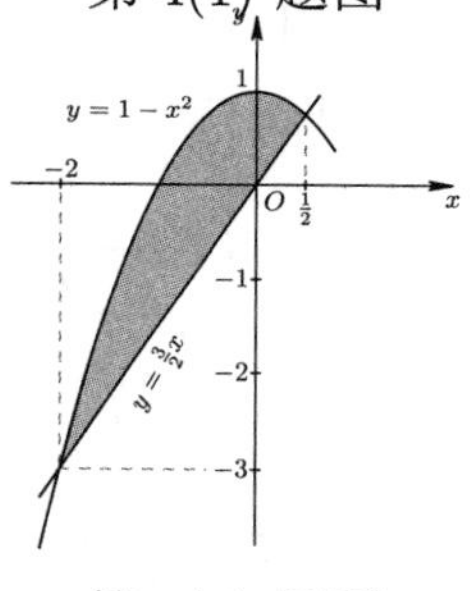

第 4(3) 题图

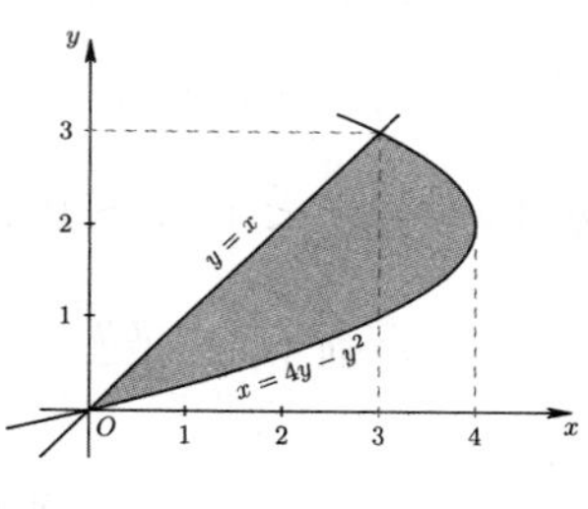

第 4(4) 题图

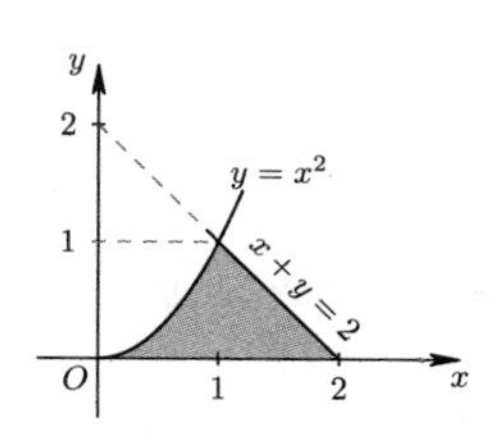

第 4(5) 题图

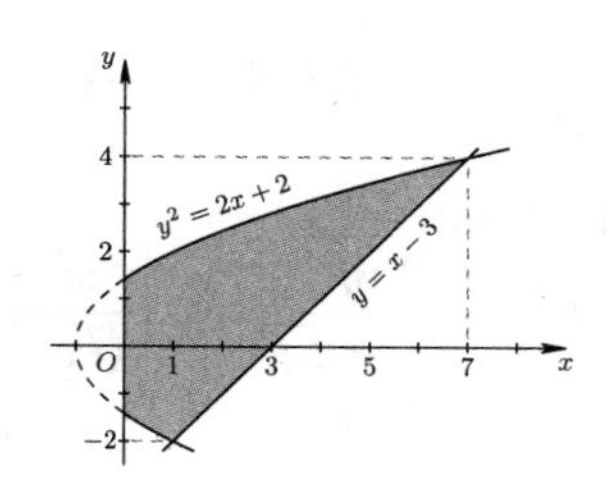

第 4(6) 题图

2. $\dfrac{8}{3}$. **3**. $\dfrac{2}{\ln 3} - \dfrac{1}{2}$. **4**. (1) $\dfrac{9}{2}$; (2) $\dfrac{32}{3}$; (3) $\dfrac{125}{48}$; (4) $\dfrac{9}{2}$; (5) $\dfrac{5}{6}$; (6) $18 - \dfrac{4}{3}\sqrt{2}$.

习题 4.8

1. 错.

2. (1) 解: $\int xe^{-x^2}dx = -\frac{1}{2}\int e^{-x^2}d(-x^2) = -\frac{1}{2}e^{-x^2}+C$, 由广义牛顿–莱布尼茨公式 I,

$$\int_0^{+\infty} xe^{-x^2}dx = -\frac{1}{2}e^{-x^2}\Big|_0^{+\infty} = \lim_{x\to+\infty}\left(-\frac{1}{2}e^{-x^2}\right)-\left(-\frac{1}{2}\right)=\frac{1}{2};$$

(2) 1; (3) π; (4) 2; (5) -1; (6) $\frac{9}{2}$; (7) 4; (8) π.

3. (1) 发散; (2) 收敛于 $\frac{\pi^2}{8}$; (3) 发散; (4) 发散; (5) 发散; (6) 发散.

习题 5.1

1. 0, $f(x,y)$, $\frac{x^2+xh+y^2}{2(x+h)xy}$.

2. (1) $\{(x,y)\mid(x,y)\neq(0,0)\}$; (2) $\{(x,y)\mid xy\geqslant 0\}$; (3) $\{(x,y)\mid x>0,\ y>0\}$; (4) $\mathbf{R}^2$; (5) $\{(x,y)\mid xy>0\}$; (6) $\{(x,y)\mid \left|\frac{y}{x}\right|\leqslant 1,\ x\neq 0\}$; (7) $\{(x,y)\mid y>x^2\}$; (8) $\{(x,y)\mid x^2+y^2<1,\ x>0\}$. **3**. (1) $\frac{1}{2}$; (2) 1; (3) 1; (4) $-\frac{1}{4}$.

4. 解: 令 $y=x$, 则 $\lim\limits_{\substack{x\to 0\\ y=x}}\frac{xy^2}{x^2+y^4}=\lim\limits_{x\to 0}\frac{x}{1+x^2}=0$; 令 $y=\sqrt{x}$, 则 $\lim\limits_{\substack{x\to 0\\ y=\sqrt{x}}}\frac{xy^2}{x^2+y^4}=\lim\limits_{x\to 0}\frac{x^2}{2x^2}=\frac{1}{2}$, 所以当 $(x,y)\to(0,0)$ 时, $\frac{xy^2}{x^2+y^4}$ 的极限不存在. 同理可知 $\frac{x^2y}{x^4+y^2}$ 的极限也不存在.

5. (1) 不连续;

(2) 解: 因为 $\left|\frac{2xy}{\sqrt{x^2+2y^2}}\right|\leqslant\left|\frac{x^2+y^2}{\sqrt{x^2+2y^2}}\right|\leqslant\left|\frac{x^2+y^2}{\sqrt{x^2+y^2}}\right|=\sqrt{x^2+y^2}\to 0\ [(x,y)\to(0,0)]$, 所以 $\left|\frac{2xy}{\sqrt{x^2+2y^2}}\right|\to 0=f(0,0)$, 因此函数在原点 $(0,0)$ 连续.

6. (1) $\sin 1$; (2) 0; (3) π; (4) 1; (5) $\frac{\pi}{6}$; (6) 0.

习题 5.2

1. (1) $f'_x(0,0)=0$, $f'_y(0,0)=3$; (2) $f'_x(1,3)=9e^3$, $f'_y(1,3)=3e^3$;

(3) $f'_x(0,0)=3$, $f'_y(0,1)=-2e$; (4) $f'_x(1,1)=\dfrac{1}{2}$, $f'_y(-1,0)=1$;

(5) 提示: $f(x,1)=x$, $f'_x(2,1)=1$;

(6) 提示: $f(x,2)=2(x+1)^2$, $f'_x(1,2)=8$; $f(1,y)=4y+1$, $f'_y(1,2)=4$.

2. (1) $\dfrac{\partial f}{\partial x}=6x+y$, $\dfrac{\partial f}{\partial y}=x+8y$; (2) $\dfrac{\partial f}{\partial x}=y-x^3$, $\dfrac{\partial f}{\partial y}=x-y$;

(3) $\dfrac{\partial f}{\partial x}=2xy\sin\dfrac{y}{x}-y^2\left(1+\dfrac{y^2}{x^2}\right)\cos\dfrac{y}{x}$, $\dfrac{\partial f}{\partial y}=(x^2+3y^2)\sin\dfrac{y}{x}+\left(xy+\dfrac{y^3}{x}\right)\cos\dfrac{y}{x}$;

(4) $\dfrac{\partial f}{\partial x}=\dfrac{|y|}{x^2+y^2}$, $\dfrac{\partial f}{\partial y}=-\dfrac{yx}{|y|(x^2+y^2)}$.

3. (1) $z''_{x^2}=e^x\sin y$, $z''_{y^2}=-e^x\sin y$, $z''_{xy}=z''_{yx}=e^x\cos y$;

(2) $z''_{x^2}=y^3e^{xy}$, $z''_{y^2}=(2x+x^2y)e^{xy}$, $z''_{xy}=z''_{yx}=(2y+xy^2)e^{xy}$;

(3) $z''_{x^2}=\dfrac{-3xy^2}{(x^2+y^2)^{\frac{5}{2}}}$, $z''_{y^2}=-\dfrac{x(x^2-2y^2)}{(x^2+y^2)^{\frac{5}{2}}}$, $z''_{xy}=\dfrac{y(2x^2-y^2)}{(x^2+y^2)^{\frac{5}{2}}}$;

(4) $z''_{x^2}=2\cos(x+y)-x\sin(x+y)$, $z''_{y^2}=-x\sin(x+y)$,

$z''_{xy}=\cos(x+y)-x\sin(x+y)$.

4. $\dfrac{\partial z}{\partial s}=e^x(t\sin y+2s\cos y)$, $\dfrac{\partial z}{\partial t}=e^x(s\sin y+2t\cos y)$.

5. 0. **6**. $e^y\left(1+x\dfrac{dy}{dx}\right)$. **7**. 略. **8**. 略.

9. (1) $dz(3,2)=7dx+\dfrac{3}{2}dy$; (2) $dz(1,1)=\dfrac{1}{2}dx+\dfrac{1}{2}dy$;

(3) $dz=\dfrac{2}{(x-y)^2}(-ydx+xdy)$; (4) $dz=2\cos(x^2+y^2)(xdx+ydy)$.

习题 5.3

1. (1) 无极值; (2) 无极值; (3) $f(2,2)=0$ 是极小值.

2. (1) 极小值 $f(2,1)=-8$; (2) 极小值 $f(2,-1)=-2$; (3) 极大值 $f(3,2)=13$;

(4) 极小值 $f(0,1)=-5$, 极大值 $f(2,-3)=31$.

习题 5.4

1. (1) $D_1:\begin{cases}0\leqslant x\leqslant 1,\\0\leqslant y\leqslant 2;\end{cases}$ (2) $D_2:\begin{cases}0\leqslant x\leqslant 2,\\-\sqrt{x}\leqslant y\leqslant\sqrt{x}\end{cases}$ 或 $\begin{cases}-\sqrt{2}\leqslant y\leqslant\sqrt{2},\\y^2\leqslant x\leqslant 2;\end{cases}$

(3) $D_3:\begin{cases}0\leqslant x\leqslant 1,\\ 0\leqslant y\leqslant \frac{1}{2}(1-x)\end{cases}$ 或 $\begin{cases}0\leqslant y\leqslant \frac{1}{2},\\ 0\leqslant x\leqslant 1-2y;\end{cases}$

(4) $D_4:\begin{cases}-1\leqslant x\leqslant 1,\\ -\sqrt{1-x^2}\leqslant y\leqslant \sqrt{1-x^2}\end{cases}$ 或 $\begin{cases}-1\leqslant y\leqslant 1,\\ -\sqrt{1-y^2}\leqslant x\leqslant \sqrt{1-y^2}.\end{cases}$

2. (1) 3; (2) 6π; (3) $\frac{9}{2}$; (4) $\frac{16}{3}\pi$.

3. (1) 解: D 是正方形区域, I 型区域, 由推论 5.4.1,

$$\iint\limits_D e^{x+y}dxdy=\int_0^1 dx\int_0^1 e^{x+y}dy=\int_0^1 e^x dx\int_0^1 e^y dy=(e-1)^2.$$

(2) $\ln\frac{25}{24}$; (3) $\frac{1}{2}(1-\sin 1)$; (4) $\frac{10}{3}$; (5) -2; (6) $\frac{11}{6}$; (7) $-\frac{1}{6}$; (8) $e-1$; (9) $\frac{9}{4}$.

4. (1) $\int_{-2}^0 dx\int_{1-x}^3 f(x,y)dy+\int_0^2 dx\int_{1+x}^3 f(x,y)dy$; (2) $\int_0^8 dy\int_{\frac{y}{2}}^{\sqrt{2y}} f(x,y)dx$;

(3) $\int_{-2}^2 dx\int_{-\sqrt{4-x^2}}^{\sqrt{4-x^2}} f(x,y)dy$; (4) $\int_{-1}^0 dy\int_{\sqrt{-y}}^1 f(x,y)dx+\int_0^1 dy\int_y^1 f(x,y)dx$;

(5) $\int_1^2 dy\int_1^y f(x,y)dx+\int_2^4 dy\int_{\frac{y}{2}}^2 f(x,y)dx$;

(6) $\int_0^1 dx\int_0^x f(x,y)dy+\int_1^{\sqrt{2}} dx\int_0^{\sqrt{2-x^2}} f(x,y)dy$; (7) $\int_0^1 dx\int_x^{2-x} f(x,y)dy$;

(8) $\int_1^2 dx\int_{\frac{1}{x}}^x f(x,y)dy$.

5. 解: 原式 $=\int_{\frac{1}{2}}^1 dx\int_{x^2}^x e^{\frac{y}{x}}dy=\int_{\frac{1}{2}}^1 xe^{\frac{y}{x}}\Big|_{x^2}^x dx=\int_{\frac{1}{2}}^1 x(e-e^x)dx=\frac{3}{8}e-\frac{1}{2}\sqrt{e}.$

复习题 1

1. (1) 解: 定义域: $(-\infty,1)\cup(1,+\infty)$. 下面求值域: 令 $1-x=t$, 则 $y=\frac{(1-t)^2}{t}=t+\frac{1}{t}-2$. 当 $t>0$ 时, $y=\left(\sqrt{t}-\frac{1}{\sqrt{t}}\right)^2\geqslant 0$; 当 $t<0$ 时,

$-t>0$, 因 $\left(\sqrt{-t}-\dfrac{1}{\sqrt{-t}}\right)^2\geqslant 0$, 即 $-t+\dfrac{1}{-t}-2\geqslant 0$, 从而 $t+\dfrac{1}{t}\leqslant -2$, 于是 $y=t+\dfrac{1}{t}-2\leqslant -4$. 可见, 值域为 $(-\infty,-4]\cup[0,+\infty)$;

(2) $[-1,1]$, $\left[\dfrac{1}{4},\dfrac{3}{4}\right]$; (3) $(-\infty,-1)\cup(0,+\infty)$, $y=\dfrac{e^x}{1-e^x}$, $(-\infty,0)\cup(0,+\infty)$.

2. $x\ (x\neq -1)$. **3**. e^2. **4**. 4, 2, $+\infty$. **5**. (1) 1; (2) $\dfrac{1}{3}$; (3) $-\dfrac{1}{2}$; (4) $-\dfrac{1}{6}$.

6. 提示: $f(x)=x2^x-1$ 在 $[0,1]$ 使用零点定理. 证明 $f(x)$ 在 $[0,1]$ 上严格单调递增. **7**. $\dfrac{1}{3}$. **8**. (1) 0 是跳跃间断点, 第一类; 3 是第二类间断点;

(2) 0 是可去间断点, 第一类; $k\pi+\dfrac{\pi}{2}\ (k=0,\ \pm1,\ \pm2,\ \cdots)$ 是第二类间断点;

(3) 解: 令 $u=\dfrac{1}{x}$, 则当 $x\to 0+$ 时, $u\to+\infty$, 于是 $\lim\limits_{x\to 0+}\arctan\dfrac{1}{x}=\lim\limits_{u\to+\infty}\arctan u=\dfrac{\pi}{2}$. 类似可知 $\lim\limits_{x\to 0-}\arctan\dfrac{1}{x}=-\dfrac{\pi}{2}$. 因而 $\lim\limits_{x\to 0+}f(x)=1$, $\lim\limits_{x\to 0-}f(x)=-1$, 故 0 是跳跃间断点.

9. (1) 0, 2, 6; (2) 24; (3) -2.

10. (1) $f'(x)=\begin{cases}\arctan\dfrac{1}{x^2}-\dfrac{2x^2}{1+x^4}, & x\neq 0,\\ \dfrac{\pi}{2}, & x=0;\end{cases}$ (2) $f'(x)=\begin{cases}-2xe^{-x^2}, & x<0,\\ \dfrac{1}{x+1}, & x>0.\end{cases}$

11. $a=2$, $b=-4$, $f'(x)=\begin{cases}4e^{2x}, & x<0,\\ 4, & x\geqslant 0.\end{cases}$

12. (1) 切线: $3x-y+1=0$, 法线: $x+3y-13=0$; (2) $y=1$; (3) $dy(1)=\dfrac{\pi}{4}dx$.

13. (1) $x^{\sqrt{x}-\frac{1}{2}}\left(1+\dfrac{1}{2}\ln x\right)$; (2) $\dfrac{1}{2}\sqrt{x\ln x\sqrt{1-\sin x}}\left(\dfrac{1}{x}+\dfrac{1}{x\ln x}-\dfrac{\cos x}{2(1-\sin x)}\right)$;

(3) $2x\sin|x|$; (4) $x[\sin x^2+(x^2-x)\cos x^2-\sin x^4]$.

14. (1) $\dfrac{1}{2}$; (2) e; (3) 1; (4) 提示: 原式 $=\lim\limits_{x\to\infty}\dfrac{2+\dfrac{1}{x^2}}{3+\dfrac{5}{x}}\cdot\dfrac{\sin\dfrac{4}{x}}{\dfrac{4}{x}}4=\dfrac{8}{3}$; (5) $\dfrac{1}{3}$;

(6) 12; (7) $-\dfrac{1}{3}$; (8) $\dfrac{e}{\ln 3}$.

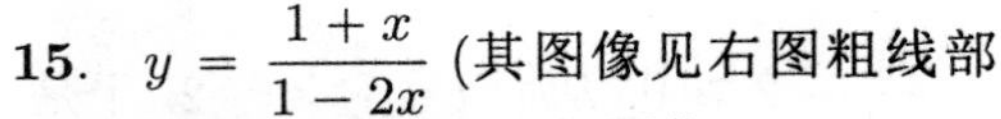

15. $y = \dfrac{1+x}{1-2x}$ (其图像见右图粗线部分, 细线部分是原函数的图像).

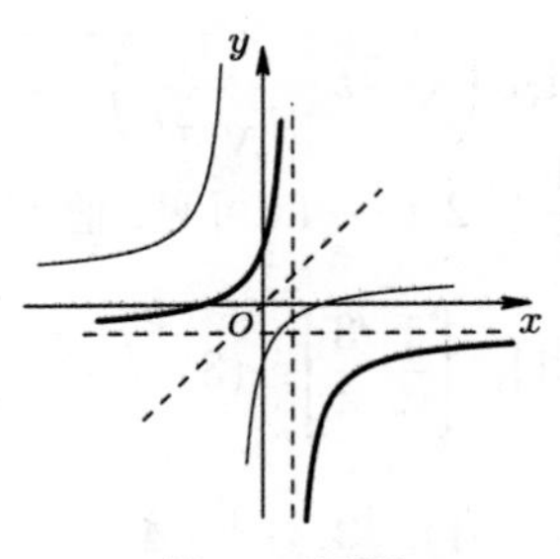

第 15 题图

16. (1) $f(x) = 2(x\ln x - x + 1)$;

(2) $f(x) = \cos x - \dfrac{2}{3}x\sin 1$;

(3) $\dfrac{1}{6}f^2(x^3) + C$;

(4) $\ln|x| - \dfrac{1}{2}\ln(1+x^2) + C$;

(5) 解: 令 $u = \sin x$, 则 $f'(u) = 1 - u^2$, $f(u) = u - \dfrac{1}{3}u^2 + C$. 因为 $f(0) = 0$, 所以 $C = 0$, $f(x) = x - \dfrac{1}{3}x^3$.

(6) 解: $f(\cos x) = \displaystyle\int f'(\cos x)d\cos x = -\int \sin^2 x dx = \frac{1}{2}(\sin x\cos x - x) + C$.

17. (1) 提示: 原式 $= \displaystyle\int e^{x-\frac{1}{x}}dx + \int\left(x + \frac{1}{x}\right)e^{x-\frac{1}{x}}dx = \int e^{x-\frac{1}{x}}dx + \int x de^{x-\frac{1}{x}} = xe^{x-\frac{1}{x}} + C$; (2) $\dfrac{1}{15}(3x+1)^{\frac{5}{3}} + \dfrac{1}{3}(3x+1)^{\frac{2}{3}} + C$; (3) $\dfrac{1}{1+e^{-x}} + C$ 或 $\dfrac{-1}{1+e^{x}} + C$.

(4) $2\ln|\sin\sqrt{x}| + C$; (5) $\dfrac{1}{2}\ln(x^2+x+1) - 3\sqrt{3}\arctan\dfrac{2x+1}{\sqrt{3}} + C$;

(6) 提示: $d(x\sin x) = (\sin x + x\cos x)dx$, $-\dfrac{1}{x\sin x} + C$.

18. (1) $\dfrac{e}{2} - 1$; (2) $\dfrac{1}{3}$. **19**. $\dfrac{9}{4}$.

20. 解法 1: 应用分部积分法, 并注意到 $\dfrac{e^x\sin x}{(1+e^x)^2}$ 是奇函数得

$$\int_{-\frac{\pi}{2}}^{\frac{\pi}{2}} \frac{\cos x}{1+e^x}dx = \int_{-\frac{\pi}{2}}^{\frac{\pi}{2}} \frac{d\sin x}{1+e^x} = \left.\frac{\sin x}{1+e^x}\right|_{-\frac{\pi}{2}}^{\frac{\pi}{2}} + \int_{-\frac{\pi}{2}}^{\frac{\pi}{2}} \frac{e^x\sin x}{(1+e^x)^2}dx$$

$$= \frac{1}{1+e^{\frac{\pi}{2}}} + \frac{1}{1+e^{-\frac{\pi}{2}}} + 0 = 1.$$

解法 2: 令 $t = -x$, 则

$$\int_{-\frac{\pi}{2}}^{0} \frac{\cos x}{1+e^x}dx = \int_{\frac{\pi}{2}}^{0} \frac{\cos t}{1+e^{-t}}(-dt) = \int_{0}^{\frac{\pi}{2}} \frac{\cos x}{1+e^{-x}}dx,$$

于是

$$\int_{-\frac{\pi}{2}}^{\frac{\pi}{2}}\frac{\cos x}{1+e^x}dx=\int_{-\frac{\pi}{2}}^{0}\frac{\cos x}{1+e^x}dx+\int_0^{\frac{\pi}{2}}\frac{\cos x}{1+e^x}dx$$

$$=\int_0^{\frac{\pi}{2}}\left(\frac{\cos x}{1+e^{-x}}+\frac{\cos x}{1+e^x}\right)dx=\int_0^{\frac{\pi}{2}}\cos xdx=1.$$

(2) $\frac{2}{3}$; (3) $2\left(1-\frac{1}{e}\right)$; (4) 9; (5) $\frac{1}{4}(\sin 2-\sin 1)$; (6) $\frac{\pi}{16}$; (7) $\frac{5}{3}+\frac{1}{2}\sin 2$;

21. (1) $e+1$;

(2) 证明:

$$\left|\int_0^{2\pi}f'(x)\sin xdx\right|=\left|(\sin x)f(x)\Big|_0^{2\pi}-\int_0^{2\pi}f(x)\cos xdx\right|$$
$$=\left|\int_0^{2\pi}f(x)\cos xdx\right|\leqslant\int_0^{2\pi}|f(x)||\cos x|dx\leqslant\int_0^{2\pi}|f(x)|dx.$$

(3) 证明:

$$\int_0^{\pi}f''(x)\sin xdx=\int_0^{\pi}\sin xdf'(x)=0-\int_0^{\pi}f'(x)\cos xdx$$
$$=-\int_0^{\pi}\cos xdf(x)=-(\cos x)f(x)|_0^{\pi}-\int_0^{\pi}f(x)\sin xdx$$
$$=f(0)+f(\pi)-\int_0^{\pi}f(x)\sin xdx,$$

移项得 $\int_0^{\pi}[f(x)+f''(x)]\sin xdx=f(0)+f(\pi)=3$, 又 $f(\pi)=1$, 所以 $f(0)=2$.

(4) $\frac{1}{2}(1+\cos 1)$;

(5) 证法 1: 对于任意正整数 n, 由定积分的可加性

$$\ln n=\int_1^n\frac{1}{x}dx=\int_1^2\frac{1}{x}dx+\int_2^3\frac{1}{x}dx+\cdots+\int_{n-1}^n\frac{1}{x}dx,\qquad(1)$$

由于 $\frac{1}{x}$ 在 $[n,n+1]$ 上连续, 根据推论 4.5.1

$$\int_n^{n+1}\frac{1}{n+1}dx<\int_n^{n+1}\frac{1}{x}dx<\int_n^{n+1}\frac{1}{n}dx.\qquad(2)$$

由上面的 (1), (2) 两式得

$$\ln n < \int_1^2 \frac{1}{1}dx + \int_2^3 \frac{1}{2}dx + \cdots + \int_{n-1}^n \frac{1}{n-1}dx = 1 + \frac{1}{2} + \cdots + \frac{1}{n-1},$$

$$\ln n > \int_1^2 \frac{1}{2}dx + \int_2^3 \frac{1}{3}dx + \cdots + \int_{n-1}^n \frac{1}{n}dx = \frac{1}{2} + \frac{1}{3} + \cdots + \frac{1}{n},$$

所以要证的不等式成立.

证法 2: 对于任意正整数 n, 因为 $f(x) = \ln x$ 在区间 $[n, n+1]$ 上连续, 在 $(n, n+1)$ 内可导, 由拉格朗日中值定理, 存在 $\xi_n \in (n, n+1)$, 使得

$$\ln(n+1) - \ln n = \frac{1}{\xi_n},$$

从而推得

$$\frac{1}{n+1} < \frac{1}{\xi_n} = \ln(n+1) - \ln n = \frac{1}{n}.$$

分别取 $n = 1, 2, \cdots, n-1$ 得

$$\frac{1}{2} < \ln 2 - \ln 1 < 1,\ \frac{1}{3} < \ln 3 - \ln 2 < \frac{1}{2},\ \cdots\cdots,\ \frac{1}{n} < \ln n - \ln(n-1) < \frac{1}{n-1},$$

以上各式相加得

$$\frac{1}{2} + \frac{1}{3} + \cdots + \frac{1}{n} < \ln n < 1 + \frac{1}{2} + \frac{1}{3} + \cdots + \frac{1}{n-1},$$

由此知原不等式成立.

22. (1) 证明：令 $F(x) = 2\int_0^x tf(t)dt - x\int_0^x f(t)dt,\ x \in [0, b]$. 在开区间 $(0, b)$ 内 $F'(x) = xf(x) - \int_0^x f(t)dt = x[f(x) - f(\xi)] \geqslant 0$, 其中 $\xi \in (0, x)$, 所以, $F(x)$ 在 $[0, b]$ 上单调递增, $F(b) \geqslant F(0) = 0$, 即所要证明的不等式成立.

(2) 证法 1: 因为 $f(x)$ 单调递增, 所以

$$(b-a)\int_0^a f(x)dx \leqslant (b-a)\int_0^a f(a)dx = a(b-a)f(a)$$

$$= a\int_a^b f(a)dx \leqslant a\int_a^b f(x)dx.$$

于是

$$b\int_0^a f(x)dx \leqslant a\int_0^a f(x)dx + a\int_a^b f(x)dx = a\int_0^b f(x)dx.$$

证法 2: 令 $F(x)=\dfrac{1}{x}\int_0^x f(t)dt$. 因为 $f(x)$ 在 $[0,b]$ 上连续且单调递增, 所以对于任意 $x\in(0,b]$, 有

$$\int_0^x f(t)dt\leqslant xf(x),$$

于是在 $(0,b)$ 内,

$$F'(x)=\frac{1}{x^2}\left[xf(x)-\int_0^x f(t)dt\right]\geqslant 0,$$

因此 $F(x)$ 在 $[a,b]$ 上单调递增, 这样 $F(a)\leqslant F(b)$, 即 $b\int_0^a f(x)dx\leqslant a\int_0^b f(x)dx$.

证法 3: 在证明 2 中, 应用积分中值定理, 存在 $\xi\in[0,x]$ 使得 $\int_0^x f(t)dt=xf(\xi)$, 由此推得 $F'(x)\geqslant 0$.

23. (1) $\{(x,y)\in\mathbf{R}^2 \mid 4<x^2+y^2\leqslant 9,\ x^2+y^2\neq 5\}$;

(2) $\{(x,y)\in\mathbf{R}^2 \mid |x|\leqslant y^2,\ 0<y\leqslant 2\}$.

24. (1) $\dfrac{2}{5}$; (2) $\dfrac{\partial z}{\partial x}=ye^{xy}+2x\sin y$, $\dfrac{\partial z}{\partial y}=xe^{xy}+x^2\cos y$,

$\dfrac{\partial^2 z}{\partial y\partial x}=e^{xy}(1+xy)+2x\cos y$. **25**. 极小值 $f(3,-2)=-20$. **26**. $\dfrac{3}{16}$.

27. 证明: 令 $\varPhi(x)=\int_0^x f(y)dy$, 则 $d\varPhi(x)=f(x)dx$, $\varPhi(0)=0$, 于是

$$\int_0^1 dx\int_0^x 2f(x)f(y)dy=2\int_0^1\varPhi(x)d\varPhi(x)=\varPhi^2(x)\Big|_0^1=\varPhi^2(1)=\left[\int_0^1 f(x)dx\right]^2.$$

复习题 2

1. 解: (1) 令 $t=1-x$, 则 $\lim\limits_{x\to 1}\dfrac{1-x}{\cot\dfrac{\pi}{2}x}=\lim\limits_{t\to 0}\dfrac{t}{\tan\dfrac{\pi}{2}t}=\dfrac{2}{\pi}$.

(2) 原式 $\overset{(\frac{0}{0})}{=\!=}\lim\limits_{x\to 1}\dfrac{e^{x\ln x}(\ln x+1)-1}{(1-x)\dfrac{1}{x}}\overset{(\frac{0}{0})}{=\!=}\lim\limits_{x\to 1}\dfrac{x^x(\ln x+1)^2+x^{x-1}}{-1}=-2$.

(3) 令 $x=\dfrac{1}{t}$, 则原式 $=\lim\limits_{t\to 0+}\dfrac{t-\ln(1+t)}{t^2}\overset{(\frac{0}{0})}{=\!=}\lim\limits_{t\to 0+}\dfrac{1-\dfrac{1}{1+t}}{2t}=\dfrac{1}{2}$.

(4) $\lim\limits_{x\to 0}\dfrac{g(2x)-e^x}{x}=\lim\limits_{x\to 0}2\dfrac{g(2x)-1}{2x}-\lim\limits_{x\to 0}\dfrac{e^x-1}{x}=3$.

2. 证明: 因为 $|f(0)| \leqslant 0^2 = 0$, 所以 $f(0) = 0$. 又因为 $0 \leqslant |f(x)| \leqslant x^2$, 有 $\left|\dfrac{f(x)-f(0)}{x-0}\right| = \left|\dfrac{f(x)}{x}\right| \leqslant |x| \to 0\ (x \to 0)$, 所以 $\lim\limits_{x\to 0}\dfrac{f(x)-f(0)}{x-0} = 0$, 即 $f(x)$ 在点 0 可导, 且 $f'(0) = 0$.

3. 解: 因为 $f(2) = f(-3+5) = f(-3)$, $f(2-x) = f(-3-x+5) = f(-3-x)$, 所以 $f'(2) = \lim\limits_{x\to 0}\dfrac{f(2-x)-f(2)}{-x} = 2$, $f'(-3) = 2$. 曲线在点 $(-3, f(-3))$ 的切线方程为 $y - f(-3) = 2(x+3)$, 即 $2x - y + f(-3) + 6 = 0$.

4. (1) 不论 $f(x)$ 是其中的哪个函数, 总有 $f_*'(0) = 0$. 例如, 当 $f(x) = \dfrac{\arctan x}{x}$ 时, $f_*(x) = \begin{cases}\dfrac{\arctan x}{x}, & x \neq 0,\\ 1, & x = 0.\end{cases}$ 由导数的定义

$$f_*'(0) = \lim_{x\to 0}\frac{f_*(x)-f_*(0)}{x-0} = \lim_{x\to 0}\frac{\dfrac{\arctan x}{x}-1}{x-0} = \lim_{x\to 0}\frac{\arctan x - x}{x^2}$$

$$\overset{\left(\frac{0}{0}\right)}{=\!=} \lim_{x\to 0}\frac{\dfrac{1}{1+x^2}-1}{2x} = \lim_{x\to 0}\frac{-x}{2(1+x^2)} = 0.$$

也利用推论 3.2.2: 因为 $f_*(x)$ 点 $x = 0$ 连续,

$$f_{*+}'(0) = \lim_{x\to 0+} f_{*+}'(x) = \lim_{x\to 0+}\left(\frac{\arctan x}{x}\right)' = \lim_{x\to 0+}\frac{\dfrac{x}{1+x^2}-\arctan x}{x^2}$$

$$= \lim_{x\to 0+}\left[\frac{1}{1+x^2}\cdot\frac{x-(1+x^2)\arctan x}{x^2}\right] = \lim_{x\to 0+}\frac{x-(1+x^2)\arctan x}{x^2}$$

$$\overset{\left(\frac{0}{0}\right)}{=\!=} \lim_{x\to 0+}\frac{1-(2x\arctan x+1)}{2x} = -\lim_{x\to 0+}\arctan x = 0,$$

同理 $f_{*-}'(0) = 0$, 故 $f_*'(0) = 0$. (2) $f_*'(0)$ 分别是 $-\dfrac{1}{2}$, $-\dfrac{1}{2}$, $\dfrac{1}{2}$.

5. 提示: (1) $y' = \dfrac{1}{x^2\cos^2 x}(x - \sin x\cos x)$. 令 $F(x) = x - \sin x\cos x$, 则 $F'(x) = 2\sin^2 x$. $F(x)$ 在 $\left(-\dfrac{\pi}{2}, 0\right]$ 及 $\left[0, \dfrac{\pi}{2}\right)$ 内严格单调递增. 当 $x \in \left(-\dfrac{\pi}{2}, 0\right)$ 时, $F(x) < F(0) = 0$, $y' < 0$, y 在 $\left(-\dfrac{\pi}{2}, 0\right)$ 内严格单调递减; 当 $x \in \left(0, \dfrac{\pi}{2}\right)$ 时, $F(x) > F(0) = 0$, $y' > 0$, y 在 $\left(0, \dfrac{\pi}{2}\right)$ 内严格单调递增 [见图 2.2.14 (左)].

(2) $y' = \dfrac{1}{x^2\sqrt{1-x^2}}(x - \sqrt{1-x^2}\arcsin x)$. 令 $F(x) = x - \sqrt{1-x^2}\arcsin x$, 则 $F'(x) = \dfrac{x}{\sqrt{1-x^2}}\arcsin x > 0$, $x \in (-1,0) \cup (0,1)$, 故在 $(-1,0]$ 及 $[0,1)$ 上

$F(x)$ 严格单调递增, 因而当 $x \in (-1,0)$ 时, $F(x) < F(0) = 0$, $y' < 0$, y 在 $[-1,0)$ 上严格单调递减; 当 $x \in (0,1)$ 时, $F(x) > F(0) = 0$, $y' > 0$, y 在 $(0,1]$ 上严格单调递增 [见图 2.2.14 (中)].

(3) $y' = \dfrac{1}{x^2(1+x^2)}[x-(1+x^2)\arctan x]$. 令 $F(x) = x-(1+x^2)\arctan x$, 则 $F'(x) = -2x\arctan x < 0$, $x \in \mathbf{R}$, 从而 $F(x)$ 在 $(-\infty,0]$ 及 $[0,+\infty)$ 上严格单调递减. 当 $x \in (-\infty,0)$ 时, $F(x) > F(0) = 0$, $y' > 0$, y 在 $(-\infty,0)$ 内严格单调递增; 当 $x \in (0,+\infty)$ 时, $F(x) < F(0) = 0$, $y' < 0$, y 在 $(0,+\infty)$ 内严格单调递减 [见图 2.2.14 (右)].

(4) $y' = \dfrac{1}{x^2\sqrt{1+2x}}(-1-x+\sqrt{1+2x})$. 令 $F(x) = -1-x+\sqrt{1+2x}$, $F'(x) = \dfrac{1-\sqrt{1+2x}}{\sqrt{1+2x}}$, $F'(0) = 0$. 当 $x \in \left(-\dfrac{1}{2},0\right)$ 时, $F'(x) > 0$, 当 $x \in (0,+\infty)$ 时, $F'(x) < 0$, 所以 $F(0) = 0$ 是极大值, 故在 $\left(-\dfrac{1}{2},0\right)$ 及 $(0,+\infty)$ 上 $F(x) < 0$, 从而 $y' < 0$, 因而 y 在 $\left[-\dfrac{1}{2},0\right)$ 及 $(0,+\infty)$ 上严格单调递减 (见图 2.2.16).

6. 提示 (a) (1) 定义域为 $(-1,0)\cup(0,+\infty)$. $y' = \dfrac{(1+x)^{\frac{1}{x}}}{x^2(1+x)}[x-(1+x)\ln(1+x)]$. 令 $F(x) = x-(1+x)\ln(1+x)$, 则 $F(0) = 0$, $F'(x) = -\ln(1+x)$. 驻点 0. 当 $x \in (-1,0)$ 时, $F'(x) > 0$; 当 $x \in (0,+\infty)$ 时, $F'(x) < 0$, 故 $F(0) = 0$ 是 $F(x)$ 的极大值. 在 $(-1,0)\cup(0,+\infty)$ 上, $F(x) < 0$, 从而 $y' < 0$, 所以 y 在 $(-1,0)$ 与 $(0,+\infty)$ 上均严格单调递减 (见图 2.2.18).

(2) 定义域为 $(-\infty,0)\cup(0,1)$. $y' = -\dfrac{(1-x)^{\frac{1}{x}}}{x^2(1-x)}[x+(1-x)\ln(1-x)]$. 令 $F(x) = x+(1-x)\ln(1-x)$, 则 $F(0) = 0$, $F'(x) = -\ln(1-x)$. 驻点 0. 当 $x \in (-\infty,0)$ 时, $F'(x) < 0$; 当 $x \in (0,1)$ 时, $F'(x) > 0$, 故 $F(0) = 0$ 是 $F(x)$ 的极小值. 在 $(-\infty,0)\cup(0,1)$ 上, $F(x) > 0$, 从而 $y' < 0$, 所以 y 在 $(-\infty,0)$ 与 $(0,1)$ 内均严格单调递减 (见图 2.2.19).

(b) (1) $\varPhi'(x) = x(x-1)$, $\varPhi''(x) = 2x-1$. $\varPhi(x)$ 在 $(-\infty,0)$ 及 $(1,+\infty)$ 内严格单调递增, 在 $(0,1)$ 内严格单调递减, 曲线在 $\left(-\infty,\dfrac{1}{2}\right)$ 内是凸的, 在 $\left(\dfrac{1}{2},+\infty\right)$ 内是凹的.

(2) $\varPhi'(x) = xe^{-x}$, $\varPhi''(x) = (1-x)e^{-x}$. $\varPhi(x)$ 在 $(-\infty,0)$ 内严格单调递减, 在 $(0,+\infty)$ 内严格单调递增. 曲线在 $(-\infty,1)$ 内是凹的, 在 $(1,+\infty)$ 内是凸的.

(c) 提示: 视 y 是 x 的函数, 将 (1)、(2) 两式两边分别对 x 求导, 然后解出 $\frac{dy}{dx}$. (1) $\frac{2x-\cos x^2}{e^{y^2}}$; (2) $\frac{1+\cos^2(y-x)}{\cos^2(y-x)-2y}$.

7. 提示: 当 $x<0$ 时, $f(x)=\int_0^1(t-x)dt=\frac{1}{2}-x$; 当 $0\leqslant x\leqslant 1$ 时,

$$f(x)=\int_0^x(x-t)dt+\int_x^1(t-x)dt=x^2-x+\frac{1}{2};$$

当 $x>1$ 时, $f(x)=\int_0^1(x-t)dt=x-\frac{1}{2}$ (见右图).

显然, $f(x)$ 在 $\mathbf{R}$ 上连续. $f\left(\frac{1}{2}\right)=\frac{1}{4}$ 是最小值.

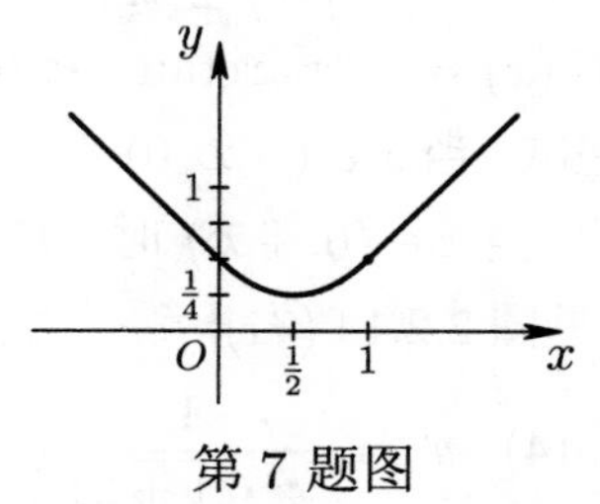

第 7 题图

8. 解: 定义域为 $(2k\pi,(2k+1)\pi)$, k 为整数. 周期为 2π. 只需先作出函数在一个周期 $(0,2\pi)$ 内的图像, 然后再向左, 向右平移 2π 的整数倍即可得函数的整个图像. 因在 $[\pi,2\pi]$ 上函数无定义, 只需考虑在 $(0,\pi)$ 内的情况. $y'=\cot x$. 驻点 $\frac{\pi}{2}$. 在 $\left(0,\frac{\pi}{2}\right]$ 上 $f(x)$ 严格单调递增; 在 $\left[\frac{\pi}{2},\pi\right)$ 上 $f(x)$ 严格单调递减. 极大值 $f\left(\frac{\pi}{2}\right)=0$. $y''=-\frac{1}{\sin^2 x}<0$, $x\in(0,\pi)$. 曲线是凸的. $\lim\limits_{x\to 0+}f(x)=-\infty$, $x=0$ 是垂直渐近线. 又 $\lim\limits_{x\to\pi-}f(x)=-\infty$, $x=\pi$ 也是垂直渐近线. 函数的图像如下:

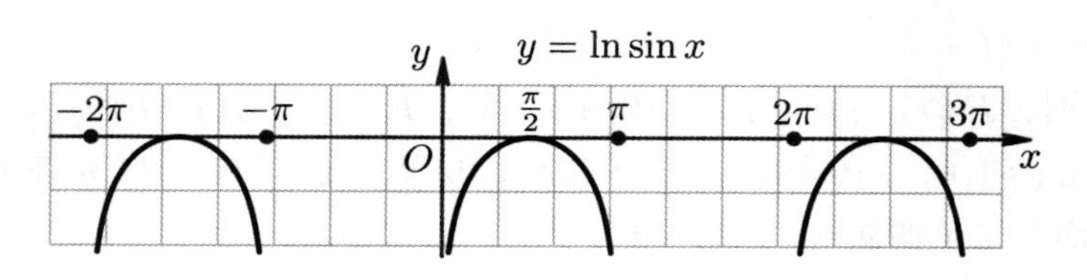

第 8 题图

期中试卷(一)

一. 1. $(-\infty,0]$; 2. $[-2,2]$; 3. 等价; 4. 高阶; 5. $y-1=2x$; 6. $\frac{1}{2}$, a, $\frac{1}{2}$; 7. $x=1$, 跳跃间断点; 8. $2f'(x_0)$. 二. 1. -1; 2. -1; 3. $\sqrt[6]{5}$; 4. e^{-1}; 5. $\frac{1}{2}$.

三. 1. $y'=e^x(x^2+2x+\sin x+\cos x)$; 2. $dy=\frac{\cot\sqrt{x}}{2\sqrt{x}}dx$;

3. $dy=x^{\sin x}\left(\cos x\ln x+\frac{\sin x}{x}\right)dx$; 4. $y'=\frac{e^x}{1+e^{2x}}$; 5. $y''=2e^x\cos x$.

四. $a=2$, $b=-1$.

五. 提示: 设 $f(x)=x-2\sin x-a$, 在 $[0,\ 2\pi+a]$ 上使用零点定理.

期中试卷(二)

一. 1. $(-1,0)\cup(0,1)$; 2. 1; 3. $x=0$, 可去; 4. 同阶; 5. 0.

二. 1. $-\dfrac{1}{8}$; 2. $\ln 3$; 3. $\dfrac{1}{2}$; 4. e^{-5}; 5. -5.

三. 1. $y'=6\sin^2(2x+1)\cos(2x+1)$; 2. $y'=\dfrac{1}{2x}+\dfrac{1}{2x\sqrt{\ln x}}$;

3. $y'=2e^{2x}(x^2+x+1)$, $y''=2e^{2x}(2x^2+4x+3)$;

4. $dy=(\sin x)^{\cos x}(\cos x\cot x-\sin x\ln\sin x)dx$. 四. $\dfrac{1}{2}$.

五. 解: 因 $\dfrac{d}{dx}\left[f\left(\dfrac{1}{x^2}\right)-x^2\right]=0$, 故 $f\left(\dfrac{1}{x^2}\right)-x^2=C$. 令 $u=\dfrac{1}{x^2}$, 则 $f'(u)=-\dfrac{1}{u^2}$, 从而 $f'(\sqrt{2})=-\dfrac{1}{2}$.

六. 过点 $(x_0,\ln x_0)$ 的切线的方程为 $y-\ln x_0=\dfrac{1}{x_0}(x-x_0)$; 过点 $(x,\ln x)$ 的切线的方程为 $Y-\ln x=\dfrac{1}{x}(X-x)$.

七. 1. 略. 2. 提示: $F(x)=f(x)\sin x$ 在 $[0,\pi]$ 上满足罗尔定理的条件.

期中试卷(三)

一. 1. 1; 2. $\ln 2$; 3. $(-\infty,+\infty)$, $(-\infty,0)\cup(0,+\infty)$; 4. $x=0$, $x=1$, $x=0$ 为跳跃间断点, $x=1$ 为第二类间断点; 5. 高阶.

二. 1. -1; 2. $e^{-\frac{1}{2}}$; 3. 1; 4. $-\sqrt{2}$; 5. 0.

三. 1. $y'=\dfrac{1}{2x(\ln\sqrt{x})\ln\ln\sqrt{x}}$; 2. $dy=\left(x\arctan\dfrac{2x}{1-x^2}+\dfrac{x^2}{1+x^2}\right)dx$;

3. $y'=e^x(\sin x+\cos x)+3^x\ln 3$, $y''=2e^x\cos x+3^x\ln^2 3$.

四. $f'(x)=e^x$. 五. $f(x)=\begin{cases} kx^{k-1}\sin\dfrac{1}{\sqrt{x}}-\dfrac{1}{2}x^{k-\frac{3}{2}}\cos\dfrac{1}{\sqrt{x}}, & x>0,\\ 0, & x\leqslant 0.\end{cases}$

六. 1. 略; 2. 0. 七. $f'(\xi)=\dfrac{f(b)-f(a)}{b-a}$, $\xi=\sqrt{3}$.

期末试卷(一)

一. (1) e^{-2}; (2) 3; (3) $\dfrac{1}{e}$.

二. $f(0-)=-1$, $f(0+)=\dfrac{1}{2}$, $f(x)$ 在点 $x=0$ 不连续 (右连续, 但不是左连续).

三. (1) $\dfrac{x}{\sqrt{1-x^2}}+C$; (2) $x-\ln(1+e^x)+C$; (3) $x\arctan x-\dfrac{1}{2}\ln(1+x^2)+C$.

四. (1) 3; (2) 4π. 五. (1) $\dfrac{-x}{(x^2+a^2)^{\frac{3}{2}}}$; (2) $e^{x^2}(2x\sin x+\cos x)dx$;

(3) $x^{y-1}(1+y\ln x)$. 六. $\varphi(a)$. 七. $4-3\ln 3$.

八. 提示: 定义域为 $(-\infty,1)\cup(1,+\infty)$.

$$f'(x)=-\frac{2(x+1)}{(x-1)^3},\quad f''(x)=\frac{4(x+2)}{(x-1)^4}.$$

垂直渐近线: $x=1$; 水平渐近线: $y=1$.
作表如下, 图像见右图.

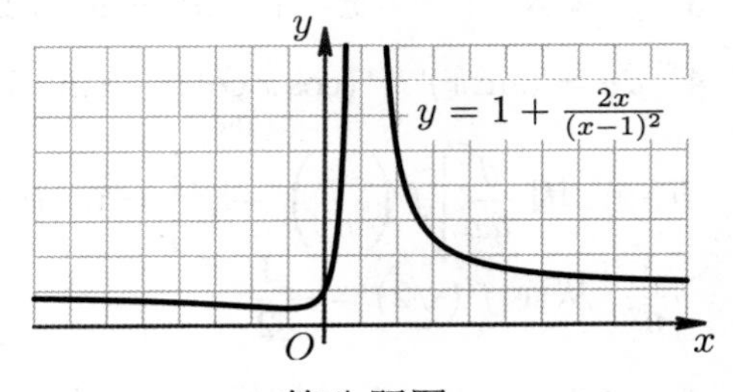

第八题图

x	$(-\infty,-2)$	-2	$(-2,-1)$	-1	$(-1,1)$	1	$(1,+\infty)$
y'	$-$	$-$	$-$	0	$+$	无定义	$-$
y''	$-$	0	$+$	$+$	$+$		$+$
y	凸 ↘	拐点 $\left(-2,\frac{5}{9}\right)$	凹 ↘	极小值 $\frac{1}{2}$	凹 ↗		凹 ↘

期末试卷(二)

一. (1) $\ln\dfrac{a}{b}$; (2) $\dfrac{2}{9}$. 二. (1) $y'=(\cos x)^{\ln x}\left(\dfrac{\ln\cos x}{x}-\tan x\ln x\right)$;

(2) $\dfrac{\partial z}{\partial x}=e^x\cos y-y\cos(xy)$, $\dfrac{\partial z}{\partial y}=-e^x\sin y-x\cos(xy)$.

三. (1) $\dfrac{2\sqrt{3}}{3}\arctan\dfrac{2\sqrt{3}}{3}\left(x+\dfrac{1}{2}\right)+C$; (2) $2x\sin x+2\cos x-x^2\cos x+C$;

(3) $\dfrac{\pi}{3}$; (4) $\dfrac{1}{4}(e^2-1)$.

四. (1) $K=1$, $A=0$. 五. $\dfrac{5}{12}$.

六. 最小值 $F(0)=0$, 最大值 $F(1)=\dfrac{1}{2}\ln\dfrac{5}{2}-\arctan 2+\dfrac{\pi}{4}$.

七. 极大值 $f(2,-2)=8$. 八. 1.

九．提示：定义域为 $\mathbf{R}$.

$$y'=\frac{x^2-1}{1+x^2},\ y''=\frac{4x}{(1+x^2)^2}.$$

斜渐近线：$y=x-\pi$，$y=x+\pi$. 作表如下，图像见右图.

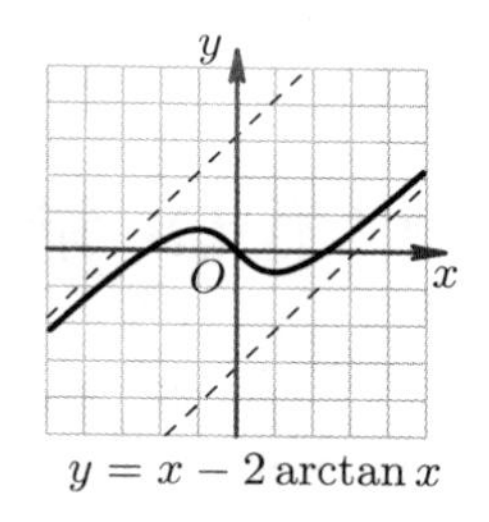

第九题图

x	$(-\infty,-1)$	-1	$(-1,0)$	0	$(0,1)$	1	$(1,+\infty)$
y'	+	0	−	−	−	0	+
y''	−	−	−	0	+	+	+
y	凸 ↗	极大值 $\frac{\pi}{2}-1$	凸 ↘	拐点 (0,0)	凹 ↘	极小值 $1-\frac{\pi}{2}$	凹 ↗

期末试卷(三)

一．(1) 1; (2) $\frac{1}{\sqrt{e}}$; (3) $\frac{1}{2}$. 二．(1) $-2\cot\sqrt{x}+C$;

(2) $-\frac{\sqrt{2}}{2}\arctan\left(\frac{\sqrt{2}}{2}\cos x\right)+C$; (3) $x-2\ln(\sqrt{e^x+1}+1)+C$.

三．(1) $\frac{6}{7}$; (2) $\frac{1}{2}(\ln 3-\ln 2)$. 四．略. 五．$\frac{2}{1+x^2}$. 六．$a=\pm 2$. 七．$\frac{9}{2}$.

八. 提示：定义域为 $(-\infty,1)\cup(1,+\infty)$.

$$f'(x)=-\frac{2x}{(x-1)^3},\quad f''(x)=\frac{2(2x+1)}{(x-1)^4}.$$

垂直渐近线：$x=1$; 水平渐近线：$y=0$.

列表如下，图像见右图.

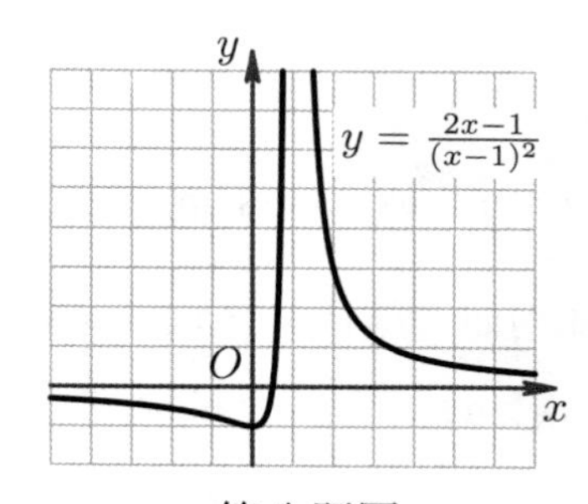

第八题图

x	$\left(-\infty,-\frac{1}{2}\right)$	$-\frac{1}{2}$	$\left(-\frac{1}{2},0\right)$	0	$(0,1)$	1	$(1,+\infty)$
y'	−	−	−	0	+	无定义	−
y''	−	0	+	+	+		+
y	凸 ↘	拐点 $\left(-\frac{1}{2},-\frac{8}{9}\right)$	凹 ↘	极小值 −1	凹 ↗		凹 ↘

附录 D 常用数学公式和数学归纳法

一、常用数学公式

1. 不等式

(1) 绝对值不等式: 实数 a 的绝对值用 $|a|$ 表示, 它的定义是 $|a| = \begin{cases} a, & a \geqslant 0, \\ -a, & a < 0. \end{cases}$

由此定义可推知 $\sqrt{a^2} = |a|$; $|-a| = |a|$; $|ab| = |a||b|$, $\left|\dfrac{a}{b}\right| = \dfrac{|a|}{|b|}(b \neq 0)$; 实直线上两点 a 与 b 的距离 d 为 $d = |a-b|$.

1°

$$|a| \leqslant b \ \text{等价于} \ -b \leqslant a \leqslant b.$$

特别地,

$$-|a| \leqslant a \leqslant |a|.$$

2° 设 $b \geqslant 0$. 则

$$|a| > b \ \text{等价于} \ a > b \ \text{或} a < -b.$$

3°

$$|a+b| \leqslant |a| + |b|; \quad |a-b| \leqslant |a| + |b|; \quad ||a| - |b|| \leqslant |a-b|.$$

(2) 柯西 – 施瓦茨 (Cauchy-Schwarz) 不等式:

设 a_1, a_2, $\cdots$, a_n 和 b_1, b_2, $\cdots$, b_n 是两组实数，则有

$$\left(\sum_{i=1}^{n} a_i b_i\right)^2 \leqslant \left(\sum_{i=1}^{n} a_i^2\right)\left(\sum_{i=1}^{n} b_i^2\right).$$

(3) 设 a_1, a_2, a_3, $\cdots$, a_n 是一组非负实数, 则

$$\sqrt[n]{a_1 a_2 a_3 \cdots a_n} \leqslant \frac{a_1 + a_2 + a_3 + \cdots + a_n}{n}.$$

2. 乘法及因式分解公式

$(x+a)(x+b)=x^2+(a+b)x+ab$;　$a^2-b^2=(a+b)(a-b)$;

$(a+b)^2=a^2+2ab+b^2$;　$(a-b)^2=a^2-2ab+b^2$;

$(a+b)^3=a^3+3a^2b+3ab^2+b^3$;　$(a-b)^3=a^3-3a^2b+3ab^2-b^3$;

$a^3+b^3=(a+b)(a^2-ab+b^2)$;　$a^3-b^3=(a-b)(a^2+ab+b^2)$.

3. 二项式定理

$$\begin{aligned}(a+b)^n &= C_n^0a^n+C_n^1a^{n-1}b+C_n^2a^{n-2}b^2+\cdots+C_n^{n-1}ab^{n-1}+C_n^nb^n\\ &=\sum_{k=0}^{n}C_n^ka^{n-k}b^k,\end{aligned}$$

其中 n 为正整数,

$$C_n^k=\frac{n!}{(n-k)!\,k!}=\frac{(n-k+1)(n-k+2)\cdots n}{1\cdot2\cdot3\cdots k}$$

为从 n 个不同元素中, 每次取 k 个不同元素的组合的种数.

4. 一些数列前 n 项的和

(1) $1+2+3+\cdots+n=\dfrac{n(n+1)}{2}$;

(2) $1+3+5+\cdots+(2n-1)=n^2$;

(3) $2+4+6+\cdots+2n=n(n+1)$;

(4) $1^2+2^2+3^2+\cdots+n^2=\dfrac{n(n+1)(2n+1)}{6}$;

(5) $1^2+3^2+5^2+\cdots+(2n-1)^2=\dfrac{n(4n^2-1)}{3}$;

(6) $\dfrac{1}{1\cdot2}+\dfrac{1}{2\cdot3}+\dfrac{1}{3\cdot4}+\cdots+\dfrac{1}{n(n+1)}=1-\dfrac{1}{n+1}$.

(7) 等比数列 a_1, a_1q, a_1q^2, $\cdots$, a_1q^{n-1}, $\cdots$ (公比为 q) 的前 n 项和为

$$S_n=\frac{a_1(1-q^n)}{1-q}.$$

5. 三角公式

(1) 基本关系

$\sin^2x+\cos^2x=1$;　$\tan x=\dfrac{\sin x}{\cos x}$;　$\cot x=\dfrac{\cos x}{\sin x}$;　$\sec x=\dfrac{1}{\cos x}$;

$\csc x=\dfrac{1}{\sin x}$;　$\sec^2x=1+\tan^2x$;　$\csc^2x=1+\cot^2x$.

(2) 特殊角的三角函数值

x	$\sin x$	$\cos x$	$\tan x$	$\cot x$
0	0	1	0	无定义
$\frac{\pi}{6}$	$\frac{1}{2}$	$\frac{\sqrt{3}}{2}$	$\frac{\sqrt{3}}{3}$	$\sqrt{3}$
$\frac{\pi}{4}$	$\frac{\sqrt{2}}{2}$	$\frac{\sqrt{2}}{2}$	1	1
$\frac{\pi}{3}$	$\frac{\sqrt{3}}{2}$	$\frac{1}{2}$	$\sqrt{3}$	$\frac{\sqrt{3}}{3}$
$\frac{\pi}{2}$	1	0	无定义	0

(3) 两角和差公式

$$\sin(x \pm y) = \sin x \cos y \pm \cos x \sin y; \qquad \cos(x \pm y) = \cos x \cos y \mp \sin x \sin y;$$

$$\tan(x \pm y) = \frac{\tan x \pm \tan y}{1 \mp \tan x \tan y}; \qquad \cot(x \pm y) = \frac{\cot x \cot y \mp 1}{\cot y \pm \cot x}.$$

(4) 和差化积与积化和差公式

$$\sin x + \sin y = 2\sin\frac{x+y}{2}\cos\frac{x-y}{2}; \qquad \sin x - \sin y = 2\sin\frac{x-y}{2}\cos\frac{x+y}{2};$$

$$\cos x + \cos y = 2\cos\frac{x+y}{2}\cos\frac{x-y}{2}; \qquad \cos x - \cos y = -2\sin\frac{x+y}{2}\sin\frac{x-y}{2};$$

$$\tan x \pm \tan y = \frac{\sin(x \pm y)}{\cos x \cos y}; \qquad \cot x \pm \cot y = \pm\frac{\sin(x \pm y)}{\sin x \sin y};$$

$$\sin x \sin y = -\frac{1}{2}[\cos(x+y) - \cos(x-y)];$$

$$\cos x \cos y = \frac{1}{2}[\cos(x+y) + \cos(x-y)];$$

$$\sin x \cos y = \frac{1}{2}[\sin(x+y) + \sin(x-y)].$$

(5) 倍角公式

$$\sin 2x = 2\sin x \cos x = \frac{2\tan x}{1+\tan^2 x};$$

$$\cos 2x = \cos^2 x - \sin^2 x = 2\cos^2 x - 1 = 1 - 2\sin^2 x = \frac{1-\tan^2 x}{1+\tan^2 x};$$

$$\tan 2x = \frac{2\tan x}{1-\tan^2 x}; \qquad \cot 2x = \frac{\cot^2 x - 1}{2\cot x}.$$

(6) 半角公式

$$\sin\frac{x}{2} = \pm\sqrt{\frac{1-\cos x}{2}}; \qquad \cos\frac{x}{2} = \pm\sqrt{\frac{1+\cos x}{2}};$$

$$\tan\frac{x}{2}=\pm\sqrt{\frac{1-\cos x}{1+\cos x}}=\frac{1-\cos x}{\sin x}=\frac{\sin x}{1+\cos x};$$

$$\cot\frac{x}{2}=\pm\sqrt{\frac{1+\cos x}{1-\cos x}}=\frac{1+\cos x}{\sin x}=\frac{\sin x}{1-\cos x}.$$

(7) 降幂公式

$$\sin^2 x=\frac{1}{2}(1-\cos 2x); \qquad \cos^2 x=\frac{1}{2}(1+\cos 2x);$$

二、数学归纳法

1. 佩亚诺公理

自然数的集合是我们最熟悉的数的集合，它的一些基本性质是众所周知的，是不需要证明的，这些性质也恰恰反映了自然数集合的本质属性. 我们把这些性质列在下面，称之为佩亚诺 (G. Peano) 公理. 设 $\mathbf{N}$ 是全体自然数的集合，则

(1) $0\in\mathbf{N}$, 即 0 是自然数;

(2) 对于每个 $n\in\mathbf{N}$, n 总是有一个后继, 记之为 $n+1$, 它是所有大于 n 的自然数中最小的一个;

(3) 如果 n 和 m 都是自然数并且 $n+1=m+1$, 则 $n=m$;

(4) 0 不是任何自然数的后继, 即 0 是最小的自然数;

(5) 设 S 是一些自然数的集合, 即 $S\subseteq\mathbf{N}$. 如果 S 满足 ① $0\in S$; ② 若 $n\in S$, 则 $n+1\in S$, 那么 $S=\mathbf{N}$.

佩亚诺公理的 (5) 也被称为**归纳法公理**.

2. 数学归纳法

数学归纳法是一种证明与自然数相关的命题的方法. 设 P 是一个与自然数相关的命题, $P(n)$ 表示对于自然数 n 命题 P 成立. 数学归纳法是指, 如果 $P(0)$, 并且假设 $P(n)$, 若能够证明 $P(n+1)$, 则 P 对所有的自然数 n 都是成立的.

这是因为, 设 $S=\{n\in\mathbf{N}\mid P(n)\}$, $0\in S$, 若 $n\in S$, 则有 $n+1\in S$, 由归纳法公理有 $S=\mathbf{N}$, 即 P 对所有的自然数 n 成立.

我们常常会遇到命题 P 只与不小于 $n_0\in\mathbf{N}$ 的自然数相关, 需要证明这个命题对于所有 $n\geqslant n_0$ 的自然数 n 都成立. 这时可以把 P 看成是与 n_0+m 相关的命题, 如果我们证明了 $P(n_0+0)$ 且若 $P(n_0+m)$, 则有 $P(n_0+m+1)$, 那么根据上面所述的数学归纳法, 对所有自然数 m, 有 $P(n_0+m)$, 这就是说,

如果 $P(n_0)$ **且对于** $n \geqslant n_0$**，若有** $P(n)$**，则** $P(n+1)$**，那么对所有** $n \geqslant n_0$**，**P **都成立**.

特别地，当 $n_0 = 1$ 时, 就是数学归纳法最常用的形式. 在使用数学归纳法证明命题 P 时, 通常分为两个步骤:

第一步: 验证 $n = n_0$ 时 P 成立.

第二步: 假设当 $n = k \geqslant n_0$ 时 P 成立, 证明当 $n = k+1$ 时 P 也成立从而得到结论, 即 P 对所有不小于 n_0 的自然数 n 都成立.

例 设 $q \neq 1$ 是实数. 证明: $1 + q + q^2 + q^3 + \cdots + q^{n-1} = \dfrac{1-q^n}{1-q}$ 对所有非零的自然数 n 成立.

证明 $n = 1$ 时, 所要证明的等式变为 $1 = \dfrac{1-q^1}{1-q} = 1$ 成立.

假设对于 $n = k \geqslant 1$, $1 + q + q^2 + q^3 + \cdots + q^{k-1} = \dfrac{1-q^k}{1-q}$ 成立.

现在考虑 $n = k+1$,

$$\begin{aligned}1 + q + q^2 + q^3 + \cdots + q^{(k+1)-1} &= (1 + q + q^2 + q^3 + \cdots + q^{k-1}) + q^k \\ &= \frac{1-q^k}{1-q} + q^k = \frac{1 - q^k + q^k(1-q)}{1-q} \\ &= \frac{1-q^{k+1}}{1-q},\end{aligned}$$

即 $n = k+1$ 时等式成立. 根据数学归纳法，$1 + q + q^2 + q^3 + \cdots + q^{n-1} = \dfrac{1-q^n}{1-q}$ 对所有非零的自然数 n 成立.

附录 E 希腊字母表

希腊字母表

字母		英文名称	英文注音
大写	小写		
A	α	alpha	[ˈælfə]
B	β	beta	[ˈbiːtə, ˈbeitə]
Γ	γ	gamma	[ˈgæmə]
Δ	δ	delta	[ˈdeltə]
E	ϵ, ε	epsilon	[epˈsailən, ˈepsilən]
Z	ζ	zeta	[ˈziːtə]
H	η	eta	[ˈiːtə, ˈeitə]
Θ	θ, ϑ	theta	[ˈθiːtə]
I	ι	iota	[aiˈəutə]
K	κ	kappa	[ˈkæpə]
Λ	λ	lambda	[ˈlæmdə]
M	μ	mu	[mjuː]
N	ν	nu	[njuː]
Ξ	ξ	xi	[ksai, gzai, zai]
O	o	omicron	[əuˈmaikrən]
Π	π, ϖ	pi	[pai]
P	ρ, ϱ	rho	[rəu]
Σ	σ, ς	sigma	[ˈsigmə]
T	τ	tau	[tɔː]
Υ	υ	upsilon	[juːpˈsailən, ˈjuːpsilən]
Φ	ϕ, φ	phi	[fai]
X	χ	chi	[kai]
Ψ	ψ	psi	[psai]
Ω	ω	omega	[ˈəumigə]

附录 F 微积分创始人牛顿和莱布尼茨简介[①]

牛顿简介

艾萨克·牛顿 (Isaac Newton, 1643 年 1 月 4 日 ~ 1727 年 3 月 31 日)[②] 是一位英格兰物理学家、数学家、天文学家、自然哲学家. 他在 1687 年发表的论文《自然哲学的数学原理》里, 对万有引力和三大运动定律进行了描述. 这些描述奠定了此后三个世纪里物理世界的科学观点, 并成为了现代工程学的基础. 他通过论证开普勒行星运动定律与他的引力理论间的一致性, 展示了地面物体与天体的运动都遵循着相同的自然定律, 为太阳中心说提供了强有力的理论支持, 并推动了科学革命.

牛顿

在力学上, 牛顿阐明了动量和角动量守恒的原理. 在光学上, 他发明了反射式望远镜, 并基于对三棱镜将白光发散成可见光谱的观察, 发展出了颜色理论. 他还系统地表述了冷却定律, 并研究了音速.

在数学上, 牛顿与戈特弗里德·莱布尼茨分享了创立微积分学的荣誉. 他还证明了广义二项式定理, 提出了"牛顿法"以趋近函数的零点, 并为幂级数的研究做出了贡献. 2005 年, 英国皇家学会进行了一场"谁是科学史上最有影响力的人"的民意调查, 在被调查的皇家学会院士和网民投票中, 牛顿被认为比阿尔伯特·爱因斯坦更具影响力.

大多数现代历史学家都相信, 牛顿与莱布尼茨独立地创立了微积分学, 并为之创造了各自独特的符号. 根据牛顿周围的人所述, 牛顿要比莱布尼茨早几年得出他的方法, 但在 1693 年以前他几乎没有发表任何内容, 并直至 1704 年他才给出了其完整的叙述. 其间, 莱布尼茨已在 1684 年发表了他的方法的完整叙述. 此外, 莱布尼茨的符号和"微分法"被欧洲大陆全面地采用, 在大约 1820 年以后, 英国最终采用了该方法, 而在此之前出于各种原因, 英国是唯一一个使用牛顿的微积分体系的

① 本附录的资料取自维基百科 http://zh.wikipedia.org/, 有删节.

② 儒略历: 1642 年 12 月 25 日 ~ 1727 年 3 月 20 日.

国家. 莱布尼茨的笔记本记录了他的思想从初期到成熟的发展过程, 而在牛顿已知的记录中只发现了他最终的结果. 牛顿声称他一直不愿公布他的微积分学, 是因为他怕被人们嘲笑. 牛顿与瑞士数学家尼古拉·法蒂奥·丢勒 (Nicolas Fatio de Duillier) 的联系十分密切, 后者一开始便被牛顿的引力定律所吸引. 1691 年, 丢勒打算编写一个新版本的牛顿《自然哲学的数学原理》, 但未曾完成它. 一些研究牛顿的传记作者认为他们之间的关系可能存在爱情的成分. 不过, 在 1694 年这两个人之间的关系冷却了下来. 在那个时候, 丢勒还与莱布尼茨交换了几封信件.

1699 年初, 皇家学会 (牛顿也是其中的一员) 的其他成员们指控莱布尼茨剽窃了牛顿的成果, 争论在 1711 年全面爆发. 牛顿所在的英国皇家学会宣布, 一项调查表明了牛顿才是真正的发现者, 而莱布尼茨被斥为骗子. 但在后来, 发现该调查评论莱布尼茨的结论是由牛顿本人书写, 因此该调查遭到了质疑. 这导致了激烈的牛顿与莱布尼茨的微积分学论战, 并破坏了牛顿与莱布尼茨的生活, 直到后者在 1716 年逝世.

牛顿的一项被广泛认可的成就是广义二项式定理, 它适用于任何幂. 他发现了牛顿恒等式、牛顿法, 对平面三次曲线 (二变量的三次多项式) 进行了分类, 为有限差分理论做出了重大贡献, 首次使用了分式指数和坐标几何学得到丢番图方程的解. 他用对数趋近了调和级数的部分和 (这是欧拉求和公式的一个先驱), 首次有把握地使用幂级数和反转 (revert) 幂级数.

牛顿在 1669 年被授予卢卡斯数学教授席位, 在 1703 年成为英国皇家学会会长, 同时也是法国科学院的会员. 牛顿在 1727 年 3 月 31 日逝世于伦敦, 被安葬于威斯敏斯特教堂.

莱布尼茨简介

戈特弗里德 · 威廉 · 莱布尼茨 (Gottfried Wilhelm Leibniz, 1646 ~ 1716) 是德国哲学家、数学家. 他的著作主要用拉丁语和法语写成. 莱布尼茨是历史上少见的通才, 被誉为 17 世纪的亚里士多德. 他本人是一名律师, 经常往返于各大城镇, 他的许多公式都是在颠簸的马车上完成的, 他也自称具有男爵的贵族身份.

莱布尼茨

莱布尼茨在数学史和哲学史上都占有重要地位. 在数学上, 他和牛顿先后独立发明了微积分. 有人认为, 莱布尼茨最大的贡献不是发明微积分, 而是发明了微积分中使用的数学符号, 因为牛顿使用的符号被普遍认为比莱布尼茨的差. 莱布尼茨还对二进制的发展做出了贡献.

在哲学上, 莱布尼茨的乐观主义最为著名, 例如他认为,"我们的宇宙, 在某种意义上是上帝所创造的最好的一个". 他和笛卡儿、巴鲁赫 · 斯宾诺莎被认为是 17 世纪三位最伟大的理性主义哲学家.

莱布尼茨对物理学和技术的发展也做出了重大贡献, 并且提出了一些后来涉及广泛 (包括生物学、医学、地质学、概率论、心理学、语言学和信息科学) 的概念. 莱布尼茨在政治学、法学、伦理学、神学、哲学、历史学、语言学诸多方向都留下了著作.

莱布尼茨对如此繁多的学科方向的贡献分散在各种学术期刊、成千上万封信件和未发表的手稿中, 截至 2010 年, 莱布尼茨的所有作品还没有收集完全. 戈特弗里德 · 威廉 · 莱布尼茨图书馆的莱布尼茨手稿藏品 —— Niedersächische Landesbibliothek 2007 年被收入联合国教科文组织编写的世界记忆项目.

由于莱布尼茨曾在德国汉诺威生活和工作了近 40 年, 并且在汉诺威去世, 为了纪念他和他的学术成就, 2006 年 7 月 1 日, 也就是莱布尼茨 360 周年诞辰之际, 汉诺威大学正式改名为汉诺威莱布尼茨大学.

莱布尼茨与牛顿谁先发明微积分的争论是数学界至今最大的公案. 莱布尼茨于 1684 年发表第一篇微分论文, 定义了微分概念, 采用了微分符号 dx, dy. 1686 年他又发表了积分论文, 讨论了微分与积分, 使用了积分符号 $\int$. 依据莱布尼茨的笔记, 1675 年 11 月 11 日他便已完成一套完整的微分学.

然而 1695 年英国学者宣称微积分的发明权属于牛顿; 1699 年又说牛顿是微

积分的“第一发明人”. 1712 年英国皇家学会成立了一个委员会调查此案, 1713 年初发布公告称“确认牛顿是微积分的第一发明人”. 莱布尼茨直至去世后的几年都受到了冷遇. 由于对牛顿的盲目崇拜, 英国学者长期固守于牛顿的流数术, 只用牛顿的流数符号, 不屑采用莱布尼茨更优越的符号, 以致英国的数学脱离了数学发展的时代潮流.

不过莱布尼茨对牛顿的评价非常高, 在 1701 年柏林宫廷的一次宴会上, 普鲁士国王腓特烈询问莱布尼茨对牛顿的看法, 莱布尼茨说道: “在从世界开始到牛顿生活的时代的全部数学中, 牛顿的工作超过了一半”. 牛顿在 1687 年出版的《自然哲学的数学原理》的第一版和第二版也写道: “十年前在我和最杰出的几何学家莱布尼茨的通信中, 我表明我已经知道确定极大值和极小值的方法、作切线的方法以及类似的方法, 但我在交换的信件中没有阐述这个方法, ……, 这位最卓越的科学家在回信中写道, 他也发现了一种同样的方法, 并阐述了他的方法, 除了措词和符号以外, 与我的方法几乎没有什么不同”. 但在第三版及以后再版时, 这段话被删掉了.

因此, 后来人们公认牛顿和莱布尼茨是各自独立地创建微积分的.

牛顿从物理学出发, 运用集合方法研究微积分, 其应用上更多地结合了运动学, 造诣高于莱布尼茨. 莱布尼茨则从几何问题出发, 运用分析学方法引进微积分概念、得出运算法则, 其数学的严密性与系统性是牛顿所不及的.

莱布尼茨认识到好的数学符号能节省思维劳动, 运用符号的技巧是数学成功的关键之一, 因此, 他所创设的微积分符号远远优于牛顿的符号, 这对微积分的发展有极大影响. 1714 ~ 1716 年, 莱布尼茨在去世前, 起草了《微积分的历史和起源》一文 (此文直到 1846 年才被发表), 总结了自己创立微积分学的思路, 说明了自己成就的独立性.

索引